西方心理学大师经典译丛
主编 郭本禹

实现自我
神经症与人的成长

Neurosis and Human Growth:
The Struggle Toward Self-Realization

[美] 卡伦·霍妮 著
Karen Horney

方红 译

中国人民大学出版社
·北京·

总译序
感悟大师无穷魅力　品味经典隽永意蕴

美国心理学家查普林与克拉威克在其名著《心理学的体系和理论》中开宗明义地写道："科学的历史是男女科学家及其思想、贡献的故事和留给后世的记录。"这句话明确地指出了推动科学发展的两大动力源头：大师与经典。

一

何谓"大师"？大师乃是"有巨大成就而为人所宗仰的学者"[①]。大师能够担当大师范、大导师的角色，大师总是导时代之潮流、开风气之先河、奠学科之始基、创一派之学说，大师必须具有伟大的创造、伟大的主张、伟大的思想乃至伟大的情怀。同时，作为卓越的大家，他们的成就和命运通常都与其时代相互激荡。

作为心理学大师还须具备两个特质。首先，心理学大师是"心理世界"的立法者。心理学大师之所以成为大师，在于他们对心理现象背后规律的系统思考与科学论证。诚然，人类是理性的存在，是具有思维能力的高等动物，千百年来无论是习以为常的简单生理心理现象，还是诡谲多变的复杂社会心理现象，都会引发一般大众的思考。但心理学大师与一般人不同，他们的思考关涉到心理现象背后深层次的、普遍性的与高度抽象的规律。这些思考成果或试图揭示出寓于自然与社会情境中的心理现象的本质内涵与发生方式；或企图诠释某一心理现象对人类自身发展与未来命运的意义和影响；抑或旨在剥离出心理现象背后的特殊运作机制，并将其有意识地推广应用到日常生活的方方面面。他们把普通人对心理现象的认识与反思进行提炼和升华，形成高度凝练且具有内在逻辑联系的思想体系。因此，他们的真知灼见和理论观点，不仅深深地影响了心理科学发展的命

[①] 辞海．缩印本．上海：上海辞书出版社，2002：275.

运，而且更是影响到人类对自身的认识。当然，心理学大师的思考又是具有独特性与创造性的。大师在面对各种复杂心理现象时，他们的脑海里肯定存在"某种东西"。他们显然不能在心智"白板"状态下去观察或发现心理现象背后蕴藏的规律。我们不得不承认，所谓的心理学规律其实就是心理学大师作为观察主体而"建构"的结果。比如，对于同一种心理现象，心理学大师们往往会做出不同的甚至截然相反的解释与论证。这绝不是纯粹认识论与方法论的分歧，而是对心灵本体论的承诺与信仰的不同，是他们所理解的心理世界本质的不同。我们在此借用康德的名言"人的理性为自然立法"，同样，心理学大师是用理性为心理世界立法。

其次，心理学大师是"在世之在"的思想家。在许多人看来，心理学大师可能是冷傲、孤僻、神秘、不合流俗、远离尘世的代名词，他们仿佛背负着真理的十字架，与现实格格不入，不食人间烟火。的确，大师们志趣不俗，能够在一定程度上超脱日常柴米油盐的束缚，远离俗世功名利禄的诱惑，在以宏伟博大的人文情怀与永不枯竭的精神力量投身于实现古希腊德尔菲神庙上"认识你自己"之伟大箴言的同时，也凸显出其不拘一格的真性情、真风骨与真人格。大凡心理学大师，其身心往往有过独特的经历和感受，使之处于一种特别的精神状态之中，由此而产生的灵感和顿悟，往往成为其心理学理论与实践的源头活水。然而，心理学大师毕竟不是超人，也不是神人。他们无不成长于特定历史的社会与文化背景之下，生活在人群之中，并感受着平常人的喜怒哀乐，体验着人间的世态炎凉。他们中的大多数人或许就像牛顿描绘的那般："我不知道世上的人对我怎样评价。我却这样认为：我好像是在海上玩耍，时而发现了一个光滑的石子儿，时而发现一个美丽的贝壳而为之高兴的孩子。尽管如此，那真理的海洋还神秘地展现在我们面前。"因此，心理学大师虽然是一群在日常生活中特立独行的思想家，但套用哲学家海德格尔的话，他们依旧都是"活生生"的"在世之在"。

二

那么，又何谓"经典"呢？经典乃指古今中外各个知识领域中"最重要的、有指导作用的权威著作"[①]。经典是具有原创性和典范性的经久不衰的传世之作，是经过历史筛选出来的最有价值性、最具代表性和最富完美性的作品。经典通常经历了时间的考验，超越了时代的界限，具有永恒的

---

① 辞海．缩印本．上海：上海辞书出版社，2002：852．

魅力，其价值历久而弥新。对经典的传承，是一个民族、一种文化、一门学科长盛不衰、继往开来之根本，是其推陈出新、开拓创新之源头。只有在经典的引领下，一个民族、一种文化、一门学科才能焕发出无限活力，不断发展壮大。

心理学经典在学术性与思想性上还应具有如下三个特征。首先，从本体特征上看，心理学经典是原创性文本与独特性阐释的结合。经典通过个人独特的世界观和不可重复的创造，凸显出深厚的文化积淀和理论内涵，提出一些心理与行为的根本性问题。它们与特定历史时期鲜活的时代感以及当下意识交融在一起，富有原创性和持久的震撼力，从而形成重要的思想文化传统。同时，心理学经典是心理学大师与他们所阐释的文本之间互动的产物。其次，从存在形态上看，心理学经典具有开放性、超越性和多元性的特征。经典作为心理学大师的精神个体和学术原创世界的结晶，诉诸心理学大师主体性的发挥，是公众话语与个人言说、理性与感性、意识与无意识相结合的产物。最后，从价值定位上看，心理学经典一定是某个心理学流派、分支学科或研究取向的象征符号。诸如冯特之于实验心理学，布伦塔诺之于意动心理学，弗洛伊德之于精神分析，杜威之于机能主义，华生之于行为主义，苛勒之于格式塔心理学，马斯洛之于人本主义，桑代克之于教育心理学，乔姆斯基之于语言心理学，奥尔波特之于人格心理学，吉布森之于生态心理学，等等，他们的经典作品都远远超越了其个人意义，上升成为一个学派、分支或取向，甚至是整个心理科学的共同经典。

三

这套"西方心理学大师经典译丛"遵循如下选书原则：第一，选择每位心理学大师的原创之作；第二，选择每位心理学大师的奠基、成熟或最具代表性之作；第三，选择在心理学史上产生过重要影响的一派、一说、一家之作；第四，兼顾选择心理学大师的理论研究和应用研究之作。我们策划这套"西方心理学大师经典译丛"，旨在推动学科自身发展和促进个人成长。

1879年，冯特在德国莱比锡大学创立了世界上第一个心理学实验室，标志着心理学成为一门独立的学科。在此后的130多年中，心理学得到迅速发展和广泛传播。我国心理学从西方移植而来，这种移植过程延续已达百年之久[①]，至今仍未结束。尽管我国心理学近年取得了长足发展，但一

---

① 在20世纪五六十年代，我国心理学曾一度移植苏联心理学。

实现自我

个不争的事实是，我国心理学在总体上还是西方取向的，尚未取得突破性的创新成果，还不能解决社会发展中遇到的重大问题，还未形成系统化的中国本土心理学体系。我国心理学在这个方面远没有赶上苏联心理学，苏联心理学家曾创建了不同于西方国家的心理学体系，至今仍有一定的影响。我国心理学的发展究竟何去何从？如何结合中国文化推进心理学本土化的进程？又该如何进行具体研究？当然，这些问题的解决绝非一朝一夕能够做到。但我们可以重读西方心理学大师们的经典作品，以强化我国心理学研究的理论自觉。"他山之石，可以攻玉。"大师们的经典作品都是对一个时代学科成果的系统总结，是创立思想学派或提出理论学说的扛鼎之作，我们可以从中汲取大师们的学术智慧和创新精神，做到冯友兰先生所说的，在"照着讲"的基础上"接着讲"。

心理学是研究人自身的科学，可以提供帮助人们合理调节身心的科学知识。在日常生活中，即使最坚强的人也会遇到难以解决的心理问题。用存在主义的话来说，我们每个人都存在本体论焦虑。"我是谁，我从哪里来，我将向何处去？"这一哈姆雷特式的命题无时无刻不在困扰着人们。特别是在社会飞速发展的今天，生活节奏日益加快，新的人生观与价值观不断涌现，各种压力和冲突持续而严重地撞击着人们脆弱的心灵，人们比以往任何时候都更迫切地需要心理学知识。可幸的是，心理学大师们在其经典著作中直接或间接地给出了对这些生存困境的回答。古人云："读万卷书，行万里路。"通过对话大师与解读经典，我们可以参悟大师们的人生智慧，激扬自己的思绪，逐步找寻到自我的人生价值。这套"西方心理学大师经典译丛"可以让我们获得两方面的心理成长：一是调适性成长，即学会如何正确看待周围世界，悦纳自己，化解情绪冲突，减轻沉重的心理负荷，实现内心世界的和谐；二是发展性成长，即能够客观认识自己的能力和特长，确立明确的生活目标，发挥主动性和创造性，快乐而有效地学习、工作和生活。

我们相信，通过阅读大师经典，广大读者能够与心理学大师进行亲密接触和直接对话，体验大师的心路历程，领会大师的创新精神，与大师的成长并肩同行！

郭本禹
2013 年 7 月 30 日
于南京师范大学

献给我在美国精神分析研究所的同事和学生。

致　谢

　　我要向海勒姆·海登（Hiram Haydn）表示最诚挚的感谢，感谢他在本书材料组织方面提供的周到帮助，感谢他对于澄清书中某些问题的建设性批评，还要感谢他所做的其他一切费时的积极努力。

　　虽然我要感谢的学者在书中都已提及，但我还想感谢哈罗德·凯尔曼（Harold Kelman）博士与我就本书主题展开的令人兴奋的讨论，也要感谢我的同事伊西多尔·波特诺伊（Isidore Portnoy）博士和弗雷德里克·A.韦斯（Frederick A. Weiss）博士给我的宝贵建议。最后，我想感谢我的秘书格特鲁德·莱德勒（Gertrud Lederer）夫人，感谢她对本书手稿和索引的兴趣以及为此做出的不懈努力。

卡伦·霍妮

目 录

导　论　进化的道德　　／ 1
第一章　追求荣誉　　／ 4
第二章　神经症要求　　／ 23
第三章　"应该"之暴行　　／ 43
第四章　神经症自负　　／ 61
第五章　自我憎恨与自我轻视　　／ 81
第六章　与自我的疏离　　／ 119
第七章　缓解紧张的一般方法　　／ 136
第八章　扩张型解决方法：掌控一切的吸引力　　／ 145
第九章　自谦型解决方法：爱的吸引力　　／ 167
第十章　病态依赖　　／ 187
第十一章　放弃：自由的吸引力　　／ 203
第十二章　人际关系中的神经症障碍　　／ 228
第十三章　工作中的神经症障碍　　／ 242
第十四章　精神分析治疗的道路　　／ 260
第十五章　理论上的思考　　／ 285

参考读物　　／ 295
索　引　　／ 297

导论
进化的道德

神经症过程是人类发展的一种特殊形式，而且是一种特别不幸的形式——因为它会浪费人类发展的建设性能量。这个神经症过程不仅本质上不同于健康人的成长，而且在很多方面与健康人的成长完全相反，这一点在很大程度上超出了我们的认识。在有利的条件下，人的能量往往会被用来实现自身的潜能。这样一种发展的形式并不统一。依据他特殊的气质、能力、习性以及早期和晚期的生活环境，他可能会变得更为温柔或更为冷酷，更为谨慎或更易轻信他人，更为自立或更依赖于他人，更为深思熟虑或更为外向开朗；而且，他也可能会发展他的特殊天赋。但是，无论他走上哪一条道路，都将是他的既定潜能的发展。

不过，在内心的压力之下，一个人可能会疏离于他的真实自我。然后，他会通过严格的内心指令系统，将他的大部分能量转向于塑造自己，使自己成为一个绝对完美的人。除了上帝之外，再无任何完美的东西能够实现他理想化的自我意象，能够让他对（自认为）自己所具有的、所能具有的或者应该具有的高尚品质而感到满足和自豪。

（本书将详细阐释的）这种神经症发展倾向使得我们的注意力远远超出了对病理学现象的临床关注或理论关注。因为它涉及一个基本的道德问题——关于人的欲望、驱力或臻于至善之宗教义务的问题。当自负（pride）成了一种驱动力量，任何一位认真研究人类发展的学者都不会怀疑自豪、自负或追求完美的不良影响。但对于为了确保道德行为而建立一个严格的内心控制系统的合理性和必要性，则一直存在很大的意见分歧。假定这些内心指令对人的自发行为具有抑制作用，那么，根据基督教的禁令（"你的完美的……"），难道我们不应该为追求完美而奋斗吗？要是没有这些指令，难道人类的道德生活和社会生活就会面临危险，或者甚至是面临毁灭吗？

此处不是讨论整个人类历史中提出和回答这个问题的多种方式的地方，而且我也不打算这么做。我只想指出，答案取决于一个基本的因素，那就是：我们所怀有的对人性之信念的本质。

从广义上讲，根据对基本人性的各种不同解释，道德目标有三个主要的概念。对于那些——无论从哪个方面——相信人生来有罪或人会受原始本能驱使的人（弗洛伊德，Freud）来说，附加的检查和控制是无法放弃的。因此，道德的目标必然是驯化或克服自然状态，而不是发展自然状态。

对于那些相信人性中生来既有本质上是"善的"东西，也有"恶的"、有罪的、破坏性的东西的人来说，道德的目标必定与上述目标不同。它所强调的重点是通过信仰、理性、意志或慈悲等因素来精炼、指导或加强内在美德以确保其获得最终的胜利——这与特殊的占主导地位的宗教或伦理概念相一致。打击和压制邪恶并非这里所强调的唯一重点，因为人性还有其积极的一面。然而，这积极的一面要么依赖于某种类型的超自然帮助，要么依赖于一种严格的理想化理性或意志，而这本身就表明了对禁止性或检查性内心指令的使用。

最后，如果我们相信人类生来就具有进化而来的建设性力量，而且，正是这种力量促使人类实现其既定的潜能，那么，道德问题又与前面有所不同。这种信念并不意味着人性本善——这种信念会预先假定一种关于什么是善、什么是恶的既定知识。相反，它意味着人生来就会主动地为实现其自我而奋斗，并从这种奋斗中发展出一套自己的价值观。例如，如果他不能真实地面对自己，不积极主动且不具有创造性，不能本着团结协作的精神与他人相处，那么显而易见，他就不能充分发挥自己的潜能。如果他只是一味地沉溺于"盲目的自我崇拜"（雪莱，Shelley），并总是把自己的缺点归咎于他人的过错，那么，他显然难以成长。从真正意义上说，只有为自己承担起责任的人，才能获得成长。

因此，我们就获得了一种进化的道德（morality of evolution），根据这种道德，我们选择进行自我教化或拒绝自己的标准在于这样一个问题：一种特定的态度或驱力对我们人类的成长是起促进作用还是阻碍作用？就像神经症患者经常表现出来的那样，各种各样的压力都很容易将我们的建设性能量转变成非建设性或破坏性的能量。但是，只要我们深信人会自发地为实现自我而奋斗，那么，我们就既不需要用"内心的紧身衣"来束缚自己的自发性，也不需要用"内心指令的鞭子"来驱使着我们变得完美。毫无疑问，这些严厉的方法能够成功地抑制不良的因素，但同样毫无疑问的是，它们也会对我们的成长造成伤害。我们不需要这些方法，因为我们看到了一种更好的可行方法来应对我们自身的破坏力量，那就是：真正地超越它们。实现这一目标的方法是不断增强我们的自我意识和自我理解。因此，自我认识本身并不是目标，而是解放自发成长力量的一种手段。

　　从这个意义上说，研究我们自己不仅是首要的道德义务，而且，就其真正的意义来讲，也是首要的道德权利。如果我们认真地对待自己的成长，那是因为我们自己想这么做。当我们不再像神经症患者一样痴迷于自我，当我们可以自由地成长，我们也会自由地去爱，自由地去关心他人。到那时，我们也希望给年轻人提供没有阻碍的成长机会，当他们在发展的道路上遇到障碍时，我们也会用各种各样的方式帮助他们找到并实现其自我。无论如何，不管是对我们自己还是对他人来说，理想都在于解放和培养那些能实现自我的力量。

　　本书清楚地阐述了那些起阻碍作用的因素。我希望本书能以它自己的方式帮助实现这一解放。

卡伦・霍妮

第一章
追求荣誉

一个孩子无论在什么环境中长大，只要没有智力上的缺陷，他都将学会以这种或那种方式与他人打交道，而且，他还很可能获得某些技能。不过，他身上也有一些力量不是通过学习就可以获得或发展的。你无须，事实上也不可能教一粒橡子长成一棵橡树，但是，只要给橡子一个机会，其内在的潜能就会得到发展。同样，只要给予人类个体一个机会，他就能发挥他所特有的人类潜能。这样一来，他也就会发挥他的真实自我所具有的独特活力：他自身情感、思想、愿望和兴趣的澄清和深入；开发自身资源的能力，自身意志力的加强；他可能具有的特殊能力或天赋；表达自己的能力，以及自然而然地与他人交往的能力。所有这些迟早会让他发现自己的价值观和生活目的。简而言之，他会朝着自我实现的方向发展，而不会偏离太远。而这就是我现在以及在整本书中屡次说到真实自我（real self）是内在力量之核心的原因，这种内在的核心力量是人人所共有，但在每一个人身上的表现又各不相同，它是人类成长的深刻根源。①

只有个体自己才能发展他既定的潜能。但是，就像其他任何活着的有机体一样，人类个体也需要有利的环境才能"从橡子成长为橡树"。他需要一种温暖的氛围，这种氛围能给予他内心的安全感和自由感，使他能够拥有自己的情感和思想，并能够表达自己。他需要他人的善意，这种善意不仅有助于满足他的多方面需求，而且能指导和激励他成为一个成熟的、实现自我的人。他还需要与他人的愿望和意志进行健康的摩擦。如果他能因此而在爱和摩擦中与他人一起成长，那么，他也就能够按照自己的真实自我来成长。

但是，由于各种不利因素的影响，一个孩子有可能不被允许按照他自

---

① 后面提到的"成长"，都是指此处所呈现的这种意义上的成长——与个人的一般潜能和特有潜能相一致的自由、健康的发展。

己的需要和潜能成长。这些不利因素太多了，不胜枚举。但概括起来，所有这些不利因素都可以归结为这样一个事实，即身处一定环境之中的人，由于过于沉溺于其自身的神经症，以至于没有能力爱自己的孩子，甚至不能把孩子看成一个独特的个体。他们对待孩子的态度完全取决于他们的神经症需要和反应。[1] 简单说来，这些态度可能是支配性的、过分保护的、威胁性的、易怒的、过于苛刻的、溺爱的、反复无常的、偏爱其他兄弟姐妹的、伪善的、漠不关心的等等。它绝不是某一个因素的问题，而是会对一个孩子的成长产生不利影响的所有因素的问题。

结果，这个孩子不能形成一种归属感，不能形成一种"我们"这样的同在感；相反，他会产生深深的不安全感和模糊的恐惧感，在这里，我称之为基本焦虑（basic anxiety）。这是他生活在一个觉得充满潜在敌意的世界里所产生的疏离感和无助感。这种基本焦虑引发的紧张压力使得这个孩子不能以其自发的真实情感与他人交往，并迫使他寻找其他方法与他人打交道。他必定（在无意识之中）以各种方法加以应对，这些方法不会唤起或增强焦虑，而是会缓解他的基本焦虑。这些特殊的态度产生于无意识的策略性需要，它们既取决于孩子先天的气质，也取决于后天环境中的相倚联系。简言之，他可能会试图依附于身边最强大的那个人；他可能会试图反抗和斗争；他还可能会试图将他人摒弃在自己的内心生活之外，在情感上与他们保持距离。总的来说，这意味着他可能会接近他人、反对他人或逃避他人。

在健康的人际关系中，也不排除彼此之间的接近、反对或逃避。索取和给予爱的能力、屈服的能力、斗争的能力、独处的能力——这些是搞好人际关系所必需的补偿性能力。但是，在那个由于其基本焦虑而感觉自己置身于危险环境之中的孩子身上，这些行为则往往会表现得非常极端和僵化。例如，爱往往会变成依附，顺从会变成姑息。同样，在一个特定的环境中，他会被迫进行反抗或表现得冷漠无情，不考虑他自己的真实情感，也不管其态度是否恰当。其态度之盲目和僵化的程度与他内心基本焦虑的强度成正比。

由于在这些条件之下，儿童不是仅仅朝着某一个方向发展，而是朝着所有方向发展，因此，他会从根本上形成对待他人的矛盾态度。于是，接近他人、反对他人和逃避他人这三种行为就构成了一种冲突（conflict），

---

[1] 本书第十二章所总结的人际关系中的所有神经症障碍都可能会起作用。也可参见 Karen Horney, *Our Inner Conflict*, Chapter 2, The Basic Conflict; Chapter 6, The Idealized Image.

这是他与他人之间的基本冲突。当然，他迟早会试图通过让其中一种行为始终占据主导地位来解决这种基本冲突——试图让顺从、攻击或冷漠这三种态度中的一种成为他的主要态度。

试图解决神经症冲突的最初尝试绝不是表面上的。相反，它会对个体神经症的进一步发展产生决定性的影响。它不只涉及对待他人的态度，它还不可避免地会牵涉到整个人格的某些改变。根据其主要的发展方向，儿童还会发展出某些恰当的需要、敏感性、抑制力以及道德价值观的雏形。例如，一个相当顺从的儿童，不仅倾向于让自己屈从于他人、依赖他人，而且还会力求善良和不自私。同样，一个具有攻击态度的儿童会开始重视力量、忍耐力和战斗力。

不过，这第一种解决方法的整合效果不如我们后面将要讨论的神经症解决方法那样稳定、全面。例如，有一个女孩，她的顺从态度已表现得相当突出。这种顺从态度表现为：盲目地崇拜某些权威人物，具有取悦和满足他人的倾向，怯于表达自己的愿望，经常做出牺牲。8岁的时候，她将自己的一些玩具放到大街上，让那些更为贫困的儿童拿去玩，而且她没有将此事告诉任何人。11岁的时候，她在祷告时以其孩子气的方式，试图寻求一种神秘的屈服。她幻想自己遭到了她所迷恋的那些老师们的惩罚。但到了19岁的时候，她还很容易接受他人设计的那些报复某些老师的计划；尽管大多数时候，她就像一只小绵羊，但偶尔她也会在学校里带头造反。而且，当她对所在教堂的牧师感到失望时，她也会从一个虔诚的宗教信仰者暂时转变为一个玩世不恭者。

整合效果差——上面所引的例证相当典型——的原因有一部分在于成长中的个体还不成熟，还有一部分在于这样一个事实，即早期的解决方法旨在取得与他人关系的一致性。因此，还存在一定的余地来获得更为稳定的整合。事实上，这是一种需要。

到目前为止所描述的发展，绝不是单一的。对每一个个体来说，发展的路线和结果都是不同的，同样，不利环境条件的特殊性在每一种情况下也各不相同。但是，它始终会削弱个体的内在力量和一致性，因此，它总会产生某些迫切的需要，以弥补由此产生的缺陷。尽管它们非常紧密地交织在一起，但我们还是可以区分以下这些方面：

● 尽管个体早期试图解决他与他人之间的冲突，但他依然是分离的，他需要一种更为稳定、更为全面的整合（integration）。

● 个体一直没有机会形成真正自信的原因有很多：由于不得不进行的防御，由于与他人的分离，由于早期的"解决方法"所导致的片面发展方式，他内心的力量一直受到削弱，从而使得他大部分的人格不能发挥建设性的用途。因此，他迫切地需要自信，或者是自信的一种替代品。

在与世隔绝的环境里，他并不觉得软弱，只是觉得与他人相比，自己不是特别强大，而且也没有做好充分的生活准备。如果他有归属感，那么，他觉得自己不如他人的感觉就不会严重到成为一种障碍。但是，由于生活在一个充满竞争的社会里，而且从内心深处感到——正如他所感觉到的那样——孤立和敌意，他只能产生一种让自己凌驾于他人之上的迫切需要。

与上面这些因素相比，甚至更为基础的因素是：他开始疏离自我。不仅他的真实自我会阻止他顺利成长，而且除此之外，他还需要发展一些人为的策略性方法来与他人打交道，这种需要也会迫使他无视自己真实的情感、愿望和想法。从某种程度上说，当安全成了最为重要的事情，其内心最深处的情感和想法就变得不那么重要了——事实上，内心最深处的这些情感和想法会不得不沉寂下来，从而变得不那么清晰。（他感觉到的无论是什么都没有关系，只要安全就好。）这样一来，他的情感和愿望就不再是决定性的因素。可以说，他不再是一个主动的追求者，而是一个被驱使者。此外，他内心的分裂状态不仅会在整体上削弱他，而且由于增加了一种混淆的因素，他与自我的疏离得到了加强。他再也不知道自己身在何处，或者自己是"谁"。

这种"开始与自我的疏离"之所以更为基础，是因为这种伤害强度会导致其他方面受到损害。如果我们设想一下这种情况——要是一个人没有疏离自己活生生的自我之中心，那可能就会有其他过程出现——那么，我们就能更清楚地理解这一点。在这种情况下，个体可能会有内心的冲突，但他不会被这些冲突弄得辗转不安；他的自信（self-confidence，就像这个词所表明的，它需要有一个自我可以将信心置于其上）将会受损，但不会被连根拔起；他与他人的关系也会受到干扰，但其内心不会与他人脱离关系。因此，一个疏离了自我的个体，最为重要的是需要——若说是"替代"了他的自我，则未免荒唐，因为根本就没有这样的东西——某种东西能够给予他一种支持、一种认同感（a feeling of identity）。这会让他感觉到自己的意义，尽管他的人格结构仍有很多弱点，但还是会给他一种力量感和意义感。

如果他的内心状况没有（因为幸运的生活环境）改变，他因此而没有我在上文所列出的那些需要，那么，可以满足他的需要并且可以一下子满足他所有需要的方法似乎就只有一种了，那就是：想象（imagination）。

实现自我

想象会慢慢地在不知不觉中开始发挥作用,并在他心中创造出一个自己的理想化意象(idealized image)。在这个过程中,他赋予了自己无限的力量和崇高的能力,他变成了一个英雄、一个天才、一个最高尚的爱人、一个圣徒、一个神。

自我理想化(self-idealization)总是包含一种普遍的自我美化,因此会给予个体迫切需要的意义感和凌驾于他人之上的优越感。但它绝不是一种盲目的自我夸大。每一个人都是根据自己的特殊经历、早期的幻想、特殊的需要以及天生的才能等材料构建自己的理想化意象。如果这种理想化意象不符合自己的个人性格特征,他将不会获得认同感和一致感。一开始,他会理想化自己解决基本冲突的特定"方法":顺从变成了善良,爱变成了神圣的东西,攻击性变成了力量、领导力、英雄主义和全能感,冷漠变成了智慧、自我满足和独立性。按照他那种特定的解决方法,那些看起来是短处或缺点的东西总能变淡或被掩饰。

他可能会采取三种不同的方法来处理这些矛盾的倾向。首先,这些矛盾的倾向也可能会被美化,但仍在不为人知的暗处。例如,只有在分析的过程中,我们才有可能看到一个具有攻击性的个体,对他来说,爱情似乎是不应该有的温柔,但在他的理想化意象中,他不仅是一个身穿闪亮盔甲的骑士,而且是一个伟大的爱人。

其次,除了被美化之外,这些矛盾的倾向还有可能被隔离在个体的内心之中,这样它们就不再构成令人不安的冲突。一个患者在他的自我意象中,可能会把自己想象成人类的恩人,是一个处变不惊的智者,是一个勇往杀敌的人。这些方面——所有这些都是有意识的——对他来说,不仅不矛盾,甚至不会引起任何的冲突。在文学作品中,这种通过将矛盾倾向隔离起来从而消除冲突的方式在史蒂文森(Stevenson)的《化身博士》(*Doctor Jekyll and Mr. Hyde*)中曾描述过。

最后,这些矛盾的倾向还可能会升华为杰出的能力或成就,这样,它们就成了丰富人格中与之相容的方面。我在其他地方①曾引用过一个例子:一个极具天赋的人将其顺从的倾向转变成了基督般的美德,将其攻击的倾向转变成了超绝的政治领导能力,将其超然态度转变成了哲人的智慧。这样,他的基本冲突的这三个方面立刻就得到了美化,而且彼此之间能和谐共处。在他自己的内心之中,他成了现代相当于文艺复兴时期的万能之人

---

① 《我们的内心冲突》(*Our Inner Conflicts*)。

(l'uomo universale）那样的全才。

个体最终可能会逐渐认同于这个理想化的完美意象。于是，这个意象不再是他暗自怀有的虚幻意象。他会在不知不觉之中变成这种意象——这种理想化意象往往会变成理想化自我（idealized self）。这种理想化自我之所以比他的真实自我更为真实，不仅仅是因为理想化自我更具吸引力，而且还因为它能满足他所有的迫切需要。这种重心的转变完全是一种内在过程，在他身上没有任何可观察到的或明显的外在变化。这种变化是其存在之核心的变化，是其自我感觉的变化。这是一个奇妙的、人类所特有的过程。一只英国可卡犬几乎不会想到，它"真的"是一只爱尔兰雪达犬。这种转变之所以能发生在一个人身上，仅仅是因为他的真实自我在这之前一直模糊不清。虽然在这个发展阶段——或者说在任何阶段——健康的过程都是朝向真实自我的，但现在，他为了理想化自我却开始明确地放弃真实自我。理想化自我开始向他呈现他"真正"的样子，或者他有可能成为的样子——他有可能成为什么样的人，或者他应该成为什么样的人。这成了他看待自己的视角和衡量自己的标杆。

从各个方面来讲，自我理想化就是我所说的综合的神经症解决方法（comprehensive neurotic solution）。也就是说，这不仅是一种解决某一特定冲突的方法，而且它以含蓄的方式承诺它能满足个体在某一特定时间产生的所有内在需要。此外，它不仅允诺解决他那些痛苦的、难以忍受的情感（迷失感、焦虑感、自卑感和分离感），而且还允诺最终会实现他那神秘的自我及其生活。因此，他相信自己已经找到了这样一种解决方法时，便会不顾一切地抓着它不放，也就不足为奇了。用一个很好的精神病学术语来说就是：难怪它会变成一种强迫性的（compulsive）[①] 方法。在神经症患者身上，自我理想化之所以经常出现，是因为一种易于引发神经症的环境所滋生的强迫性需要经常出现。

我们可以从自我理想化的两大优势来看待自我理想化：它是早期发展的合乎逻辑的结果，而且，它也意味着一个新的发展阶段的开始。它必定会对未来的发展产生深远的影响，因为没有比放弃真实自我更为重要的步骤了。但自我理想化之所以会产生革命性的效果，其主要原因在于这个步骤的另外一种含义。追求自我实现的能量被转化成了实现理想化自我这一

[①] 待我们更为全面地了解这种解决方法所包括的其他步骤后，我们再来讨论强迫性（compulsiveness）这个词的确切含义。

目标。在个体整个生活和发展的过程中，这种转化只不过是意味着一种变化。

在整本书中，我们都将看到，这种方向的转变以多种方式对整个人格产生了定型的影响。它所产生的更为直接的影响是，使自我理想化不再是一个单纯的内在过程，而是迫使其进入了个体生活的整个循环之中。个体想要——或者更确切地说，被迫——表达自己。而现在，这意味着他想要表达他的理想化自我，并在行动中加以证实。这种理想化自我通常会渗透进他的抱负、目标、日常生活以及与他人的关系之中。因此，自我理想化必然会发展出一种更为广泛的驱力，我给它起了一个比较符合其性质和范围的名字：追求荣誉（the search for glory）。自我理想化依然是它的核心部分。追求荣誉所包含的其他因素，尽管在每一个个体身上的强度和意识程度各不相同，但它们都会表现出来，这些因素就是：追求完美的需要、神经症野心以及对报复性胜利的需要。

在实现理想化自我的驱力中，追求完美的需要（the need for perfection）是一种最为基本的驱力。它的目标是要将整个人格塑造成理想化的自我。就像萧伯纳（Bernard Shaw）作品中的卖花女（Pygmalion）一样，神经症患者的目标不仅是修正自己，而且要将自己重新塑造成由其理想化意象的具体特征所规定的特别的完美形象。他往往会试图通过一种有关应该做什么、禁止做什么的复杂系统来达到这一目标。由于这个过程既关键又复杂，因此，我们打算用单独的一章来专门讨论。①

在追求荣誉的各种因素中，最为明显且最为活跃的是神经症野心（neurotic ambition），这是一种追求外在成功的驱力。虽然这种追求卓越的驱力在现实中很普遍，且倾向于追求事事卓越，但通常情况下，它会最为强而有力地应用在某一个特定个体在某个特定时间里最容易取得卓越成就的事情上。因此，野心的内容在一生中很可能会多次发生改变。上学时，一个人如果没有取得班上最好的成绩，他可能就会觉得是一种无法忍受的耻辱。到后来，他可能同样会以强迫性的方式驱使自己无数次地与那些最心仪的姑娘约会。再往后，他可能也会整天想着赚最多的钱，或者在政治上出人头地。这样的改变很容易引起某种自我欺骗。一个在某一时期曾像疯了一样决定成为最伪大的体育英雄或战争英雄的人，到了另一个时期，可能也会同样热衷于成为一个伟大的圣徒。然后，他可能会认为自己

---

① 参见第三章——"应该"之暴行。

已经"丧失"了野心。或者，他可能会断定，成为体育英雄或战斗英雄并不是他"真正"想要的。因此，他可能会认识不到自己仍然航行在野心之船上，只不过是改变了航行路线而已。当然，我们也必须详细地分析是什么使得他在那个特定的时刻改变了航线。我之所以强调这些改变，是因为它们表明了这样一个事实，即那些受野心控制的人往往与他们所做事情的内容几乎没什么关联。真正重要的是卓越本身。如果认识不到这种无关联性，那我们就难以理解许多的改变。

为便于讨论，我们几乎不关注特定的野心所觊觎的特定活动领域。不管问题是成为群体中的领导者、成为最出色的健谈者、成为最出名的音乐家或探险家，还是在"社会"中发挥一定作用、写出最佳的图书，或是成为着装最佳的人，其特征都是一样的。不过，因所希望的成功的性质不同，其表现在很多方面也会有所不同。大致说来，它可能更多地属于权力的范畴（直接权力、次于王权的权力、影响力、操纵力），或者更多地属于声望的范畴（名誉、称赞、受欢迎、钦佩、特别的关注）。

相对而言，这些野心驱力是扩张性驱力中最为实在的。至少从人们为追求卓越的目的而实实在在地投入努力这个意义上讲，这么说是正确的。这些驱力之所以看起来也更为实在，是因为如果足够幸运的话，拥有这些驱力的人可能真的会获得所渴求的魅力、荣誉和影响。但与此同时，当他们确实获得了更多的金钱、更多的荣誉、更大的权力时，他们也会逐渐感觉到这种徒劳追求的整个影响。他们通常无法获得更多的思绪安宁、内心安全感，也享受不到生活的乐趣。为了补救他们所开始的对虚幻荣誉的追求，其内心的痛苦一点都没有减少，依然一如往常。由于这些不是偶然的结果，只是碰巧对这个人或那个人如此，而是必然会出现的结果，因此，我们可以肯定地说，一切追求成功的尝试从本质上讲都是不现实的。

由于我们生活在一种充满竞争的文化中，因此，上面这些评论听起来可能有些陌生或不谙世故。竞争的文化深深地扎根于我们所有人的内心之中，以至于我们每一个人都想超越他人、超越自己，以至于我们都觉得这些倾向是"正常的"。但是，追求成功的强迫性驱力只有在一种充满竞争的文化中才会出现这一事实，并没有减少他们的神经症症状。即使在一种充满竞争的文化中，也有很多这样的人：在他们看来，其他价值——例如，特别是那些作为一个人而成长的价值——比用竞争的方式出人头地更为重要。

追求荣誉的最后一个因素是追求报复性胜利（toward a vindictive triumph）的驱力，与其他因素相比，这个因素更具破坏性。这种驱力可能与追求实际成就与成功的驱力密切相关，但如果是这样的话，那么，它的主要目的就是用自己的成功来侮辱他人或击败他人；或者是通过让自己出人头地从而获得权力，并将痛苦施加在他人身上——大多数情况下是通过羞辱性的方式。与此同时，追求卓越的驱力可能会降低为幻想，而对报复性胜利的需要则往往会主要表现为不可抗拒的且大多数情况下是无意识的冲动，以便在人际关系中挫败、智取或击败他人。我之所以称这种驱力为"报复性的"驱力，是因为其往往来源于因童年期所遭受之屈辱而想要采取报复行动的冲动——而且，这些冲动在后来的神经症发展中又得到了强化。很可能就是后来这些冲动的增强，导致对报复性胜利的需要最终成了追求荣誉中的一个常规部分。追求报复性胜利这样一种需要的强度以及每一个人对它的意识程度都大不相同。大多数人要么完全意识不到这样一种需要的存在，要么只是在稍纵即逝的瞬间有所察觉。然而，它有时候也会公然出现，然后几乎毫不掩饰地成为生活的动力。在近代历史人物中，希特勒就是一个很好的例子：由于经历过屈辱，他将其一生都投入一种疯狂的欲望之上，即他企图战胜数量日益增加的人民大众。在希特勒的例子中，恶性循环（即需要不断增加）清晰可辨。其中一个是从这样一个事实发展而来：他只能根据胜利和失败的范畴进行思考。因此，对失败的恐惧便会进一步增强胜利的必要性。此外，他的伟大感会随着每一次胜利而增强，这使得他越来越不能忍受任何人，甚至任何一个国家不承认他的伟大。

历史上还有很多类似的例子，只是程度小一些而已。我们仅举一个现代文学的例子《注视火车远去的人》(*The Man Who Watched the Train Go By*)[①]。作品中有一个认真负责的职员，整天忙于家庭生活和办公事务，除了自己的职责，他从不考虑其他任何事情。后来他发现，他的老板运用欺诈的手段，结果导致公司破产，于是，他的价值尺度完全崩溃。他对上等人和下等人所做的人为区分被击得粉碎，他原以为，上等之人可以做任何事情，而像他自己一样的下等人只允许做很有限的正确行为。他认识到，他也可以是"伟大的""自由的"。他也可以拥有一个情妇，甚至是他老板的那个漂亮迷人的情妇。现在，他的自负感完全膨胀，以至于他真的去接近她，而当遭到她拒绝时，他竟勒死了她。被警方追击时，他有时候也会感到害怕，但他的主要动机是胜利地击败警察。甚至当他企图自杀

---

① 乔治·西默农（Georges Simenon，Reynal and Hitchcock，New York）著。

时，这也是他的主要驱动力。

更常见的情况是，这种追求报复性胜利的驱力被隐藏了起来。事实上，由于这种驱力具有破坏性，它成了追求荣誉中最为隐秘的因素。可能只有疯狂的野心才会显露在外。只有在分析过程中，我们才能看到，隐藏在追求权力之驱力背后的就是这种想要通过凌驾于他人之上来击败他人、羞辱他人的需要。从某种程度上，我们可以说，追求优越的需要看起来对人的伤害越小，它所容纳的破坏性冲动就越多。这就使得一个人可以将他的需要表现出来，并觉得这种需要是正当的。

当然，重要的是要认识到个体在追求荣誉过程中所表现出来的各种倾向的具体特征，因为它们始终是我们必须加以分析的具体特征。但是，如果我们不把它们看成一个统一体的各个部分，那我们将既不能理解这些倾向的性质，也无法理解它们的影响。阿尔弗雷德·阿德勒（Alfred Adler）是第一位将它视为一种综合现象的精神分析学家，而且，他还指出了它在神经症中的重要意义。①

各种确凿的证据都表明，追求荣誉是一个综合的、连贯的统一体。首先，上面所描述的所有这些个别倾向会经常在一个人身上同时出现。当然，某个因素可能会占据主导的地位，以至于我们可以粗略地说某人是一个野心勃勃的人、某人是一个耽于梦想的人。但这并不是说，某一个因素占据主导地位就意味着没有其他因素的存在了。一个野心勃勃的人也有关于他自己的夸大的形象；一个耽于梦想的人也想获得现实的至高权力，尽管后一种因素只有在他人的成功侵犯了他的自负时才有可能表现出来。②

此外，所有这些个别的倾向都会紧密地联系在一起，以至于主导的倾向在一个特定个体的一生中可能发生改变。他可能会从一个爱做白日梦的人转变为一个完美的父亲和老板，然后又转变为一位史上最伟大的爱人。

最后，所有这些个别倾向都具有两种共同的一般特征，从整个现象的起源和功能来看，这两个一般特征都是可以理解的，即它们的强迫性和想象性。这两个特征在上文中都提到过，但我们还是应该对它们的意义做一个更为完整但又简洁的描述。

---

① 参见本书第十五章所讲到的与阿德勒的概念、弗洛伊德的概念的比较。

② 人格因其主导倾向的不同而往往看起来有所差异，因此，我们很容易将这些倾向视为独立的实体。弗洛伊德认为，与这些倾向大致相同的现象是独立的本能驱力，它们具有独立的来源和属性。当我第一次试图列举神经症患者身上的各种强迫性驱力时，它们在我看来也是独立的"神经症倾向"。

它们的强迫性（compulsive nature）源于这样一个事实，即自我理想化（以及随后对荣誉的全面追求）是一种神经症的解决方法。当我们说一种驱力是强迫性的，其实是说它是一种与自发的愿望或驱力相反的驱力。自发的愿望或驱力是真实自我的一种表达，而强迫性驱力则是由神经症结构的内在必然性决定的。个体必须遵从于这些强迫性驱力，而不顾自己的真实愿望、情感或兴趣，以免感到焦虑、因内心冲突而感到左右为难、被内疚感压得喘不过气来、感觉被他人拒绝等等。换句话说，自发性与强迫性之间的区别就是"我想这样做"与"我必须这样做以避开某种危险"之间的区别。尽管个体可能会意识到他的野心或他的完美标准就是他想要获得的东西，但实际上，他是被逼着去获得这种东西的。想要获得荣誉的需要控制了他。由于他本人意识不到"想要"与"被迫"之间的区别，因此我们必须建立标准将这二者区分开来。最具决定性的是这样一个事实：他被迫走上了追求荣誉的道路，全然不顾自己，不顾他的最大利益是什么。（例如，我记得有一个野心勃勃的女孩，只有10岁，她认为，如果她拿不到班上的第一名，那她宁愿自己变成一个瞎子。）我们有理由知道，是否有更多人的生命——不管是从字面意思还是象征意义上讲都是如此——牺牲在了荣誉的祭坛上，而不是因为其他原因而牺牲。当约翰·加布里埃尔·博克曼（John Gabriel Borkman）开始怀疑实现其伟大使命的合理性与可能性时，他就去世了。在这里，我们看到画面中出现了一种真正的悲剧元素。如果我们为了一项事业牺牲了，而这项事业是我们以及大多数健康的人在现实生活中根据其对人类而言的价值都觉得具有建设性，那么，这种牺牲无疑就是悲剧性的，但它也有意义。如果我们因为一些自己都不知道的原因而受到虚幻荣誉的奴役、浪费自己的生命，那么，这就更是悲剧性的浪费——越是这样，这些生命的潜在价值就越高。

追求荣誉驱力之强迫性的另一个标准——就像其他任何强迫性驱力一样——是它的不加选择性（indiscriminateness）。既然个体在追求某种东西的过程中其真正的兴趣并不重要，那么，那他就必须成为注意的中心，必须成为最有吸引力、最聪明、最有创造力的人——不管形势是否要求他这样做，也不论他是否具有这样的天赋，他都要争第一。在任何争论中，不敢事实的真相如何，他都必须要获得胜利。他在这个问题上的想法与苏格拉底（Socrates）的思想完全想反，苏格拉底认为："……无疑，我们现在不是为了分出你我观点的高低而进行简单的争论，但我认为，我们俩都应该为了真理而斗争。"① 神经症患者常常会不加选择地追求至高的权力，这种需要所具有的强迫性使得他漠视真相，不管这真相是关于他自己、其他人，还是关于事实，都是如此。

此外，同其他任何强迫性驱力一样，追求荣誉也具有永不满足（insatiability）的性质。只要（对他自己而言）有未知的力量驱使着他，这种永不满足性就会发挥作用。当所完成的工作得到了他人的认可，当赢得了一次胜利，或者当赢得了某种得到他人认可或钦佩的迹象时，他会高兴一阵子——但这种高兴不会持续太久。首先，他很难体验到成功本身，或者至少他会为随后的失望或恐惧留有余地。无论如何，他都会无休止地追求更多的声誉、更多的金钱、更多的女人、更多的胜利和征服，而且，这种追求很难让他获得任何满足，他也不会停止追求。

最后，一种驱力的强迫性会表现在对挫折的反应上。其主观的重要性越大，达到目标的需要就越迫切，对挫折反应因此也就越强烈。这些构成了一种我们可以用来测量驱力之强度的方法。尽管追求荣誉的驱力并非一直都清晰可见，但它是一种非常强大的驱力。它有可能像一种魔鬼附体，在某种程度上可以说就像是一头吞噬掉了那个把它创造出来的人的怪物。因此，对挫折的反应必定非常强烈。它们会表现为对厄运和受辱的恐惧，而对很多人而言，这种恐惧则意味着是一种失败。恐慌、抑郁、绝望、对自己和他人的恼怒等反应常常被他们看成"失败"的表现，而且，他们常常会表现出与其实际重要性完全不相符的态度。恐高症其实就是常常害怕从幻想的高处坠落下来的一种表现。我们可以仔细分析一下一位恐高症患者所做的梦。每当他开始怀疑自己已确立的有关无可置疑之优越感的信念时，他就会做这个梦。在梦中，他站在高山之巅，但也面临着会摔下去的危险，于是他死命地抓着山脊不放。"我无法让自己比现在更高了，"他说，"因此，我在生活中所做的一切就是紧紧地抓住现在不放。""我无法让自己比现在更高了"这句话在意识层面指的是他的社会地位，但从更深层的意义上讲，这句话同样也适合于他有关自己的幻想。他无法超越（他心中）一种上帝般的全能感和宇宙般的意义感！

追求荣誉的所有因素中固有的第二个特征是想象（imagination）在其中所发挥的重大而特殊的作用。想象在自我理想化的过程中通常会起到积

---

① 引自 Philebus, *The Dialogues of Plato*, translated into English by B. Jowett, M. A., Random House, New York.

极的推进作用。不过，在追求荣誉的整个过程中，想象都是非常关键的因素，以至于各种各样的幻想因素必定会渗透进来。不管一个人多么为自己的现状感到骄傲，也不管他对成功、胜利和完美的追求与现实多么相符，他的想象都会一直伴随着他，使他将幻景误认为是真实的。人们完全无法真实地评估自己，但在其他方面，他们倒是可以进行完全真实的评估。当一个人行走在沙漠中，又累又渴，这时他看到了一个海市蜃楼，他可能真的会努力走向它，但看似应该可以让他不再痛苦的海市蜃楼——荣誉——本身却是想象的产物。

事实上，想象也会渗透进健康个体所有的精神功能和心理功能之中。当我们感受到朋友的悲伤或喜悦时，其实就是想象给予了我们这样做的能力。当我们表示祝愿、提出希望、感到恐惧、相信某事、制订计划时，是想象让我们看到了各种可能性。但是，想象可能富有成效，也有可能没有成效；它可能会让我们更接近有关我们自己的真相——就像梦中经常出现的那样——也可能让我们远离真相。它可能会让我们的实际经验更为丰富，也可能会让我们的经验更为贫乏。而这些不同正是神经症想象与健康想象之间的大致差异。

当我们想到众多神经症患者所提出的宏伟计划，或者他们的自我美化与要求所具有的怪诞性时，我们可能会认为，他们具有比其他人更为丰富的想象力——而且，正因为如此，他们的想象才更容易迷失方向。这种观点并没有在我们的经验中得到证实。就像健康个体的想象力各不相同一样，神经症患者的想象天赋也因人而异。但我还没有找到证据证明神经症患者天生就比其他人更富于想象力。

但根据精确的观察，这种观点是一个错误的结论。事实上，想象在神经症患者身上所起的作用确实更大。不过，导致这种现象的不是想象的结构性因素，而是其功能性因素。在神经症患者身上，想象会起到与在健康个体身上同样的作用，但除此之外，它还会发挥正常人身上所没有的功能。它会被用来满足患者的神经症需要。在追求荣誉的情况下，这一点尤为明显，就像我们所知道的，强大需要所产生的影响会推进对荣誉的追求。在精神病学文献中，对现实的想象性歪曲通常被称为"愿望思维"（wishful thinking）。直到现在，它都依然是一个为大家所接受的术语，但它并不是一个确切的术语。它的含义太过狭窄：一个精确的术语不仅应该包括思维，而且还应该包括"表达愿望的"观察、确信，尤其是情感。此外，它是一种思维——或情感——决定这种思维或情感的往往不是我们的愿望，而是我们的需要。正是这些需要所产生的影响，使得想象一直存在于神经症患者身上,并发挥一定的影响力;正是这些需要所产生的影响,使得想象丰富多彩——但却毫无建设性的作用。

想象在追求荣誉过程中所起的作用,在白日梦中准确无误且直接地表现了出来。在十来岁的青少年身上,白日梦可能具有一种明显的夸张特征。例如,有一位大学男生,虽然胆小畏缩,但也经常做白日梦,幻想自己成了最伟大的运动员、天才或风流才子。在随后的岁月里,也有一些人像包法利夫人(Madame Bovary)那样,整天梦想着自己邂逅了一次浪漫的经历,梦想自己变得不可思议的完美或者神秘的圣洁。有时候,这些白日梦会以想象性对话的形式表现出来,他会在这些对话中令他人印象深刻或相形见绌。而其他时候,白日梦的结构要更为复杂一些,他会通过将他人置于残酷、堕落的情境之中,从而应对那些可耻或高尚的痛苦。通常情况下,白日梦不是精心编造的故事,而是与日常事务相伴随的幻想故事。例如,一个女人在照看孩子、弹钢琴或梳理头发时,可能同时会将自己想象成一位温柔的母亲、处于狂喜状态的钢琴家,或者是一位出现在银幕上的充满魅力的美女。在有些情况下,这样的白日梦清楚地表明,有些人可能像沃尔特·米蒂(Walter Mitty)一样,总是生活在两个不同的世界中。而在另外一些情况下,虽然同样是追求荣誉,但白日梦却非常罕见、失败,以至于这些追求荣誉者会主观上非常诚实地说,他们没有幻想的生活。不用说,他们是错误的。尽管他们只是担心可能会降临到他们头上的灾祸,但毕竟是他们的想象召唤出了这些偶然事件。

白日梦的出现虽然重要,且具有启示作用,但它们不是想象中最为有害的部分。因为人们通常能够意识到这样一个事实,即他正在做白日梦,也就是说,他正在想象一些不曾发生过或者不可能发生的事情,在幻想中经历这些事情。至少对他来说,要意识到白日梦的存在以及白日梦所具有的不切实际性,并不困难。想象中较为有害的部分是对现实的微妙而又广泛的歪曲,而他自己对这种歪曲却毫无觉察。理想化自我并不是在某一次创造性活动中实现的:理想化自我一旦形成,就需要不断地加以注意。一个人要想实现理想化自我,他必须不断地努力伪造现实。他必须将自己的需要转变成美德,或者转变成更为合理的期望。他必须将自己想变得诚实或体贴的意图转变成已然诚实或体贴的事实。他在一篇文章中提出的高见,使他成了伟大的学者。他的潜能变成了现实的成就。对"正确"道德价值观的认识使他成了一个有道德的人——事实上,他通常会成为一个道德方面的天才。当然,他的想象必须超时工作,才能摒弃所有与之相反的令人不安的证据。①

想象在改变神经症患者的信念方面也发挥一定的作用。他需要相信，他人是完美的或邪恶的——瞧！他们正与善良的或危险的人为伍。想象还会改变神经症患者的情感。他需要感到自己不会受到伤害——看！他的想象具有足够强大的力量，可以洗刷掉他的痛苦和苦难。他需要有深刻的情感——信心、同情心、爱、痛苦：他的同情感、苦难感都被放大了。

想象在服务于追求荣誉的过程中可能会歪曲内在现实和外在现实，认识到这一点，往往会给我们留下一个令人不安的问题。神经症患者的想象飞到何处才会终止呢？毕竟他也不会完全失去他的现实感。那么，将他与精神病患者区别开来的界线在哪里？如果想象的作用存在界线的话，那肯定也是模糊的。我们只能说，精神病患者往往更为武断地将他的心理过程视为唯一的重要现实，而神经症患者——不管出于何种原因——依然相当关心外在世界以及他在外界世界中的位置，因此，他在外在世界中对自己依然有粗略的定位。② 不过，虽然他完全可以待在地上，以明显不受干扰的方式行使职责，但他的想象却可以不受限制地自由翱翔。事实上，追求荣誉最为显著的特征是：它可以进入幻想，可以进入具有无限可能性的领域。

追求荣誉的所有驱力都有一个共同点，那就是：追求比人类天生具有的更多的知识、智慧、美德或权力。它们的目标都指向了绝对、无限和没有止境的事物。对于一门心思追求荣誉的神经症患者来说，除了绝对的无畏、绝对的控制或绝对的神圣之外，其他任何东西都没有吸引力。因此，他站在了那些真正笃信宗教之人的对立面。在那些真正笃信宗教的人看来，只有上帝才是万能的；而神经症患者则认为，我才是万能的。他的意志力应该具有神秘的魔力，他的推理应该绝对可靠，他的预见应该完美无缺，他的知识应该包罗万象。于是，贯穿本书的魔鬼协定开始出现了。神经症患者就是浮士德（Faust），虽然知识广博，但他并不满足，他要求自己必须知晓一切。

想象之所以能够翱翔于无边无际的领域，是由追求荣誉的驱力背后的需要的力量决定的。追求绝对和极限的需要非常迫切，以至于它们会凌驾

---

① 参见乔治·奥威尔（George Orwell）的《一九八四》（*Nineteen Eighty-Four*）中"真理部"的工作。
② 导致这种区别的原因很复杂。其中，最为关键的原因是不是精神病患者更为彻底地放弃了其真实自我（并更为彻底地转向了理想化自我），这一点值得研究。

于那些通常阻止我们的想象脱离现实的禁锢之上。为了发挥良好的功能，一个人不仅需要拥有对各种可能性的幻想和无限的视野，而且，他还需要认识到各种局限性、必要性以及各种具体的事实。如果一个人的思维和情感主要集中在无限的视野和对各种可能性的幻想上，那他就会失去有关各种具体事实和此时此地的感觉。他就会失去活在当下的能力。他再也不能给自己提供各种必需品，再也看不到"人们所说的一个人的局限性"。他看不到要想有所成就，他在现实中必须具备哪些东西。"每一个小小的可能性都需要一段时间才能变成现实。"他的思维可能会变得过于抽象。他的知识可能会变成"一种无人性的知识，因为它是人的自我被挥霍的产物，与挥霍人力去建造金字塔极为相似"。他对他人的情感也可能会蒸发成一种"对人类的抽象情感"。与此同时，如果一个人无法超越具体的、必需的、有限的狭窄视野，那他就会变得"心胸狭隘、小气自私"。因此，对于个体的成长来说，它不是一个"二者选一"的问题，而是一个二者都要兼顾的问题。对局限性、法则和必要性的认识，往往可以作为一种审核，以免被带进无限以及"挣扎于各种可能性"之中。①

在追求荣誉的过程中，对想象的控制常常会出现故障。这并不意味着通常情况下看不到这些必要性并遵循这些必要性。在神经症进一步发展的过程中，一个特定的发展方向可能会让很多人觉得限制自己的生活是更为安全的做法，因此，他们可能倾向于将幻想中出现的各种可能性视为必须避开的危险。他们可能完全不理会任何看似虚幻的东西，可能会讨厌抽象的思维，可能会过于急切地依附于那些可见、可感、具体或者能立即使用的东西。但是，虽然对这些东西的有意识态度各不相同，但每一个神经症患者说到底都不愿意承认他预期自己会具有且相信自己有可能获得的局限性。他想实现自己的理想化意象，这种需要非常迫切，以至于他必须将那些控制抛置一边，将其视为无关紧要或不存在的东西。

他的非理性想象所占的地位越重要，他越有可能对那些真实的、有限的、具体的或最终的东西惊恐不已。他之所以往往痛恨时间，是因为时间是有限的；他痛恨金钱，因为金钱是具体的；他痛恨死亡，因为死亡是终结。但是，他也有可能憎恨拥有一个明确的愿望或观点，因此，他会避免做出明确的承诺或决定。例如，有一位患者渴望自己像鬼火一样在月光下

---

① 在这里的哲学讨论中，我基本上遵循了索伦·克尔凯郭尔（Sören Kierkegaard）于1844年所写的《致死的疾病》（*Sickness unto Death*，Princeton University Press，1941）。本段的引文引自此书。

跳舞；当她照镜子时，她可能会感到害怕——不是因为她看到了可能存在的不完美，而是因为这让她认识到，她有明确的轮廓，她是一个实体，她"受到了一个具体的身体形态的牵制"。这让她觉得自己就像是一只翅膀被钉在了木板上的小鸟。于是，每一次当她意识到这些情感时，她就有一种想要打碎镜子的冲动。

诚然，神经症的发展并不总是如此极端。但是，每一个神经症患者，即使他可能表面上看似健康，但当他产生关于自己的特定错觉时，他就会讨厌用证据来进行检查。而他之所以必须讨厌这么做，是因为如果他这么做了，他就会崩溃。神经症患者对外在的法律和法规的态度也各不相同，但他总是倾向于否认法律在他身上所起的作用，拒绝看到心理问题的原因与结果的必然性、一个因素在另一个因素后出现的必然性，或者一个因素会强化另一个因素的必然性。

他有无数的方式去无视那些他选择不去看的证据：他忘记了；这个证据不重要；它是偶然的；它是环境造成的，或者因为它是其他人导致的结果；他无能为力，因为它是"自然的"。就像一个不诚实的簿记员，竭尽全力地保持两份账目；不过，与那位簿记员不一样的是，他只相信那份对他有利的账目，而忽视另一份账目。到目前为止，我还从未见过哪位患者像《哈维》（*Harvey*）中所表述的那样（"二十年来，我一直与现实做着斗争，并最终战胜它"）公开地反抗现实，这并未引起他们的共鸣。或者，我们再引用一位患者的经典表达："要不是因为现实，我所有的一切都将是完美无缺的。"

追求荣誉与正常人的努力之间一直都存在更为明显的差异。表面上，它们看起来具有迷惑人的相似性，甚至会让人觉得它们之间只有程度上的差异而已。与正常人相比，神经症患者看起来只不过更有雄心，更关心权力、声望、成功；只不过他们的道德标准更高一些，或者说更为严格一些而已；只不过他们比一般人所表现的更为自负、更看重自己一些而已。但事实上，有谁敢冒险划出一条明显的界线，说："这里就是正常人的终点，同时也是神经症患者的起点呢？"

正常的努力与神经症患者的驱力之间之所以存在相似之处，是因为它们都植根于特殊的人类潜能。人类的心理能力使得他具有了超越自己的能力。与其他动物不同，人类能够想象和制订计划。人类能够通过各种各样的方式逐渐增强自己的能力，而且就像历史所表明的，人类实际上已经做到了这一点。对于个体的生活而言，情况也是如此。个体创造的生活、他所能发展的品质或能力、他所创造的东西，通常都没有严格固定的限制。考虑到这些事实，人似乎不可避免地会不确定自己的局限性，因此很容易将自己的目标定得过低或过高。这种现存的不确定性是基础，没有这个基础，追求荣誉就不可能获得发展。

　　正常人的努力与神经症患者追求荣誉的驱力之间存在的基本差异在于，驱动它们的力量不同。正常人的努力来自人类所固有的发展既定潜能的倾向。我们相信人生来就有一种成长的动力，这种信念一直是我们的理论和治疗方法所依赖的基本原则。① 而且，这种信念会随着新经验的获得而不断地增强。唯一的变化是进行了更为精确的详细阐述。现在，我可以说（就像我在本书一开始所指出的那样），真实自我的活力会驱使个体走向自我实现。

　　与此同时，追求荣誉则来自实现理想化自我的需要。我们之所以说这种差异是基本的差异，是因为其他所有的差异都来源于此。由于自我理想化从本质上说是一种神经症的解决方法，而且它本身还具有强迫性的特征，因此，所有来自理想化自我的驱力也都必定具有强迫性。由于神经症患者只要必须依附于他对自己的幻想，他就认识不到各种局限性，因此，追求荣誉就会变得永无止境。由于其主要的目的是获得荣誉，因此，他对于循序渐进地学习、工作、收获的过程丝毫不感兴趣——事实上，他往往对这个过程不屑一顾。他不想攀登高山，但他却想站在高山之巅。因此，尽管他可能会侃侃而谈，但他通常并不理解进化和成长的含义。最后，由于理想化自我的创造只有在牺牲真实自我的情况下才有可能实现，所以，要想实现理想化自我，则需要进一步扭曲真实自我，而想象成了实现这一目的的心甘情愿的奴仆。因此，在这个过程中，他会在某种程度上丧失对真实自我的兴趣，丧失对真假是非的判别——这种丧失与其他丧失一起，导致他很难区分什么是自己及他人的真实情感、信念、努力，什么又是虚假的情感、信念、努力（无意识的伪装）。强调的重点从"是什么"转向了"看起来像什么"。

　　所以说，正常人为追求荣誉而付出的努力与神经症患者追求荣誉的驱力之间的区别在于：前者是自发性的，后者是强迫性的；前者承认各种局

---

① 这里所说的"我们的"方法，指的是精神分析促进会（Association for Advancement of Psychoanalysis）所使用的方法。在《我们的内心冲突》一书的引言中，我曾说："我个人相信，人类有能力也渴望发展自己的潜能……"也可参见 Dr. Kurt Goldstein, *Human Nature*, Harvard University Press, 1940。不过，戈德斯坦（Goldstein）并没有对自我实现与实现理想化自我进行区分——这种区分对人类来说非常关键。

限性的存在，后者则否认这些局限性的存在；前者关注努力过程中的不同感受，后者关注的则是有关最终获得辉煌荣誉的幻想；它们之间是表象与事实、幻想与真实之间的区别。因此，这里所说的区别并不等同于相对健康的人与神经症患者之间的差异。前者可能不会全身心地去实现他的真实自我，而后者也不会全身心地致力于实现他的理想化自我。自我实现的倾向在神经症患者身上也会起作用。如果神经症患者身上不存在这种为自我实现而努力的倾向，那么，我们在治疗中就无法帮助他成长。但是，尽管健康个体与神经症患者在这个方面的区别只不过是程度上的差别，而真正的努力与强迫性驱力之间存在的却是质而不是量的差别，虽然它们表面上有很多相似之处。①

在我看来，最适合那种由追求荣誉而引发的神经症过程的象征是：有关魔鬼协定的故事中所包含的概念化内容。魔鬼或邪恶的某个其他化身，往往会用提供无限的权力来引诱那些精神上或物质上遇到了麻烦的人。但是，只有以出卖灵魂或下地狱为条件，他才能得到这些权力。这种诱惑对任何人（既包括精神富有的人，也包括精神贫乏的人）来说都具有吸引力，因为它表明了两种强烈的欲望：对无限的渴望，以及想要获得捷径的愿望。按照宗教传统，人类最伟大的精神领袖佛陀和耶稣都曾经历过这种诱惑。但是，因为他们立场坚定，因此，他们认出了诱惑，并成功地抵制了这种诱惑。此外，魔鬼协定中规定的条件恰当地表明了神经症发展中所要付出的代价。用象征性的词语来说就是，通往无限荣誉的捷径必然也是一条走向自卑和自我折磨的内在地狱的道路。走上这条路，个体事实上也就丧失了他的灵魂——他的真实自我。

---

① 我在本书中所说的"神经症患者"，指的是神经症驱力超过了健康努力的那些人。

第二章
神经症要求

神经症患者在追求荣誉的过程中常常会迷失自己，进入一个虚幻、无限、充满无尽可能性的领域。从所有的外在表现看，他可能像家人及社区的其他成员一样过着"正常的"生活，参加工作，并参与各种娱乐活动。由于没有认识到这一点，或者至少是认识不深，他往往会生活在两个世界之中——一个是秘密的私人世界，另一个是公开的世界。这两个世界并不完全一致。重复上一章中提到的那位患者所说的话："生活太可怕了，竟然充满了现实！"

无论神经症患者多么不愿意面对现实，现实都不可避免地以两种方式强行出现在他面前。他或许具有极高的天赋，但他本质上依然同其他所有人一样——具有人类所共有的局限性，有相当多的个人困难需要面对。他的真实存在与他神一样的形象并不相符。而且，外在的现实也没有将他当成神一样来对待。对他来说，一个小时也是六十分钟；他也必须像其他所有人一样排队等候；出租车司机或者他的老板也都只是把他当成一个普通人来对待。

这个个体所感受到的被轻蔑感，很好地体现在了一位患者所回忆的小时候发生的一件小事中。三岁的时候，她梦想着成为一个像仙女一样的女王，而在那时有一次，一位叔叔抱起她并开玩笑说："哎呀，你的脸真脏！"她永远都忘不了当时她所感觉到的那种被轻蔑了却又无能为力的愤怒。就这样，这类人总是会不断地面临矛盾、困惑和痛苦。对此，他能做些什么呢？他该怎样解释这些矛盾、困惑和痛苦？他该对它们做出怎样的反应？或者他该怎样摆脱它们？只要他的个人扩张（personal aggrandizement）难以避开因而难以触及，那么，他就只能得出结论说：是这个世界错了。世界应该是另外一个样子。因此，他会向外在世界提出要求，而不是处理他自己的幻想。他觉得他有权利要求他人、要求命运按照他那种浮夸的自我概念对待他。每一个人都应该迎合他的幻想。除此之外，一切都是不合理的。他有权利享有更好的待遇。

神经症患者通常觉得自己有权利得到他人的特别关注、体谅和尊重。这些想要获得尊重的要求是完全可以理解的，而且有时相当明显。但是，这些要求只不过是另一个更为广泛的要求的一部分——这个更为广泛的要求是：他所有因为他的禁忌、他的恐惧、他的冲突、他的解决方法而产生的需要，都应该得到满足，或者说得到应有的尊重。此外，他的所感、所思、所做都不应该带来任何不良的后果。事实上，这就意味着他提出了这样一个要求，即心理规律（psychic laws）不应该运用到他身上。这样一来，他就不需要承认——或者无论如何都不需要改变——他的困境。于是，解决他的问题就不再是他的责任了，其他人应该明白不要去打扰他。

德国精神分析学家哈罗德·舒尔茨-亨克①是现代分析学家中第一个发现神经症患者所拥有的这些要求的人。他称这些要求为巨大的要求（Riessensprueche），并认为它们在神经症的发展中起着关键的作用。尽管我也认为这些巨大的要求在神经症中极为重要，但我的概念在很多方面与他并不相同。我认为，"巨大的要求"这个术语并不恰当。它会让人产生误解，因为它表明这些要求在内容上是过分的。的确，在很多例子中，这些要求不仅过分，而且明显是虚幻的。不过在另外一些例子中，这些要求则看起来相当合理。如果将关注的焦点放在这些要求中的过分内容上，就会更难看出自己及他人身上那些看似合理的要求了。

例如，有位商人因为火车没有在他方便的时候发车而感到非常恼火。他有一位朋友则认为，即使在生死攸关之际，对任何事情都也不必过于计较，他这位朋友可能会说他的要求实在太高了。听到这位朋友的话，我们这位商人很可能会义愤填膺。这位朋友根本就不知道他在说什么。他是个大忙人，希望火车在他方便的时候发车是合情合理的。

的确，他的愿望合情合理。谁不希望火车时刻表按照自己方便的时间来安排呢？但是——我们没有权利这样要求。这让我们认识到了这个现象的本质：一种愿望或需要本身虽然可以理解，但也会转变成一种要求。如果这种要求不能满足，他就会觉得这是一种不公平的挫折，是一种冒犯，因此他有权对此感到愤愤不平。

---

① Harald Schultz-Hencke, *Einfuehrung zur psychoanalyse*.

需要和要求之间的区别非常明显。不过，如果内心的潜在情感将需要变成了要求，那么，神经症患者就不仅意识不到这二者之间的差别，而且甚至不愿意看到这种差别。他实际上要谈论一种要求时，说的却是一种可以理解的或自然而然的愿望。他觉得自己有权得到很多东西，但只要稍微思考一下就可以发现，那些东西显然不是他的。例如，我想到有这样一些患者，当他们在停车场想用前一次买的票来停车却遭到拒绝时，他们会感到非常愤怒。同样，这种想"蒙混过关"的愿望也是完全可以理解的，但他们没有权利获得豁免。这并不是说他们不了解法律。而是他们认为（如果他们仔细思考过这个问题的话）别人都蒙混过关了，如果他们被逮到，那就是不公平的。

因此，我们简要地来谈一谈这些不合理的或神经症的要求，似乎是明智的做法。这些要求往往是神经症需要，个体在无意识之中将其转变成了要求。而且，这些要求往往是不合理的，因为他们总是假定自己拥有某种现实生活中并不存在的权利和资格。换句话说，由于他们事实上没有仅仅将这些要求视作神经症需要，而是将它们看成要求，因此，这些要求是过分的。这些要求在细节上所包含的具体内容因神经症之特定结构的不同而不同。不过，总的来说，神经症患者总是觉得自己有权利得到任何对他来说至关重要的东西——满足其所有的特殊的神经症需要。

当说到一个要求高的人，我们通常会想到他加诸他人身上的各种要求。事实上，人际关系是产生神经症要求的一个重要领域。但是，如果我们因此而将神经症要求局限于这一领域，那我们就会在很大程度上低估这些要求的范围。它们不仅指向生活本身，而且还会在同样程度上指向人为的制度，甚至在程度上超过前者。

就人际关系而言，一个外显行为表现得相当怯懦、退缩的患者，内心可能会充分表达一种全面的要求。由于没有认识到这一点，他遭受一种普遍惰性的困扰，无法开发自己的资源。"世界应该为我服务，"他说，"我不应该受到这样的困扰。"

一个骨子里害怕怀疑自己的女人，内心也藏匿着一种同样广泛的要求。她觉得自己有权利让自己的所有需要都获得满足。她说："简直不敢相信，一个我想与他谈恋爱的男人居然不想跟我谈恋爱！"她的要求最初以宗教的术语出现："我所祈祷的每一样东西都应该赐予我。"就她的情况而言，这个要求具有相反的一面。如果一个愿望没有实现，她就会觉得是一次无法想象的失败。因此，她会对自己的大多数需求进行检查，为的是不冒"失败"的风险。

实现自我

那些认为自己的需要总是恰当的人，常常觉得自己有权利永远都不会受到任何的批评、怀疑和质问。那些受权力支配的人则往往觉得自己有权利对他人盲目服从。而其他一些人——在这些人看来，生活就是一场博弈，在这场博弈中，一方面要利用技巧去控制其他人——则觉得自己有权利去愚弄任何人，而另一方面，他们自己则绝不会受到愚弄。那些害怕面对冲突的人觉得自己有权利"敷衍""绕过"他们自己的问题。一个充满攻击性、喜欢剥削和威逼他人、将自己的想法强加在他人身上的人，如果他人坚持进行公平的交易，他就会感到愤怒，并认为这是不公平的。一个被迫去冒犯他人同时又需要得到他人谅解的骄傲自大、报复心强的人，觉得自己有权利获得"赦免"。无论他对别人做了什么，他都觉得自己有权利不让任何人在意他的所作所为。要求获得"赦免"的另一种说法就是要求获得"理解"。不管他是多么阴郁孤僻或暴躁易怒，他都有权利获得理解。一个把"爱"当成一种万能解决方法的人，会将他的需要转变一种对绝对的、无条件的奉献的要求。一个超然的个体表面看起来完全可以理解，但他却坚持这样一个要求：不被打扰。他觉得他不想要他人做任何事情，因此，不管是否处于生死存亡的关头，他都有权利独处。"不被打扰"通常意味着不做批评、不抱希望或不加努力——即使后者是为了他自己，也是如此。

这个例子足以很好地例证在人际关系中发挥作用的神经症要求。在更多与个人无关的情境或者与制度有关的情境中，含有消极内容的要求非常普遍。例如，从法律或规章中获得好处被他们视为理所当然的事情，但是，一旦结果对他们不利，他们就会觉得不公平。

我至今依然感谢上次战争期间发生的一件事情，因为它让我看清了自己心中所藏匿的无意识要求，而且从这些无意识要求中，我还看到了他人的无意识要求。当时，我正从墨西哥访问归来，在科珀斯克里斯蒂机场，由于按顺序排队，我错过了航班。尽管我一直以来都认为这条规定从原则上讲完全合理，但我注意到，一旦事情发生在我身上，我就变得无比愤怒。一想到要坐三天的火车到纽约，我就真的非常恼火，而且感到非常疲倦。不过，我在安慰自己时，我想到这可能是上苍的一次特殊安排，因为没准飞机会出什么事，这样一想，我整个不安的心情就慢慢平息了下来。

就在这个时候，我突然发现了自己的反应的荒谬性。在开始思考自己的反应时，我看到了自己的要求到底是什么：首先，要求自己是个例外；其次，要求上苍给予自己特殊的照顾。从那时起，我对于乘坐火车的整个态度就发生了变化。在拥挤的火车车厢里整天整夜地坐着依然是一件不舒服的事情，但不再感到疲倦，甚至开始享受起这样的旅行。

我相信，通过观察自己和他人，任何人都可以很容易地重复和扩展这种经验。例如，许多人——不管是行人还是司机——在遵守交通规则方面之所以都存在困难，往往是因为他们对交通规则都有一种无意识的反抗心理。他们觉得自己不应该屈从于这些规则。有些人痛恨银行的"傲慢态度"，因为银行总是把他们的注意力引向他们已经透支了这样一个事实。此外，很多人害怕考试，或者说无力准备考试，也是因为他们要求自己是个例外的心理。同样，人们在观看一场糟糕的表演时之所以感到愤怒，也可能是因为他们觉得自己有权利欣赏一流的表演。

这种对于自己是个例外的要求，也涉及心理或生理方面的自然法则。令人感到吃惊的是，聪明的患者在看到心理问题的原因与结果之间的必然性时，可能会变得相当迟钝。我正在思考的是下面这样一些不证自明的联系：如果想获得某些东西，我们就必须付出努力；如果想变得独立，我们就必须努力奋斗，从而能够为自己承担起责任。或者，只要我们傲慢自大，我们就会容易受到攻击。或者，只要我们做不到爱自己，我们就不可能相信他人会爱我们，也必然会怀疑任何有关爱的断言。如果向患者呈现这些因果序列，那他们可能会开始争论，并感到一头雾水或避而不谈。

导致这种特殊的愚钝表现的因素有很多。① 首先，我们必须认识到，掌握这些因果关系就意味着让患者看到内在变化的必要性。当然，要改变任何神经症因素都非常困难。而且，除此之外，正如我们已经看到的那样，很多患者在无意识之中都存在一种强烈的厌恶感，不愿意去认识他们应该屈从于任何的必然性。甚至仅仅是"规则""必要性"或"制约因素"这些字眼都可能会让他们颤抖不已——如果让他们完全了解这些字眼的含义的话。在他们的私人世界里，对他们来说，任何事情都是有可能的。因此，如果承认有哪种必然性适用于他们自身，事实上就会让他们从高高在上的世界跌落到现实世界中，而在现实世界里，他们将像其他所有人一样屈从于同样的自然规律。因此，他们需要将这种必然性排除在他们的生活之外，而这种必然性进而会转变成一种要求。在精神分析中，这一点表现为：患者觉得自己有权利超越改变的必要性。因此，他们在无意识之中会拒绝看到这样一个事实，即如果他们想变得独立、不那么容易受到伤害，或者想去相信自己能够被人所爱，那他们就必须改变自己的态度。

---

① 参见第七章有关精神分裂过程的论述和第十一章有关放弃者对任何变化之厌恶的论述。

46　　一般来说，最令人震惊的是对生活的某些隐秘要求。任何对这些要求的非理性特征的怀疑，都注定会从这个领域中消失。当然，面对这样一个事实，即对他来说，生活也是有限的、危险的，可能会粉碎患者觉得自己像神一样的感觉。任何时候，任何的偶然事故、坏运气、疾病或死亡都会让他想到自己的这种命运——并会摧毁他的全能感。因为（引用一句古话）我们对此几乎无能为力。现在，我们可以避开某些死亡的危险，可以保护自己免遭与死亡相关的经济损失。但是，我们无法避开死亡。由于不能像正常个体一样面对生活中的风险，神经症患者常常会提出这样的要求：他是神圣不可侵犯的，他是被教皇施了涂油礼的，好运总是会伴随他左右，他的生活总是轻松且没有任何痛苦。

　　与那些在人际关系中发挥作用的要求相反，对生活的要求总的来说不能得到有效的维护。有这些要求的神经症患者通常只能做两件事情。他能够否认，在内心告诉自己任何事情都不可能发生在他身上。在这种情况下，他往往会鲁莽行事——在寒冷的天气发烧后仍外出，丝毫不顾及有可能发生的传染，或者进行性生活时不采取任何预防措施。他生活的方式就好像他永远不会变老，或者永远不会死亡一样。因此，如果碰上了某种不利的情况，那么，这对他来说自然就是一种毁灭性的经验，而且有可能会让他陷入恐慌。尽管这种经验有可能无足轻重，但它粉碎了他那神圣不可侵犯的崇高信念。他有可能会转向另一个极端，开始变得对生活过于小心谨慎。如果他不能依赖于他的要求，即他的神圣不可侵犯应该受到尊重，那么，任何事情都将有可能发生，而他也将无所依赖。这并非意味着他已经放弃了他的要求。相反，这意味着，他不想让其他人认识到这些要求的无效性。

　　而对待生活和命运的其他态度，只要我们看不到其背后的要求，那它们看起来就更为合乎情理。许多患者都直接或间接地表达过这样一种情感，即让他们遭受一些特殊困境的折磨是不公平的。在谈到他们的朋友时，他们会指出，尽管这些朋友也是神经症患者，但这个朋友在社交场合中更轻松自如，那个朋友更有女人缘，还有一个朋友更富有进取精神或者

47更能充分地享受生活。这样的闲谈虽然没什么用，但似乎可以理解。毕竟，每一个人都有他自己的个人困难，因此都不希望有一些特殊的困难来折磨自己。但是，患者对于与那些"值得羡慕的"人在一起的反应，则表明了一个更为严重的过程。他可能会突然变得冷漠或沮丧。在对这些反应进行细细研究之后，我们发现，这个问题的根源在于这样一种僵化的要求，即他根本不应该有任何的困难。他有权利获得比其他任何人都多的天

赋。此外，他不仅有权利过上一种没有任何个人问题的生活，而且他有权利拥有他所知道的，或者在银幕上所看到的那些人物的所有优点：像查理·卓别林（Charles Chaplin）那样谦卑又聪明，像斯宾塞·屈塞（Spencer Tracy）那样仁慈又勇敢，像克拉克·盖博（Clark Gable）那样矫健又阳刚。"我不应该是我"这样一个要求显然是不合理的，因此患者不能直接提出这样一个要求。它只能在患者自身发展的过程中以怨恨、妒忌所有比他更有天赋、更为幸运的人的形式表现出来；表现为对他们的模仿和羡慕；表现为向精神分析学家提出的要求，即要求分析学家给他提供所有值得拥有但常常又是相互矛盾的优点。

被赋予最高级的品质这个要求的含义会产生相当严重的后果。它不仅会导致一种长期郁积的妒忌和不满，而且会成为分析工作的一个真正障碍。首先，如果患者具有任何神经症困难都是不公平的话，那么，期望他去解决自己的问题则无疑是双倍的不公平。相反，他觉得自己有权利摆脱这些困难，而不用经历艰苦的改变过程。

这里对神经症要求的种类的调查并不全面。由于任何一种神经症需要都有可能转变为一种要求，因此，我们必须讨论每一种需要，这样才能对要求有一个详尽全面的认识。但是，即使是这样一个并不全面的调查，也让我们感觉到了神经症要求所具有的独特性质。下面，我们将更为清楚地阐释其所具有的共同特征。

首先，神经症要求在两个方面是不切实际的。患者确立了一种只存在于其内心之中的头衔，而他很少（即使有的话）考虑实现这些要求的可能性。在他提出的显然是幻想的要求，即免除疾病、年老、死亡的要求中，我们可以清楚地看到这一点。但是，这些对于他人来说确实是实实在在、不可免除的。一个觉得有权利让自己发出的邀请都被人接受的女人，一旦遇到有人拒绝她的邀请就会异常恼怒，而不管他人拒绝接受邀请的理由是如何急迫。一位坚持认为任何事情对他来说都应该易如反掌的学者，如果让他写论文或做实验，不管这样的工作是多么必要，而且通常情况下，尽管他认识到了只有通过辛苦的劳动才能完成这样的工作，他还是会感到很愤怒。一个觉得自己有权利在囊中羞涩时让身边所有人帮助他的酒鬼，如果这种帮助出现得不及时或者有些勉强，他就会觉得不公平，而不管别人是否乐意这样做。

这些例子暗含了神经症要求的第二个特征：他们的自我中心倾向（egocentricity）。通常情况下，这种自我中心倾向非常露骨，以至于给旁观者"天真幼稚的"印象，让他不由得联想到被宠坏了的孩子的相似态度。这些印象有助于得出这样一个理论方面的结论：所有这些要求都只不过是那些还没有长大的人（至少在这一点上没有长大）所具有的"孩子气的"性格特征。事实上，这种观点是错误的。小孩子确实也总是以自我为中心，但这仅仅是因为他还没有形成与他人相联系的感觉。他根本不知道他人也有他人自己的需要，即使知道也是有限的——例如，妈妈需要睡觉，或者妈妈没有钱买玩具。而神经症患者的自我中心倾向则建立在完全不同且复杂得多的基础之上。他之所以只为自己着想，是因为他受到了自己的心理需要的驱使，备受内心冲突的折磨，被迫坚持自己特殊的解决方法。因此，在这里，这两种现象虽然看起来相似，实则完全不同。由此可见，告诉某位患者说他的要求很幼稚，其实完全无益于治疗。对患者来说，这只能意味着这些要求是不合理的（精神分析学家其实可以采取更好的方法让他看到这样一个事实），至多只能促使他进行思考。如果没有进一步的治疗工作，他的神经症症状就不会有任何改变。

　　这中间的区别非常大。神经症要求的自我中心倾向可以用我给人以启发的经验来加以概括：在战争期间，优先做一些事情是可以的，但我自己的需要应该具有绝对的优先权。如果神经症患者觉得不舒服或者想做某件事情，那么，其他所有人都应该停下手头的工作，冲过来帮助他。如果分析学家礼貌地说没有时间对他进行咨询，则常常会听到他愤怒的或无礼的回答，再者，他会对分析学家的话充耳不闻。只要患者需要，分析学家就应该有时间。神经症患者与周围世界的联系越少，他就越不能意识到他人及他人的情感。就像一位有时会对现实表现出高傲的轻蔑态度的患者曾经说过的那样："我是一颗独立的彗星，穿梭在太空中。这意味着我所需要的东西是真实的——他人的需要则是不真实的。"

　　神经症要求的第三个特征是：他希望任何东西对他来说都能轻而易举地获得，而不需要付出足够的努力。他不承认他在觉得孤独时会给其他人打电话，他觉得应该是其他人给他打电话。如果他想减肥，他就必须少吃，但这个简单的推理却常常会遭到他内心的强烈反对，以至于他总是不停地吃，同时又依然认为他不像别人看起来那么苗条是不公平的事情。有的神经症患者可能会提出这样的要求，即他应该得到一份体面的工作，应该拥有较高的地位，应该升职加薪，而不需要付出特别的努力——而且——不需要提出要求。甚至他自己内心之中都不清楚他想要的东西是什么也是应该的事情。他觉得他应该处于一种既能拒绝任何东西又能得到任何东西的位置。

通常情况下，一个人能够用最为合理又最为动人的话语来表达他是多么想要得到幸福。但不久之后，他的家人或朋友就会发现，想要让他幸福是多么困难的事情。于是，他们可能就会跟他说，肯定是他内心之中的某种不满使得他无法获得幸福。然后，他可能就会去看精神分析学家。

分析学家很可能会评价说，患者想要获得幸福的愿望是促使其前来接受分析的良好动机。但他也可能会自问：为什么一个如此想要得到幸福的患者却感觉不到幸福呢？他拥有的很多东西都是大多数人想要拥有的：一个快乐的家、一位善解人意的妻子、一份有保障的经济收入。但是，他不想做任何事情，对任何事情也都没有强烈的兴趣。他的身上表现出了很多消极被动和自我放纵。在第一次面谈中，分析学家印象最深的是：该患者没有谈及他的困境，而是恰恰相反，他有点任性地罗列了一大堆愿望。接下来的一小时面询证实了分析学家的最初印象。事实证明，患者在分析工作中表现出来的惰性是首要的障碍。于是，画面变得越来越清晰了。患者是这样的一个人：他的手脚受到了束缚，无力开发自己的资源，而且内心充满了固执的要求。他要求：生活中一切美好的事物，包括心灵的满足，都应该赋予他。

另一个例子论证了神经症患者要求得到帮助却不付出任何努力的表现，这个例子进一步说明了神经症要求的性质。有一名患者，距离上次分析已经有一个星期，此时又受到了上一次分析面询过程中出现的某个问题的困扰。离开之前，他表示他想克服这个困难——这是一个完全合理的愿望。所以，我非常努力地想找到这一特殊问题的根源。但不久之后，我却注意到，他并不怎么合作，就好像是我在拖着他走一样。随着约定的这一个小时的不断流逝，我感觉到他越来越不耐烦。当我直接问他时，他承认了这一点，说他的确很不耐烦。他说他不希望自己再有一整个星期的时间陷入这个困境中，而对此，我没有说任何话来缓解他的情绪。我指出，他的愿望当然是合理的，但是很明显，这个愿望现在已经变成了一种要求，那这样就没有道理了。我们是否能够更进一步地解决这个特殊问题，取决于该问题在这个节骨眼上的可接近性，以及他和我可以取得什么样的成效。而且，就他而言，必定存在某些东西使得他不能朝着所希望的目标努力。在经过大量的来回反复（在此我做了省略）之后，他终于明白了我所说的话的真实性。他的不耐烦情绪消失了，他的非理性要求和紧迫感也消失了。此外，他还补充了一个给人以启发的因素：他曾觉得是我引起的问题，因此应该由我来解决。在他心里，我应该怎样对他的问题负责呢？他并不是说我犯了一个错误；简单地说就是，在前一次分析面询中，他就已经认识到他还没有克服他的报复心理——这一点他刚刚才开始察觉到。事实上，在那个时候，他甚至不想摆脱它，而只是想摆脱一些与它相伴随的困扰。由于我没有满足他马上摆脱这些困扰的要求，因此，他觉得他有权利提出惩罚我的报复性要求。经过这番解释，他找到了其要求的根源：他内心拒绝为自己承担责任，并且缺乏建设性的利己主义。这使他变得麻痹，使他不能为自己做任何事情，从而产生了一种需要，即需要其他人——这里指的是分析学家——承担起所有的责任，并为他解决所有的问题。而这种需要也变成了一种要求。

这个例子表明了神经症要求的第四个特征：它们本质上可能是报复性的（vindictive）。神经症患者可能会觉得受到了不公正的对待，因此他坚持要报复。发生这种情况，从本质上说并不是新知识。这在创伤性神经症患者和某些妄想症患者身上表现得非常明显。文学作品中有很多关于这种特征的描述，其中包括《威尼斯商人》中的夏洛克（Shylock）坚持从安东尼奥（Antonio）身上割下一磅肉，《海达·高布乐》中的海达·高布乐（Hedda Gabler）得知她的丈夫不能获得他们想要的教授资格后，转而要求得到豪华的奢侈品。

我在这里想要提出的问题是：报复性需求如果不是有规律地出现在神经症要求中的话，那还是不是神经症要求中经常出现的一种因素呢？当然，个体对这些报复性需求的认识各不相同。就夏洛克而言，他对这些报复性需求是有意识的；而在我刚才提到的患者对我发怒的例子中，患者可能刚刚意识到这些需求；而在大多数情况下，它们是意识不到的。根据我的经验，我怀疑报复性需求的普遍性。但我也发现，这些报复性需求如此频繁地出现，以至于我定下常规：必须常常留意这种需求。就像我在讨论追求报复性胜利之需要时所提到的那样，我们发现，大多数神经症患者的内心深处隐藏着大量的报复性。当神经症患者提出的要求与过去的挫折或痛苦有关时，当患者以一种好斗的方式提出神经症要求时，当患者将神经症要求的实现视为胜利，而将没有实现这些要求视为失败时，报复性因素无疑就会发生作用。

人们是如何认识自己的要求的呢？一个人对自己的认识越多，就越会用自己的想象力来决定自己周围的世界，那么，他和他的生活总体来说就越有可能仅仅只是他需要看到的样子。他没有多余的心思来省察自己具有何种需要或要求，而且，只要他人一提到他可能具有某些要求时，他就会觉得自己受到了冒犯。人们完全不应该让他等。他完全不应该遇到任何的意外事件,他甚至不应该变老。当他外出旅行时,天气应该晴好。万事都能进展顺利,事事都能让他顺心。

有些神经症患者看起来意识到了自己的要求,因为他们明确、公开地要求获得一些特权。但是,在旁观者看来一目了然的事情,患者本人却不一定能明显地意识到。旁观者看到的东西与患者感受到的东西是两码事,这二者截然不同。一个以富有攻击性的方式坚持自己要求的人,可能至多会意识到其要求的某些表现或含义,如没有耐心,或者忍受不了反对意见。他可能知道,他不喜欢请求他人帮忙,也不愿意向他人表达谢意。不过,这种意识不同于知道他觉得自己有权利让他人做他希望的事情。有时,他或许能意识到自己有些鲁莽,但通常情况下,他会把这种鲁莽装饰成自信或勇气。例如,他可能会在对另一份工作没有任何具体了解的情况下放弃一份相当好的工作,而且还可能认为这样一种做法是他自信的表现。事实可能就是这样,但这种鲁莽也可能来源于这样一种感觉,即他觉得自己有权利让好的运气和命运都围绕在他身边。他可能知道,在他灵魂深处的某个隐秘角落,他暗自相信,作为一个人,他永远都不会死。但是,即便如此,他还是没有意识到自己那种觉得自己有权利超越生物局限性的感觉。

在其他一些情况下,患者和没有经过训练的观察者都觉察不到这些要求。于是,这些观察者会认为患者提出的所有需求都是合情合理的。通常情况下,他之所以这样做,主要是因为他自身的神经症原因,而不是因为心理上的无知。例如,他有时候可能觉得他妻子或情人提出的一些要求很过分,占据了他的时间,给他带来了不便,但这同时也会大大满足他的虚荣心,让他觉得自己对她来说是不可或缺的。或者,一个女人可能会因为感到无助和痛苦而提出一些过分的要求。她自己仅仅只能感觉到自己的需要。她甚至可能会有意识地过于小心谨慎,不将自己的需要强加到他人身上。而周围的那些其他人,尽管有可能喜欢充当保护者和帮助者的角色,但如果满足这个女人的期望,他们就会感到深深的"内疚"(或者,他们可能因为自己内心深处的某些准则而感到内疚)。

然而,即使患者意识到自己具有某些要求,他也从来都意识不到自己的这些要求是没有根据或不合理的。事实上,任何对这些要求之合理性的怀疑都意味着削弱了这些要求。因此,只要神经症患者觉得这些要求对他而言极为重要,他就必定会在自己内心建立起一座严密的堡垒,从而使得这些要求完全合理。对于这些要求的公平、公正性,他也必定深信不疑。在分析过程中,患者常常会想尽一切办法证明,他只期望获得那些他应该得到的东西。相反，出于治疗的目的，认识到某种具体要求的存在以及患者合理化这种要求的性质，非常重要。因为这些要求能不能站得住脚，完全取决于它们所置放的基础，因此，这个基础本身就处在了一个战略性的地位上。例如，如果一个人因为所取得的功劳而觉得自己有权利享受各种各样的服务，那么，他必定会无意识地夸大这些功劳，以至于如果这些服务不到位，他就会理直气壮地认为自己受到了虐待。

这些要求通常是在文化的基础上合理化的。因为我是一个女人——因为我是一个男人——因为我是你的母亲——因为我是你的老板。……既然这些证明神经症要求之合理性或正当性的理由中，事实上没有哪一个赋予了个体提出这些要求的权利，那么，这些理由的重要性必定是被过分强调了。例如，在美国，没有严格的文化规定认为洗盘子有损男性的尊严。因此，如果有人要求免除男性做这样卑贱的工作，那么，他必定会夸大作为一个男人或者养家糊口者的尊严。

一直以来都存在的基础是优越性。这个方面的共同要素是：因为我在某个方面具有特殊的才能，因此我有权利……这是一种生搬硬套的形式，大多数情况下是无意识的。不过，个体可能会强调他的时间、他的工作、他的计划、他永远都对的特殊重要性。

因此，那些相信"爱"能解决一切事情、"爱"能赋予人们一切的人，必定是夸大了爱的深度或价值——不是通过有意识的伪装表现出来，而是实实在在地感受到了比实际存在的更多的爱。这种夸大的必然性常常会导致恶性循环的后果。尤其是那些基于无助和痛苦而提出的要求，更是如此。例如，很多人都很胆怯，以至于都不敢用电话咨询问题。如果有人要求其他人帮他咨询，那么，为了证实这些抑制作用的存在，这个人所感觉到的抑制作用就会比实际上还要大。如果一个女人非常沮丧或无助，以至于做不了家务，那么，她就会让她自己感到比实际上还要更为无助、更为沮丧——从而事实上将遭受更多的痛苦。

不过，我们不应该草率地得出这样的结论：对于他人来说，最理想的环境是不迁就神经症患者的要求。迁就和拒绝神经症患者的要求都有可能会导致情况进一步恶化——在这两种情况下，神经症要求都有可能会变得更为强烈。通常情况下，只有当神经症患者已经开始或者正在开始为自己的言行承担起责任时，拒绝其要求才会有所帮助。

神经症要求最令人感兴趣的基础很可能是"公正"（justice）。因为我信仰上帝，因为我一直在工作，或者因为我一直是一个好公民——因此，任何不好的事情都不应该发生在我身上，所有事情都应该朝着对我有利的方式发展，这样才公正。善应该有善报，恶应该有恶报。与之相反的证据（证明善行并不必然会获得奖赏的证据）都应该抛弃。如果这种倾向出现在某位患者身上，那么，他通常就会指出，他的公正感也会延伸到他人身上，如果他人遭到了不公正的对待，他也同样会感到非常愤怒。从某种程度上说，情况确实如此，但这仅仅意味着他需要在公正的基础之上提出他的要求，而这种需要已经泛化成了一种"处世哲学"。

此外，对公正的强调也有其相反的一面，即让他人为所有发生在他们身上的不幸遭遇负责。一个人是否会将这相反的一面运用到自己身上，通常取决于他对公正的意识程度。如果他对公正的意识很刻板，那么，他就会——至少在意识层面——认为，他的每一次不幸遭遇都是不公正的。但是，他往往更易于将"报应性公正"（retributive justice）的规则运用到他人身上：一个失业的人很可能并不是"真的"想要一份工作；或许从某个方面来说，犹太人应该为其所遭受的迫害负责。

在更为个人化的事情上，这种人觉得自己有权利接受既定的价值为其价值观。如果这两个因素没有引起他的注意，那么，这个观点或许恰当。他自己的积极价值观在其内心之中往往会占据过大的比例（例如，善意就是其中之一），而他却常常忽视他给人际关系所带来的困难。除此之外，这些价值观的尺度也常常不一致。例如，一个接受精神分析的人可能会将自己的尺度确定为：他自己有合作的意图，他希望能摆脱困扰他的症状，他会按时前来接受分析和支付费用。而分析学家的尺度是，他有义务让患者康复。遗憾的是，双方的尺度并不平衡。只有患者自己愿意且能够致力于做出改变，他才能够康复。因此，如果患者的良好愿望没有与其有效努力结合起来，那么，患者康复的希望就不大。由于让他感到困扰的症状一再出现，因此，患者会越来越恼怒，觉得自己被骗了。于是，他在支付给分析学家报酬时就充满了指责或抱怨，而且，他觉得自己完全有理由愈加地不信任分析学家。

这种对公正的过分强调可能是报复性的一种伪装，不过也不一定必然如此。如果这些神经症要求主要是基于"应付"生活而提出的，那么，患者通常就会强调他自身的功劳。这些要求的报复性越大，患者就越会强调他所受到的伤害。在这里，他所受到的伤害也被过分夸大了，这种被伤害的感觉与日俱增，最后这种感觉会发展到非常强烈，以至于"受害者"觉得自己有权利要求他人做出任何的牺牲，或者对他人施加任何的惩罚。

由于这些要求对于神经症的维持来说非常关键，因此，坚持这些要求当然就显得至关重要了。这一点只是针对人们的要求而言，因为不用说我们都知道，命运和生活总是有办法去无情地嘲弄任何坚持这些要求的行为。在下文有好几处，我们还会回到这个问题上来。在这里，我们只要让读者大体上了解神经症患者试图让他人迁就其要求的做法与这些要求产生的基础紧密相关这一点就够了。简而言之，他可能会试图用自己独一无二的重要性给他人留下深刻印象；他可能会取悦、诱惑或许诺他人；他可能会通过唤起他人的公平感或内疚感，从而迫使他人为他效劳，并从中得到好处；他可能会通过强调对他人的爱，从而唤起他们对爱的渴望和虚荣心；他还可能会用易怒和愠怒来威胁他人。这种报复心强的人可能会用永不满足的要求来摧毁他人，试图通过严厉的指责迫使他人顺从。

考虑到神经症患者为合理化其要求和坚持这些要求所投入的所有精力，我们完全可以预期当这些要求受挫时他们会做出怎样的强烈反应。虽然恐惧暗涌，但他们主要的反应是生气，或者甚至是愤怒。生气是一种特殊的反应。由于神经症患者主观上觉得这些要求是公平、公正的，因此，当这些要求受挫时，他们就会觉得不公平、不公正。于是，随之产生的生气便具有了一种义愤填膺的性质。换句话说，患者不仅生气，而且他觉得自己有生气的权利——这种感觉是患者在分析过程中竭力维护的。

在更为深入地探讨这种愤怒情绪的不同表现之前，我想先简要地介绍一些理论——尤其是约翰·多拉德（John Dollard）及其他人提出的理论。该理论认为，我们对遇到的任何挫折都会做出敌意反应。也就是说，事实上，敌意从本质上说是一种对挫折的反应。① 事实上，只要简单观察一下，我们就会发现，这个观点是站不住脚的。相反，人类所遭受的但没有做出敌意反应的挫折的数量是惊人的。只有当个体觉得挫折是不公平的，或者挫折是在神经症要求的基础之上产生，而个体觉得这种挫折不公平时，敌意才会产生。所以说，它具有一种特殊的愤怒或感觉受到了虐待的特征。这种所遭受的不幸或伤害有时会被夸大到可笑的程度。如果一个人觉得自己受到了另一个人的虐待，那么在这个人眼里，对方就会突然变成一个不值得信任、下流、残忍、卑鄙的人。也就是说，这种愤怒感会在很大程度上影响我们对他人的判断。这就是神经症怀疑（neurotic suspiciousness）的根源之一。这也是很多神经症患者对于自己对他人的评价很没有把握的

---

① 该假设是在弗洛伊德的本能论基础上提出的，它认为，每一种敌意都是对受到挫折的本能驱力或其衍生物的反应。在那些接受弗洛伊德死亡本能理论的分析学家看来，除此之外，敌意也从一种破坏性本能需要中获取其能量。

原因之一，是他们很容易从一种积极友好的态度转变为完全谴责的态度的原因之一，而且，这是一个很重要的原因。

简单说来，对生气或者甚至是愤怒的强烈反应可能会经历以下三个不同过程中的一个。首先，不管出于什么样的原因，对生气或愤怒的强烈反应可能会被压抑下去，然后可能——像所有被压抑的敌意一样——以心身症状的形式表现出来：疲劳、偏头痛、肠胃不适等。其次，对生气或愤怒的强烈反应可能会自由地表现出来，或者至少能够充分感受到。在这种情况下，生气越被看成是没有事实根据的，患者就越会夸大他所受到的不公正对待；然后，患者会在无意间建立起一种看似逻辑严密的状况来反对冒犯者。患者的报复性不管出于什么样的原因，只要越公开，他就越倾向于采取报复行动。他越是公开地表现出他的骄傲自大，他就越确信他所采取的报复行动是出于正当的理由。第三种反应则是将自己置于悲惨、自怜的境地。然后，患者就会感觉受到了极大的伤害或虐待，并且可能会变得意志消沉。"他们怎么能够这样对我！"他常常这样觉得。在这种情形下，受苦成了表达责难的媒介。

这些反应之所以更容易在他人身上看到，而不容易在自己身上看到，是因为我们总觉得自己是对的这一信念抑制了我们的自我反省。然而，当我们一心想着自己受到的不公正对待时，或者当我们开始思考某个人所具有的可憎品性时，又或者当我们感觉到想报复他人的冲动时，其实，好好地审视一下自己的反应才符合我们的真正利益。然后，我们必须仔细地审视一下，我们的反应与所遭受的不公正对待是否成比例。如果通过诚实的审视，我们发现这二者之间是不成比例的，那我们就一定要去寻找一下其背后隐藏的要求。只要我们愿意且能够放弃一些想要获得特权的需要，只要我们熟悉自己那些被压抑的敌意可能会采取哪些形式表现出来，就不难看出对某个挫折所做出的强烈反应，也不难发现这种反应背后的特殊要求。不过，在一两种情况下看出这些神经症要求，并不意味着我们完全摆脱了所有的神经症要求。通常情况下，我们只能克服那些特别明显和荒谬的要求。这个过程很容易让人联想到绦虫的治疗。这种治疗虽然会清除绦虫的一部分，但它会再生，还会不断消耗人的体力，只有将它的头取下才能彻底清除。这就意味着我们在放弃要求时只能做到这样的程度，即我们能克服所有追求荣誉及其所包含的东西的要求。不过，与绦虫治疗不同的是，在回归自我的过程中，每一步都很重要。

普遍性要求对一个人的人格及其生活的影响是多方面的。它们可能会让他内心之中弥漫着的挫折感和不满感变得无处不在，以至于人们可以粗略地称其为他的一种性格特征。当然，还有其他因素也会导致这种长期的不满。但是，在这些导致长期不满的根源中，普遍性要求是最为重要的根源。这种不满常常会表现为这样一种倾向，即在任何生活情境中，都倾向于将关注的焦点放在所缺乏的事物或者困难的事情上，从而对整个情境都感到不满意。例如有这样一个人，他有一份极为满意的工作，家庭生活也很和谐，但他没有足够的时间弹钢琴，而这对他来说非常重要；或者他有一个女儿可能一直身体不好。这些因素占据了他的整个心灵，以至于他不能欣赏自己所拥有的一切美好。或者，试想一下，有一个人一整天的好心情却因为一件订购的商品没有准时送过来而被破坏了——或者，一个人正在体验一次美好的远足或旅行，却因为遇上交通不便而心情不爽。这些态度非常普遍，几乎可以说我们每一个人都曾遇到过。拥有这种态度的人有时候自己都觉得奇怪，不知道自己为什么总是看到事物的阴暗面。或者，他们称自己是"悲观主义者"，从而对整个事情都置之不理。这种态度除了没法解释之外，还在伪哲学的基础之上提出个人完全无力忍受不利的处境。

由于这种态度的存在，人们使自己的生活在许多方面都变得更加艰难了。如果我们将一种艰难的困境看成是不公平的，那么，这种困境的艰难程度就会增加十倍。我自己在火车上的经历便可以很好地证明这一点。只要我觉得自己正处于一种不公平的境地，那我就会更加难以忍受这种处境。因此，在我发现隐匿于其背后的要求后——尽管座位还是那么硬，乘坐的时间还是那么长——同样的情境却让人心情愉悦起来。这一点同样适用于工作。不管从事任何工作，如果我们怀着不公平的破坏性心情，或者在内心要求这项工作应该简单易做，那我们必定会感到费力和疲劳。换句话说，这些神经症要求使得我们丧失了部分生活艺术，而生活艺术包括从容地处理生活中的事件。当然，生活中也存在严重到将人压倒的经验。但是，这种经验毕竟极少。对于神经症患者来说，很小的事情往往会变成重大的事故，生活也变成了一系列令其沮丧的事件。与此相反，神经症患者可能将关注的焦点放在他人生活的光明面：这个人获得了成功，那个人有好几个孩子，还有个人有更多的闲暇可以做更多的事情，别人家的房子更好，别人家的草坪更绿。

这种态度描述起来很简单，但要认出它却非常困难，尤其是要认出自己身上的这种态度时就更加困难了。它看起来非常真实、非常符合实际情况，这种至关重要的东西是我们所缺乏，而他人所具有的。所以，我们内心的簿记会出现两个方面的歪曲：一个关于自己，另一个关于他人。很多人都被告知过，不要将自己的生活与他人生活的闪光点相比较，而要与他的整个生活相比较。但是，尽管他们认识到了这一忠告的合理性，但却不能遵循，因为他们扭曲的观点不是疏忽，也不是智力上的无知，而是一种情感上的盲目。也就是说，这是一种由于内心的无意识需求而产生的盲目。

结果，对他人的妒忌和漠不关心混合到了一起。这种妒忌具有尼采（Nietzsche）所说的"生活在嫉妒之中"（Lebensneid）的性质，"生活在嫉妒之中"不是针对这点或那点生活细节，而是与整个生活有关。它常常伴随着这样一种感觉：自己是唯一一个被排除在外的人，是唯一一个焦虑、孤独、恐慌、受束缚的人。而这种漠不关心也并不一定意味着他是一个完全麻木不仁的人。它产生于普遍的神经症要求，然后获得了它自身的功能，从而证明患者的自我中心倾向是合理的。为什么那些一切都比他好的人还想得到他的东西呢？他的需要比周围任何人都多——他比其他人受到了更多的忽视和冷遇——为什么他就不应该有权利独自寻求自我！于是，这些要求就变得越来越根深蒂固了。

另一个结果是一种对权利的普遍的不确定感。这是一种复杂的现象，这些普遍的要求只不过是决定性因素之一。在私人的世界里，神经症患者觉得自己有权利得到一切，这个世界非常不现实，以至于他对现实世界中的权利产生了困惑。一方面，他内心充满了各种非分的要求，但另一方面，当他实际上能够或者应该这么做时，他却有可能过于胆怯，以至于不能感受到或坚持自己的权利。例如有一位患者，他一方面觉得整个世界都应该为他服务，但另一方面，他却不敢要求我改变一下精神分析的时间，或者向我借一支铅笔写点东西。还有一位患者，他需要获得他人尊重的神经症要求没有得到满足时，就会变得高度敏感，但他却能忍受某些朋友的公然欺骗。因此，这种觉得自己没有权利的感觉，可能是患者受苦的一个方面，当他的无理要求没有受到关注时，这可能将成为他抱怨的焦点，而这些无理的要求是问题的根源，或者说"至少是导致问题出现的一个相关因素"。[①]

最后，心怀这些广泛的要求是导致惰性（inertia）的相关因素之一。惰性有时候以公开的形式表现出来，有时候以隐蔽的形成表现出来，它很可能是最为常见的神经症障碍。与闲散（idleness）相比，惰性是一种心理能量瘫痪的状态，而闲散可能是主动的、令人愉悦的。惰性不仅会扩展

[①] 参见第九章——自谦型解决方法。

到行为上，而且还会扩展至思维和情感方面。从定义上看，所有神经症要求都会取代患者积极解决自身问题的努力，从而使得他不能正常地成长。很多例子都表明，神经症要求会导致更为广泛的厌恶付出任何努力的表现。所以说，这种无意识要求的目的很纯粹，就是为了获得足够多的成就，有一份工作，生活幸福，并能克服困难。他有权利获得所有这一切，而不用付出任何的努力。有时候，这意味着应该由他人来做实际的工作——让张三李四做。如果他人不做，那他就有理由感到不满。因此，经常发生的情况是：仅仅只是想到要多做一点额外的事情，如搬点东西或看电影等，他就会感到疲惫不堪。有时候，在分析的过程中，患者的疲劳感可以很快消失。例如，有一位患者，在出去旅行之前有很多事情要做，他甚至在开始做这些事情之前就感觉到了疲惫。于是，我建议他把如何做好每一件事当成对他智力的一次挑战。我的建议让他产生了兴趣，他的疲惫感立刻就消失了，他完成了所有的事情而没感觉匆忙或疲倦。但是，尽管他因此而体验到自己有能力积极愉悦地做这些事情，但这种自身努力的冲动很快就会消失，因为他的无意识要求依然深深地植根于他的内心之中。

  神经症要求的报复性越强，患者惰性的程度就越大。他在无意识之中通常是这样辩论的：他人应该为他所遇到的麻烦负责——所以，我有权利得到补偿。如果我付出一切努力，那还算什么补偿！当然，只有那些对生活丧失了建设性兴趣的人才会这么说。他再也不用为自己的生活做点什么了，而应该由"他人"或命运来对他的生活负责。

  在分析中，患者会固执地坚持其神经症要求并为其辩护，这种固执（tenacity）表明，这些神经症要求必定对患者来说具有相当大的主观价值。他不止有一条防线，而是有很多条防线，而且他会不断地转换其防线。首先，他会说他没有任何要求，他根本就不知道分析学家说的是什么。然后，他会说他的要求都是合理的。再然后，他会进一步捍卫使得这些要求看似合理的主观基础。最后，当他认识到他确实具有这些要求，而且这些要求事实上是不合理的时，他似乎就会失去对这些要求的兴趣：这些要求毫无重要性可言，或者至少可以说是无害的。但是，他早晚都将看到这在以后对他自己的影响是多方面的、严重的。例如，这些要求使得他容易发怒和不满。如果他自己更为积极主动，而不是一直坐在那里等着好事落在他头上，他的状况可能会好很多。事实上，他的神经症要求使得他的心理能量处于瘫痪状态。此外，他还必须敞开心扉面对这样的事实，即他从自己的神经症要求中得到的实际收益微乎其微。诚然，通过向他人施压，他有时候能够使得他人迎合他那些表达出来或没有表达出来的需求。

但即便如此，谁能从中获得更大的快乐呢？就他对生活的普遍要求而言，这些要求无论如何都将徒劳无获。不管他是否觉得自己有权利成为例外，心理法则和生物法则都始终适用于他。他要求他人的一切长处都能够在他身上得到综合体现，但这个神经症要求并不会让他发生一点点的变化。

认识到神经症要求的不利后果及其所固有的无用性，并不会对患者产生真正的打击。患者并不相信这一点。分析学家希望这些洞察能够根除患者的神经症要求，但他的希望常常不能如愿。通常情况下，通过分析治疗，神经症要求的强度会降低，但它们并没有被根除，而是被隐藏了起来。如果再往前推进一步，我们就会看到，在患者的无意识深处存在着不合理的想象。尽管神经症患者理智上认识到了其要求的无用性，但他在无意识之中依然坚持相信，没有什么事情是他那神奇的意志力做不到的。如果他的愿望足够强烈，他的愿望就会成真。如果他坚定地坚持，事情就会朝着他所希望的方向发展。如果他的要求没有实现，那并不是因为这种要求不可能实现——就像分析学家想让他相信的那样——而是因为他没有足够强烈地希望实现这个要求。

这种信念使得整个现象呈现出一种稍有不同的面貌。我们已经看到，从患者妄称他自己拥有一种具有一切特权但实际上并不存在的权利这个意义上说，他的要求是不切实际的。此外，我们也已经看到，有些要求坦率地说是荒诞的。现在，我们又认识到，所有神经症要求都充满了神奇的期望。到现在，我们才了解神经症要求的全貌，而神经症要求是患者实现其理想化自我的必不可少的手段。从人们常常通过成就或成功来证明其优秀这个意义上说，神经症要求并不能代表一种实现，而是给患者提供了必要的证据和托词。他必须证明，他超越于心理法则和自然法则之上。如果他一次又一次地看到，他人并没有满足他的要求，心理法则和自然法则同样适用于他，他超越不了常见的麻烦和失败——所有这些都不能作为反对他具有无限可能性的证据。这些只能证明，到目前为止，他遭受了不公平的待遇。但只要他坚持他的要求，总有一天，这些要求会变成现实。这些要求是他追求未来荣誉的保证。

现在，我们理解了患者在看到自己的要求会对其实际生活产生破坏作用后还是依然只做出不冷不热的反应的原因。他并不否认破坏作用，但却由于其前景光明的荣耀未来而忽视了现在。他就像一个相信自己有资格要求获得遗产的人一样，将所有的精力都投入了更为有效地坚持其要求上，而不在实际的生活中做出建设性的努力。与此同时，他对实际生活失去了兴趣，他的生活开始变得贫乏不堪，他忽视了一切能够使生活变得富有价值的东西。于是，对于未来各种可能性的希望越来越成为他生活中的唯一目的。

事实上，神经症患者的情况比那个假想自己对遗产具有继承权的人的情况更为糟糕。因为他有一种潜在的感觉，即如果他对自己及自己的成长感兴趣，他就会丧失实现未来各种可能性的权利。以他的前提为基础，这是合乎逻辑的——因为在那种情况下，其理想化自我的实现事实上将变得毫无意义。只要他受到这种目的的吸引，另一个方面就会主动跑出来阻止。这意味着他把自己看成一个与其他人一样的凡人，会受到各种困难的困扰；这也意味着他要为自己负责，要认识到应该由他自己来承担起克服他所遇到的一切困难和挖掘他所拥有的所有潜能的责任。另一个方面之所以会跑出来阻止，是因为这会让他觉得他好像正在丧失一切。只有当他变得足够强大，不用在自我理想化中寻找解决办法时，他才有可能考虑这条不同的道路——通向健康的道路。

只要我们将神经症患者自我美化的形象以及他觉得他所要求的一切都会自动落到他身上的想法仅仅看成一种"天真的"表现，或者将他要求他人来实现他的很多强迫性愿望的做法视为可以理解的欲望，我们就不能充分理解神经症要求的固执性。神经症患者坚持任何态度的固执性都明确地表明，这种态度实现了其神经症框架中所不可或缺的功能。我们已经看到，神经症要求似乎可以解决患者的许多问题。其全部的功能是使患者有关自身的幻想永久存在，并把责任转移到那些与自己无关的因素上。通过把需要提升到要求的高度，他否认了自己的困扰，并把自己的责任推给了他人、环境或命运。首先，他觉得自己遇到任何的麻烦都是不公平的，他觉得自己有权利这样安排生活：生活不应该给他带来任何的麻烦。例如，向他贷款或募捐。他会觉得不耐烦，而且会在心里痛骂那个向他提出请求的人。事实上，他之所以会感到很愤怒，是因为他有这样一个要求，即不被他人打扰。是什么使得他必须有这样的要求呢？这个要求实际上会让他面临一种内心的冲突，大体上说，这是他的顺从需要与使他人受挫的需要之间的冲突。但是，只要他太过恐惧或太过勉强而不愿意面对他的冲突——不管出于什么样的原因——他必定就会坚持他的要求。他通常这样来表达自己的要求，即不希望被他人打扰，但更为精确地说，他的要求是：这个世界的运作方式不应该引发（且让他意识到）他的冲突。到后面，我们将会了解到为什么摆脱责任对他来说如此重要。但是，我们已经清楚地看到，事实上，神经症要求使得他不用去解决自己所面临的困难，从而使得他的神经症症状长久存在。

第三章
"应该"之暴行

迄今为止,我们主要讨论了神经症患者是如何实现与外部世界有关的理想化自我的:通过取得各种成就,通过追求成功、权力或胜利。神经症要求也涉及患者自身之外的世界:他竭力坚称自己拥有特殊的权利,他的独特性使得他随时随地能以他所能采取的方式享受特权。他觉得自己有权利超越各种必然性和法则,这种感觉使他得以生活在一个虚构的世界里,仿佛他真的超越了这些必然性和法则似的。无论何时,只要他察觉到自己实现不了理想化自我,他的神经症要求就会使他将"失败"归咎于那些外在的因素。

接下来,我们将讨论自我实现(self-actualization)方面的一些问题,在第一章,我们曾简要提到过自我实现,不过当时关注的焦点是个体内部。皮格马利翁(Pygmalion)曾试图创造另一个人来实现其美的概念,但与皮格马利翁不同,神经症患者努力按照自己的设计将自己塑造成一个至高无上的存在。在自己的灵魂面前,他坚称自己的形象是完美的。他还在无意识中告诉自己:"忘掉你实际上是一个可耻的家伙,这才是你应该成为的样子,成为这种理想化自我才是最为重要的事情。你应该能够忍受一切事情,理解一切事情,喜欢每一个人,且始终保持富有成效的状态。"——这些内心指令有很多,这里仅提及少数几个。由于这些指令铁面无情,因此,我称它们为"'应该'之暴行"。

这些内心的指令通常包括神经症患者应该能够做的、应该能够成为的、应该能够感受到的、应该能够知道的一切——以及一切关于他不应该怎么做、不应该做什么的禁忌。为了做一简要概述,我将先列举一些与上下文没有关联的内心指令的例子。(更为详细的例子将在下文我们讨论应该的特征时再列举。)

他应该是最为诚实、最慷慨大方、最体贴入微、最有正义感、最有尊严、最为勇敢、最大公无私的人。他应该是完美的情人、丈夫、教师。他应该能够忍受一切事情，应该喜欢每一个人，应该爱他的父母、妻子和国家；或者，他不应该依附于任何事物或任何人，他不应该在乎任何事情，他应该永远都不会感觉受到伤害，他应该总是安详而宁静。他应该一直享受生活；或者，他应该超越一切快乐和享受。他应该是自主的，他应该总能控制自己的情感。他应该能够知道、理解、预见一切事情。他应该能够立刻解决他自己以及他人遇到的每一个问题。他应该一遇到困难就能立刻解决。他应该永远都不会感到疲惫或生病。他应该随时能够找到一份工作。他应该能够在一个小时内完成两三个小时才能做完的事情。

这里的概述大致表明了内心指令的范围，给我们留下了这样的印象，即这些对自我的要求虽然可以理解，但太过困难和严格。如果我们告诉一个患者，他对自己的期望太多了，他常常会毫不犹豫地承认这一点，他甚至可能早就已经意识到了这一点。通常情况下，他会或隐晦或明确地补充说，对自己期望多一点总比对自己期望少要好。但是，说他对自己的要求太高并不能揭示内心指令的特征。只要进行更进一步的考察，这些特征就会清楚地显现出来。它们是重叠的，因为它们都是来源于一个人觉得要成为其理想化自我的必要性，来源于其相信自己能实现其理想化自我的信念。

首先给我们留下印象的是它们都无视可行性（disregard for feasibility），在追求自我实现的所有驱力中都表现出了这一点。这些要求中有许多都是人类无法实现的。它们显然是不切实际的，尽管患者本人没有意识到这一点。不过，一旦他的期望暴露在批判性思维的亮光下，他就不得不承认这一点。但是，这样一种理性的认识即使能改变什么的话，通常也不会改变太多。举例来说，一个医生可能已经清楚地认识到，在九个小时的工作和广泛的社交生活之外，他不可能再进行深入的科研工作了；但在他减少一两项活动的尝试失败后，他又回到了原来的生活。他的要求是对他来说不应该有时间和精力上的限制，这些要求比理性更为强烈。或者，再举一个更为微妙的例子。在一次分析面询的过程中，有位患者非常沮丧。她曾与一位朋友谈论这位朋友的婚姻问题，其婚姻问题极为复杂。我的这位患者只是在社交场合中见过这位朋友的丈夫。然而，尽管她已经接受了好几年的精神分析，而且对于两个想更好地认识对方的人之间的关系中所涉及的心理复杂性已有足够多的理解，但她还是觉得她本应该告诉她的朋友其婚姻是不是稳固。

第三章｜"应该"之暴行

我告诉她，她期待自己做到的某些事情对任何人来说都是不可能完成的，而且，我向她指出，一个人在开始更为清楚地了解在某个具体情境中起作用的各种因素之前，必须先澄清许多问题。结果，我向她指出的那些困难中，大多数她早已意识到了。但是，她依然觉得，她应该具有可以洞悉一切的第六感。

对自我的其他要求从本质上说可能并非荒诞不切实际，但却完全无视了实现这些要求的条件。因此，很多患者都因为觉得自己非常聪明，从而希望立刻完成他们的精神分析。但是，精神分析的进展与聪不聪明没什么关系。事实上，这些患者所具有的理性能力可能会阻碍分析的进展。而真正重要的是在患者身上起作用的情感力量，是患者正直坦率的能力和为自己承担责任的能力。

这种想轻易取得成功的期望不仅在整个分析过程中起作用，而且也同样在个体获得洞见的过程中起作用。例如，承认自己的一些神经症要求对他们来说就好像是要把他们彻底推翻一样。因此需要耐心的工作。只要患者觉得自己情感上必须拥有它们这一点不改变，这些要求就会持续下去——所有这一切都被他们忽视了。他们相信，他们的聪明才智应该是一种至高无上的驱动力。自然，这样一来，他们随后不可避免地会遭遇失望和沮丧。同样，一位教师可能会期望，因为她拥有长期的教学经验，因此，写一篇有关教学法的文章对她来说应该是一件轻而易举的事情。如果她才思枯竭无从下笔，那她就会对自己感到非常厌恶。她忽视或抛弃了这样一些与此相关的问题，如：她有没有什么事情可以写？她有没有一些教学经验可以提炼为有用的思想？而且，即使这些问题的答案都是肯定的，要构思和表达出这些思想，把它们写成一篇文章也仍然只是一件平凡的工作。

这些内心指令就像一个极权国家的政治暴行一样，完全无视个体自身的心理状况——无视他当前所感受到的或所做的一切。例如，在那些常见的"应该"中，有一个"应该"是个体永远都不应该受到伤害。作为一种绝对的状况（"永远都不"[never]这个词就暗含了这一点），任何人都将发现这种状况很难达成。曾经或者现在，有多少人要保证自己的安全，保证自己的安宁，以至于从来都不会感觉受到伤害？这充其量只是我们努力追求的一种理想状态。认真对待这样一个计划，必定意味着要积极而又耐心地解决我们无意识中的防御要求，解决我们虚伪的自负——或者，简言之，解决我们人格中使得我们脆弱不堪的每一种因素。但是，那个觉得自己永远都不应该受到伤害的人，其内心通常没有如此具体的计划。他只是

>> 45

简单地向自己发出一个绝对的命令：否认或无视他身上存在脆弱一面的事实。

下面，我们来考虑一下另一种需求：我应该总能理解他人、同情他人、帮助他人。我应该能够感化一名罪犯的心。同样，这也不完全不切实际。有极少数的人就拥有这种精神力量，如维克多·雨果（Victor Hugo）《悲惨世界》（Les Miserables）中的主教。我曾有一名患者，在她看来，主教的形象是一个非常重要的象征。她觉得她应该像主教一样。但在这个时候，她并不具备像主教对待罪犯那样的态度或品质。她有时候会表现出慷慨仁慈的行为，因为她觉得她应该慷慨仁慈，但她并没有感受到慷慨仁慈。事实上，她对于任何人都不能感受到太多的东西。她经常感到害怕，唯恐他人利用她。无论什么时候，只要她找不到一篇文章，她就会认为被别人偷了。由于意识不到这一点，她的神经症使得她总是以自我为中心，一心只想着自己的利益——而这一切都被掩盖在了表面上的强迫性谦卑和善良之下。那个时候，她愿意看到自己身上的困难并致力于解决这些困难吗？当然不愿意。这里同样也是一个盲目发布命令的问题，盲目发布命令只会导致自我欺骗和不公平的自我批评。

在试图解释各种"应该"所具有的让人感到惊异的盲目性时，我们不得不再一次略去许多不太重要的内容。不过，这在很大程度上是可以理解的，因为它们的出发点是追求荣誉，它们的功能是使个体成为其理想化自我：它们发挥功能的前提是，对个体来说没有什么事情是应该的，或者说没有什么事情是不可能的。如果真是这样，那么，我们便无须在逻辑上考察其存在的条件。

当这些需求指向过去时，这一倾向最为明显。就神经症患者的童年而言，它不仅对于阐释其神经症发展的各种影响因素来说非常重要，而且对于认识他当前对过去所经历的各种逆境的态度也很重要。这些与他人对待他的态度是好还是不好没有多大关系，而是由他当前的需要决定的。例如，如果他发展出了追求所有甜蜜和光明的一般需要，那么，他就会使他的童年笼罩上一层金色的薄雾。如果他迫使自己的情感受到限制，那么，他可能就会觉得他确实一直爱着自己的父母，因为他应该爱他们。如果他完全拒绝为自己的生活承担起责任，那么，他可能就会将自己遇到的所有困难的责任都推到父母身上。伴随这后一种态度出现的报复性进而可能会公开地表现出来，或者被压抑下去。

最后，他可能会走向一个极端，表面上让自己承担起一些荒谬的责任。在这种情况下，他可能会意识到早期各种威胁性、限制性影响因素所产生的全部影响。他有意识的态度通常相当客观且合理。例如，他可能会指出，他的父母控制不了他们的行为方式。患者有时候会感到纳闷：自己为什么感受不到任何的怨恨？而有意识的怨恨之所以缺失，原因之一就是一种回顾性的应该（这也是我们在此处的兴趣所在）。尽管他意识到，发生在他身上的这些不幸足以击垮任何人，但他还是觉得他应该毫发无损地从这些不幸中走出来。他应该拥有内在的力量和刚毅的精神，从而不让这些因素对他产生任何影响。因此，既然这些因素现在对他产生了影响，那就说明他从一开始就没有做好。换句话说，他在一定程度上是能胜任的。他会说："毫无疑问，这是一个伪善与残酷的污水池。"但之后，他的洞察力就开始变得模糊起来："尽管我在这种环境之中孤立无助，但我应该能够克服它们，就像污水池中长出的百合花一样。"

如果他能够为自己的生活承担起实际的责任（而不是这样一种虚假的责任），那么，他的想法将完全不同。他将会承认，早年的影响确实会以对其不利的方式让他发生改变。而且他将会看到，不管他所遇到的困难的根源是什么，它们都确实会干扰他现在和未来的生活。因此，他最好集中一切力量战胜它们。但事实恰恰相反，他往往会将整个事情置于他那完全虚幻、无用的需求之上，他要求他不应该受到这些困难的干扰。这个患者如果在后期能够摆正自己的位置，并确信自己没有被早年的环境彻底压垮，那么，这就是一种进步的表现。

对童年的态度不是唯一一个回顾性"应该"与责任的这种假冒欺骗性及同样徒劳的结果一起发挥作用的领域。有人可能会坚称，他应该通过坦率的批评来帮助他的朋友；有人或许会认为，他应该好好地抚养自己的孩子，不让他们变成神经症患者。自然，我们所有人都会后悔自己在这个或那个方面没有做好。但是，我们可以分析自己失败的原因，并从中吸取教训。我们也必须认识到，由于"失败"时存在一些神经症困难，因此我们当时实际上可以做得更好。但是，对神经症患者来说，尽力将事情做好还远远不够。他觉得他应该以某种神奇的方式将事情做得更好。

同样，认识到自己目前身上存在任何缺点，对于任何一个受"专横的应该"困扰的人来说都是无法忍受的。无论是什么样的困难，都必须尽快除去。这种"消除"会受到怎样的影响，则因人而异。一个人越是生活在想象之中，他就越能容易摆脱困难。因此，有一名患者发现自己具有一种追求王座背后之权力的巨大驱力，并看到这种驱力在她的生活中是如何起作用的,但到了第二天,她就会确信这种驱力此时已经完全成为过去的事情。她不应该被权力所奴役;因此,她不会被权力奴役。在经过这些经常发生的"改善"之后,我们认识到,追求实际控制和影响的驱力只不过是她想象中所拥有的神奇力量的一种表现。

其他一些人则完全通过意志力来消除他们所意识到的困难。在这个方面,人们可能会竭尽所能。例如,我想到有两个小姑娘,她们觉得自己绝不应该害怕任何事情。她们中的一个害怕窃贼,于是她就强迫自己睡在一个空房子里,直到她的恐惧消失为止。另一个女孩则害怕在不清澈的水中游泳,因为她害怕被蛇或鱼咬伤。于是,她强迫自己游过一个有鲨鱼出没的海湾。这两个女孩都是通过这样的方式克服她们的恐惧的。因此,这些事件在那些将精神分析视为一种新鲜奇谈的人看来似乎是有力的证据。它们不正表明了振作精神的必要性吗?但事实上,对盗贼或蛇的恐惧只不过是一种更为隐蔽的一般性恐惧最为明显、外显的表现而已。而这种普遍的、潜藏的焦虑依然没有因为接受了特殊的"挑战"而有所触及。它只不过是被掩盖起来了,而且,由于只是摆脱了症状而没有触及真正的障碍,因此,这种焦虑被压抑得更深了。

在分析过程中,我们可以观察到,当患者意识到自己的缺点时,其意志力机器是怎样以某些方式开始运转的。他们常常会下定决心,尽力去维持预算,尽力与人交往,让自己变得更为坚定而自信或更为宽容。如果他们对于理解其困扰的内涵和根源表现出同样的兴趣的话,那将是一件好事。但遗憾的是,他们对此没有任何兴趣。第一步,即了解某种特定障碍的整个范围,就会使他们违背自己的主张。事实上,这与他们想让障碍消失的疯狂驱力恰恰相反。此外,由于他们觉得自己应该有足够的力量用有意识的控制来战胜这种障碍,因此,仔细地消除障碍的过程就等于是承认了他们的软弱和失败。当然,这些人为的努力注定早晚会减少。因此,这种困难最多只是得到了更多一些的控制。可以肯定的是,这种困难一直都被压抑到了意识之下,而且它会继续以一种更为隐蔽的形式发挥作用。当然,分析学家不应该鼓励这样的努力,而应对它们加以分析。

大多数神经症障碍都抵制控制,即使是最为不懈的努力也无济于事。有意识的努力根本对付不了抑郁状态、工作上根深蒂固的抑制状态或消费性的白日梦。有人可能会认为,这一点对于任何一个在分析过程中已经获得了某种心理学理解的人来说都非常清楚。但是,尽管他清楚地认识到了这一点,但却不会改变他那种"我应该能够克服它"的想法。结果,他往往会遭受更为严重的抑郁等,因为除了它无论如何都会让人感到痛苦之外,它还成了他并非无所不能的明显迹象。有时候,分析学家一开始就能抓住这一过程,从而将其消灭在萌芽状态。因此,一个已经暴露其白日梦程度的患者,当她详细地袒露这一症状是如何具体而微妙地渗透进她的大多数活动时,她会逐渐开始认识到它的危害——至少她会在一定程度上了解它是如何消耗其能量的。到了下一次,她就会因为白日梦的继续存在而感到有些内疚和歉疚。知道了她对自己的要求后,我确定了自己的信念,即人为地终止这些要求是不可能的,甚至可以说是不明智的,因为我们可以肯定,这些要求在她的生活中发挥了重要的功能——这一点我们将慢慢地了解。她觉得如释重负,并告诉我说,她现在已经决定不再做白日梦了。但是,由于她不能停止做白日梦,于是她便觉得我会讨厌她。她把对自己的期望投射到了我身上。

分析过程中出现的沮丧、愤怒或恐惧等诸多反应往往不是患者认识到了自身的障碍问题(像分析学家通常所假设的那样)所致,而是因为他觉得自己不能立即解决这个问题而产生的。

因此,对于维持理想化意象来说,这些内心的指令虽然比其他方法更为激进,但与其他方法一样,它们的目的也不是发生真正的改变,而是立即达到绝对完美的状态。内心的指令旨在消除不完美的状态,或者说,旨在让事情变得看起来好像已经达到某种特定的完美状态。就像我们在上一个例子中所看到的,如果患者的内心指令外在化了,那么这一点就会变得尤其明显。这样一来,一个人实际上是什么样子,甚至他遭受了什么,就变得毫不相干了。只有那些可以让他人看见的东西才会导致强烈的焦虑:社交场合中的手抖、脸红、尴尬等。

所以说,这些"应该"缺乏真正理想的道德严肃性。例如,那些受"应该"控制的人通常不是尽可能追求更大程度的诚实,而是被驱使着追求获得绝对的诚实——绝对的诚实总是近在咫尺,或者只能在想象中获得。

他们最多只能达到行为主义者所说的那种完美,就像赛珍珠(Pearl Buck)在《深闺里》(*Pavilion of Women*)中所描述的吴女士(Madame Wu)那样。这本书里所描述的吴女士看起来似乎一直都在做着、感受着、思考着正确的事情。不用说,这种人的外表最具欺骗性。他们如果在蓝天之下发作了街道恐惧症或功能性心脏病,就会感到茫然失措。他们会问:这怎么可能呢?他们总是努力让生活变得完美无缺,总是担任班干部、组织者，或者总是让自己成为模范夫妻或模范家长。到了最后，则必定会发生一种他们无法用惯常方式加以控制的情形。由于没有其他方式来应对这种情形，因此，他们内心的平衡就会被打破。当分析学家逐渐熟悉患者及其身上极度的紧张情绪时，他往往会对患者竟然能够维持正常的生活而没有受到重大干扰感到非常惊奇。

我们对"应该"之性质的感受越深刻，就越能清楚地看到，"应该"与真正的道德标准或理想之间的区别不是一种数量上的区别，而是质的区别。弗洛伊德所犯的最为严重的错误之一是：他把内心指令（他看到了内心指令的一些特征并把它描述成超我的特征）看成一般道德的组成部分。一开始，它们与道德问题的联系并不密切。诚然，要求道德完美的命令在"应该"中确实占有非常重要的位置。之所以这么说，原因很简单，那就是：道德问题在我们所有人的生活中都很重要。但是，我们不能将这些特殊的"应该"与其他"应该"区分开来，就像我们所坚持的那样，其他"应该"很显然是由无意识中的傲慢决定的，如"我应该能够避开星期天下午的那场塞车"，或者"我应该不需要接受艰苦的训练和练习就能学会画画"。我们还必须记住，有很多要求甚至连一种道德的借口都明显缺乏，其中包括："我应该能够想干什么就干什么而不会受到任何人的指责。""我应该一直都比别人强。""我应该一直有能力向他人报仇。"只有将关注的焦点放在整个现象上，我们才能确立恰当的有关获得道德完美之要求的观点。像其他的"应该"一样，这些要求中也渗透了傲慢的精神，其目的在于增强神经症患者的荣誉，使其像神一样。从这个意义上说，它们是正常道德追求的神经症伪造品。此外，当有人发现这种伪造品还具有无意识的欺骗性（要想使那些污点消失，则必定需要这种欺骗性），那么，他就会将它们看成一种不道德的现象，而不是道德的现象。为了使患者最终能够走出虚幻的世界，形成真正的理想，我们有必要弄清楚这些区别。

"应该"所具有的另一种特性可以将"应该"与真正的标准区别开来。在前面的评论中曾提到过这一点，但由于它非常重要，以至于不得不单独、明确地加以阐释。这就是"应该"所具有的强制性特征（coercive character）。理想也具有一种支配我们生活的义务性力量。例如，如果其中一种理想是履行责任的信念，而我们自己也认可了这一点，那么，即使很困难，我们也会尽力完成。履行这些责任是我们自己最终想要的，或者说是我们认为正确的事情。希望、判断、决定都是我们自己的事情。由于我们因此而成了完整的自己，这种类型的努力给我们带来了自由和力量。与此同时，在遵循这些"应该"时，个体可以拥有与"自愿"捐献或在独裁统治下欢呼时一样多的自由。在这两种情况下，如果我们不能达到期望，那我们很快就会得到报应。在遵循内心指令的情况下，这意味着因没有实现期望而产生的强烈情绪反应——反应的范围很广，包括焦虑、绝望、自责、自毁的冲动等。对局外人来说，这些反应相对于其诱发原因来说过于激烈了，但却与个体的感受完全一致。

下面，让我们再引用一个例子来说明内心指令的强制性特征。有一个女人，在她那些不可动摇的"应该"中，有一个"应该"是她必须能够预测一切偶然的事件。她认为自己有预测的天赋，能够凭其预知能力和深谋远虑保护家人远离危险，为此她感到非常自豪。有一次，为了劝服她儿子接受精神分析，她制订了非常详细的计划。但是，她没有考虑到她儿子有一个对精神分析持反对态度的朋友对她儿子的影响。当她意识到她没有将她儿子的这个朋友考虑在内时，她身体出现了休克反应，感觉就像整个大地都塌陷了一般。事实上，这位朋友是否真的像她所认为的那样具有影响力，而且她是否真的无论如何都能帮助到他，这些都更值得怀疑。她之所以出现休克和崩溃的反应，完全是因为她突然认识到她本应该考虑到这位朋友的影响。同样，一名出色的女司机开车时不小心轻轻撞上了前面的一辆汽车，她被交警从车上叫了下来。虽然事故很小，而且，只要她觉得自己没错的话也用不着害怕警察，但是，她却突然产生了一种难以置信的感觉。

焦虑的反应之所以常常不为人们所注意，是因为人们一感到焦虑就立刻会习惯性地做出防御焦虑的反应。因此，一个认为自己应该像圣徒般对待朋友的人，当他认识到自己在本应该给予朋友帮助时却表现得很残酷苛刻时，他就会狂欢作乐。同样，一个觉得自己应该永远快乐、永远讨人喜欢的女人，当一个朋友温和地批评她没有邀请另一位朋友来参加聚会时，她感觉到了一阵焦虑，有一会儿几乎昏厥过去，并因此而产生了更为强烈的对爱的需要——这就是她用来抑制焦虑的方法。一个男人在各种未完成的"应该"的压力之下，产生了一种想做爱的强烈冲动。对他来说，性行为是一种感觉自己被人需要和重建已经丧失之自尊的手段。

因此，鉴于这样一些报应，"应该"具有一种强制力量也就不足为奇了。一个人只要按照他的内心指令来生活，他就可以生活得很好。但是，如果他被夹在两种相互矛盾的"应该"中间，那他的生活可能就会出现问题。例如，一个男人认为自己应该成为一名完美的医生，应该把所有时间都用在患者身上。但同时，他又认为自己应该做一个完美的丈夫，为了让妻子高兴，他应该在妻子需要时尽可能陪在她身边。而当他认识到他无法兼顾二者时，轻度的焦虑就产生了。他的焦虑之所以能够一直保持轻微的程度，是因为他立刻以快刀斩乱麻的方式解决了这个难题：决定到乡下定居。这意味着他放弃了未来继续深造的机会，并因此影响了他的整个职业前途。

通过精神分析，这个困境最终得到了满意的解决。但它表明，冲突的内心指令有可能会导致极度的绝望。有一个女人快要崩溃了，因为她不能既做一个完美的母亲又做一个完美的妻子，做一个完美的妻子对她来说意味着要一直忍受她那酒鬼丈夫。

自然，这些相互矛盾的"应该"使得人们很难——如果不是完全不可能的话——在这二者之间做出理性的决策，因为这些对立的需求也同样具有强制性。有一名患者彻夜失眠，因为他不能决定他是应该陪妻子外出度假还是应该待在办公室里工作。他是应该满足妻子的期望还是应该满足所谓的老板的期望呢？他心里根本就没有考虑过他自己最想做的是什么这个问题。因此，在各种"应该"的基础之上，这个问题根本没有办法解决。

一个人永远都意识不到内心专制的整个影响，也意识不到内心专制的性质。但是，对待这种专制的态度以及体验这种专制的方式存在很大的个体差异。有的人顺从，有的人反抗，程度不一。虽然这些不同态度的因素在每个人身上都起作用，但通常情况下，占优势的要么是这种，要么是那种。我们可以预期后面的区别，对待内心指令的态度和体验内心指令的方式主要是由生活中对个体而言最具吸引力的东西决定的：控制、爱或自由。由于我们将在后面讨论这些区别①，所以，在这里，我只简要地指出它们是如何在"应该"和禁忌中起作用的。

对扩张型的人来说，掌控生活极为关键，他倾向于认同自己的内心指令，而且他会有意或无意地为自己的标准感到自豪。他丝毫不怀疑这些内心标准的合理性，并力图用这种或那种方式实现它们。他或许会用自己的实际行动来实现这些指令。他觉得他应该尽自己的一切可能来满足所有人的需求；他应该知道得比其他任何人都多；他应该永不犯错；只要是他想做的事情，应该绝不会失败——简言之，不管他那些特殊的"应该"是什

---

① 参见第八章、第九章、第十章、第十一章。

么，都应该要实现。而且，在他心里，他确实达到了他的最高标准。他可能非常傲慢自大，以至于他从不考虑失败的可能性，如果失败了，他也会置之不理。他认为自己的一切都是对的，这种观念非常顽固，以至于他深信自己绝不会犯错。

他越是沉溺于自己的想象之中，对他来说，就越没有必要做出实际的努力。无论他在现实中受恐惧的困扰有多严重，或者他实际上是多么不诚实，只要他内心认为自己是最无畏、最诚实的人就够了。对他来说，"我应该"和"我实际上是"这两个方面之间的界限是模糊的——对我们任何一个人来说，这二者之间的界限很可能都不太清晰。德国诗人克里斯蒂安·摩根斯坦（Christian Morgenstern）在他的一首诗中曾简洁地表达了这一点。一个人因为被一辆卡车轧断了腿而躺在医院里接受治疗。他了解到，在事故发生的那条街上，卡车是不被允许通行的。所以，他得出了这样一个结论：他被轧断腿的这整个经历都只不过是一个梦。因为他"锋利如刀"，所以他断定，不应该发生的事情就绝不会发生。一个人的想象越是超过他的理性，那么，二者之间的界限就越模糊，而他就是模范丈夫、父亲、公民或者任何他应该成为的身份。

而对于自谦型的人来说，爱似乎能解决一切问题。同样，他也觉得他的"应该"构成了一条不容置疑的法则。但是，当他焦虑地试图实现这些"应该"时，大多数时候却觉得他自己根本无法实现它们。因此，在他有意识的经验中，最为重要的因素是自我批评，这是一种因为自己不能成为至高无上的人而产生的一种内疚感。

当出现极端情况时，这两种对待内心指令的态度都会导致个体很难对自己进行分析。倾向于自以为是这个极端可能会导致他无法看清自己身上的缺点。而倾向于另一个极端——很容易产生内疚感——则往往会带来这样的危险：过于专注自己的缺点会给自己造成重大打击，而不是解放自己。

最后，对于放弃型的人来说，"自由"的观念比其他一切都更具吸引力，他是这三种类型中最可能反抗其内心专制的人。由于自由——或者说他对自由的看法——对他来说非常重要，所以，他对任何的强制都极为敏感。他可能会以一种消极被动的方式进行反抗。因此，他认为应该做的一切事情——无论是做一项工作、读一本书，还是与他的妻子做爱——在他的心里都会变成一种强制性事件，引发他有意或无意的愤恨，结果会让他变得无精打采。如果需要做的事情都做了，那也是在内心抵抗所产生的压力之下完成的。

他也可能会通过一种更为积极主动的方式来反抗这些"应该"。他可能会试图将这些"应该"都抛诸脑后，有时则可能走向完全相反的另一个极端，坚持随心所欲，只做自己乐意做的事情。这种反抗可能会采取非常强烈的形式，而且常常是一种绝望的反抗。如果他不能成为最虔诚、最纯洁、最诚挚的人，那么，他就会变成一个彻头彻尾的"坏蛋"：滥交，撒谎，欺辱他人。

有时候，一个一直以来都遵从这些"应该"的人也可能会经历一个反抗的阶段。这种反抗通常指向于外在的限制。马昆德（J. P. Marquand）以一种巧妙的方式对这种暂时性反抗进行过描述。他让我们看到，这种反抗是多么容易被镇压，因为限制性的外在标准在内心指令中有一个强大的盟友。而在被镇压之后，个体就会变得反应迟钝、无精打采。

最后，还有一些人可能会经历自我谴责的"善"与疯狂抗议任何标准这二者交替出现的阶段。在善于观察的朋友看来，这种人可能会面临一个无法解决的难题。有时候，他们在一些与性和金钱有关的问题上表现得无礼又不负责任；但有时，他们又会表现出高度发展的道德感。于是，这位刚刚还在为他们不具任何庄重感而深感绝望的朋友，现在重又相信，他们归根结底还是好人，但不久之后，他又会对他们表示深深的怀疑。另外一些人则可能一直在"我应该"和"不，我不要"之间摇摆不定。"我应该还钱。不，我为什么要还钱？""我应该节食。不，我不要节食。"通常情况下，这些人会给人一种具有自发性的印象，让人将他们对待"应该"的矛盾态度误以为是一种"自由"。

无论哪种态度占据主导地位，这个过程的绝大部分会以外显形式表现出来，它会在自我和他人之间来回出现。这个方面的变化，与被外化的特定方面以及被外化的方式有关。大体说来，一个人可能首先会将自己的标准强加在他人身上，然后坚持不懈地要求他们做到完美。他越觉得自己是衡量一切事物的尺度，就越会坚持用他自己的特定标准来要求他人——而不是用一般性的完美标准。他人如果做不到这一点，就会被他蔑视，或者让他非常生气。还有一个更不可理喻的事实是，他会因为自己不能在任何时刻、任何条件下都达到要求而生自己的气，并将他自己的"应该"转移到他人的身上。因此，举例来说，如果他不是一个完美的爱人，或者遭受了欺骗，那他可能就会愤怒地反对那些让他失败的人，并制造一种情况来对付他们。

此外，他还可能认为，他对自我的期望主要来自其他人。不管是这些其他人真的期待过什么，还是仅仅只是他认为他们这样期待过，他们的期望都会转变成需要实现的需求。在分析的过程中，他往往会觉得，分析学家是在期望他去做一些不可能做到的事情。他把这种感觉归咎于分析学家自己的感受，即他应该总是富有成效，应该总有梦向分析学家报告，应该一直谈论他认为分析学家想让他讨论的事情，应该总是感激分析学家的帮助，并表现出他已经越来越好了。

如果他以这种方式认为，他人是在期望或要求他做些什么事情，那么，他可能再一次做出两种不同的反应。他可能会预期或猜测他们的期望，并迫不及待地去实现那些期望。在这种情况下，他通常还会预期，如果他不能实现那些期望，那他们立刻就会指责他或放弃他。或者，如果他对强制性过于敏感，那他就会觉得他们是在把他们的想法强加给他，是在多管闲事，是在逼迫或强迫他。于是，他就会痛苦地把这种想法记在心里，或者甚至会公开地反抗他们。他可能会不愿意送他人圣诞礼物，因为他认为这是他人所期望的。他会比他人所预期的晚一点到达办公室或者任何约会地点。他会忘记周年纪念日，忘记写信，或者忘记曾经答应要帮别人做的事。他之所以可能会忘记拜访他的亲戚，只是因为这是他母亲要求他做的，尽管他也喜欢这些亲戚，并且本来打算去拜访他们。对于他人对他的任何要求，他都会反应过度。因此，他很少害怕他人的批评，而是对他人的批评感到愤恨。他那鲜明的、不公平的自我批评也会固执地以外显形式表现出来。因此，他觉得他人对他的判断是不公平的，或者认为他们总是怀疑他别有用心。或者，如果他的反抗更为激烈一点，他就会到处炫耀他的反抗举动，认为自己一点都不在乎他人对他的看法。

对这些要求的过激反应，让我们很好地看到了他的内心要求。那些我们认为是过激的反应，在自我分析时可能尤其有帮助。在部分自我分析中，下面的例子可能有助于表明，我们从自我观察中也可能会得出某些错误的结论。这个例子的主人公是一位忙碌的行政官员，我过去曾见过他几次。有一次，有人打电话问他，他能否去码头接一位来自欧洲的难民作家。一直以来，他都很赞赏这位作家，而且在一次访问欧洲的社交场合上，他曾见过这位作家。由于他的时间都被会议及其他工作填满了，所以，他实际上是不能答应这个请求的，尤其是他有可能还要在码头上等几个小时。就像他后来认识到的那样，他本可以做出两种合理的反应。他要么可以说，他要考虑一下，看看是否可行，要么可以遗憾地表示不能去，并询问是否可以为这位作家做一些其他的事情。但事实却相反，他的反应是马上就愤怒、唐突地说他太忙了，绝对没有时间去码头接任何人。

不久之后，他就为自己的这种反应感到后悔了。随后，他大费周章地找到了这位作家的住处，以便在他需要时能够提供帮助。对于这次事件，他不仅感到后悔，而且，他还感到很困惑。难道他并没有自己想象的那样看重那位作家吗？他确信自己很看重他。难道他并不像自己认为的那样友好和乐于助人吗？如果是这样的话，那么，他之所以发怒，是因为他人在要求他证明他的友好和乐于助人时使他陷入了困境吗？

此时，他走上了正轨。他怀疑自己是否真的慷慨大方这一事实，对他来说，就是向前迈了一大步——因为在他的理想化意象中，他是人类的救世主。然而，在那个关键时刻，他却没有表现出这一点。他又想起自己随后已经热情主动地提供了帮助，并因此拒绝承认自己并不慷慨大方的可能性。但是，正当他想不通这个问题的时候，他突然想到了另一条线索。以前他提供帮助都是他自己主动的，但这一次却是别人请求他帮忙。因此，他认识到，他当时一定是觉得他人的请求是一种不公平的强加给他的事情。如果是他自己知道那位作家要到美国来，他一定会考虑亲自去码头接他。在这一刻，他想到了很多类似的事件，每当有人找他帮忙，他都会做出愤怒的反应，并认识到，他显然觉得这是一件强迫或强制他做的事情，而实际上，很多事情都只是请求或建议而已。他又想到，对于他人的不同意见和批评，他也会感到恼怒。于是，他得出了这样一个结论：他是一个恃强凌弱并且想支配他人的人。我之所以在这里举这个例子，是因为这样一些反应很容易被人误解为是支配他人的倾向。他在自己身上所看到的，是他对强迫和批评过分敏感。他之所以不能忍受任何的强迫，是因为他觉得自己受到了束缚。而他之所以不能忍受任何的批评，是因为他自己就是一个非常糟糕的批评者。在这里，我们还可以重新走上他在质疑自己的友好时所放弃的轨道。从很大程度上说他是乐于助人的，因为他觉得他应该乐于助人，而不是因为他对人类的抽象的爱。他对每一个具体个体的态度比他自己所认识到的还要不同得多。因此，对他的任何要求都会让他突然陷入内心的冲突：他是应该同意并表现得非常慷慨大方，还是应该不让其他任何人强迫于他？他之所以恼怒生气，是因为他觉得自己陷入了困境之中，而在当时却又无法解决这一困境。

"应该"对个体人格及其生活的影响因人而异，这种影响在某种程度上取决于个体对这些"应该"的反应方式，以及体验它们的方式。不过，有些影响尽管程度大小不一，但不可避免地会经常出现。"应该"总是会引起一种紧张感,一个人越是想在他的行为中实现这些"应该",他的紧张感就越强。他可能觉得自己就像一直踮着脚尖走路似的,而且可能长期遭受慢性疲劳的折磨。或者,他可能感到莫名的局促、紧张或束缚。或者,如果他的"应该"与文化希望他持有的态度相一致,那么,他可能只会感觉到一丝几乎察觉不到的紧张。不过,"应该"的影响也可能非常大,以至于一个原本积极主动的人也会想着不再参加活动或不再履行义务。

而且,由于这些"应该"会以外显的形式表现出来,因此,它们总会以这样或那样的方式导致人际关系障碍。其中,最为常见的障碍是对批评过分敏感。由于他对自己冷酷苛刻,因此,他情不自禁地会将他人的任何批评——无论这种批评是现实的还是仅仅只是想象的,是友好的还是不友好的——都看成一种对他的非难。当我们认识到,当他不能达到自己强加到自己身上的任何标准,他是多么憎恨自己时,我们就能更好地理解这种敏感性的强度了。① 在其他情况下,这些人际关系障碍则取决于以外显形式表现出来的"应该"中哪种占优势。它们可能会导致个体对他人过于挑剔苛刻,或者过于担心、过于反抗或过于顺从。

最为重要的是,这些"应该"进一步削弱了情感、愿望、思想及信念的自发性——进一步削弱了个体感受其自身的情感等并将其表达出来的能力。因此,这种人至多只具有"自发的强迫性"(引用一位患者的话),并"自由地"表达他应该感觉到、希望、思考或相信的东西。一直以来,我们都习惯于认为,我们只能控制自己的行为,而不能控制自己的情感。在与他人打交道时,我们能强迫他人劳动,但却不能强迫任何人热爱自己的工作。因此,我们习惯于认为,我们能够强迫自己表现得好像没有一丝一毫的怀疑一样,但我们却不能强迫自己产生一种相信的感觉。从本质上讲,这种说法是对的。此外,如果我们还需要新的证据来证明这一点的话,精神分析就能够提供。但是,如果这些"应该"向情感发号施令,想象力就会挥舞它的魔杖,抹去"我应该感觉到"与"我确实感觉到"之间的界限。于是,我们就会像我们应该相信或感觉到的那样去有意识地相信或感觉。

在分析的过程中,当假装相信这些虚假情感的虚假确定性发生动摇时,患者就会经历一段困惑的不确定时期。这一时期虽然痛苦,但对治疗具有建设性作用。例如,如果一个人认为她"应该"喜欢周围的每一个

---

① 参见第五章——自我憎恨与自我轻视。

人，所以她才喜欢每一个人，那么，她可能就会问：我真的喜欢我的丈夫、我的学生、我的患者吗？或者，我真的喜欢每一个人吗？每当她这样反躬自省时，她都无法回答这些问题，因为那些一直以来阻碍她的积极情感得以自由抒发且被各种"应该"所掩盖的恐惧、怀疑、愤恨，直到现在才能解决。我之所以说这个时期具有建设性，是因为它代表追求真实的开始。

内心指令压制自发愿望的程度可能相当惊人。一位患者在发现她的"应该"的暴行之后写了一封信给我，现引用如下：

> 我发现，我完全不能渴求任何东西，甚至连死都不能！当然，更不用说渴求"生活"了。直到现在，我依然认为，我的困扰在于我不能做事情；不能放弃自己的梦想，不能整理自己的东西，不能接受或控制自己的怒气，不能使自己更具有人情味，不论是凭借纯粹的意志力、耐心，还是悲伤，我都做不到。
>
> 现在，我第一次明白——我真的不能感觉到任何东西。（是的，因为大家都知道我过于敏感！）我太了解这种痛苦了——这六年来，我的每一个毛孔一次又一次地被内心的愤怒、自怜、自卑和绝望所塞满！而现在，我认识到，所有这一切都是消极的、被动的、强迫性的，都是由外界强加的。我的内心空无一物。[①]

在那些将善良、爱与神圣作为自己理想化意象的人身上，虚构情感最为明显。他们觉得自己应该体贴、受欢迎、富有同情心、慷慨大方、讨人喜爱，因此，在他们的心目中，他们具有这些品质。他们的谈吐和行为举止就好像他们真的那样善良且讨人喜爱一样。而且，由于他们确信这一点，因此，他们甚至能够使他人也暂时地相信他们确实具有这些品质。但毫无疑问，这些虚构的情感既没有深度，也没有持久力。在有利的情况下，它们可能相当一致，因此自然也不会受人怀疑。《深闺里》中的吴女士，只有当家庭出现纠纷，当她遇到一个相当正直且诚实的男人时，她才开始怀疑自身情感的真实性。

通常情况下，这些"定做的情感"（made-to-order feelings）的肤浅性会以其他方式表现出来。它们可能会快速消失。当自负或虚荣心受到伤害时，爱就会很容易让位于冷漠或怨恨、轻视。在这种情况下，人们通常不

[①] 引自"Finding the Real Self: A Letter with a Forward by Karen Horney," *American Journal of Psychoanalysis*, 1949。

会自问："我的情感或观点为何会如此容易地发生变化呢？"他们只会觉得，是有另一个人让他们对人性的信仰发生了动摇，或者他们会觉得自己从未"真正地"相信过这另外一个人。所有这些都不意味着他们可能不具有容纳强烈且活跃的情感的能力，但在意识水平上出现的却常常是大量的伪装物，其中很少有真实的东西。从长远来看，他们往往会给人一种虚幻的、难以捉摸的印象，或者——用一个好理解一点的俚语来说——是一个骗子的印象。一种突然爆发的愤怒常常成了唯一真实的情感。

在另一个极端，无情与残忍的情感也可能会被夸大。一些神经症患者对温柔、同情、信任的忌讳，就像另一些神经症患者对敌意、报复的忌讳一样强烈。这些人觉得，他们应该不需要任何亲密的人际关系便能很好地生活。因此，他们认为自己不需要建立亲密的人际关系。他们觉得自己不应该享受任何事物。因此，他们认为自己对一切都毫不在乎。因而，他们的情感生活很少受到歪曲，但却非常贫乏。

当然，由内心命令引起的这些情感现象并不总是像在上面两种极端情况下那样合理。内心所发出的命令有可能是相互矛盾的。你应该极富同情心，以至于你无法逃避任何牺牲；但是，你也应该极其冷血，以至于你可以实施任何的报复行动。结果，一个人有时候确信自己是一个冷酷无情的人，而在其他时候，他则深信自己是一个心地极其善良的人。另外一些人则压抑了非常多的情感和希望，以至于继而会出现一种普遍的情感麻木。例如，有一种禁忌是禁止为自己争取任何东西，这种禁忌扑灭了所有活跃的愿望，从而导致在生活中处处都要禁止为自己做任何事情。因此，从某种程度上说正是由于这些禁令，他们发展出了同样普遍存在于生活之中的要求，因为他们觉得自己有义务把生活中的所有一切都不图回报地拱手相让。因此，由于这些要求没有得到满足而产生的愤恨感，可能会受到"他们应该忍受生活"这样一个指令的抑制。

相比于这些普遍存在的"应该"对我们造成的其他伤害，我们很少意识到它们对我们的情感所造成的伤害。然而，事实上，这是我们为把自己塑造成完美形象而付出的最为沉重的代价。情感是我们身上最为活跃的部分，如果将它们置于独裁的统治之下，那么，我们的本质存在（essential being）中就会出现一种深刻的不确定性，而这种不确定性必定会对我们与自身内外所有一切的关系产生不利的影响。

我们几乎不可能过高估计内心指令所产生之影响的强烈程度（intensity）。在一个人身上，驱使他去实现理想化自我的驱力越占优势，"应该"

就越会成为促使他、驱使他、鞭策他付诸行动的唯一动力。一位依然与其真实自我相距甚远的患者，即使发现了他的"应该"所产生的一些阻碍作用，也可能完全不会考虑放弃它们，因为如果没有这些"应该"——那么，他就会觉得——他将不会或者不能做任何事情。有时候，他可能会以信念的方式来表明这种关系，即他相信，除非使用武力，否则，任何人都不可能让其他人做"正确的"事情，而这就是他内心体验的外化表现。于是，对患者来说，这些"应该"便获得了一种主观的价值，只有当他体验到自己身上存在的其他自发力量时，他才能摆脱这种主观的价值。

当我们认识到"应该"所具有的巨大强制力量后，我们必定会提出这样一个问题：当一个人发现自己不能达到内心指令的要求时，他将会做出怎样的反应？对这个问题的回答，我们将在第五章讨论。不过，在这里，我们可以简单地预测一下答案，那就是：他将开始憎恨并轻视自己。事实上，除非我们弄清楚了"应该"与自我憎恨交织在一起的程度，否则，我们将无法了解"应该"所产生的全部影响。正是潜伏在"应该"背后的惩罚性自我憎恨的威胁，使得"应该"成了一种真正的"恐怖政权"。

第四章
神经症自负

尽管神经症患者都非常努力地追求完美,并完全相信自己能够达到完美的状态,但他却往往得不到他最为需要的东西:自信(self-confidence)和自尊(self-respect)。即使在自己的想象中他像神一样完美,但在现实世界里,他却连普通牧羊人那样朴实的自信都没有。他也许会获得很高的地位、很好的名望,但这些只会让他骄傲自大,并不会给他带来内心的安全感。在内心深处,他依然会觉得自己是一个多余的、不被人需要的人,很容易受到伤害,而且需要不断地证明自己的价值。只要拥有权力和影响力,并受到他人的赞扬和尊重的支持,他就可能会觉得自己很强大、很重要。但是,一旦处于一个陌生的环境之中,这种支持就会丧失,一旦失败,或者一旦他一个人独处,所有这些让他得意扬扬的感觉就会很容易崩塌。天堂的国度并非来自外在的姿态。

下面,让我们来探究一下在神经症发展的过程中自信往往出了什么问题。很显然,要想让自信获得发展,儿童通常需要外界的帮助。他需要温暖,需要感觉到自己受人欢迎、被人关心和保护,需要一种信任的氛围,在活动中他需要鼓励,他还需要建设性的纪律。借用玛丽·拉塞(Marie Rasey)[①] 一个精心选择的术语来说,有了这些因素,他才会发展出"基本信心"(basic confidence)。"基本信心"既包括对他人的信心,也包括对自己的信心。

然而,一些有害的影响因素却往往会阻碍儿童的健康成长。我们在第一章已经讨论过这些因素及其产生的一般影响。在此,我想再补充另外几条,以说明对他来说要想进行恰当的自我评价特别困难的原因。盲目的崇拜可能会使他认为自己非常重要的感觉膨胀。他可能会觉得他人需要、喜

[①] 参见玛丽·拉塞于1946年在精神分析促进会上宣读的论文《精神分析与教育》(Psychoanalysis and Education)。

欢、欣赏自己，并不是因为他自己，而仅仅是因为他满足了他的父母对于崇拜、声望或权力的需要。一种以完美主义为标准的僵化体制会使他因为没有达到这些要求而产生自卑感。在学校里，如果他表现出不当行为或者考试成绩很糟糕，就可能会受到严厉的谴责，而得体的举止或优良的成绩则被视为理所当然之事。追求自主或独立的行为会受到嘲笑。所有这些因素，再加上真正的温暖与兴趣的普遍缺乏，会让他觉得没人爱自己、自己没有任何价值——或者，除非他不做自己，否则，他无论如何都一文不值。

此外，早期各种不利因素所引发的神经症的发展，往往会削弱他作为一个人的存在的核心。他会逐渐地疏远自己、分裂自我。他的自我理想化其实是为了弥补由于他在内心之中抬高自己，使自己超越了自己及他人的残酷现实而造成的伤害。而且，就像魔鬼协定中的故事一样，在想象中，有时候也在现实中，他获得了所有的荣誉。但是，他得到的并不是坚实的自信，而是一份其价值最可疑的耀眼的礼物：神经症自负（neurotic pride）。自信和神经症自负感觉起来和看起来都非常相像，以至于大多数人在内心之中混淆了这二者之间的区别，这种混淆其实完全可以理解。例如，老版本的《韦氏词典》中就是这样定义的：自负就是自尊，其基础要么是现实的优点，要么是想象出来的优点。它们之间的区别在于一个是现实的优点，另一个是想象出来的优点，但它们都可以被称为"自尊"，这就好像是它们之间的区别无关紧要似的。

人们之所以将自信与自负相混淆，也由于这样一个事实，即大多数患者将自信看成一种神秘的东西，这种东西不知道从哪儿来，但患者却非常渴望拥有。因此，患者希望分析学家用这种或那种方式将自信灌输给自己是合乎逻辑的。这总是会让我想起一部动画片，片中一只兔子和一只老鼠都被注射了勇气；后来，它们长到了其同类普通大小的五倍，勇敢无畏且充满了不屈不挠的战斗精神。患者不知道的是——事实上，他们是因为太过焦虑而没有认识到这一点——个体身上所存在的优点与自信感之间有严密的因果关系。这种关系就像一个人的经济地位取决于他的财产、积蓄或赚钱能力一样明确。如果这些因素满足了要求，一个人就会获得经济上的安全感。或者，另举一例：渔夫的信心通常取决于以下这样一些具体的因素，如船只的状况是否良好，渔网是否已修补完整，对天气和水域状况的了解，自身肌肉力量，等等。

哪些方面会被认为是个人的优点，在某种程度上因我们所生活之文化的不同而有所差异。在西方文明中，个人的优点通常包括这样一些品质或特征，如：拥有自主的信念并依这种信念行事；能开发自身资源，自立；为自己承担责任；对自身的优点、责任义务及局限性有现实的评估；有力量，情感率直；有能力建立和培养良好的人际关系。如果这些因素的功能发挥良好，主观上就会表现出一种自信的感觉。如果这些因素的功能受损，自信的感觉就会动摇。

同样，健康的自负也以大量的特征为基础。这种特征可能是对某些特殊成就的合理的高度评价，如因为做了一件需要道德勇气的事情或者很好地完成了一项工作而感到自豪。或者，这种特征也可能是一种对自身价值的比较综合的感觉，一种沉静的尊严感。

考虑到神经症自负对伤害极其敏感，因此，我们往往认为它是健康自负的一种过盛增长。不过，就像我们以前经常看到的那样，这二者之间本质上是一种质的区别，而不是量的区别。相比之下，神经症自负是不坚实的，它的基础是完全不同的因素，所有这些因素都属于或支持美化过的自我形象。这些因素可能是外在的东西——威望值（prestige values）——或者，可能是个体所妄称的特征和能力。

神经症自负多种多样，其中，对威望值的神经症自负看起来好像是最为正常的。在我们的文明中，因为拥有一个迷人的女友、出生于体面的家庭、土生土长、是南方人或新英格兰人、是某个享有声望的政治团体或专业团体的成员、会见过重要人物、受人欢迎、拥有好车或好的头衔而感到自豪，是一种常见的反应。

这种自负是神经症中最不典型的。这些东西对于许多自身存在相当大神经症困难的人和相对健康的人而言，意义是一样的。对许多其他人来说，它们即使真的有不同的意义，其区别也是很小的。但是，有一些人却将大量的神经症自负投注在这些在他们看来非常重要的威望值上，以至于这些威望值成了他们生活的中心，而且，他们常常将主要的精力都投注在了追求这些威望值上。对这些人来说，参加某些享有声望的团体、成为某著名机构的一员是绝对必须要做的事情。当然，如果用"真的感兴趣"或"想要获得成功的合理愿望"来解释，那他们所有狂热的活动都是可以说得通的。任何事，只要能够提高这种声望，就可能真的会让他们狂喜；而如果这个团体不能提高个体的声望，或者团体本身的声望有所下降，就会使他产生强烈的自负受伤（hurt-pride）反应，下面，我们就来讨论这一点。例如，某人家中如果有一个人不"成器"或者智力上有缺陷，那么，这对他的自负来说可能就是一个沉重的打击，大多数时候，他会把这种沉重打击隐藏在对这个亲人的表面关心背后。再比如，有很多女性如果没有男伴陪同，就会宁可待在家里，而不去饭店吃饭或者去电影院看电影。

所有这些看起来与人类学家所说的某些所谓原始人的行为非常相似，在这些原始人中，个体从根本上说是团体的一员，而且他也自认为是团体的一分子。因此，他的自负不是投注在个人事情上，而是投注在机构和团体的活动上。但是，尽管这些过程看起来相似，本质却不同。其主要的区别在于：神经症患者说到底与团体没有什么关联。他并不觉得自己是团体的一分子，没有归属感，而是利用团体来求得个人的声望。

尽管一个人可能会因为想着和追求声望而筋疲力尽，尽管在其内心之中，他往往会随着声望的升降而起伏，但通常情况下，人们并不明确认为这是一个需要加以分析的神经症问题——其原因在于：要么因为这是一种很常见的现象，要么因为它看起来像一种文化模式，要么因为分析学家自身也没有摆脱这一问题。我们之所以说它是一种疾病，而且是一种破坏性的疾病，是因为它会使人变得投机取巧，从而破坏人的完整性。这一问题绝非正常，相反，它表明存在一种严重的障碍。事实上，这种障碍只会出现在那些严重远离自我，以至于其自负在很大程度上都投注于自身之外的人身上。

此外，神经症自负还取决于一个人在想象中妄称自己拥有的特质，以及属于其特定理想化意象的所有特质。在此，神经症自负的特性显露无遗。神经症患者通常不是因为自己实际的样子而感到骄傲。在了解了神经症患者有关自己的错误看法后，我们就不会因为他的自负掩盖了他的困难和局限而感到吃惊了。但事实上，事情不限于此。他在大多数时候甚至并不为自己现有的优点而感到骄傲。他可能只是模糊地意识到这些优点，也可能真的否认这些优点的存在。但是，即使他认识到了自身的优点，这些优点在他看来也是没什么分量的。例如，如果分析学家让患者注意到他自己卓越的工作能力，或者他在实际生活中表现出来的顽强意志，或者向他指出——尽管困难重重——他确实写出了一本好书，该患者或许会一点都不夸张地或象征性地耸耸肩，对这些表扬不屑一顾，表现得相当冷漠。他尤其不欣赏那些"仅仅只是"付出了努力但没有取得任何成就的做法。例如，在一次又一次认真地尝试接受分析或自我分析的过程中，他对于为找出其病根而付出的真真正正的努力表现得相当不屑一顾。

培尔·金特（Peer Gynt）或许是文学中一个比较有名的例子。他不太重视自己现有的优势、他的高超智慧、冒险精神以及顽强的生命力。但是，他却为自己所没有的一样东西，即"做真实的自己"而感到骄傲。事实上，在他心里，他不是真实的自己，而是理想化的自我，拥有着无限的"自由"和无限的权力。（他用自己的格言"做自己才真实"［To thyself be true］——正如易卜生［Ibsen］所指出的，"做自己才真实"实际上是"做自己才足够"［To thyself be enough］的一种美化说法——把他那无限的自我中心倾向上升到了生活哲理的高度。）

在我们的患者当中，有很多像培尔·金特这样的人，他们急切地想保留自己是一个圣人、才子、绝对自信之人等这样的幻想。如果他们对自己的评价降低一厘米，就会觉得好像丧失了"个性"一样。想象不管应用于何处，其本身都可能具有极高的价值，因为在想象中，想象者可以藐视那些关注真实情况的既无聊又平凡的人。当然，患者不会说起"真实情况"，他只会含糊地谈到"现实"。例如，有一位患者要求非常高，竟然希望全世界都为他服务。一开始，他对这种要求有一个明确的立场，说这种要求很荒唐，甚至是卑鄙的。但到了第二天，他又找回了他的自负：现在，这些要求成了一种"伟大的智力创造产物"。这样一来，不合理要求的真正含义就沉没了，想象中的自负获得胜利。

更为常见的是，自负并非仅与想象相关联，而是与所有的心理过程都相关：智力、推理、意志力等。毕竟，神经症患者认为自己所拥有的无限力量，都只是心理的力量。因此，他为此痴迷、以此为傲也就不足为奇了。理想化意象是他想象的结果。但是，它不是一夜之间创造出来的。智力和想象不停地工作（其中，大多数工作是无意识的），通过合理化、辩解、外化来维持虚构的个人世界，并调和一些看似不可调和的矛盾——简而言之，就是通过找到各种方法来使得事物看起来不同于其实际的样子。一个人越远离自己，他的心理就越会成为至高无上的现实。（"一个人离开我的思想就不存在；离开我的思想，我也就不存在。"）就像夏洛特夫人（the Lady of Shalott）一样，她不能直接看到现实，而只能透过镜子来看。更确切地说：她在镜子之中看到的只是她关于世界及自身的想法。这就是对智力的自负（或者更确切地说，对于心智至上的自负）并非仅局限于那些从事智力工作的人，而是经常会发生在所有神经症患者身上的原因。

自负也会投注在神经症患者觉得自己有权利拥有的能力和特权上。因此，他或许会为一种幻想出来的无坚不摧（invulnerability）而感到自豪。在生理方面，这种无坚不摧意味着永远不会生病或永远不会受伤；而在心理方面，这种无坚不摧意味着永远不会感觉受伤。另一个神经症患者或许会为自己运气好，或者自己是"众神的宠儿"而感到自豪。因此，身处疟疾流行地区而未染上疾病、赌博赢钱，或者远足时天气很好，都成了值得自负的事情。

事实上，对于所有神经症患者来说，能够有效地坚持自己的要求都是一件值得自负的事情。那些觉得自己有权利不劳而获的人，如果能够怂恿他人借钱给他们、替他们跑腿、免费给他们治病，就会觉得非常自豪。而另一些认为自己有权利支配他人生活的人，如果他们保护的对象没有立刻听从他们的建议，或者如果他们保护的对象没有先征求他们的意见就自作主张行事，他们就会觉得自己的自负受到了打击。还有一些人觉得，只要他们表明自己处于某种困境之中，那么，他们就有权利免受罪责。因此，如果他们能够引起他人同情和得到他人宽恕，他们就会感到自豪；而如果他人一直对他们吹毛求疵，他们就会觉得自己受到了冒犯。

神经症患者常常会因为达到了其内心指令的要求而感到自负，这种自负表面上看起来基础比较坚实，但事实上，它与其他种类的自负一样不牢靠，因为它不可避免地与各种装腔作势（pretenses）交织在了一起。一个自认为是一个完美妈妈并因此而感到自豪的母亲，通常只有在想象中她才是完美的。一个为自己所独有的诚实而感到自豪的人，也许不会明显撒谎，但他的无意识或半意识之中却常常弥漫着不诚实的想法。那些为自己的无私感到自豪的人，可能不会公然提什么要求，但他们会把自己在正常的自作主张方面的禁忌误认为是谦逊的美德，除此之外，他们还会通过表现出自己的无助、痛苦，从而把自己的想法强加到他人身上。此外，"应该"本身可能仅仅具有一种主观的价值，因为它们服务于神经症的目的，而并不具有客观的价值。因此，举例来说，神经症患者可能会因为不求任何人帮助、不接受任何帮助（尽管求人帮助、接受他人帮助是更为明智的选择）而感到自豪——这是社会工作中众所周知的一个问题。有些人可能会为自己很会讨价还价而感到自豪，而另一些人则可能会为自己从不讨价还价而感到自豪——这取决于他们必须总是让自己成为赢家，还是从不考虑他们自己的利益。

最后，它或许是唯一被投注了自负的高尚且严肃的强制性标准。能辨"善"与"恶"让他们觉得自己就像上帝一样，就像蛇向亚当和夏娃许诺将要发生的一样。一个神经症患者的标准如果很高，就会让他觉得自己是道德上的一个奇迹，并引以为豪，而不管他真实的状态和行为表现是什么样子。在分析的过程中，他或许会认识到自己极度渴望获得声望，缺乏真实感，而且报复心很强；但所有这些都不能让他表现得更为谦逊一点，也不能使他自认为是一个优秀道德人物的感觉减弱一些。在他看来，这些实际存在的缺点并不重要。他之所以自负，不是因为他是一个有道德的人，而是因为他知道了自己应该成为一个什么样的人。即使他暂时可能认识到了自责并没有什么用，或者有时候他甚至会因为这些自责的害处而感到恐惧，他对自己的要求依然并不宽容。毕竟，如果他受苦，那又有什么关系呢？他的痛苦不就是证明他具有良好道德感的另一项证据吗？因此，为维持这种自负而付出代价，看起来是值得的。

当我们从这些带有普遍性的观点出发，进一步探讨单个神经症患者的特性时，乍看之下，情况有些混乱。几乎所有的东西都被投注了自负。一个人眼里的闪光点，在另一个人看来却是可耻的缺点。一个人以粗暴待人为傲；另一个人却以粗暴无礼为耻，而以在意他人为傲。一个人以蒙混过日子为傲，也有人对于任何故弄玄虚的迹象都感到羞耻。有人以信任他人为傲，同样，也有人以不信任他人为傲——如此等等。

但是，只要我们脱离整个人格的背景来看待这些特定种类的自负，这种多样性就会让我们感到困惑。一旦我们从个体整个性格结构的视角来看待每一种自负，就会出现一条定序原则（ordering principle）：他需要以己为傲，这种需要非常迫切，以至于只要一想到被一些不太重要的需要所控制，他就无法忍受。于是，他用自己的想象把这些需要变成了优势，即把它们转变成了他引以为傲的优点。不过，只有那些有助于他实现理想化自我的强迫性需要，才会经历这种转变。反之，他就会压制、否认、鄙视那些阻碍其实现理想化自我的需要。

他能够在无意识之中进行价值观的颠倒，这样一种能力令人非常吃惊。最能表现这种能力的媒介物是动画片。动画片可以非常形象生动地让我们看到一个因为某种不受欢迎的特征而苦恼的人是怎样拿起一把刷子，给那种特征刷上漂亮的颜色，然后，无比骄傲地把这种美化过的特征展示给别人看的。这样一来，前后的不一致就变成了无限的自由，盲目反抗现存道德规范变成了超越世俗的偏见，禁止为自己做任何事情的禁忌变成了圣人般的无私，一种姑息他人的需要变成了纯粹的善，依赖变成了爱，剥削利用他人变成了精明有谋略的表现。一种能够坚持以自我为中心之要求的能力看起来好像成了一种力量，强烈的报复心变成了正义感，挫败他人的技巧变成了一种最为聪明的武器，厌恶工作变成了"成功地抵制僵化的工作习惯"，如此等等。

这些无意识过程常常会让我想起易卜生的《培尔·金特》（*Peer*

Gynt）中的山妖们（Trolls），在他们看来，"黑就是白，丑就是美，大就是小，肮脏就是干净"。最有趣的是，易卜生用一种与我们相似的方式，解释了这种颠倒价值观的现象。易卜生说，只要你像培尔·金特一样生活在一个自给自足的梦幻世界里，你就不能做真实的自己。梦幻与真实之间没有桥梁。从原则上说，梦幻与真实完全不同，不可能找到任何折中的办法。如果你不能做真实的自己，而是生活在一个自己想象出来的宏伟壮观的以自我为中心的世界里，那么，你的价值观也将会打水漂。而你的价值尺度也将会像那些山妖一样颠三倒四。事实上，这正是我们在这一章讨论的要旨。一旦我们开始走上追求荣誉的道路，我们就不再关注真实自我。神经症自负，无论以什么样的形式表现出来，都是错误的自负。

分析学家一旦掌握这样一条原理，即只有那些被投注了自负的倾向才有助于实现理想化自我，他就会保持警惕，找出那种在某个地方隐藏着的自负。一种特质所具有的主观价值与隐藏于其中的神经症自负之间的关联看起来很有规律。分析学家只要认出了这两种因素中的任何一种，便可以很有把握地推断出另一种十之八九也存在于此处。分析学家先注意到的有时候是这种因素，有时候是那种因素。因此，在分析工作刚开始时，患者可能会通过他玩世不恭的态度或者挫败他人的能力来表现他的自负。虽然分析学家此时往往并不清楚这一特定因素对于患者而言的意义，但他完全可以确定，这种因素在该患者所患的特定神经症的发展过程中起着非常重要的作用。

在治疗过程中，分析学家有必要逐渐弄清楚，在每一个患者身上那种特定的自负是怎样起作用的。当然，只要患者无意识或有意识地为某种驱力、态度或反应而感到自豪，他就不可能将之视为需要解决的问题。例如，一名患者或许已经意识到，他有一种想要凭机智胜过他人的需要。分析学家可能会觉得，不言而喻，这是一种有问题的倾向，需要加以解决，并最终将其克服，因为他考虑的是患者的真实自我的利益。他认识到了这种倾向所具有的强迫性特征、它所导致的人际关系障碍，以及能量的浪费（这些能量本可以用于建设性的目的）。与此同时，患者如果没有意识到这一点，可能就会认为，正是这种凭机智胜过他人的能力使他成了一个优秀的人；而且，他暗自为此而感到骄傲。因此，患者对于分析这种想要凭机智胜过他人的倾向并不感兴趣，他所感兴趣的是那些使得他不能完美地凭机智胜过他人的因素。只要分析学家和患者没有意识到这种评价上的差异，他们就会在不同的层面上努力，分析的目的也会不一样。

神经症自负所依赖的基础就像纸牌屋一样不结实，轻轻的一阵风就会把它吹倒。就主观体验而言，神经症自负会让人脆弱不堪。当患者痴迷于获得自负时，情况尤其如此。无论是内在还是外在，它都极易受到伤害。自负受伤后，个体通常会有两种典型的反应：羞愧（shame）和耻辱（humiliation）。如果我们所做、所思考或者所感觉到的事情违背了我们的自负，我们就会觉得羞愧。而如果他人做了一些伤害我们自负的事情，或者没有做到我们的自负要求他们做到的事情，我们就会觉得耻辱。如果出现任何不得其所或者与实际情况不成比例的羞愧或耻辱的反应，我们就必须回答下面两个问题：在某一特定的情境中，是什么引起了这种反应？它所伤害的是哪种潜藏的特定自负？这两个问题紧密相关，哪一个都不能快速地给出答案。例如，分析学家或许知道，一个人虽然对手淫问题持理性、明智的态度，且并不反对他人手淫，但如果他自己手淫，便会觉得极其羞耻。至少，在这里，引发羞耻的因素似乎很清楚。但真的是这样吗？手淫的意义对不同的人而言是不同的，分析学家不可能马上知道在有可能与手淫相关的诸多因素中，是哪种因素引发了羞耻感。因为手淫与爱情无关，所以在某个特定的患者看来，它是否就意味着是一种堕落的性行为呢？因为从手淫中所获得的满足比从性交中所得到的满足还要大，因此，它是否会因此而破坏这样一种观念，即性满足只能因为爱情而获得？它是一个伴随幻想而产生的问题吗？它是否意味着承认自己有需要？对于一个恬淡寡欲的人来说，它是否太过自我放纵了？它是否意味着失去了自控能力？分析学家只有掌握了这些与患者相关的因素，他才能提出第二个问题，即哪一种自负因为手淫而受到了伤害。

我还有一个例子可以用来说明精确了解引起羞愧和耻辱之因素的必要性。许多未婚女性常常因为有了恋人而深感羞愧，尽管在其有意识的思维中，她们并不是十分因循守旧的人。如果遇到这样一名女性患者，首先要弄清楚她的自负是否曾被某个恋人伤害过，这一点非常重要。如果是，那么，她的羞愧感是否与他魅力不够或者用情不专有关？是否与她允许他待她不好有关？是否与她依赖于他有关？或者，她的羞愧感是不是只与她有恋人这一事实有关，而不管他的地位和个性如何？如果真是这样，那么，结婚对她来说是不是成了一件关乎声望的事情？有恋人但却不结婚这样一种情形是不是就证明了自己不配结婚、没有魅力？或者，她是否觉得自己应该超越性方面的欲望，就像贞洁的处女一样？

通常情况下，同样的事件可能会引起两种不同的反应——一种是羞愧，一种是耻辱——要么是羞愧处于主导地位，要么是耻辱处于优势地位。例如，当一个男人遭到一个女孩子拒绝时，他可能会觉得很耻辱，并做出这样的反应："她以为她是谁？"或者，他也可能会因为自己的魅力或男子气概似乎不足以让她动心而感到羞愧。在讨论中，如果他的评论没有产生预期的效果，他可能会感到耻辱，因为"那些该死的笨蛋根本听不懂我说的是什么意思"，或者，他也可能会因为自己所面临的尴尬处境而感到羞愧。如果有人利用他，他可能会因为被人利用而感到耻辱，也可能会因为自己没有维护自己的利益而感到羞愧。一个人如果他的孩子不聪明或者不招人喜欢，他可能会因此而感到耻辱，并拿孩子们出气，或者他也可能会因为自己在这个或那个方面辜负了他们而感到羞愧。

我们所观察到的现象表明，我们有必要重新调整思考的方向。我们往往过于强调现实的情况，认为是现实情况决定了我们的反应。例如，如果一个人说谎被发现了，那我们往往就会认为这个人因此而感到很羞愧是很"自然的"事情。但是，也有的人一点都不觉得羞愧；相反，他往往会因为有人发现了他说谎并反对他而觉得耻辱。因此，我们的反应不仅仅由现实情况决定，而更常见的是由我们自身的神经症需要决定。

更确切地说，羞愧或耻辱反应产生的原理与价值观转变的原理相同。在富有攻击性的扩张型患者身上，我们极少看到羞愧的反应。在分析工作刚开始时，即使是细致的排查可能也难以发现任何的蛛丝马迹。这种人要么过分生活在自己的想象之中，以至于他在内心中认为自己十分完美，没有任何的瑕疵，要么用好斗的正当性（rightness）作为保护层，在很大程度上将自己隐藏起来，以至于认为自己所做的一切本来（eo ipso）就是对的。任何对其自负的伤害都只能来自外界。任何人对他们的动机提出任何的质疑，暴露他们的任何不足，都会被他们视为侮辱。他们怀疑，任何质疑其动机、暴露其不足的人都心存恶意。

在自谦型患者身上，耻辱反应远远不如羞愧感那么明显。从表面上看，他们总是沉溺、专注于焦虑地担心着是否能达到他们的"应该"的要求。但是，因为一些后面将要讨论到的原因，所以更确切地说，他们关注的焦点主要在于自己未能达到至善至美的方面，从而很容易感到羞愧。因此，分析学家能够根据是这种反应还是那种反应占优势，从而就患者基本结构中的相关倾向得出暂时的结论。

到目前为止，自负与自负受伤后所引起的反应这二者之间的联系简单又直接。而且，由于这些联系比较典型，因此，分析学家或者对自己进行分析的人很容易就可以从这二者中的一个推断出另一个。辨认出神经症自负的特定类型后，他就可以警惕那些容易引起羞愧或耻辱的刺激因素。反之亦然，这些反应的出现也会促使他去发现潜在的自负，并考察其特有的性质。但事实上，这些反应可能会因为某些因素的存在而变得模糊不清，从而使事情变得复杂起来。一个人的自负或许极其容易受到伤害，但他通常不会有意识地表现出任何受伤的感觉。正如我们在前面提到过的那样，自以为是（self-righteousness）能够阻止羞愧感的出现。而且，一种脆弱的自负也可能会阻止他承认自己感觉受到了伤害。上帝也可能会对人类的不完美表现出愤怒，但他不会受到某个老板或出租车司机的伤害。他应该大到足以忽视这种伤害，强到足以从容应对一切事情。因此，"侮辱"往往会对他造成双重的伤害：一是因为被他人侮辱而产生了耻辱感，二是因为自己受到了伤害这一事实而感到羞愧。这种人几乎总是处于进退两难的困境之中：他脆弱得有些荒唐，但他的自负却完全不容许他脆弱。这种矛盾的内在状况在很大程度上导致他经常脾气暴躁。

　　由于自负受伤而引发的直接反应能自动转化为羞愧或耻辱以外的其他感觉，因此，这个问题也会变得模糊不清。如果丈夫或恋人对另一个女人产生了兴趣、忘记了我们希望去做的事情，或者一心想着他的工作或业余爱好，那么，从本质上说，就会伤害我们的自负。但是，我们在意识层面所感觉到的却可能是因为付出了爱而没有得到回应，所以感到悲伤。她可能会将被轻视的感觉仅仅体验为是一种失望。在我们的意识中，羞愧感或许会表现为一种莫名的不安、尴尬，或者更确切地说，表现为一种内疚感。最后这种转化尤其重要，因为它让我们能够很快了解某些内疚感。例如，如果一个无意识之中充满各种托词谎言的人，因为一个相对无害而又不重要的谎言而感到内疚，且烦躁不安，那我们便可以相当有把握地断定，他更关注的是外表的诚实，而非内心的诚实。他的自负之所以受到伤害，是因为他没能维持住那种绝对诚实的假象。或者，如果一个以自我为中心的人因为某次没有顾及他人而深感内疚，那么，我们必须问清楚他之所以产生这种内疚感，是因为玷污了善良的光环而感到羞愧，还是因为他没能像自己所希望的那样关心体贴他人而真诚地表现出后悔。

而且，意识层面所感觉到的也可能不是这些反应中的任何一种（无论是直接的反应，还是转化过的反应），我们或许仅仅只是意识到了我们对这些反应的反应。在这些"二级"反应中，最为突出的是愤怒和恐惧。众所周知，任何对我们自负的伤害都可能会激起报复性的敌意。这种报复性敌意有程度不一的表现形式：从不喜欢到憎恨，从易怒到愤怒，再到盲目的暴怒。愤怒与自负之间的关联有时候很容易确定——在观察者看来是这样。例如，一个人因为觉得老板对待他的态度很傲慢而感到非常愤怒，或者因为出租车司机欺骗了他而感到愤怒——而这些充其量只不过是会让人烦恼的小事而已。这个人自己只能意识到一种对他人不良行为的合理的愤怒。而观察者（比如分析学家）却可以看到，他的自负因为这些事件而受到了伤害，他感觉到了耻辱，并做出了愤怒的反应。患者或许会承认，这种解释最有可能说明他会反应过度的原因，或者，他也可能会坚持认为自己的反应一点也不过分，他的愤怒是对他人的邪恶或愚蠢的合理反应。

当然，并非所有不合理的敌意反应都是因为自负受伤而引起的，但受伤的自负在其中所起的作用确实比人们一般认为的还要大一些。分析学家应该一直都要警惕这样一种可能性，尤其要关注患者对他（即分析学家）、对解释以及对整个分析情境的反应。如果敌意中有诋毁贬损、轻视污蔑或故意羞辱的成分，那么，分析学家就能更容易看出它与受伤的自负之间的关联。在这里，起作用的是直接的复仇法则（law of retaliation）。患者由于不了解这一法则，往往就会觉得受到了羞辱，从而以牙还牙。在这些事件发生之后，再去谈论患者的敌意纯粹就是浪费时间。分析学家必须直奔主题，直截了当地提出这样一个问题：在患者的内心深处，有哪些东西被他视为耻辱？有时候，在分析刚刚开始，分析学家还没有触及患者的痛处之时，患者想要让分析学家丢脸的冲动，或者认为分析不会有任何效果的想法看起来好像是对的。在这种情况下，患者在无意识之中可能会因为接受分析这一事实而感到耻辱，而分析学家的任务就是要让患者清楚地意识到敌意与受伤的自负之间的联系。

当然，分析过程中所发生的事情也会发生在分析过程之外。如果更常想到的是这样一种可能性，即无礼的行为可能是因为自负受到了伤害而产生，那我们就能省去很多的痛苦，甚至是让人心碎的麻烦。因此，当我们慷慨大方地帮助了一个朋友或亲戚，而对方却表现出令人厌恶的行为举止时，我们不应该因为他的忘恩负义而难过，而应考虑到他的自负因为接受我们的帮助而受到了多么大的伤害。根据当时的具体情况，我们要么同他谈一谈这件事情，要么尽量以顾全其面子的方式给予他帮助。同样，如果有一个人总是用轻蔑的态度对待他人，那我们光对他的傲慢自大表示不满是不够的，我们还必须把他看成一个因为自负而相当脆弱以致在生活中浑身伤痕累累的人。

还有一点不太为人所知，那就是：如果我们觉得自己冒犯了自己的自负，那么，这种敌意、憎恨或蔑视也同样会针对我们自己。强烈的自责并不是这种针对自我的愤怒所能表现的唯一形式。事实上，报复性的自我憎恨（self-hatred）具有许多深远的意义，如果我们现在把它放到众多因自负受伤而产生的反应中一起谈论，就会找不到头绪。因此，我们把它放到下一章来讨论。

预期会出现的耻辱和已经发生的耻辱可能都会引发恐惧、焦虑、恐慌的反应。预期会出现的恐惧可能与考试、公开表演、社交聚会或约会有关。在这样的情况下，预期会出现的恐惧通常被描述为是"怯场"（stage fright）。如果我们用"怯场"来比喻在任何公开表演或私下表演之前所出现的不合理的恐惧，那么，它就是一个相当不错的描述性术语。它所涵盖的场合有很多，包括：我们想给他人留下一个好印象的场合——这个"他人"可能是新亲戚、某个知名人士，也可能是饭店的领班；或者我们开始从事新活动的场合，比如开始一份新的工作，开始绘画，或者去上公开演讲课。那些备受此种恐惧折磨的人常常会称它们是对失败、丢脸、被嘲笑的恐惧。这些看起来好像就是他们所害怕的事情。但实际上，这种说法会让人误解，因为这样说就意味着对现实失败的恐惧是合理的。这种说法忽略了一个事实，即对一个特定的个体来说，"什么样的事情算失败"是主观的。它可能包括所有没能构成荣誉或没有达到完美的一切，确切地说，对这种可能性的预期就是适度"怯场"的本质所在。一个人害怕自己无法表现得像他那些严苛的"应该"所要求的那样优秀，所以害怕自己的自负将会受到伤害。我们后面还会了解到一种更加有害的"怯场"，一旦处于这种"怯场"状态，个体身上的无意识力量便会起作用，从而使他的表现能力无法正常发挥出来。这样一来，"怯场"便成了一种恐惧：因为他自身的自我破坏倾向，他将陷于可笑的尴尬之中，忘记台词，"紧张得说不出话来"，因而让自己丢脸，而不是给自己带来荣誉和胜利。

另一类预期会出现的恐惧往往与一个人的表现的质量无关，而与他不得不做一些将伤害其某种自负之事的前景有关——比如要求加薪、请人帮忙、提出申请、与女人亲近等等——因为这些事情包含了被拒绝的可能性。如果与女人亲近对一个人来说意味着是一种耻辱，那么，这个人在性行为发生之前就可能会出现此种预期会出现的恐惧。

"侮辱"也可能会引起恐惧反应。对于他人对自己的不尊重态度或傲慢举动，许多人的反应是发抖、战栗、出汗或者其他某种恐惧的表现。这些反应是愤怒和恐惧的混合体，这种恐惧有一部分是对自身暴力的恐惧。

另外，羞愧感也可能会引起同样的恐惧反应，而个体本身没有意识到这种羞愧感。一个人如果一直以来都表现得相当笨拙、胆小或无礼，那么，他可能就会因为一种不确定感而突然感到不知所措，或者甚至是感到恐慌。例如，有一个个案是这样的：一个女人开车沿着山路上山，路的尽头有一条小径通往山顶。这条小径虽然相当陡峭，但只要不泥泞湿滑，还是不难走的。此外，她的衣着不太合适：她穿着新套装、高跟鞋，且没有带手杖。尽管如此，她还是尽力往上走；但滑倒几次之后，她放弃了。休息的时候，她看到远处的山下有一只狗正对着行人狂叫，她开始害怕起这只狗来。这种恐惧让她大吃一惊，因为她平常并不怕狗，而且她还意识到，狗的旁边有人，显然是狗的主人，因此她根本没有理由害怕。于是，她开始思考这件事，她突然想到，青少年时期曾发生过一件让她感到非常羞愧的事情。于是，她意识到自己此时就像当时一样，实际上是因为自己"不能"到达山顶而感到羞愧。"但是，"她自言自语道，"强迫做这件事情事实上并不是明智的选择。"紧接着，她又想："但是，我应该能够做成这件事。"这样，她就找到了问题的症结所在。正如她自己所说，她认识到，正是因为这样一种"愚蠢的自负"受到了伤害，所以她在面对可能受到的攻击时感到非常无助。就像我们后面将要了解到的，她在无助的状态之下把攻击的矛头指向了自己，并将危险外化了。这部分自我分析虽然不全面，但很有效：她的恐惧消失了。

相比于对恐惧的反应，我们对愤怒的反应有更为直接的了解。但归根结底，它们是相互交织在一起的，不理解其中的一种反应，我们就无法理解另一种。这两种反应之所以出现，都是因为一种对我们自负的伤害成了一个可怕的危险。其部分原因在于自负取代了自信，这一点我们在前面曾讨论过。不过，这个答案并不全面。正如我们后面将会看到的，神经症患者一会儿生活在自负中，一会儿生活在自卑中，因此，受伤的自负往往就会将他逼进自卑的深渊之中。要想理解焦虑的一次又一次发作，我们必须将这一最为重要的联系谨记于心。

尽管在我们自己的脑海之中，对愤怒的反应、对恐惧的反应可能与自负都没什么关系，但这两种反应或许会起着路标的作用，指向自负的方向。即使这些二级反应本身不出现，整个问题也会变得混乱得多，因为它们可能会因为某个原因而受到压制——不管是什么样的原因。在这种情况下，它们可能会导致或引发某些症状，如精神病发作、抑郁、酗酒、身心障碍等。或者，坚持愤怒、恐惧这两种情绪的需要可能会变成有助于情绪平息的因素之一。不仅愤怒和恐惧会平息，所有的情感也都会变得不那么丰富，其强度也会有所下降。

神经症自负的有害性在于它是一个矛盾的综合体：一方面，它对个体而言非常重要；但另一方面，它又会使个体极其脆弱。这种状况往往会导致紧张，由于紧张的情绪经常出现，且非常强烈，个体通常无法忍受，因此需要治疗：当自负受伤时，个体会自动努力地恢复自负；当自负面临危险时，个体会自动努力地避开危险，以免自负受到伤害。

保全面子的需要往往很迫切，而且，不止一种方法可以满足这种需要。事实上，方法非常多，粗劣的也有，巧妙的也有，因此，我必须将我的陈述局限于较为常见、较为重要的方法上。一种最为有效且看起来几乎无所不在的方法，通常与因为感觉受到了羞辱而产生的报复冲动相关联。在前面，我们曾把它当成一种对受伤的自负中所涉及之痛苦和危险的敌意反应来讨论过。不过，报复除此之外可能也是一种自我辩护的手段。它包含这样一种信念，即通过报复那个冒犯我们的人，我们的自负便可得以恢复。而此种信念产生的基础是这样一种感觉，即冒犯者用他伤害我们自负的力量凌驾于我们之上，并打败了我们。我们只有采取报复行动，把冒犯者伤害得更深，形势才会扭转。神经症患者采取报复行动的目的不是"和对方打成平手"，而是用更为猛烈的还击以期取得胜利。只有取得胜利，才能恢复想象中的伟大，而这种想象的伟大中，满满的都是自负。正是这种恢复自负的能力，使得神经症报复（neurotic vindictiveness）具有了一种让人难以置信的顽固性，并解释了神经症报复的强迫性特征。

由于后面还会更加详细地讨论报复[①]，因此，在这里，我仅简要概括几个基本因素。由于报复力（power to retaliate）对于自负的恢复来说非常重要，因此，报复力本身可能也具有自负的性质。在某些类型的神经症患者看来，报复力就是力量，而且常常是他们所知道的唯一一种力量。相反，无论是外在因素还是内在因素阻止了他采取报复行动，无力反击通常都意味着软弱。因此，当这种人感觉到了耻辱，而形势或者他内心的某些东西又不允许他采取报复行动时，他就会受到双重的伤害：原先受到的"侮辱"，以及与报复性胜利相反的"挫败感"。

如前所述，在追求荣誉的过程中，对报复性胜利的需要经常出现。如果这种需要成为生活中的主要动力，那么，它就会形成最难以解决的恶性

[①] 参见第八章——扩张型解决方法。

循环。这样一来，以各种可能的方法凌驾于他人之上的决心就非常坚定，以至于它会强化整个对荣誉的需要，进而强化神经症自负。而膨胀的自负反过来又会增强报复性，从而使想要获得胜利的需要变得更为强烈。

在各种恢复自负的方法中，第二重要的方法是对所有以某种方式伤害过其自负的事或人失去兴趣。许多人之所以不再对运动、政治、知识性追求等感兴趣，是因为他们迫切需要胜过他人或者做一件完美的工作，但这种需要却得不到满足。这样一来，形势对他们来说就变得难以忍受了，因此，他们常常会选择放弃。他们往往并不知道发生了什么，仅仅只是失去了兴趣，转而从事一种实际上低于其自身潜力的活动。一个人本可以成为一名好教师，但由于被分配去做一项他不能立即掌握的工作，或者他认为这项工作有损于他的身份地位，结果，他对教书的兴趣大大降低。这种态度上的转变也和学习过程有关。一个极具天赋的人或许会满怀热情地开始学习戏剧或绘画。他的老师或朋友发现他很有前途，于是经常鼓励他。但是，尽管他极具天赋，他也不可能一夜之间成为巴里莫尔（Barrymore）或雷诺阿（Renoir）。他还认识到，自己并非班上唯一一个具有天赋的人。自然，他会因为自己最初的努力而感到尴尬。所有这一切都会伤害他的自负，而且，他可能会"突然"认识到绘画或戏剧并不是他的专长，他从未"真正"对它们产生过兴趣。于是，他失去了兴趣，开始逃课，很快就完全放弃了。他转而开始追求其他的东西，但结果只是进入相同的循环。通常情况下，由于经济方面的原因，或者因为他自己的惰性，他可能会坚持从事某项活动，但他在从事这项活动时总是无精打采，以至于从来都不考虑如果不从事这项活动的话可能会发生什么。

在与他人交往的过程中可能也会出现同样的过程。当然，我们或许有很好的理由不再喜欢某个人：我们可能一开始对他的评价过高，或者我们的发展方向出现了分歧。但无论如何，为什么我们的喜欢会变成冷漠这个问题都是值得考察的。我们不应仅仅把它归咎为没有时间，或者说从一开始这就是一个错误。很可能在跟他交往的过程中确实发生过一些什么事情伤害到了我们的自负。也许是在跟另一个人相比较时，他更占优势。也许是他不再像之前那样尊重我们。我们认识到，是我们辜负了他，因此他会让我们感到羞愧。所有这些在婚姻或恋爱关系中可能都会起着深远的作用，于是，我们往往会把这当成"我不再爱他了"。

所有这些退缩浪费了我们相当多的精力，而且常常会让我们感到很痛苦。但其最具破坏性的一面是我们对自己的真实自我失去了兴趣，因为我们不再为自己的真实自我而感到自豪——这个主题我们到后面再做讨论。

恢复自负的方法还有很多种，虽然这些方法很出名，但在此上下文中，却很难让人理解。例如，我们可能说过一些话，后来又觉得这些话很愚蠢——不切要领、考虑不周、太过傲慢或者表达的歉意太过——我们就会忘掉这些话，否认自己曾经说过这些话，或者辩解说当时说的那些话完全不是这个意思。与这种否认（denials）相类似的是对事件的歪曲（distortions）——最小化我们应该承担的责任，忽略某些因素，强调另一些因素，并从对我们有利的方面来解释这些因素——这样，我们的过错最终就得到了掩饰，而我们的自负也不会受到伤害。令人尴尬的事件可能也会原封不动地保留在我们心里，但被我们用借口和托词抹掉了。某个人承认自己大吵大闹了一场，但那是因为他已经有三个晚上没有好好睡觉了，或者是因为别人惹恼了他。他承认他确实伤害了某人的感情，很鲁莽，也没有替他人着想，但他的本意是好的。他承认他辜负了一个需要他的朋友，但这是因为他没有时间。所有这些借口可能有一部分是真实的，也可能全部都真实，但在这个人心里，这些借口的作用并不是让人觉得他所犯的某个失误其实情有可原，而是要把这个失误完全抹掉。同样，很多人都觉得，如果做错了事情，只要说一声抱歉，就可以让一切恢复正常。

所有这些方法都有一个共同的倾向，即拒绝为自我承担责任。无论是忘记我们不引以为豪的事情，还是美化我们不引以为豪的事情，或是谴责其他人，我们都是希望通过不承认自己的缺点来保全自己的面子。拒绝为自我承担责任也可能隐藏在一种虚假的客观性背后。一名患者可能会对自己进行相当敏锐的观察，并相当精确地说出对自身的不满意之处。从表面上看，他好像颇具洞察力，而且对自己很坦诚。但是，"他"或许只是一个聪明的观察者，观察到了一个被抑制、很害怕或者傲慢无礼地提出过高要求的家伙。因此，既然他不需要为他所观察到的那个家伙负责，他的自负所受到的伤害就会减轻——再加上他的自负的闪光灯主要聚焦于他那敏锐且客观的观察力上，因此他的自负就更不会受到伤害了。

也有一些人并不喜欢客观地看待自己，或者甚至不喜欢真实地看待自己。但是，当这样一名患者意识到自己的某种神经症倾向时——尽管这种态度会引起普遍的逃避行为——他或许可以清楚地区分开"他"和他的"神经症"或者他的"无意识"。他的"神经症"是一种非常神秘的东西，无论如何都与"他"没有关联。这听起来让人觉得非常吃惊。事实上，对他来说，这不仅是一件保全面子的事情，而且是一件保全性命的事情，或者至少是一种能够让他保全神智正常的方法。他的自负极其脆弱，如果他承认自己遭受困扰，就等于是把他撕成了两半。

在这里，要提到的最后一种保全面子的方法是利用幽默（humor）。如果一名患者能够坦率地认识到自己的困难，并用些许幽默来面对这些困难，那么，这自然就是内心解放的一个标志。但是，有一些患者在分析刚开始的时候不停地拿自己开玩笑，或者戏剧性地夸大自己的困难，以至于看起来显得有些滑稽可笑，而与此同时，他们对任何的批评又都敏感到了让人觉得荒唐的地步。在这些情况下，患者都是用幽默来缓解羞愧所带来的痛苦，否则，他们便无法忍受。

自负受伤后，恢复自负的方法有很多。但是，自负不仅非常脆弱，而且非常珍贵，以至于到了以后也必须要好好保护。神经症患者可能会建立一个精巧的回避系统（system of avoidances），希望在以后能够避免受到伤害。这也是一个自动化的过程。他没有意识到他之所以想回避一项活动，是因为这项活动有可能会伤害他的自负。他只是这样回避了，通常情况下，他自己甚至都没有意识到他是在回避。这个过程与各种活动及人际关系有关，它可能会妨碍现实的奋斗和努力。如果这一过程普遍存在，那它真的就会影响一个人的生活。他通常不从事与自身能力相称的任何重要的事业，生怕自己不能取得显赫的成功。他想写作或绘画，但却不敢着手去做。他不敢接近女孩子，生怕遭到她们的拒绝。他甚至不敢出门旅行，生怕自己在旅店经理或列车服务员面前笨手笨脚。或者他可能只去人们都认识他的地方，因为当身边都是陌生人时，他会觉得自己就像是一个无足轻重的人。他通常不参与社交活动，以免自己感觉不自在。于是，他会根据自己的经济状况，要么做一些没有什么价值的事情，要么固守一份普通的工作，并严格限制自己的开销。在不止一个方面，他都过着与自己的收入不相称的生活。从长远来看，这必将使他远离他人，因为他无法面对自己落后于同龄人这样一个事实，因此他会避免同其他人比较，或者避免被他人问到任何与工作有关的事情。为了让生活继续下去，他必须更坚定地守住他那个秘密的幻想世界。但是，所有这些措施对于他的自负而言，与其说是一种治疗手段，不如说是掩饰手段。因此，他可能会开始培养他的神经症，因为带有一个大写字母N的神经症（neurosis）成了他缺乏成就的宝贵托词。

这些都是极端的发展，不用说，自负虽然在其中起着非常重要的作用，但它并不是唯一起作用的因素。更为常见的情况是，回避仅局限于某些方面。一个人在那些受到压抑最少且能帮助他获得荣誉的工作中可能会表现得相当积极，给人留下深刻印象。例如，他可能会努力工作，并在这个方面取得了成功，但却回避社交生活。相反，他可能会觉得在社交活动中，或者扮演像唐璜（Don Juan）那样的角色时比较安全，但却不敢冒险去从事任何会考验其潜能的重要工作。他或许觉得做一个组织者很安全，但却回避与任何人有私人交往，因为他觉得自己在人际关系中很容易受到伤害。在诸多因害怕与他人有情感纠葛而产生的恐惧（神经症分离）中，害怕自负受伤的恐惧通常起着重要的作用。此外，出于许多不同的原因，一个人可能特别害怕不能成功地与异性相处。如果这个人是男性的话，他会无意识地预期这样的结果：如果和女人亲近，或者与她们发生性关系，那么，他的自负就会受到伤害。因此，女人对他（以及他的自负）来说，是一种潜在的威胁。这种恐惧可能非常强烈，足以抑制或者甚至粉碎女人对他的吸引力，从而使他避免与异性接触。这样产生的抑制并不是他转为同性恋的唯一原因，但它确实是他偏爱同性的原因之一。以多种不同形式出现的自负是爱情的敌人。

这种回避可能与许多不同的具体事情有关。因此，一个人可能会回避在公众场合讲话、参加体育活动或者打电话。如果他身边有某个人愿意打电话、做决定或者与房东打交道，那么，他就会把这件事情丢给他去做。在这些具体的活动中，他很可能意识到自己在回避某事，但在更多场合下，这个问题却常常被一种"我不能"或者"我不在乎"的态度给掩盖了。

在分析完这些回避现象后，我们发现，有两条原则在其中起了作用，这两条原则决定了这些回避的性质。简单说来，一条原则是通过限制个人生活以确保安全。放弃、退缩或屈从，比冒险让自己的自负暴露于伤害之下更为安全一些。在许多情况下，个体心甘情愿地将自己的生活限制到受束缚的程度，很可能没有什么比这更让人印象深刻，更能说明自负有多重要了。另一条原则是：不去尝试比尝试后却失败了更为安全。这第二条原则给回避打上了最后的烙印，因为它剥夺了个体逐渐去克服他所遇到的一切困难的机会。以神经症患者的前提为基础，这条原则甚至可以说是不现实的，因为他不仅要为过分限制自己的生活付出代价，而且从长远来看，他的退缩也会让他的自负受到更深的伤害。当然，他并不会用长远的眼光来思考问题。他只关心眼前的尝试和错误所带来的危险。如果他根本不去尝试，他的自负就不会受到伤害。他能找到某种借口。至少在他自己的心里，他可能会产生一种自我安慰的想法：要是他之前尝试过，他可能已经通过了考试、找到了一份更好的工作或者赢得了某个女人的青睐。他常常还会有更为荒唐的想法："如果我专注于作曲或写作，那么我将会比肖邦（Chopin）或巴尔扎克（Balzac）更为伟大。"

在很多情况下，回避延伸到了我们对待所渴求之物的情感上。简而言之，回避可能会涉及我们的愿望。我曾提到过，有一些人认为得不到自己想要拥有的东西是一种可耻的失败。因此，仅仅是希望（wishing）就包含了太大的风险。而这样一种压抑愿望的做法却意味着我们的活力受到了束缚。有时候，人们还不得不回避任何会伤害其自负的想法。在这一点上，意义最为重大的回避是不去想任何与死亡有关的事情，因为只要一想到自己会像其他人一样变老、死去，就会让他们觉得无法承认。奥斯卡·王尔德（Oscar Wilde）的《道林·格雷的画像》（Dorian Gray）以艺术的形式表现出了一种对于永恒青春的自负。

自负的发展是合乎逻辑的结果，是这个从追求荣誉开始的过程的高潮以及对这个过程的巩固。一开始，个体可能只是拥有一些相对无害的幻想，在这些幻想中，他把自己刻画为某个富有魅力的人物。接着，他在自己内心之中创造出一个有关自己"实际上是""可能是"以及"应该是"什么样子的理想化意象。然后是最具决定性的一步：他的真实自我逐渐消失，而那些本可以用于自我实现的能量却被转移去实现其理想化自我了。这种要求正是他为了维持自己在这个世界上的位置而做出的努力，而他所要维持的这个位置适合于理想化自我的重要性，同时它也支持这种理想化自我。他用他的各种"应该"，驱使自己去实现这种完美的自我。最后，他必须建立个人价值体系，这个体系就像《一九八四》（乔治·奥威尔著）中的"真理部"一样，决定着他喜欢和接受自己身上的什么、以什么为荣、以什么为傲。不过，这个价值体系也必须决定他要拒绝什么、厌恶什么、以什么为耻、鄙视什么、憎恨什么。对于该价值体系来说，这两个方面缺一不可。自负与自我憎恨密不可分，它们是同一个过程的两种表现。

第五章
自我憎恨与自我轻视

到目前为止,我们已经追溯了神经症的发展过程,它始于自我理想化,然后一步一步地以必然的逻辑性将价值观转变成神经症自负的现象。事实上,这个过程比我迄今为止所呈现的还要复杂一些。同时起作用的另一个过程不但增强了神经症发展过程,而且使其变得复杂了起来——这一过程虽然同样产生于自我理想化,但看起来却好像完全相反。

简单说来,当一个人将其重心转向他的理想化自我时,他不仅会抬高自己,而且必定会从错误的视角看待他的真实自我——他在某个特定时刻所拥有的一切,包括他的身体和心理、他的健康状况和神经症状况。美化过的自我不但成了他所追求的一个幻影(phantom),而且也成了他衡量自己真实情况的标尺。当他从一个像神一样完美的视角来看,这种真实的自我就会让他觉得非常尴尬,以至于他不得不轻视这种真实的自我。而且,更为重要的是,他实际上只是人类中一员的现实会不断地干扰他追求荣誉的努力——这一点意义很重大——因此,他注定会憎恨这种现实,也会憎恨他自己。由于自负和自我憎恨实际上属于同一实体,因此,我建议把所有相关的因素统称为自负系统(the pride system)。而正是由于这种自我憎恨,我们开始思考这一过程的全新的一面,它会使我们对自我憎恨的看法大为改观。我们有意将这个有关自我憎恨的问题搁置一边,直到现在才提起,是为了先清楚地了解实现理想化自我的直接驱动力。不过,我们接下来必须了解它的全貌了。

无论我们的皮格马利翁是多么疯狂地试图将他自己塑造成一个辉煌的人物,他的动机都注定会遭遇失败。他至多只能从意识中排除一些干扰性的矛盾,但这些矛盾依然存在。事实上,他依然不得不一个人面对生活。无论他是吃饭、睡觉,还是上洗手间,无论他是工作,还是做爱,他都始

实现自我

终跟自己在一起。他有时候想，如果他能够与妻子离婚、换一份工作、搬到另一所公寓或者去旅行，那么，一切都将变得更好；但事实上，他到哪儿都必须跟自己在一起。即使他像一台加满了油的机器一样功能良好，他也依然存在精力、时间、能力、耐力等方面的局限——这些是人类的局限。

借助下面这两个人可以对这种情况做最好的描述。一个是独一无二的理想人物；另一个是无处不在的陌生人（即现实自我），这个陌生人总是干扰他、妨碍他，让他尴尬窘迫。用"他和陌生人"来描述理想化自我与真实自我之间的冲突之所以看起来很贴切，是因为这种描述与个体的感觉很接近。而且，即使他可以摒弃实际的干扰，认为它们与自己毫不相干或没有关系，他也永远不可能远远地逃离自己，从而不让它们在他身上"留下痕迹"①。尽管他或许会成功，或许生活得相当好，或者甚至被独特成就所带来的宏大幻想冲昏了头脑，但他还是感到自卑或者没有安全感。他会觉得自己是一个虚张声势的人、骗子、怪物，从而感到痛苦——这种感觉他无法言喻。但当他接近自我的现实情况时，他对自己内在的了解往往会准确无误地出现在他的梦中。

通常情况下，自我的现实会以让人痛苦的方式准确无误地袭来。在想象中，他像神一样，但在社交情境里，他却缩手缩脚。每当他想给某个人留下深刻的印象时，他的手就会不由自主地颤抖，说话就会变得结巴，或者面红耳赤。他感觉自己是一个独一无二的情人，但却可能会突然变得性无能。在想象中，他像一个真正的男人一样跟老板谈话，但在现实中，他却只是一个劲地傻笑。一直要到第二天，他才能想到能够永久性解决争论的精彩话语。她永远都无法让自己变得像理想中的窈窕淑女那般苗条，因为她总是强迫性地吃太多东西。真实的、经验的自我成了唐突的陌生人，而理想化自我碰巧受其束缚，因此理想化自我会以仇恨和鄙视来反对这个陌生人。真实自我成了自负的理想化自我的牺牲品。

自我憎恨往往会导致人格的明显分裂，而这种分裂开始于一个理想化自我的出现。它意味着有一场战争正在进行。事实上，这正是每一个神经症患者的本质特征：他是自己与自己交战。实际上，这种分裂构成了两种

---

① 参见《我们时代的神经症人格》（*The Neurotic Personality of Our Time*），在这本书中，我用"留下痕迹"（register）一词来表示这样一个事实，即他好像感觉到了自己内脏和骨头中所发生的事情，但又没有意识到。

不同冲突的基础。其中一种冲突存在于自负系统本身内部。正如我们将在后面详尽阐述的，它是扩张性驱力和自谦性驱力之间的潜在冲突。另一种更为深层的冲突是整个自负系统与真实自我之间的冲突。真实自我虽然被推到了幕后，受到追求至高无上这种自负的压抑，但它依然具有很大的潜力，而且在有利的条件下，它或许还可以获得充分的发展。在下一章，我们将讨论这种冲突的发展特征和发展阶段。

这第二种更为深层的冲突在分析开始时往往并不明显。但是，当自负系统摇摇欲坠，个体就会变得与自己更为接近；当他开始感觉到自己的感受、知道自己的愿望、赢得自由的选择、做出自己的决定并为自己的决定承担责任时，反抗的力量便会接踵而来。现在，自负系统与真实自我之间的战争越来越清晰了。此时，自我憎恨与其说直接指向真实自我的局限和缺点，不如说指向真实自我新出现的建设性力量。与我到目前为止所讨论的任何神经症冲突相比，它都是一种更大的冲突。我建议称它为主要的内心冲突（central inner conflict）①。

我想在此处插入一段理论性的评论，因为这能帮助我们更为清楚地理解这种冲突。在我以前撰写的其他著作中，我曾使用过"神经症冲突"（neurotic conflict）这个术语，指的是那种因被夹在两种不相容的强迫性驱力之间而产生的冲突。而主要的内心冲突则是一种介于健康冲突和神经症冲突之间的冲突，是一种介于建设性力量和破坏性力量之间的力量。因此，我们必须扩大定义的范围，将神经症冲突界定为一种产生于两种神经症力量之间，或者健康冲突与神经症冲突之间的冲突。这种差别很重要，超越了术语学上的解释。自负系统与真实自我之间的冲突之所以比其他冲突具有使我们分裂的更强力量，原因有二。第一个原因在于部分卷入（partial involvement）与全部卷入（total involvement）之间的不同。这二者之间的不同就好比是在一个国家中个别群体之间的利益冲突与整个国家都卷入内战之中的差别。第二个原因在于这样一个事实，即我们生命的核心、我们的真实自我及其所具有的成长能力，其实在为自身的生存而斗争。

对真实自我（real self）的憎恨远比对现实自我（actual self）之局限的憎恨更不易觉察，但它构成了自我憎恨永不缺席的基础——或者说一直为其提供主要能量的潜流，即使对现实自我之局限的憎恨可能非常显眼，

---

① 这是缪里尔·艾维米（Muriel Ivimey）博士给我的建议。

亦是如此。因此，对真实自我的憎恨的表现形式可能较为单一，而对现实自我的憎恨却始终是一种复杂的现象。例如，如果我们的自我憎恨因"自私"——为了自己而做的任何事情——而表现出一种冷酷无情的自我谴责，那么，这或许是且很可能既是一种因为自己没有达到绝对的圣洁而产生的憎恨，也是一种粉碎我们的真实自我的方式。

德国诗人克里斯蒂安·摩根斯坦在他的《成长的痛苦》（Entwicklungsschmerzen，即"Growing Pains"）① 中简要地表达出了自我憎恨的性质：

> 我将屈从，自我毁灭，
> 我生而为二，理想之我与现实之我。
> 二者之中，一方终将被另一方歼灭。
> 理想之我就像一匹奔腾的骏马（现实之我束于其尾），
> 就像一个车轮（现实之我缚于其上），
> 就像复仇女神，伸出她的魔爪，紧紧抓住现实之我的头发不放，
> 就像有吸血鬼盘踞在他的心脏，不停地吸着他的血。

诗人用短短的几行便将这个过程清楚地表达了出来。他说，我们可能会以一种让人萎靡、使人痛苦的恨意来憎恨我们自己——这种恨意的破坏性极强，以至于我们无力与其对抗，而且可能会让我们自己受到心理上的伤害。而且，他说，我们之所以憎恨自己，不是因为我们毫无价值，而是因为我们不断被驱使着去超越自我。他还说，这种恨意源自理想之我与现实之我之间的冲突。这不仅是一种分裂，而且是一场残酷无情的战争。

自我憎恨的力量及固执性（power and tenacity of self-hate）十分惊人，即使在相当熟悉其运作方式的分析学家看来，亦是如此。当我们试图解释其深刻性时，我们必须认识到，骄傲的自我因感觉到屈辱且每一步都会受到现实自我的限制而产生的愤怒感。我们还必须考虑到这种愤怒最终的无能为力。因为虽然神经症患者可能会试图将自己视为脱离肉体的灵魂，但他的生存仍依赖于现实自我，因此他要想获得荣誉，也依赖于现实自我。如果他打算杀掉被憎恨的自我，他必定同时也会杀掉那个荣耀的自我，就像道林·格雷（Dorian Gray）所做的那样，在将剑刺向画像的同

---

① 参见卡罗琳·牛顿（Caroline Newton）翻译的诗集 *Auf vielen Wegen*，R. Piper and Co.，Munich，1921。

时，也表现出了他的堕落。一方面，这种依赖性通常可以阻止自杀行为。如果不是因为有这种依赖性，自杀将成为自我憎恨的合乎逻辑的结果。事实上，自杀行为较少发生，它往往是多种因素共同作用的结果，而自我憎恨只是其中之一。另一方面，正是这种依赖性，使得自我憎恨变得更为残酷无情，就像任何无力愤怒中所表现出来的一样。

此外，自我憎恨不仅是自我美化的结果，而且也是维持自我美化的动力。更准确地说，它是一种驱动力，驱使着个体去实现理想化自我，并通过消除相互冲突的因素，从而在更高的水平上进行充分的整合。正是这种对不完美的谴责，进一步证实了个体所认同的像神一样完美的标准。在分析中，我们可以观察到自我憎恨的这种功能。当我们揭示出患者的自我憎恨后，我们可能会天真地预期，他将迫切地想要摆脱自我憎恨。有时候，这样一种健康的反应确实会出现。但大多数情况下，他的反应是分裂的。一方面，他不可避免地认识到自我憎恨所带来的沉重负担和可怕危险；但另一方面，他可能也会觉得反抗这种束缚的危险甚至会更大。他可能会用看似最为合理的说法为他的高标准，以及因为对自我有了更大的容忍性从而导致马虎松懈的危险辩护。或者，他也可能会逐渐地表明他的信念，即他轻视自己是理所应当的。这种信念表明，只要他仍然坚持他的自大标准，他就不可能接受他自己。

导致自我憎恨变成一种如此残酷无情的力量的第三个因素，我们在前面已经提到过。那就是与自我的疏离（alienation from self）。简单地说就是：神经症患者对自己没有任何感觉。神经症患者如果想采取某种建设性的行动，那么，在承认自己失败之前，他必须先对遭受痛苦的自我产生某种同情，并在某种程度上体验这种痛苦。或者，从另一个方面来讲，在他认识到自我挫败（self-frustration）开始让他感到不安，或者甚至对他造成困扰之前，他必须先在某种程度上承认自身愿望的存在。

对自我憎恨的意识（awareness of self-hate）又是怎么一回事呢？不论是在《哈姆雷特》（Hamlet）、《理查三世》（Richard Ⅲ），还是前面所引用的诗歌中，作者所表达的都不仅仅局限于他们对人类灵魂所遭受之痛苦的洞察。虽然间隔时间或长或短，但很多人都常常体验到自我憎恨或自我轻视本身。他们可能会有一闪而过的"我恨我自己"或者"我看不起我自己"的感觉，他们也可能对自己大发雷霆。但是，这种鲜活的自我憎恨体验只有在痛苦的时候才会出现，一旦痛苦消失，这种体验也就被遗忘了。通常情况下，人们不会问：这样的感觉——或想法——是否不仅仅只是一种对"失败"、"愚蠢举动"、做错事的感觉或者对某种心理障碍之认识的暂时性反应？因此，他们并没有察觉到自我憎恨的破坏性及持久性。

谈到以自责（self-accusations）形式表现出来的自我憎恨，因其差异范围过于广泛，所以没法做一般性的叙述。那些一直缩在自以为是的壳子里的神经症患者，压抑了所有的自责，以至于他们什么都意识不到。而与此相反的是自谦型神经症患者，他们会坦诚地表达自责和负罪感，或者他们会公然地表现出道歉行为或防御行为，从而暴露了这些情感的存在。实际上，觉察方面存在的这些个体差异具有重要的意义。我们到后面会讨论它们的意义，以及它们是怎样产生的。但是，我们不能因此而得出结论说自谦型神经症患者可以意识到自我憎恨。因为即使是那些意识到了自责的神经症患者，往往也意识不到自责的强度以及它们所具有的破坏性。此外，他们也意识不到这些自责所固有的徒劳无用性，并常常将自责视为证明其具有高道德敏感性的证据。他们通常不会怀疑自责的正确性，事实上，只要他们从像神一样完美的视角评判自己，他们就不可能质疑其正确性。

不过，几乎所有的神经症患者都能意识到自我憎恨的结果（results）：感到内疚、自卑、受束缚、痛苦不堪。但是，他们丝毫意识不到，其实是他们自己造成了这些痛苦和自我评价。即使他们意识到了一点点，也会被他们的神经症自负所淹没。他们通常不会因为感觉受到了束缚而痛苦，反而以"不自私……禁欲克己……自我牺牲……做责任的奴隶"——这些词语成了对抗自我的冠冕堂皇的借口——为傲。

从观察到的这些现象中，我们可以得出这样一个结论：自我憎恨从本质上说是一个无意识过程。归根结底，我们对患者没有意识到其影响的现象仍然感兴趣。其最根本的原因在于：这个过程的大部分通常被外在化了，也就是说，个体并不认为这个过程发生在他自身内部，而是发生在他和外在世界之间。我们可以粗略地将自我憎恨的主动外化（active externalization）和被动外化（passive externalization）区分开来。前者力图将自我憎恨指向外在世界，去对抗生活、命运、各种制度及他人。而后者，其憎恨则依然停留在对抗自我的层面，但个体却将其感知或体验为来源于外在世界。通过这两种方式，个体的内心冲突由于转变成了一种人与人之间的冲突，从而使得其所导致的紧张状态得到了缓解。接下来，我们将讨论这个过程可能表现的具体形式及其对人际关系的影响。我之所以在此介绍，只是因为自我憎恨的许多不同种类，可以从其外化形式中得到最为充分的观察和描述。

自我憎恨的表现形式与人际关系中的憎恨完全相同。我们可以用历史上一个让我们至今仍记忆犹新的例子来说明后一种憎恨，即希特勒对犹太人的憎恨。我们看到，希特勒邪恶地威胁他们，谴责他们，羞辱他们，公开侮辱他们，不择手段地剥夺他们的一切，摧残他们，毁掉他们对未来的希望，最后，折磨他们并杀害他们。在日常生活中，在家人之间或者竞争者之间，我们也可以观察到，这些憎恨会以更为文明或更为隐秘的形式表现出来。

接下来，我们将探讨自我憎恨的主要表现（main expressions of self-hate）及其对个人的直接影响。伟大的作家都观察到过所有这些表现。自弗洛伊德开始，精神病学文献中提到的大多数个体资料把自我憎恨描述为自责、自我贬低、自卑感、无力享受生活、直接的自我毁灭行为，以及受虐倾向等。但是，除了弗洛伊德的死亡本能（death-instinct）概念以及弗朗兹·亚历山大（Franz Alexander）、卡尔·门宁格（Karl Menninger）对其所做的详细阐释①之外，没有哪种综合理论可以解释所有这些现象。不过，虽然弗洛伊德的理论涉及相似的临床资料，但却基于完全不同的理论前提，以至于对所涉及之问题的理解以及治疗这些问题的方法都完全不同。我们将在后面的章节讨论这些差异。

为了不迷失在细节之中，让我们区分一下自我憎恨的六种运作模式（modes of operation），或者说表现形式，但与此同时，我们必须谨记这样一个事实，即它们是交叉重叠的。粗略说来，这六种运作模式或表现形式分别是：对自我的无尽需求、无情的自我谴责、自我轻视、自我挫败、自我折磨和自我毁灭。

在前一章，我们曾讨论过对自我的需求（demands on self），在我们看来，对自我的需求是神经症患者改变自己以符合其理想化自我的手段。不过，我们也曾提到，内部指令构成了一种强制性系统、一种专政。人们未能实现它们时，就可能会感到震惊和恐慌。现在，我们可以更为充分地理解为什么内部指令具有强制性，是什么使得人们如此疯狂地试图遵从内部指令，人们为什么会对"失败"有如此强烈的反应。这些"应该"在很大程度上取决于自负，也在同样程度上取决于自我憎恨。当人们未能实现

---

① Franz Alexander, *The Psychoanalysis of the Total Personality*, Nervous and Mental Disease Publishing Co., 1930; Karl A. Menninger, *Man Against Himself*, Harcourt, Brace and Co., 1938.

这些"应该"时，自我憎恨的狂怒就会爆发出来。我们可以把这比作抢劫，抢劫者手拿左轮手枪指着被抢劫者，说："交出你所有的财物，不然我就一枪毙了你。"相比之下，持枪者的抢劫行为可能是这两种要求中更为人性一些的要求。而遭受恐吓威胁的那个人为了保命，则极有可能做出妥协，但是，"应该"却无法得到满足。此外，从所有人都终将死去这个意义上说，终生遭受自我憎恨的痛苦折磨似乎比被一枪射死还要更为残忍一些。在此引用一名患者的信中的一段话[①]："神经症最初是科学怪人（Frankenstein monster）设计出来保护自己的，结果却扼杀了他的真实自我。不管你是生活在一个集权国家还是生活在个人的神经症里，其实几乎没有任何区别，你在集中营里总会倾向于用其中一种方式来结束自己的生命，在集中营里，所有一切都指向于尽可能痛苦地毁灭自我。"

事实上，这些"应该"就其本质而言具有自我毁灭性。但到目前为止，我们只看到了它们所具有的破坏性的一个方面：它们给个体套上了层层束缚，并剥夺了他的内在自由。即使他成功地把自己塑造成了一个完美的行为主义者，他也是以牺牲他的自发性、情感与信念的真实性为代价才做到这一点的。事实上，这些"应该"就像所有的政治暴行一样，也旨在于灭绝人的个性。它们创造了一种氛围，这种氛围类似于司汤达（Stendhal）在《红与黑》（*The Red and the Black*）（或者乔治·奥威尔在《一九八四》）中所描述的学院氛围，在那里，个体的任何思想和感受都会被人怀疑。它们需要的是一种绝对服从，而个体甚至感觉不到这是一种服从。

除此之外，许多"应该"的内容本身便表现出了它们的自我毁灭性。下面，我想以三种"应该"为例来说明，这三种"应该"都是在病态依赖的条件下产生的，因此我们将以此为背景加以阐释：我应该强大到丝毫不介意发生在我身上的任何事情；我应该能够让她爱我；我应该为"爱"牺牲一切！这三种"应该"结合到一起，确实必定会让病态依赖所导致的痛苦折磨永久存在。另一种经常出现的"应该"向个体提出了这样的要求：他应该为他的亲人、朋友、学生、职员等负起全部的责任。他应该能够解决每一个人的问题，让每一个人即刻便能获得满足。这就意味着：不管任何事情，只要出了问题，就都是他的过错。如果某个朋友或亲戚因为某种原因而感到不安，抱怨、指责、不满或想要得到什么东西，那么，这种人

[①] 发表于 *American Journal of Psychoanalysis*，vol. IX，1949。

就会被迫成为无助的牺牲者，因为他必定会感到内疚，并设法将一切妥善安排好。例如，有一名患者，他就像一个疲惫不堪的夏日旅馆经理：客人永远都是对的。而这些灾难事实上是否由于他的过错而造成，已经不重要了。

最近法国出版的一本著作《目击者》（*The Witness*）[①] 把这个过程描写得淋漓尽致。书中的主人公和他的弟弟坐船出海：船只漏水，暴风雨来袭，船翻了，他们也掉入了海中。弟弟由于腿部严重受伤，无法在波涛汹涌的大海中游泳。他注定要被淹死。主人公试图拉着弟弟一起向岸边游去，但他很快意识到他无法带着弟弟一起游到岸边。此时，他面临着这样的选择：要么两个人都被淹死，要么他独自逃生。清楚地认识到这一点之后，他决定独自逃生。但是，他感觉自己就像是一个凶手，而且，这种念头非常真实地出现在他的脑海里，以至于他确信其他所有人都认为他是一个凶手。只要他行事的前提是他在任何情况下都应该负起责任，那么，他的理由就不成立，也不可能有效。诚然，这是一种极端的情况。但是，主人公的情绪反应恰恰说明了当人们被这样一种特殊的"应该"驱使时是怎样的感觉。

此外，一个人也可能会将对自身生存有害的事情强加到自己身上。在陀思妥耶夫斯基（Dostoevski）的《罪与罚》（*Crime and Punishment*）中，我们可以看到有关这种"应该"的一个经典例子。拉斯柯尔尼科夫（Raskolnikov）为了证明他拥有让自己感到满意的像拿破仑一样的品质，觉得自己应该有能力杀人。就像陀思妥耶夫斯基清清楚楚地向我们展现的那样，尽管拉斯柯尔尼科夫对世界有诸多的怨恨，但对于他那敏感的灵魂来说，没有什么比杀人更让人厌恶的了。他必须逼迫自己这样做。而他的真实感受在一个梦中体现了出来。在梦中，他看到一匹瘦骨嶙峋、营养不良的小马正被一个喝得醉醺醺的农夫逼着去拉满满一车它不可能拉得动的重物。农夫还残忍地用鞭子狠狠地打它，最后，它被打死了。在梦中，拉斯柯尔尼科夫心里突然涌起深深的同情，他向那匹小马冲了过去。

做这个梦的那段时间，拉斯柯尔尼科夫正经历激烈的内心冲突。一方面，他觉得自己应该有能力杀人，但另一方面，他又极其厌恶这样做，以至于完全不能做到这一点。在梦中，他认识到，他正残忍无情地逼迫自己去做一些他不可能做到的事情，就像农夫逼迫那匹小马去拉它不可能拉得动的重物一样。而从他内心深处涌起的是对自己的深深同情，因为他正对

[①] Jean Bloch-Michel，*The Witness*，Pantheon Press，1949.

自己做着这样残忍的事情。在梦中体验到自己的真实感受之后，他觉得自己更贴近真实的自我，于是决定不杀人了。但是不久之后，他那种拿破仑似的自我又会占据上风，因为在那个时候，他的真实自我就像瘦弱的小马难以对抗残忍的农夫一样，无法与其对抗。

导致这些"应该"具有自我毁灭性，且比其他因素更能说明它们所具有之强制性的第三个因素是自我憎恨。当我们违背这些"应该"时，自我憎恨可能就会让我们与自己相对抗。有时候，这种联系相当明确，或者说很容易建立。一个人不可能像他认为自己应该成为的那样一直无所不知、无所不能，就像在《目击者》的故事中就充满了各种不合理的自我谴责。更常见的情况是，他意识不到这样一种违背"应该"的情况，而是好像突然就感觉到情绪低落、心神不安、疲乏无力、焦虑或暴躁。让我们回想一下前面举的一个例子：一个没有爬到山顶的女人突然变得怕起了狗。这个例子的先后顺序是这样的：首先，她明智地决定放弃爬山，而这让她体验到了一种失败感——她之所以觉得这是一种失败，是因为她没有满足其内心指令的要求，她的内心指令告诉她，她应该能够成功地完成每一件事情（当然，这一点依然保持在无意识水平）。然后，她产生了自我轻视，这一点同样仍处于无意识水平。接着，她做出了自责反应，表现为感到无助和恐惧，最初的情绪过程上升到了意识层面。如果她没有对自我进行分析，那么对狗的恐惧将始终是一件让人困惑的事情，之所以让人感到困惑，是因为它与之前所发生的事情毫无关联。在其他例子中，一个人在其意识层面所体验到的往往仅仅只是一些他自发地用来保护自己免受自我憎恨伤害的特殊方式，例如，他会采取一些特殊的方式来缓解焦虑情绪（狂吃、酗酒或狂买等）、觉得他人要迫害自己的感觉（被动外化）或者对他人的愤怒感（主动外化）。我们将有很多机会可以从不同的视角来看这些自我保护的尝试是怎样起作用的。在这里，我还想讨论另一种类似的尝试，因为这种尝试很容易被人忽略，并有可能使治疗陷入僵局。

当一个人在有意无意之间认识到，他可能无法达到他的某些特定"应该"的要求时，他便往往会做出这种尝试。于是，我们可能就会看到这样的情况——一个理性而又愿意配合的患者突然变得焦躁不安，就好像他觉得自己遭到了所有人、所有事的不公正对待，从而变得疯狂起来一样：他的亲戚利用他，他的老板不公正，牙医把他的牙齿弄得一团糟，精神分析对他没有作用，等等。他可能会把分析学家大骂一顿，或者对家人大发脾气。

在试图理解他的烦恼与不安时，第一个给我们留下深刻印象的因素是：他不断要求获得特殊照顾。依据不同的特殊情境，他可能会提出不同的要求：在办公室里，他坚持要求获得更多的帮助；在家，他坚持要求他的妻子或母亲让他独处；在分析中，他坚持要求分析学家给他很多的时间；在学校，他坚持要求获得格外优待。因此，他给我们的第一印象是：有各种疯狂的要求，而当这些要求未得到满足时，他就会感觉自己受到了不公正的对待。但是，当这些要求引起患者的注意时，他就会变得更加疯狂。他可能会变得更为公开地表示他的敌意。如果我们仔细倾听，就会发现他的辱骂声中贯穿着一个主题。就好像他是在说："你这个该死的笨蛋，难道你不知道我真的需要一些东西吗？"如果我们此时想到要求往往源自神经症需要这一知识点，那么，我们就会发现，要求的突然增多就意味着迫切需要的突然增多。沿着这个思路，我们就有机会理解患者的痛苦所在。因此，结果可能表明，虽然他没有意识到这一点，但他已经认识到他无法完成自己某些强制性的"应该"。例如，他可能会觉得，他完全没有能力成功建立或维持某段恋爱关系；或者，他可能觉得他的工作负担过重，即使他竭尽全力，也无法完成；或者，他可能已经认识到，分析过程中提到的一些问题确实会让他感到沮丧，甚至让他无法忍受，或者这些问题会愚弄他，嘲笑他竟然试图完全借助意志力来消除它们。这些认识大多数是无意识的，之所以会让他感到恐慌，是因为他觉得他应该能够克服所有这些障碍。因此，在这种情况下，他只有两种选择：一种是认识到他自己的要求是不切实际的；另一种是发疯似的要求改变他的生活状况，这样他就不用去面对自己的"失败"了。他兴奋地选择了第二条路，而治疗的任务就是将他引上第一条路。

对于治疗来说，认识到这样一种可能性非常重要，即患者在认识到他无法实现各种"应该"后，可能会产生疯狂的要求。这一点之所以非常重要，是因为这些要求可能会导致一种非常难以控制的混乱状态。不过，从理论方面来看，它也非常重要。它有助于我们更好地理解许多要求所具有的紧迫性。而且，它也有力地说明了个体是多么迫切地想要实现他的各种"应该"。

最后，即使只是模糊地认识到自己不能实现这些"应该"——或者在实现这些"应该"方面即将面临失败，也可能会产生极度的绝望，因此，个体会产生一种迫切的不让自己认识到这一点的内在需要。我们已经看到，神经症患者用来避免这些认识的方法之一是在想象中实现这些"应该"。（"我应该能够成为某种样子的人，或者我应该能够以某种方式行事——所以，我事实上就能够成为那样的人，或者我事实上就能够以那种方式行事。"）现在，我们可以更清楚地看到，神经症患者之所以采用这种看似聪明圆滑的方式来逃避现实，实际上是因为他害怕面对这样一个事实，即他没有也不可能实现他的内心指令的要求。因此，这就证明了在第一章中提出的一个论点：想象是为神经症需要服务的。

在许多无意识的自欺方式中，我在此必须论及的只有两种，因为这两种方式具有基础性的意义。一种方式是降低自我觉察的阈限。一名在观察他人时具有敏锐观察力的神经症患者，有时候可能会对他自己的情感、思想或行为保持一种顽固的毫无觉察的状态。甚至在分析过程中，当分析学家要求他注意某个问题时，他也会以"我没有意识到"或"我没有感觉到"来阻止更进一步的讨论。在此要提到的另一种无意识方式是大多数神经症患者具有的"怪癖"——他们认为自己只是反应性的存在。这比把责任推到他人身上更为严重。它就等于是在无意识中否认了他们自己的各种"应该"的存在。这样一来，生活对他们而言便成了一系列来自外界的"推推拉拉"。换句话说，他们的"应该"本身被外化了。

我们可以用更具概括性的话来加以总结：任何遭受专制统治的人都将诉诸能够让他避免受其摆布的手段。在外部专制的情况下，他可能会在完全无意识的状态下被迫变得表里不一。而在内心专制的情况下（内心专制本身就是无意识的），随后出现的表里不一可能只具有无意识自欺借口的特性。

所有这些方式都会阻止自我憎恨的涌现，否则，它就会让个体认识到这种"失败"。因此，它们具有很大的主观价值。但是，这些方式也会导致真实感的大幅削弱。因此，它们事实上既会导致一种与自我的疏离[①]，而且也会赋予自负系统极大的自主性。

因此，对自我的要求在神经症结构中占有极其重要的地位。它们是个体为实现其理想化意象而做出的尝试。它们通过两种方式，在加速个体与自我疏离方面发挥了重要作用：一是强迫个体歪曲其自发的情感和信念，二是产生一种普遍的无意识不诚实倾向。此外，它们也是由自我憎恨决定的。最后，当个体认识到自己无力遵从这些要求时，自我憎恨便会流露出来。从某种程度上说，所有形式的自我憎恨都是对那些未实现之"应该"的惩罚。换一种说法就是，如果他确实可以成为一个超人，那么，他就不

[①] 参见第六章——与自我的疏离。

会产生自我憎恨的感觉。

谴责性的自责（condemnatory self-accusations）是自我憎恨的另一种表现形式。大多数的谴责性自责伴随着在我们的重要前提之下产生的无情的逻辑。如果个体没有达到无所畏惧、慷慨大方、沉着冷静、意志力强等绝对标准，他的自负就会宣判他"有罪"。

有些自责针对的是内心存在的一些困难。因此，它们表面看起来可能具有一种虚假的合理性。但无论如何，这个人自己都觉得它们是完全合理的。毕竟这种自责符合他的高标准，难道这样的严格要求不值得称赞吗？事实上，他没有考虑任何背景便接受了这些困难，并对它们进行了猛烈的道德谴责。患者不管自己是否对这些困难负有责任，都会接受它们。无论他是否以任何方式产生不同的感受、想法、行为，甚至无论他是否意识到它们的存在，通常一点关系都没有。因此，一个被考察与研究的神经症问题就会变成一种可怕的缺陷，往往会给患者打上无可救药的烙印。例如，他可能无力捍卫自己的利益或观点。他注意到，当他本应该表达自己的不同意见或者保护自己免于被人利用，但事实上却没有这样做时，他却往往相当平静。他能够公正地观察到这一点，不仅真的值得称赞，而且可能是他逐渐认识到那些迫使他让步而不是坚持自我的力量的第一步。要不然，在破坏性自责的控制下，他将因为自己"没有勇气"或者是一个令人讨厌的懦夫而一蹶不振，或者，他将觉得身边的人因为他软弱而看不起他。因此，他的自我观察所带来的整体效果是让他感到自己"有罪"或卑微，结果，他的自尊降低，从而使得他在下一次更加难以开口畅言。

同样，一个明显表现出害怕蛇或者害怕开车的人可能相当清楚这样的事实，即这种恐惧来源于他无法控制的无意识力量。他的理智告诉他，对"懦弱"进行道德谴责是毫无意义的。他甚至可能会反反复复地与自己辩论到底是"有罪"还是"无罪"。但是，他不可能得出任何的结论，因为这是一场涉及不同存在层次（levels of being）的辩论。作为一个人类个体，他可以允许自己受恐惧支配。但作为一个像神一样的存在，他应该具有绝对无所畏惧的特质，如果自己产生了任何的恐惧，他就只能憎恨和藐视自己。再比如，有一位作家，因为其内心之中存在的一些因素让他觉得写作是一种折磨，所以无法创作出有创造性的作品。因此，他的写作进展很缓慢。他要么无所事事，虚度光阴，要么做一些毫不相干的事情。他并不会因为自己遭受这样的折磨而同情自己，也不会对这种折磨加以审视，相反，他会称自己是一个懒惰的无用之人，或者是一个对自己的工作缺乏

实现自我

真正兴趣的骗子。

谴责自己是一个虚张声势的人或骗子是最为常见的。他们并不总是因为某件具体的事情而直接地攻击自己。更为常见的是，神经症患者在这个方面会因此而感觉到一种模糊的不安——这种怀疑不依附于任何具体的事情，有时候是潜伏的，有时候则会让个体感到痛苦。有时候，个体只能意识到自己因为自责而产生的恐惧，这是一种害怕被人发现的恐惧：如果人们对他有更进一步的了解，就会发现他的不足之处。那么，在下一次的表现中，他的无能就会暴露无遗。而人们也将意识到，他仅仅只是在设法炫耀卖弄，在他的"门面"背后其实没有什么真才实学。同样，通过更为密切的接触或者在任何测试情境中究竟可能会"发现"什么，也依然很模糊。不过，这种自责也并非毫无根据。它涉及无意识中存在的所有借口——爱、公平、兴趣、知识、谦逊的借口。这种特定自责出现的频率与这些借口在每一种神经症中出现的频率是相同的。在这里，它所具有的破坏性也体现在了这样一个事实中，即它只能引起内疚感和恐惧，而没有促进对所存在之无意识借口进行一种建设性的探索。

其他自责针对的大多是做某件事情的动机，而较少针对存在的困难。这些看上去好像会给人一种自觉地进行自我审查的印象。只有审视整个背景，我们才能看出一个人是否真的想了解自己，是否仅仅只是在故意找碴，或者是否这两种动机都存在。这个过程最具欺骗性，因为我们的动机事实上很少是"纯金"的，它们通常掺杂着某种不甚名贵的金属。然而，如果其主要部分由金构成，我们依然可以称它为金子。如果在给某个朋友提建议时，我们的主要动机是善意的，是想给朋友提供建设性帮助，那么，我们可能就会很满意。但爱挑剔找碴的人则不会感到满意。他会说："是的，我会给他建议，甚至可能是很好的建议。但是，我在这样做的时候并不高兴。因为有一部分的我痛恨被人打扰。"或者："我之所以给他建议，可能只是为了享受优越于他的感觉，或者我给他建议，并不是为了让他更好地处理那种特殊的情形。"这种说法其实并不可靠，因为这样的推理中往往存在一定的真实性。稍微有点智慧的局外人有时候或许也能够驱散这种想法。聪明一点的人则可能会回答说："用你提到的所有因素，用足够的时间和兴趣真正地帮助你的朋友，事实上不是更值得称赞吗？"自我憎恨的受害者从来都不会用这种方式来看待事情。他眼光狭隘地盯着他的错误，只见树木而不见整片森林。此外，即使是牧师、朋友或分析学家从正确的视角向他说明一些事情，他也可能不相信。他可能只是礼貌性地承认一些明显的事实，但其内心却有所保留，认为他们的话只是为了给他鼓励或者让他安心。

像这样的反应值得人们注意，因为它们表明要想将神经症患者从其自我憎恨中释放出来是多么困难。他对整个形势的判断显然是错误的。他也许会看到，他过分强调了某些方面，而忽略了其他方面。但他会始终坚持自己的判断。理由是他的逻辑前提与健康个体的逻辑前提不同。由于他给出的建议并非绝对有帮助，而且整个行为在道德上也令人反感，因此，他开始一蹶不振，并拒绝接受他人让他从自责中走出来的劝告。这些观察结果反驳了一些精神病学家有时候做出的假设，即自责仅仅只是一种为了获得安慰或逃避责备和惩罚的聪明的手段。当然，精神病学家假设的这种情况确实会发生。孩子或成年人在面对咄咄逼人的权威人物时，自责或许真的是一种可以采用的策略。即便如此，我们也必须谨慎判断，而且应该审视是否确实需要获得如此多的安慰。对这些例子进行概括总结，我们便可以看到，将自责视为仅仅只是服务于策略性的目的，就意味着在正确评价其破坏性力量方面彻底失败了。

此外，自责还有可能使个体将关注的焦点放在其无法控制的那些不幸和灾难上。这一点在精神病患者身上表现得最为明显，例如，有的精神病患者可能会因为他所读到的一起谋杀事件而谴责自己，可能会觉得自己对一千公里外中西部所发生的洪水灾害负有责任。这种看似荒唐的自责却往往是处于抑郁状态的患者的明显症状。而神经症患者的自责虽然不那么荒诞，但也同样不切实际。例如，有一个聪明的母亲，她的孩子有一次在跟邻居家的小孩一起玩耍时不小心从门廊上摔了下来。孩子有点轻微的脑震荡。除此之外，这次事件没有造成其他伤害。但这位母亲在此后的许多年里一直因为此事而严厉谴责自己的粗心大意。她认为这全是她的过错。如果她当时在场的话，孩子就不会爬上栏杆，也就不会从上面摔下来。这位母亲承认过度保护孩子是不明智的。当然，她也知道，即使是一位过度保护孩子的母亲也不可能时时刻刻陪在孩子身边。尽管如此，她还是依然因为此事一直谴责自己。

同样，一名年轻的演员因为事业上的一时失败而残酷无情地谴责自己。他完全明白他所面临的是一些他无法控制的逆境。在与朋友谈论这种处境时，他会指出这些不利的因素，但他在这样做时却采取了一种防御的方式，就好像是为了减轻自己的内疚感、保护自己的清白无辜一样。如果朋友问他到底本来可以做哪些不同的事情时，他却不能说出任何具体的做法。没有审视，没有自信，没有鼓励，因此他无法有效地对抗他的自责。

这种类型的自责很可能会唤起我们的好奇心，因为与此相反的现象更常发生。通常情况下，神经症患者会想方设法地利用处境的困难或不幸为自己开脱：他已经竭尽全力。简单地说，他简直太棒了。但是，其他人、整个形势或者意外事故却破坏了这一切。这两种态度虽然表面上看起来截然不同，但它们之间的相似性远远大于它们之间的差异。在这两种情况下，注意力都偏离了主观因素，而集中到了外在因素上。这些因素对幸福和成功具有决定性的影响。这二者的作用都在于避开由于没有实现其理想化自我而产生的自我谴责的猛烈攻击。在前面提到的例子中，其他神经症因素也起了干扰作用，从而使得那位母亲不能成为一位理想母亲，或者使得那名演员不能在事业上取得辉煌成就。在那个时候，这位母亲过于沉溺于她自己的问题，以至于不能成为一个始终如一的好母亲；那名演员身上则存在一些抑制现象，从而使得他无法进行某些必要的交往和工作上的竞争。这两个人都在某种程度上意识到了这些困难，但他们只是偶尔提到这些困难，甚至忘了这些困难的存在，或者对它们加以巧妙的修饰。在一个为自己的走运而感到高兴的人身上，如果出现这种现象，我们并不会觉得有什么特别。但在上面两个例子中——这两个例子在这个方面相当典型——却存在惊人的矛盾：他们一方面小心谨慎地对待自己的缺点，另一方面却为一些自己无法控制的外界事件而残忍无情地、毫无理智地谴责自己。但只要我们没有意识到这些矛盾的重要性，就不容易观察到这些矛盾。事实上，它们为理解自责的动力提供了一条重要线索。它们表明，个体因为自身的缺点而如此严厉地谴责自己，以至于他必须求助于一些自我保护的手段。而且，他通常会采用两种这样的手段：一是小心谨慎地对待自己，二是将责任推给外界环境。有关后一种手段，还有一个问题，那就是：采用了这种手段，为什么他们还不能成功地摆脱自责，为什么不能至少将自责驱逐出其意识领域？答案其实很简单：他们并不觉得这些外在因素超出了他们的控制范围。或者更确切地说：这些因素不应该超出他们的控制。因此，任何事情，只要出错，他们都要自我反省，而这也暴露了他们有失体面的局限性。

虽然我们到目前为止所提到的自责都聚焦于某件具体的事情——内心存在的困难、动机，以及一些外在的因素——但其他的却依然模糊不清，难以理解。一个人如果不能够将自责归咎于某一明确的事物，那么，他的心头就总会萦绕着内疚感。于是，他就会不顾一切地寻找原因，最终，他可能会诉诸这样一种观点，即它们可能与某个前世所犯下的罪过有关。有时候可能会产生一种更为具体的自责，而个体会认为，他此时已经找到了他憎恨自己的原因。例如，我们假设，他已经认识到他对别人不感兴趣，也没有为他人提供足够的帮助。于是，他会努力改变这种态度，并希望通过这样做可以摆脱自我憎恨。但如果他真的转而对付自己，那么，这种努力——尽管值得称赞——也不会让他摆脱敌人，因为他已经本末倒置。他并不是因为他的自责从某种程度上说正当合理而憎恨自己，相反，他是因为憎恨自己，从而谴责自己。于是，自责接踵而至。他通常不会报复，因此他是一个软弱的人；他具有报复心，因此他是一个残忍的人；他愿意帮助他人，因此他是一个容易上当受骗的傻瓜；他不愿意帮助别人，因此他是一个很自私的人；如此等等。

如果他将自责外化，那么，他可能就会觉得每个人都在把那些不可告人的动机归咎于他所做的每一件事。正如我在前面所提到的，这对他来说非常真实，以至于他会怨恨他人的不公平。为了防御，他可能会戴上一副坚固的面具，这样就没有人能从他的面部表情、语音语调、身体姿势猜测出他的内心想法了。或者，他可能甚至都意识不到这样的外化。因此，在他的意识心理中，他觉得每一个人都是善良的。而且，只有在分析过程中，他才会意识到他确实感觉到一直受人怀疑。就像达摩克利斯（Damocles）一样，他可能一直生活在恐惧中，唯恐那把带有某种谴责意味的锋利长剑随时会向他刺来。

我认为，没有哪本精神病学著作比卡夫卡（Kafka）在《审判》（The Trial）① 中对这些让人难以理解的自责的阐释更为深入透彻。就像 K 先生一样，神经症患者可能也会竭尽全力展开一场无效的防御斗争，以对抗那些有失公正的不知名法官，并在这个过程中变得越来越失去希望。在这里，自责也是 K 先生失败的真正根源。就像埃里希·弗洛姆（Erich Fromm）在他对《审判》的分析②中以非常巧妙的方式加以说明的那样，K 先生之所以失败，主要是因为他整个生活枯燥乏味，漫无目的，缺乏自主性和成长力——弗洛姆用一个词很好地概括了所有这一切，那就是："徒然的生活"（unproductive living）。弗洛姆指出，任何这样生活的人都必定会产生内疚感，而且他产生这种感觉有充分的理由：他觉得自己是有罪的。他总是指望别人为他解决问题，而不是靠自己以及自己所拥有的资源来解决问题。这种分析体现了深邃的智慧，我当然赞同其中所运用的概

---

① Franz Kafka, *The Trial*, Alfred A. Knopf, 1937.
② Erich Fromm, *Man for Himself*, Rinehart, 1947.

念。但我认为它还不够全面。它没有考虑到自责的无用性，即自责所具有的纯粹的谴责特性。换句话说，它遗漏了一点，那就是，K 先生对自己罪行的态度转变没有任何的建设意义，而之所以如此，是因为他是本着自我憎恨的精神来对待自己的罪行的。而且，这也是无意识的，他往往感觉不到他是在残忍地谴责自己。整个过程都被外化了。

最后，一个人可能会因为一些从客观上看似乎无害、合理或者甚至是合乎心意的行为或态度而谴责自己。他可能会将适当地照顾自己视为娇生惯养，将享受美食视为暴饮暴食，将考虑到自己的愿望而不盲目服从视为无情的自私，将接受分析治疗——这是他所需要的，也是能够负担得起的——视为自我放纵，将坚持自己的某个观点视为自以为是。在这里，我们也必须问这样一个问题：一种这样的"追求"到底触犯了哪一种内心指令或者哪一种自负？只有为坚持禁欲主义而感到自豪的人，才会因为"暴饮暴食"而谴责自己；只有以自谦为傲的人，才会将一个坚持自我的举动视为自私自利。但是，有关这种自责最为重要的一点是，它们常常会反对正在显现的真实自我。它们大多在分析治疗的后期发生——或者更确切地说，变得更为明显，并试图让个体怀疑朝健康成长方向发展的动力，并对此感到沮丧灰心。

自责的邪恶性（就像任何形式的自我憎恨的邪恶性一样）使得个体有必要采取自我保护的手段。在分析情境中，我们可以清楚地观察到这些自我保护手段。患者一旦碰到困难，可能马上就会采取防御姿态。他可能会做出这样的反应：义愤填膺，感觉不被人理解，或者变得好与人争辩。他常常指出，这种情况在过去真实存在，但现在已经好多了；如果他的妻子不以那种方式行事的话，就不会有麻烦了；如果他的父母换一种方式的话，事情从一开始就不会这样发展。他可能还经常以一种威胁的方式反击分析学家，并找他的茬儿——或者相反，他会变得异常平静，对分析学家讨好逢迎。换句话说，他的反应就好像是我们严厉地责备过他，而他太过惊吓以至于不能平静地弄清楚是怎么回事一样。他可能会用他所能支配的手段盲目地攻击：设法逃避，将罪责推到他人身上，承认罪责，或者继续攻击。我们在这里把它当成精神分析治疗中主要的阻碍因素之一。但除了分析之外，它也是阻碍人们客观地看待自身问题的主要原因之一。这种觉得有必要避开任何自责的态度，常常使得人们不能建设性地进行自我批评，因此也就不可能从错误中学习。

我想将神经症自责与健康良知（healthy conscience）做一比较，从而对这些有关神经症自责的评论加以总结。健康良知常常警惕地守卫着我们真实自我的最大利益。用埃里希·弗洛姆的一句经典术语来说，它代表了"人类自我的复苏"（man's recall to himself）。它是我们的真实自我对自身整个人格的正常机能或失常机能的反应。与此同时，自责常常来源于神经症自负，表达了那个骄傲自负的自我对个体未能达到其要求的不满。它们并不是为了个体的真实自我，而是对抗真实自我，并意欲摧毁它。

来自我们良知的不安或懊悔可能具有明显的建设性，因为它能够触发一种建设性的审视：某个特定的行为或反应，或者甚至是我们的整个生活方式到底出了什么问题。当我们的良知感到不安时，所发生的事情从一开始便与神经症过程不同。我们试图公正地面对引起我们注意的错误行为或态度，既不夸大，也不缩小。我们试图从自己身上找到这种错误的原因，并竭尽所能试图最终克服这种错误。相反，自责则是通过宣称整个人格不健全，从而出具处罚的判决。拿到这个判决后，他们就不再自责了。在某个时刻，当个体开始积极行动，这种自责的终止便体现了其内在的无用性。用最具概括性的话来讲，我们的良知是一种道德动因，服务于我们的成长；而自责从根源上讲不属于道德的范畴，实际上是不道德的，因为它们使得个体不能冷静地审视自己身上存在的困难，从而阻碍他的个人成长。

弗洛姆把健康良知和"权威主义"良知（"authoritarian" conscience）放在一起做了比较，他把"权威主义"良知界定为"对权威的内在恐惧"。事实上，"良知"一词的惯常用法通常包含三种完全不同的含义：由于害怕被人发现和遭受惩罚，所以内心之中不知不觉地产生了对外界权威的屈从；惩罚性的自我谴责；对自我的具有建设性的不满。在我看来，"良知"这个名称应该专门留给第三种含义，即专门指"对自我的具有建设性的不满"，而我接下来提到"良知"时，也仅指这种含义。

第三，自我憎恨也会表现为自我轻视（self-contempt）。我所用的"自我轻视"这种表达是一个综合的术语，指的是各种逐渐削弱自信的方式：自我贬低、自我轻蔑、自我怀疑、自我羞辱、自我嘲讽。自我轻视与自责之间的区别很细微。当然，我们不可能总是肯定地说，一个人感到内疚是自责的结果，他感到自卑是他觉得自己毫无价值的结果，或者他觉得自己卑下是自我轻蔑的结果。在这些情况下，我们只能肯定地说，这些是击垮我们的不同方式。不过，我们还是可以看到，两种自我憎恨的运作方式之间存在可辨的差异。自我轻视主要针对的是任何为取得进展或成就而做出的努力。但对它的认识程度往往存在很大的差异，其原因我们后面会了解到。它可能会隐藏在自负傲慢、沉着冷静的表面背后。不过，个体也可能会感觉到它，并直接地将它表现出来。例如，一个迷人的女孩想在公众场合给自己上点妆，却发现内心有一个声音在说："真可笑！丑小鸭竟然也想变白天鹅！"再比如，有一个非常聪明的人对某个心理学主题产生了兴趣，他考虑把它写出来，但内心却有声音在说："你这自负又愚蠢的笨蛋，你凭什么认为你能写出文章！"即便如此，如果我们认为那些公开讽刺自我的人通常能够意识到它们的全部意义，那也大错特错了。其他一些看似坦率的评论可能较少具有公然的邪恶性——但它们可能真的是一种机智、幽默。正如我在前面所说的，这些更加难以评价。它们可能是为摆脱徒劳无用的自负以获得更大自由的表现，但也可能仅仅只是一种无意识的想要保全面子的方法。更明确地说：它们可以保护自负，以免个体屈从于他的自我轻视。

自我羞辱（self-discrediting）的态度很容易观察到，尽管他人可能会将某人的这种态度表扬为"谦虚"，而且这个人自身也感觉如此。因此，一个人在尽心地照顾了某个生病的亲人后，可能会想或者说："这是我最起码能做的事情。"另一个人在被人表扬说他很擅长讲故事时可能会感到怀疑，他会认为："我这样做只是为了给人们留下深刻的印象。"一名医生可能会把一种疾病的治愈归功于运气或者患者自身的生命力。但与之相反，如果患者的病情没什么起色，那么，他就会认为那是他的失败。此外，尽管对他人来说，自我轻视可能不易察觉，但因此而产生的某些恐惧往往相当明显。因此，许多见多识广的人之所以不在讨论中畅所欲言，是因为他们害怕自己的表现显得荒唐可笑。不用说，这种否认或怀疑自身才能和成就的做法，对自信的发展或恢复来说是有害的。

最后，自我轻视还会以微妙或显而易见的方式表现于整个行为之中。人们可能会对自己的时间、已做或将要做的工作、愿望、观点、信念的价值评价过低。还有一种人也属于这一类型，即那些看上去好像失去了认真对待自己所做、所说或所感之事的能力，并且当别人这样做时，他们就会感到非常吃惊的人。他们对自己产生了一种愤世嫉俗的态度，而且这种态度可能会进而扩展为对待整个世界的态度。在厚颜无耻、卑躬屈膝或道歉的行为中，自我轻视表现得更为明显。

就像自我憎恨的其他形式一样，自我苛责（self-berating）也可能会出现在梦中。有时候，它可能会出现在做梦者依然神志不清的时候。他可能会用一些象征物来代表自己，如污水坑、某种让人讨厌的动物（蟑螂或大猩猩)、流氓恶棍、滑稽小丑等。他也许会梦到一幢外观豪华但里面却脏乱得像猪圈的房子,也许会梦到残破到无法修复的房子,也许会梦到与某个下流卑鄙的女人发生性关系,也许会梦到某人让他在大庭广众之下出丑,等等。

为了更全面地理解这个问题的深刻性,我们接下来将讨论自我轻视的四种结果。第一种结果是,有些神经症患者会强迫性地需要将自己的不利状况与他们所接触到的每一个人进行比较。比较之后,他们就会觉得,他人更引人注意、更见多识广、更有趣、更有吸引力、更会穿衣打扮;他人有年龄或年轻的优势,地位更高,权势更大。不过,即使这些比较可能会打击到神经症患者本人,使他失去平衡,但他通常不会全面彻底地把它们考虑清楚;否则,如果他细细思考的话,由于比较而产生的自卑感就将一直存在。事实上,做这样的比较不仅对他自己不公平,而且通常没有任何的意义。一个可以为自己所取得的成就而感到骄傲的年纪较大的人,为什么要跟一个比自己年轻、舞又比自己跳得好的人比?或者,一个从来都对音乐不感兴趣的人为什么要跟音乐家比,从而觉得自己不如他们呢?

不过,当我们记起那些要求在每一个方面都要优于他人的神经症要求时,这种现象就说得通了。我们在这里还必须补充一点,那就是:神经症患者的自负也会要求他在每一件事上都应该优于每一个人。因此,他人所拥有的任何"优越于他的"技能或能力都必定会让他不安,而且必定会引起一种自我毁灭性的苛责。有时候,这种关系却恰恰相反:一个已经处于自我苛责心境之中的神经症患者,在看到他人身上的"闪光"能力时,会利用他人的这些能力来强化和支持他对自己的严厉自我批评。我们可以以两个人为例来加以说明:这就好像是一个充满野心但又有虐待倾向的母亲,利用儿子好朋友的高分成绩或干净的指甲来羞辱自己的儿子一样。把这些过程仅仅描述为在竞争中畏缩不前是不够的。确切地说,在这些情况下,在竞争中畏缩不前其实是自我贬低的结果。

自我轻视的第二个结果是人际关系的脆弱性(vulnerability)。自我轻视常常会让神经症患者对他人的批评和拒绝过于敏感。有时候他人稍微冒犯了他,或者完全没有冒犯他,他也会觉得他人看不起他,不把他当回事,不喜欢与他为伴,或者说实际上就是轻视他。这种自我轻视在相当大程度上加深了他对自己的不确定性,因此必然会让他对于他人对他的态度产生一种深刻的不确定感。由于他不能接受自己真实的样子,因此,他根本无法相信那些了解他全部缺点的人会以一种友好或欣赏的态度接受他。

他内心深处的感受还要强烈得多，这可能意味着他对这样一点深信不疑，那就是：他人显然就是看不起他。尽管他丝毫都没有意识到这种自我轻视的存在，但这样一种信念可能会在他心里生根发芽。这两个因素——盲目地假设他人看不起自己，以及相对或完全认识到自己的自我轻视——表明了这样一个事实，即自我轻视在很大程度上被外化了。这种外化可能会给所有人际关系带来一种微妙的不良影响。他可能会变得无法根据表面现象正确判断他人对他的积极情感。在他心里，他可能会把他人的称赞理解为一种讽刺性的评论，把同情理解为屈尊的怜悯。某人想来看望他——他可能会觉得这是因为那个人有求于他。别人说喜欢他——他可能会觉得这仅仅是因为他们不了解他，因为他们自己毫无价值或者是"神经症患者"，或者是因为他一直以来都对他们有用，或者可能以后对他们有用。同样，一些事实上没有任何敌对意味的事件会被理解为他人轻视自己的证据。如果有人在街上或者剧院里没有跟他打招呼，没有接受他的邀请，或者没有马上给他答复，他就都会觉得，这些只可能是对他的轻视。如果有人跟他开了一个善意的玩笑，那他就会觉得，对方很明显就是故意羞辱他。如果有人对他的建议或活动提出反对意见或批评，他就会觉得，这不是他人对这项特殊活动的诚恳批评，而是他人看不起他的证据。

正如我们在分析过程中所看到的那样，这种人本身要么意识不到自己正以这种方式体验他与他人之间的关系，要么意识不到其中所涉及的歪曲现象。在后一种情况下，他可能会想当然地认为他人对他的态度确实属于这种类型，甚至会为自己能够"面对现实"而感到骄傲。在分析关系中，我们可以观察到一名患者会在多大程度上想当然地认为别人看不起他。在接受大量的分析后，患者才会明显友好地对待分析学家，他可能会在不经意间毫不做作地指出，在他看来，分析学家不言而喻就是看不起他，以至于他觉得没有必要去提这件事，也没有必要多想。

所有这些对人际关系的歪曲感知都是可以理解的，因为他人的态度确实可以有多种不同的解释，尤其是当这种态度脱离了具体的情境，而被外化了的自我轻视又使得个体认为他的感觉不可能出错时，更容易歪曲他人的态度。此外，这样一种转移责任的做法所具有的自我保护性质也很明显。如果你有可能跟这种经常时刻都清醒地察觉到强烈自我轻视的人生活在一起，你将肯定无法忍受。从这个视角看，神经症患者在无意识里喜欢将他人视作冒犯者。尽管对他来说，感觉自己被人轻视和遭人拒绝是一件痛苦的事情（这对所有人来说都是一样的），但往往没有让他直面自己的自我轻视那样痛苦。对于任何人来说，要想知道其他人既不能伤害也不会构建自尊，往往需要上一堂漫长而又艰难的课。

自我轻视所导致的人际关系的脆弱性常常会与神经症自负所导致的人际关系脆弱性交织在一起。通常情况下，我们很难说清一个人之所以感到屈辱，是因为他的自负受到了伤害，还是因为他的自我轻视被外化了。这二者密不可分地交织在一起，以至于我们必须同时从两个视角来处理这些反应。当然，在某个既定的时刻，其中一个会比另一个更容易观察到，且更容易获得。如果一个人在觉得他人好像轻视了自己时，做出了报复性的傲慢反应，那么，在这种情况下，自负受伤是最为主要的原因。而如果遇到同样的情况，他的反应是让自己显得卑贱，并尽力去迎合他人，那么很显然，自我轻视则是最为突出的原因。不过，在这两种情况下，相反的情况也会出现，这一点我们应该牢记在心。

第三个结果是，一个受自我轻视支配的人常常会被他人过分虐待（takes too much abuse）。不管是羞辱还是利用，他甚至都意识不到这是一种公然的虐待。即使有愤愤不平的朋友提醒他注意这一点，他往往也会大事化小，或者找理由为冒犯者的举动开脱。这种事情只会出现在某些情况下，如个体处于病态依赖的情况，而且是复杂内心状态的结果。不过，在导致这种事情的因素中，最为本质的因素是个体因为这样一种信念而产生的防御性，即他深信自己不应该得到更好的待遇。例如，有一个女人，当她的丈夫炫耀他与其他女人的风流韵事时，或许无力抱怨，甚至无力感觉到愤恨，因为她觉得自己不讨人喜欢，而且她觉得大多数其他女人比她更有吸引力。

我们要提到的最后一个结果是：需要减轻自我轻视，或者平衡自我轻视与他人的关注、尊重、欣赏、赞美或喜爱之间的关系。对这样一种关注的追求通常是强迫性的，因为这种强迫性需要并不会受自我轻视的控制和摆布。它还依赖于一种想要获得成功的需要，它可能还会发展成为一种让个体投入全身心精力去追求的生活目标。结果，一个人对自己的评价就会完全依赖于他人：他对自己的评价随着他人对他的态度的变化而起起落落。

如果沿着更为广阔的理论思路思考，这样的观察就会有助于我们更好地理解为什么神经症患者如此固执地紧紧抓着那个美化过的自我不放。他之所以必须抓着它不放，是因为他觉得他没有其他选择：他只能臣服于自我轻视所带来的恐惧。因此，自负和自我轻视之间存在着一个恶性循环，一方总是会促进另一方更长久地存在。只有当他对真实的自己产生兴趣时，这种状况才会发生改变。但自我轻视往往又让他很难发现真实的自己。只要在他看来他那个被贬损了的自我意象是真实的，他的自我看起来就会显得十分卑微。

神经症患者到底看不起自己的哪些方面呢？有时候，他甚至瞧不起自己的所有一切：他自身的局限性；他的身体、他的外貌、他的身体机能；他的心理能力，如推理、记忆、批判性思维、计划、特殊技能或天赋——从简单的私下活动到公开表演，在所有活动中，他都会看不起自己。虽然这种轻视自己的倾向可能或多或少都比较普遍，但相比之下，它通常更为明显地集中于某些方面，这取决于某些态度、能力或品质对于主要的神经症解决办法而言的重要性。例如，具有攻击性和报复心的人，将深深地鄙视自己身上所有在他看来"弱于他人"的一切。这包括：他对他人的积极情感、在报复他人方面遭遇的任何失败、任何顺从的表现（包括合理的让步），以及对自己或他人的失控。因本书篇幅有限，我们不可能对所有的可能性加以详尽阐述。我们也没有必要这样做，因为对每一种可能性来说，运作原理都是一样的。为了说清楚这一点，接下来，我将选出两种较为常见的自我轻视加以讨论——这两种自我轻视都与吸引力和智力有关。

关于容貌长相，我们发现，个体的感觉涉及范围很广，从感觉自己没有吸引力到觉得自己的容貌丑陋无比，程度不一。乍一看，在比较有吸引力的女性中发现这种倾向，往往会让人感到很吃惊。但是，不要忘了：我们这里所说的不是客观事实，也不是他人的看法，而是一个女人所感觉到的她的理想化意象与她的真实自我之间的矛盾。因此，即使大家都公认她是美女，她也仍然觉得自己不是绝对的美——譬如说她过去不是一直都美，将来也不会一直美下去。她可能会将关注的焦点放在她的瑕疵上——如一个伤疤、手腕不够细，或者头发不是自然卷——并因为这样的瑕疵而嫌弃自己，有时候甚至都不愿意照镜子。或者，这样的瑕疵很容易唤起她害怕遭他人排斥的恐惧，例如，看电影时坐在她旁边的人换个位置，也会让她觉得别人是讨厌她才这么做的。

根据个性中的其他因素，对容貌的轻视态度可能会导致个体过分努力地对抗强烈的自我斥责，也可能会导致一种"毫不在乎"的态度。在前一种情况下，个体会花费过量的时间、金钱、心思在头发、皮肤、衣服、帽子等上面。这种鄙视如果集中于某些特殊的方面，比如鼻子、乳房或者体重超重等，可能就会导致过激的"治疗"，比如，进行手术或者强制减肥。在后一种情况下，自负会导致个体甚至不能合理地关注自己的皮肤、姿态或穿衣打扮。因此，一个女人可能会深信自己丑陋不堪或者令人厌恶，以至于任何试图改变其容貌的努力在她看来似乎都是荒唐可笑的。

　　当个体认识到它还来自更为深层的原因时，对外表这个方面的自我斥责就会变得更为尖锐。"我有吸引力吗？""我讨人喜欢吗？"这两个问题密不可分。这里，我们触及了人类心理学的一个关键问题，而且，我们将再一次不得不草草结束这个话题，因为"讨人喜欢"这个问题在其他地方会做更为充分的讨论。这两个问题在很多方面都相互关联，但并不完全相同。一个问题的意思是：我的容貌美到足够吸引别人来爱我吗？另一个问题的意思是：我拥有让他人喜欢的品质吗？虽然第一个问题很重要，尤其对年轻人来说更为重要，但第二个问题却触及了我们存在的核心，并与在爱情生活中获得幸福有关。但是，讨人喜欢的品质与人的个性特征有关，只要神经症患者远远地疏离自己，他的个性特征对他而言就会显得特别模糊，以至于不会让他产生兴趣。此外，虽然吸引力方面的不完美实际上常常可以忽略不计，但在所有神经症患者身上，由于各种各样的原因，"讨人喜欢"确实受了损伤，然而奇怪的是，分析学家常常会听到很多有关第一个问题的担忧，但有关第二个问题的担忧，即使有的话，也是少之又少的。难道这不是神经症患者身上发生的将关注的焦点从本质转移到细枝末节、从对我们的自我实现而言真正重要的东西转移到闪光的外表等众多转移中的一种吗？这个过程不也与追求魅力的过程相一致吗？在拥有或发展讨人喜欢之品质的过程中往往不存在魅力，但是，只要拥有合适的身材，或者穿上合体的衣着就可以让人拥有魅力。就此而论，我们不可避免会认为，所有与容貌有关的问题都意义重大。所以，自我轻视使个体将关注的焦点放在这些问题上也就可以理解了。

　　智力方面的自我轻视常常会引起一种觉得自己愚蠢无能的感觉，这与自负者觉得自己无所不能的道理是一样的。而这种感觉通常取决于整个结构中在这个方面占上风的是自负还是自我轻视。事实上，大多数神经症患者身上存在诸多障碍，这些障碍成了他们对自己的心理机能产生不满的合理原因。一个人害怕变得富有攻击性可能就会限制自己的批判性思维；不愿意承担责任可能就会导致他难以形成一种观点。一种想让自己看起来无所不知的强迫性需要，可能会干扰学习的能力。总想遮掩个人问题的一般倾向还可能会让自己难以清晰地思考。就像人们常常看不到自己的内心冲突一样，他们也可能无视其他类型的矛盾。他们可能过分沉迷于自己想要

实现自我

获得的荣誉，以至于不能对他们手头正在做的工作产生充分的兴趣。

我记得有一段时间，我认为，这些实际的困难充分地说明了这种愚蠢感。我希望自己所说的话能有所帮助，如："你的智力完全正常——但是，你的兴趣、你的勇气、你的工作能力到底怎样呢？"当然，研究所有这些因素很有必要。但是，患者往往对于在生活中自由地发挥其智力并不感兴趣，他感兴趣的是拥有"天才"的绝对智力。那个时候，我还不了解这种自我贬低过程的力量，这种力量有时候大得惊人。甚至有些已经取得真正智力成就的人也可能宁愿坚持认为自己愚蠢，而不承认他们自己的抱负水平，因为他们必须不惜一切代价避免遭人嘲笑的危险。于是，在静静的绝望之中，他们接受了这种认为自己愚蠢的结论，并拒绝接受一切与之相反的证据或保证。

这些自我贬低的过程会在不同程度上阻碍对任何感兴趣之物的积极追求。而且，这种影响在活动前、活动中或活动后都有所体现。一个屈服于自我轻视的神经症患者可能会感到非常沮丧，以至于他想都不敢想自己可以换轮胎、说外语或者在公众场合讲话。或者，他可能会开始从事某项活动，但一遇到困难他就会放弃。或者，他可能会在公开表演之前或者在公开表演的过程中感到很害怕（怯场）。此外，与脆弱性方面的情况一样，自负和自我轻视在这些抑制和恐惧现象中也都起了一定作用。总而言之，它们都产生于两种不同需要所导致的两难困境：一方面需要别人对自己大加称赞，但另一方面却又主动地自我羞辱或自我挫败。

当不管所有这些困难而完成、很好地完成一项工作，或者完成的某项工作深受好评时，这种自我轻视的倾向却通常不会终止。他仍然会想："任何人只要付出同样多的努力就都会取得相同的成就。"如果在一次钢琴演奏会上，他有一段演奏得不尽完美，他就会把这件事情放大，他就会想："这一次我侥幸通过，但下一次我肯定会失败。"与此同时，一次失败往往就会唤起自我轻视的全部力量，而这要比这次失败的实际意义令人沮丧得多。

在我们讨论自我憎恨的第四种表现，即自我挫败（self-frustration）之前，我们必须先把这种表现与看起来跟它相似的现象，或者与它具有相似结果的现象区分开来，从而将有关该主题的讨论限定到合适的范围。首先，我们必须将它与健康的自我约束（healthy self-discipline）区别开来。一个有组织、有条理的人往往会放弃某些活动或某些令人满意的事情。但是，他之所以这么做，是因为在他看来，其他一些目标更为重要，因此他需要先追求那些在他的价值层次中处于优先地位的目标。因此，一对年轻的夫妇可能会放弃享乐的机会，因为他们更需要节省家用。一名专心于工作的学者或者艺术家之所以限制自己的社交生活，是因为安静和专注对他而言具有更大的价值。这样的约束是以对时间、精力以及金钱方面局限性的认识（在神经症患者身上，这种认识往往严重缺乏）为先决条件的。此外，它还以知道自己的真实愿望，以及具有为了更为重要之目标而舍弃较不重要之目标的能力为先决条件。这对于神经症患者来说很难做到，因为他的愿望大多数是强迫性的需要。而且，这些愿望就其本质而言具有同等的重要性，因此哪种都不能舍弃。所以说，在分析治疗中，健康的自我约束是一个需要一步步去接近的目标，而不是一种现实。如果我没有从经验中了解到神经症患者并不知道自愿放弃与挫败之间的不同，那我根本就不会在此处提到这一点。

此外，我们还必须考虑到一点，那就是：从某种程度上说，神经症患者其实是一个遭受挫折的人，尽管他自己可能并未意识到这一点。他的强迫性驱动力、他的内心冲突、他用来解决这些冲突的虚假办法，以及他与自我的疏离，使得他无法认识到自己的既定潜能。此外，他还常常会感到很挫败，因为他对于无限权力的要求仍然无法得到满足。

不过，这些挫折——无论是现实的挫折，还是想象出来的挫折都是如此——并非来源于一种自我挫败的意图（intent at self-frustration）。例如，想要获得爱与赞同的需要事实上往往会导致真实自我及其自发情感遭遇挫折。神经症患者之所以产生这样一种需要，是因为尽管他身上存在基本焦虑，但他还必须应对其他的问题。自我剥夺虽然极其关键，但在这种情况下，它是这一过程的不幸产物。不过，在自我憎恨的情况下，此处让我们感兴趣的，是迄今为止所讨论的自我憎恨的各种表现所引发的主动的自我挫败。"应该"之暴行事实上是自由选择所遇到的挫折。自责和自我轻视其实是自尊受到挫折的表现。除此之外，还有其他一些方面甚至更为清晰地凸显出了自我憎恨所具有的主动挫败的特性，如享乐方面的禁忌，以及希望、理想的破灭等。

享乐方面的禁忌往往会破坏我们希望获得或者做符合我们真正的自我兴趣并因此能够丰富我们生活之事的纯真。一般说来，一名患者越了解自己，就越能清晰地体验到这些内心的禁忌。比如，他想去旅行，但其内心却有个声音在说："你不配去旅行。"或者，在其他情境下，这个内心的声音会说："你没有权利休息，没有权利看电影，或者没有权利买衣服。"或者，这个内心的声音甚至会从更为一般的意义上说："好的东西都不属于你。"他想去分析自己身上存在的那种易怒情绪（他自己也怀疑这是不合理的），但却觉得"好像是用一只铁手去关闭一扇沉重的大门"一样无力。于是，他会开始感到疲倦，并终止明知可能对他有益的分析工作。有时候，他还会就这一问题在内心与自己对话。比如，在完成一整天的工作后，他感到很疲惫，想要休息。这时，内心就会有声音响起："你真是太懒了！""不是的，我是真的太累了。""噢，不是这样的，你这完全是自我放纵。这样下去的话，你将一事无成。"经过这种反反复复的斗争后，他要么怀着内疚之心去休息，要么迫使自己继续工作——无论他做哪种选择，都不能得到任何好处。

一个人在追求享乐之事时可能会怎样打击自己，其情形常常会出现在梦中。因此，一个女人会梦到自己身处一个到处都是甜美水果的园子里。当她刚想采摘一个水果，或者刚摘下一个水果时，就有人从她手上把水果抢走了。或者，做梦者梦见自己拼命地想推开一扇沉重的大门，但却怎么也推不开。或者，做梦者梦见自己去赶火车，但他赶到的时候火车刚刚开走。或者，他梦见自己想亲吻一个女孩，但女孩却突然消失了，他听到了别人的嘲笑声。

享乐方面的禁忌可能会隐藏于一种社会意识中："只要他人还住在贫民窟，我就不应该住在漂亮的公寓里。……只要还有人在挨饿，我就不应该花钱买食物。……"当然在这些情况下，我们必须弄清楚：这样的异议是源于一种真正深切的社会责任感，还是仅仅只是掩盖其享乐方面禁忌的一种手段？通常情况下，一个简单的问题就可以澄清上面这个问题，并揭示出一个虚假的光环：一个不舍得在自己身上花钱的人，真的会把省下来的钱和包裹寄到欧洲去吗？

我们还可以从因此而产生的抑制现象（inhibitions）中推断出这些禁忌的存在。例如，有些类型的人只有在与他人分享事物时才能享受该事物。诚然，对许多人来说，分享快乐就等于是获得了双倍的快乐。但是，他们可能会强迫他人与他们一起听唱片，而不管他人是否喜欢听；而当他们孤身一人时，他们或许无法享受任何事物。还有一些人则非常吝啬于为自己开支费用，以至于甚至他们自己都无法做出更为合理的解释。当他们与此同时在那些能够增加其名望的事情（如以引人注意的方式布施、举办舞会，或者购买一些对他们而言毫无意义的古董）上大手大脚地花钱时，这种情况尤其显著。他们的行为就好像被一种法则控制着一样——只允许他们做荣誉的奴隶，禁止做任何增加其自身舒适感、幸福感或者对其成长有利的事情，哪怕"一点点"也不行。

就像其他任何禁忌一样，打破这些禁忌所要接受的惩罚是产生焦虑或者与之相类似的情绪。当一名患者不愿意喝下为她准备的营养早餐咖啡，而我大声地称赞这是一个好的迹象时，她会完全惊呆。她原本以为我会因为这种"自私行为"而责备她。搬进一套更好的公寓，虽然从各个方面来看可能都很合理，但却会引起极端的恐惧。在舞会上享受了一番之后，随之而来的可能是恐慌。在这种情况下，内心可能有一个声音在说："你会为此付出代价的。"一名患者刚买了一件新家具，她可能会听到自己内心有一个声音在说："你不会活着享用这件家具的。"就该患者的特殊情况而言，这意味着此时此刻她存在一种对癌症的恐惧，而且这种恐惧会不时地涌上她的心头。

在分析情境中，我们可以清楚地观察到希望的破灭（crushing of hopes）。"永远都不"（never）这个词以及它所带来的所有可怕后果，在分析情境中可能会一再出现。尽管现实中症状有了好转，但内心总有个声音在说："你将永远都不能克服你的依赖性或者你的恐慌；你将永远都不能获得自由。"患者对此的反应可能是感到恐惧，并疯狂地要求分析学家再三向他保证自己能够治愈或者其他人能够帮助他，如此等等。即使患者有时候不得不承认自己的症状已经有所改善，但他还是有可能会说："没错，分析到目前为止确实给了我很大帮助，但它不能再给我更进一步的帮助了。因此，这样的分析究竟有什么好处呢？"当希望破灭成了一种普遍存在的现象时，个体就会产生一种厄运降临的感觉。患者有时还会想起但丁（Dante）的地狱（Inferno），其入口处的铭文上写着："进来者，必放弃一切希望。"不可否认之改善的反弹经常会有规律地出现，以至于这些反弹都在预料之中。一名患者感觉自己的状况好转了一些，已经能够忘记恐惧，已经看到了一种重要的联系，这种联系给他指明了出路——但随即他又恢复了原状，陷入深深的沮丧和抑郁之中。另一名患者，除了生活必需品之外，在生活中一无所求，但每一次当他想起自己身上所具有的优点时，就会出现严重的恐慌，甚至到了自杀的边缘。这种不与人交往的无意识决定一旦变得根深蒂固，患者可能就会冷嘲热讽地拒绝任何的保证。在有些情况下，我们可以追踪导致病情复发的过程。由于患者已经认识到某种态度是人们所想要的——比如放弃不合理的要求——因此，他可能会觉得自己已经发生改变，而且在他的想象中，他已经达到了绝对自由的高度。接着，他又会因为自己无法做到这一切而痛恨自己，于是，他就会告诉自己说："你一无是处，你将永远都不会成功。"

实现自我

最后一种也是最为隐秘的一种自我挫败是与任何理想有关的禁忌（taboo on any aspiration）——这种理想不仅仅指任何宏伟的幻想，而且指个体的一切努力（既包括运用自身的资源，也包括成为一个更强更优秀的人）。这里，自我挫败与自我蔑视之间的界限特别模糊。"你想成为谁、为谁唱歌、跟谁结婚？你将永远都一事无成。"

从一个后来在其领域中取得显著成效或者获得一定成就的人的经历中，我们可以看到一些这样的因素。大约在他的工作出现好转的前一年——当时外在因素没有发生丝毫变化——他曾与一位年长的女士交谈，她问他，他这一生到底想做些什么，希望得到些什么，或者期望取得怎样的成就。结果发现，尽管他有智慧、有思想，且很勤奋，但却从未认真考虑过将来的事情。他只是回答说："哦，我想我将一直能够糊口谋生。"尽管他一直被认为是一个很有前途的人，但他丝毫没有要做一些重要事情的想法。后来在一些外在刺激以及自我分析的帮助下，他变得越来越具有创造性。但是，虽然他在研究领域有了一些重要发现，他自己却意识不到这些发现的意义所在。他甚至觉得自己没有取得任何成就。因此也就无法增加他的自信。他可能会忘掉他的发现，然后又会意外地发现它们。最后，当他开始接受分析（主要是因为他在工作中依然存在的一些抑制现象），他在有些方面的禁忌依然难以克服，如他不能为自己求取某些东西，不能为自己渴求某些东西，或者无法认识自己的特殊才能，等等。显然，他所拥有的天赋，以及驱使他追求成就的隐藏起来的野心非常强烈，以至于无法完全阻止。因此，虽然他完成了某事——即使是费尽千辛万苦才完成的——但他也不得不让自己避免意识到这一事实，且无法承认这件事情是自己所为，也不能享受这件事情。在其他人身上，结果依然不太有利。他们往往会退却，不敢冒险尝试新的事物，对生活无所期望，制定的目标太低，因此，他们在生活中常常不能把自己的能力和精神财富充分发挥出来。

就像自我憎恨的其他表现一样，自我挫败也可能会以外化的形式表现出来。有人会这样抱怨：要不是他妻子、他老板、缺钱、天气或者政治局势的影响，他将是这个世界上最幸福的人。不用说，我们也不应该走到另一个极端，认为所有这些因素都必定毫不相干。当然，它们可能会影响我们的幸福。但是，我们在对它们进行评价时，应该仔细考察它们的实际影响到底有多大，它们当中有多少由内在因素转化而来。通常情况下，尽管外在的困难事实上并没有发生改变，但一个人如果能够更为友好地对待自己，他也会感到平静和满足。

自我折磨（self-torture）从某种程度上说是自我憎恨的必然产物。无论神经症患者是竭力鞭策自己追求不可能获得的完美、强烈地谴责自己，还是蔑视或挫败自己，实际上，他都是在折磨自己。在自我憎恨的各种表现中把自我折磨划为单独的一类，往往涉及这样一种观点，即存在或者可能存在一种自我折磨的意图（intent）。当然，在任何一个神经症患者的痛苦病例中，我们都必须考虑所有的可能性。以自我怀疑为例。它们可能起因于内心的冲突，而且可能会表现在没完没了的毫无结论的内心对话中。在这种对话中，患者往往会保护自己免受他自己的自我谴责。它们可能是自我憎恨的一种表现，目的在于削弱一个人存在的基础。事实上，它们可能是最折磨人的。就像哈姆雷特一样——或者甚至比他的情况更为糟糕——人们可能会被自我怀疑吞噬。当然，我们必须分析使得自我怀疑能够发挥作用的一切原因，但它们是否也构成了一种无意识的自我折磨的意图？

还有一个相同类型的例子，那就是：拖延（procrastination）。如我们所知，许多因素都可能会导致决策或行动上的拖延，如一般的惰性或者普遍缺乏表明立场的能力等。拖延者自己也知道，所拖延的事情往往会愈积愈多，而这实际上可能会让他遭受很大的痛苦。在这里，我们有时候会模糊地看到那些超越尚无定论之问题的内容。当他由于拖延而使自己陷于一种不愉快的或者具有威胁性的处境时，他可能会满心欢喜地对自己说："你活该如此。"但这依然并不意味着他之所以拖延是因为他被迫去折磨自己，而是意味着一种幸灾乐祸（Schadenfreude），是对自己所造成之痛苦的一种报复性满足。虽然到目前为止我们仍没有找到证明人们会主动折磨自己的证据，但我们确实发现，旁观者在看到受害人因痛苦而扭动、翻滚时会表现出喜悦的态度。

如果不是越来越多的其他观察表明了主动自我折磨驱力的存在，那么，所有这一切都依然不能下定论。例如，有患者对自己非常吝啬，他发现他的小气节约不仅仅是一种"抑制"，而且特别能让他感到满足，有时候几乎到了一种狂热的状态。还有一些患者有疑病症倾向，他们不仅有真实存在的恐惧，而且好像还会以一种相当残忍的方式吓唬自己。于是，在他们看来，轻微的喉痛变成了肺结核，胃部不适变成了胃癌，肌肉疼痛变成了小儿麻痹症，头痛变成了脑瘤，焦虑变成了精神错乱。有一名这样的患者就曾经历了她自己所说的"中毒过程"。在刚开始出现轻微的不安或失眠时，她会告诉自己，现在她进入了新一轮的恐慌中。于是，此后的每一个夜晚，这种症状变得越来越严重，一直到她再也无法忍受。如果我们把她最初的恐惧比作一个小雪球的话,那么,好像就是她自己逐渐把雪球越滚越大,直到导致雪崩,最终将她自己掩埋。当时,她写了一首诗,在诗中,她写道:"甜蜜的自我折磨是我全部的快乐。"在这些疑病症病例中,我们可以分离出一项导致自我折磨持续进行的因素。疑病症患者往往觉得,他们应该拥有绝对的健康、镇静和无所畏惧。任何与之相反的迹象,哪怕只是一点点,也会使他们无情地针对自己。

而且,在分析一名患者的施虐幻想和冲动时,我们认识到,这些幻想和冲动很可能源自他针对自己的施虐冲动。有些患者有时候会产生折磨他人的强迫性冲动或幻想。这些冲动或幻想似乎大多数集中在儿童或无助的人们身上。在一个病例中,这些冲动和幻想指向了一个驼背的女人,她叫安妮(Anne),在患者居住公寓里当用人。患者时常感到不安,部分是因为强烈的冲动,部分是因为这些冲动让他感到困惑不解。安妮相当讨人喜欢,从未伤害过他的感情。在施虐幻想发作之前,他常常对她的身体畸形一会儿感到厌恶,一会儿感到同情。他认识到,这两种感受都是因为他把那个女孩当成了自己才产生的。他身体强壮健康,但当他陷入心理纠结而感到无助且轻视自己时,他就觉得自己如同瘸子一般。当他第一次注意到,在安妮身上,既存在一种过于强烈的服务他人的渴望,也存在一种让自己成为受气包的倾向时,他的施虐冲动和幻想就爆发了。安妮很可能一直以来都是如此,而他只有在他的自谦倾向逐渐接近意识,而且以这些倾向为基础的自我憎恨在耳边隆隆作响时,他才观察到这种情形。因此,我们可以将他想折磨安妮的强迫性冲动解释为一种他想折磨自己的冲动的主动外化,除此之外,这还给了他一种可以控制弱小的令人振奋的力量感。于是,这种主动的冲动就会缩减为施虐的幻想,而当他的自谦倾向以及对这种倾向的厌恶变得越来越清晰时,这些施虐幻想就会消失。

我并不认为所有针对他人的施虐冲动——或行为——都仅来源于自我憎恨。但我认为,自我折磨驱力的外化却很可能一直是一个起促进作用的因素。无论如何,这二者之间的关联经常出现,足以让我们注意到它发生的可能性。

在其他患者身上,也会出现对折磨的恐惧,但没有任何外在的诱发因素。有时候,当自我憎恨增强时,它们也会出现,并表现出一种对自我折磨驱力之被动外化的恐惧反应。

最后,还有一些受虐的以及性方面的行为和幻想。我此刻想到的是各种手淫幻想,其范围从自我贬低到残酷地自我折磨。手淫常常伴随着抓挠或猛击自己、揪自己的头发、穿过紧的鞋子走路、装出痛苦的扭曲姿势等行为。这种人在进行性行为时，必须受到责骂、鞭打、捆绑、被迫做一些低贱的或者令人作呕的事情才能达到性满足。这些行为的结构相当复杂。我认为，我们必须至少区分出两个不同的种类：一种是患者从自我折磨中体验到一种报复性的快乐；另一种是患者认为自己是堕落的人，只能通过这种方式获得性满足（其原因后面将会讨论到）。不过，我们有理由认为，这种区分仅适用于意识经验——事实上，他一直以来都既是一个折磨者，也是一个被折磨者；他既从被贬低的过程中获得满足，也从贬低自己的过程中获得满足。

分析治疗的用意之一，就是在所有真实的自我折磨的病例中，找出一种隐秘的自我折磨的意图。其另一个用意是谨防自我折磨倾向外化的可能性。无论什么时候，只要自我折磨的意图看上去相当明显，我们就必须仔细地考察内心的状况，并问问我们自己自我憎恨在此时是否正在增加（以及因为什么而增加）。

自我憎恨往往会不断地累积，最终发展成为纯粹且直接的自毁冲动和行为（self-destructive impulses and actions）。这些冲动和行为可能是急性的，也可能是慢性的；可能是明显而强烈的痛苦，也可能是潜伏、缓慢的折磨；可能是有意识的，也可能是无意识的；可能会体现在行动中，也可能仅仅在想象中进行。它们所涉及的可能是大问题，也可能是小问题。它们的最终目的是导致身体上、心理上以及精神上的自我毁灭。当我们考虑到所有这些可能性后，自杀就不再是一个难解之谜。我们可以用很多方式来毁掉生活中必不可少的一些东西，自杀只不过是这些方法中最为极端、最为终极的自毁形式而已。

指向身体的自毁驱力是最容易观察到的。对自己的身体施加真实暴力行为的情况，或多或少局限于精神病患者。在神经症患者身上，我们常常可以发现轻微的自毁行为，这些行为大多数以"坏习惯"的形式表现出来——如咬指甲、抓伤自己、抓挠疹子、揪头发等。但是，神经症患者也会突然产生赤裸裸的暴力冲动，不过与精神病患者相反，这种暴力冲动只停留在想象中。这些冲动似乎只出现在那些生活在想象之中的人身上，这些人在很大程度上生活在想象之中，以至于他们会蔑视现实，当然也包括有关他们自己的现实。它们常常出现在洞见闪念之后，而且，这整个过程的进行如闪电一般快速，以致我们只能在分析情境中才能了解这个过程的先后顺序：先是突然敏锐地察觉到自己的某个缺点，突然大怒，又快速平息，随即又突然产生一种暴力冲动，想戳瞎某人的眼睛、割破某人的喉咙、用刀刺向某人的肚子并将其内脏切成碎片。这种人有时候也可能会产生自杀的冲动，例如想从阳台或者悬崖上跳下去，这种冲动往往会在相似的条件下产生，好像凭空出现一般。它们可能稍纵即逝，我们几乎没有机会看到它被付诸实施。与此同时，想从高处往下跳的冲动可能突然会变得非常强烈，以至于个体必须紧紧地抓着某样东西才不会屈服于这种冲动从而真的跳下去。或者，它可能会导致企图自杀的实际举动。即便如此，这种人对于死亡的终结性也没有现实的概念。相反，他的感觉就好像是从二十楼跳下来，然后从地上爬起来回家一样。这种自杀企图能否成功，通常取决于一些偶然的因素。如果有灵异事件存在的话，那么，谁也不会比他自己更为惊讶地发现他已经死了这样一个事实。

　　对于许多更为严重的自杀企图，我们必须谨记那种与自我的深度疏离。不过，通常情况下，与那些精心策划的自杀相比，一种对于死亡的不现实态度更可以说是自杀冲动或流产企图所特有的。当然，导致这些行动的原因总有很多，而自毁倾向只是这些原因中最为常见的一种。

　　自毁冲动本身也可能是无意识的，不过，它会在鲁莽的驾驶、游泳、登山或者不顾身体缺陷仍莽撞行事等行为中实现。我们已经看到，这些行为在自毁者自身看来可能并不鲁莽，因为他心怀一种不可侵犯的要求（"任何事情都不可能发生在我身上"）。在很多例子中，这都是最为主要的原因。但是，我们应该始终警惕自毁驱力起其他作用的可能性，尤其是当自毁者在很大程度上忽视现实的危险的时候。

　　最后，还有一些自毁冲动虽然处于无意识水平，但却会通过酗酒、滥用药物等行为经常性地损害自身的身体健康（尽管其他因素也起了一定的作用——如经常需要服用催眠药物）。在斯蒂芬·茨威格（Stefan Zweig）所描述的巴尔扎克的形象中，我们可以看到一个天才的悲剧，他被一种让人觉得悲哀的渴求荣誉的力量驱使着，他过度工作，睡眠不足，滥用咖啡提神，而这实际上摧毁了他的健康。诚然，巴尔扎克对荣誉的需要让他负债累累，因此，他的过度工作从某种程度上可以说是一种错误的生活方式所导致的结果。但是，我们在这里——与其他相似的例子一样——当然也需要证明这样一个问题，即自毁驱力是否也起了一定的作用，从而导致他最终英年早逝。

　　在其他情况下，身体损伤可以说也会偶然发生。我们都知道，当"情绪不好"时，我们更可能会弄伤自己、踩空楼梯而摔倒或者夹到自己的手指。但是，如果我们在过马路时不注意交通，或者开车时不注意交通规则,那么,后果可能是致命的。

最后,还有一个尚无定论的问题,那就是:自毁驱力在器质性疾病中到底发挥了怎样的潜在作用?虽然到目前为止,我们对身心之间的关系已经有了更多的了解,但还是很难精确地区分出自毁倾向所发挥的具体作用。当然,每一个优秀的医生都知道,患者在身患重病时,他的"愿望"是恢复健康活下来还是死了算了,非常关键。但同样,心理能量在这个或那个方向上的可获得性可能也取决于多方面的因素。现在,我们所能断言的是:鉴于身心的统一性,我们在患者的康复期、病发期和病情恶化期,都必须认真考虑自毁发挥潜在作用的可能性。

指向生活中其他有价值之物的自毁,可能看起来就像是一次不合时宜的偶然事件。例如,在《海达·高布乐》中,埃乐特·洛夫伯格(Ellert Lovborg)遗失了珍贵的手稿。易卜生向我们表明,在洛夫伯格身上,自毁的反应和行为已经达到了顶峰。一开始,他毫无根据地怀疑他忠实的朋友埃尔夫斯泰德夫人(Mrs. Elvstedt),然后试图借着饮酒作乐来破坏他们之间的关系。酒醉后,他遗失了手稿,然后开枪自杀了——当时他在一个妓女的房子里。还有一些程度较轻的情况,如一个人在考试过程中突然什么都想不起来了、考试迟到,或者在一次重要会面上喝得酩酊大醉。

更为常见的情况是,心理价值的破坏往往会一而再再而三地出现,这让我们感到很震惊。一个人在有所成就之时却放弃了追求。我们可以同意他的说法,即那不是他"真正"想要的。但是,当相似的过程三次、四次、五次地反复出现时,我们便开始寻找更为深层的决定因素。自毁虽然比其他因素隐藏得更深,但它通常是这些因素中较为显著的。由于对此毫无觉察,因此,他不得不一味地破坏自己的每一个机会。他一次又一次地丢掉或辞掉工作,或者与他人的关系接二连三地濒临破裂,其原因可能也在于此。在后两种情况下,他自己常常认为,他看上去好像总是一个遭受不公正待遇的牺牲者,而在他人看来,他则是一个十足的忘恩负义者。事实上,他所做的一切正是通过持续不断地折腾、关注人际关系,从而招致他最为担心害怕的那种完满状态。简而言之,他常常会将他的老板或朋友逼到他们再也无法忍受他的地步。

当我们看到他在分析关系中的表现后,我们便可以理解出现这种反复的原因了。他可能会在形式上表现出合作;他可能常常会试图给分析学家各种各样的好处(即使分析学家并不想要);不过,从本质上说,他的无礼行为极具挑衅,以至于分析学家可能也会对以前那些反对患者的人产生强烈的同情之心。简言之，患者事实上已经尝试并不断地努力使他人成为他自毁意图的执行者。

在逐渐摧毁一个人的深度和完整性的过程中，主动的自毁倾向究竟起到了多大的作用？一个人的完整性受损，不论受损的程度是大还是小，不论受损的方面是粗还是细，它都是神经症发展的一种结果（consequence）。与自我的疏离、不可避免的无意识伪装、由于无法解决的冲突而导致的同样不可避免的无意识妥协、自我轻视，所有这些因素都会导致道德品格的削弱，而道德品格削弱的核心是真诚待己能力的降低。[①] 问题是，除此之外，一个人是否会沉默不语但却积极主动地与他自身的道德堕落合作呢？我们观察到的一些现象迫使我们对这个问题给出了肯定的回答。

我们可以观察到一些慢性或急性的情况，我们可以非常恰当地把这些情况描述为士气的削弱。例如，一个不注重外表的人，他往往会让自己变得邋遢、懒散、肥胖；他酗酒少眠；他不在意自己的身体健康——例如，生病了也不去看医生。他要么吃得过多，要么吃得过少，也不散步；他对自己的工作或者与他利益攸关的事情不上心，而且他还懒散成性。他可能会滥交，或者至少喜欢与肤浅或道德败坏的人交往。他可能在金钱方面变得极不可靠，殴打妻儿，还开始撒谎和偷盗。就像《失去的周末》（*The Lost Weekend*）中所描述的那样，这一过程在酗酒者身上表现得最为明显。但它也会以非常隐秘和微妙的方式表现出来。在较为明显的情况下，即使是一个未接受任何训练的观察者也能看到，这些人在"让他们自己崩溃"。在分析中，我们认识到这种描述是不充分的。只有当人们深深地沉溺于自我轻视和绝望之中，以至于其自身的建设性力量再也不能抵挡自毁驱力的影响时，这种情况才会出现。而此种自毁驱力可自由支配，常常在一种几乎可以说是无意识的想要主动地挫伤自己的决定中表现出来。乔治·奥威尔在他的《一九八四》中对这种主动地、有计划地想要挫伤自己的意图的外化形式进行了描述，每一位有经验的分析学家都能从他的描述中了解到神经症患者实际上是如何对待他自己的。他所做的梦也表明，他可能会主动地让自己陷入困境。

神经症患者对这一内在过程的反应不尽相同：可能会高兴，可能会自怜，也可能会害怕。在他的意识心理中，这些反应通常与其自我挫伤的过

---

① 参见 Karen Horney, *Our Inner Conflicts*, W. W. Norton, 1945, Chapter 10, The Impoverishment of Personality.

程没什么关系。

有一名患者在做了下面这样一个梦之后,产生了特别强烈的自怜反应。做这个梦的患者过去曾浪费了大量时间到处飘荡。她背弃了自己的理想,变得愤世嫉俗起来。虽然在她做这样一个梦的那段时间,她也非常努力地工作,但还是不能认真地对待自己,去做一些对她的生活具有建设意义的事情。她梦到一个代表一切美好与可爱之物的女人,这个女人准备参加宗教仪式,却被控告犯了妨碍宗教罪。她被判了刑,在游街示众时,她遭到了众人的羞辱。虽然做梦者确信这个女人本质上是清白的,但她也参与到了羞辱这个女人的行列中。与此同时,她试图恳求一位牧师帮忙。这位牧师虽然深表同情,但却爱莫能助。后来,这个被控告的女人被关到了一个农场里,不仅穷困潦倒,而且还显得呆滞笨拙。在梦中,这个做梦者感到很揪心,她非常可怜这个受害者,醒来之后还哭了好几个小时。详情不再赘述,做梦者此时对她自己说:"我身上也存在一些美好、可爱的东西。由于我的自责和自毁,我可能真的在摧毁我的人格。虽然我想拯救自己,也想避免真正的斗争,我还以某种方式同我的破坏性驱力合作,但我反对这些自责、自毁驱力的行动却毫无成效。"

我们往往在梦境之中与自己的真实情况更为接近。而这个梦看起来似乎更是来自一个极为深层的根源,而且还让做梦者深刻而广泛地洞察到了其自身特殊的自毁所具有的危险性。在这种情况下,自怜的反应同在其他情况下一样,在当时并不具有建设性:它并没有驱使她去做一些有益于自己的事情。只有当绝望和自我轻视的强度减轻时,这种不具建设性的自怜才会转化为一种对自我的建设性同情。而这对于任何受自我憎恨控制的人来说,事实上都是具有重要意义的一大进步。因为它往往会引发个体开始感受其真实的自我,并开始希望拯救内心的痛苦。

对挫伤过程的反应也可能是明显的惊恐(terror)。考虑到自毁可能带来的可怕危险,只要一个人仍然觉得自己是这些无情力量的无助受害者,那他产生这种反应便是完全恰当的。在梦和联想中,它们可能会以许多简明象征物的形式表现出来,如杀人狂、吸血鬼、妖怪、大白鲸或幽灵等。这种惊恐是用其他方式难以解释之许多恐惧的核心,例如:对未知事物的恐惧、对海水深度的恐惧;对幽灵的恐惧;对任何神秘事物的恐惧;对体内任何具有破坏性之过程的恐惧,如中毒、寄生虫、癌症等。它是许多患者对任何无意识的,因此也是神秘的事物所致惊恐的一部分。它可能是那种没有明显原因的恐慌的中心。如果这种惊恐一直存在,那么,任何人都不可能与之共存。他必须寻找各种方法来缓解这种惊恐,而且事实上他确实会这么做。这些方法有些我们已经提到过,其他的我们会在后面章节加以讨论。

在讨论完自我憎恨及其所具有的破坏力之后,我们必定会发现这其中存在一个很大的悲剧,这或许是人心理的最大悲剧。人在追求无限与绝对的同时,也是在摧毁他自己。当他与承诺给他荣誉的魔鬼达成协定时,他就必定会堕入地狱——堕入他自己内心深处的地狱。

第六章
与自我的疏离

本书一开头就有力地强调了真实自我的重要性。我们说,所谓真实自我,就是我们自己身上存在的、独特的个人中心,是唯一能够成长并想要成长的部分。我们以前就看到,不幸的状况常常从一开始就会妨碍真实自我的顺利发展。从那时起,我们的研究兴趣就集中到了个体身上那些侵占了真实自我的精力并导致自负系统形成的力量之上,这个自负系统是自主的,它常常会发挥一种专制的破坏性作用。

在本书中,这种研究兴趣从真实自我向理想化自我及其发展的转变,其实同神经症患者的兴趣从一个方面转向另一个方面完全一样。但与神经症患者不同的是,我们对真实自我的重要性依然有清晰的认识。因此,我们会将注意的焦点再次放到真实自我上,并以一种比以往更为系统的方式思考真实自我被舍弃的原因,以及这种情况对人格所造成的负面影响。

根据魔鬼协定,放弃自我就相当于是出卖自己的灵魂。用精神病学的术语,我们可以称之为"与自我的疏离"(alienation from self)。"与自我的疏离"这个术语主要用于那些使人们丧失其同一感(feeling of identity)的极端情况,如健忘症、人格解体等。这些情况总是会引起人们普遍的好奇心。一个没有睡着且大脑也没有任何器质性疾病的人却不知道自己是谁、身在何处、经常做什么事情或者一直在做什么事情,确实会让人感到奇怪,甚至会令人感到吃惊。

不过,如果我们不把它们看作孤立的事件,而是看到它们与一些不那么明显的自我疏离形式之间的关系,那我们对此就不会感到那么困惑了。在这些不那么明显的自我疏离形式中,同一性和方向感总体上没有受损,但意识经验的一般能力却有所削弱。例如,许多神经症患者就好像生活在云里雾里一样,对什么事情都不清楚。他们不仅不清楚他们自己的思想和情感,而且对他人的想法、情感以及某种局势的后果也往往搞不清楚。在不那么极端的情况下，相关的还有这样一种状况，即这种搞不清楚事情的现象仅限于内心过程。此刻，我想到了一些人，他们能够相当敏锐地观察他人，能够清楚地理清某种形势或思路；但是，各种各样（与他人、自然有关）的经验却不能渗透进他们的情感，他们的内在经验也无法渗透进他们的意识。反过来，这些心理状态与那些表面看似健康但偶尔会遭受某种程度的意识丧失的人，或者那些表面看似健康但却对某些内在或外在经验领域浑然不觉的人也不无关系。

所有这些疏离自我的形式可能也涉及"物质自我"[①]——身体与财产。一名神经症患者对于自己的身体可能几乎没有感觉，甚至他的躯体感觉都有可能是麻木的。例如，当有人问他的脚冷不冷时，他可能需要经过一番思考才能找到冷的感觉。当无意间从一面穿衣镜里看到自己时，他也许会认不出自己。同样，他也可能没有"他家就是他自己的家"的感觉——家对他来说就像旅馆的房间一样，与他毫无关系。另外一些神经症患者则没有"他们所拥有的钱就是属于他们自己的钱"的感觉，尽管这些钱很可能是他们自己辛辛苦苦赚来的。

这些只是我们可以恰当地称为"一种与现实自我的疏离"的少数几种变体。疏离了现实自我，一个人的实际情况或者他所拥有的一切，甚至包括他现在的生活与过去的联系，以及他对这样一种生活连续性的感觉，都可能会变得模糊不清。这个过程的某些部分是每一个神经症患者身上所固有的。患者有时候可能会意识到这个方面的障碍，比如有一名患者就曾把自己描述为一根顶上有个脑袋的路灯柱。更为常见的是，尽管这个过程相当广泛，但他们却往往丝毫都意识不到。只有在分析中，这一过程才会慢慢地展现出来。

在这种与现实自我的疏离中，核心部分是一种虽然关键但却不那么明显的现象。这种现象就是：神经症患者会远离自身的情感、愿望、信念和精力。这是一种积极决定自己生活的力量的丧失，是把自己视为一个有机整体的感觉的丧失。这些反过来也表明我们疏离了自己最具活力的中心，也就是我所说的真实自我（real self）。用威廉·詹姆斯的话可以更为充分地阐明它的特性：真实自我往往会带来"震颤的内心生活"，它会产生自发的情感（不管这些情感是喜悦、渴望、爱，还是愤怒、恐惧、绝望。

[①] 同其他许多注释一样，在这里，我也大致引用了威廉·詹姆斯的原话，见 William James, *The Principles of Psychology*, Henry Holt and Co., New York, the chapter on "The Consciousness of Self". 本段中的引用正是引自这一章。

它也是自发兴趣与精力的源泉，是"发出意志命令的努力与专注的源泉"；是拥有希望并用意志力去坚持的能力；它是我们自己身上想要扩展、想要成长、想要获得自我实现的部分。它会让我们对自己的情感或思想产生"自发的反应"，不管这种反应"是乐意接受还是反对，是侵吞盗用还是矢口否认，是奋力追求还是反对，是同意还是不同意"。所有这些都表明，当我们的真实自我变得强烈而积极主动时，我们就会有能力做出决定，并为自己做出的决定负责。因此，它会带来真正的整合以及一种合理的整体感和统一感。不仅身体和心理、行为和思想或情感协调一致，而且它们功能正常，没有严重的内在冲突。与那些人为的使我们自身协调一致的方法（当真实自我被削弱时，这些方法就会体现出其重要性）不同，这很少或几乎不伴随任何的压力。

哲学的历史表明，我们可以从多个有益的角度来探讨有关自我的问题。然而，每一个探讨该主题的人却好像都发现，很难超越这样一种模式，即描述他自己的特殊经历和兴趣。从临床效用的视角，我一方面会把现实自我或经验自我（empirical self）① 与理想化自我区分开来，另一方面，我还会把现实自我或经验自我与真实自我区分开来。现实自我是对一个人在某个既定时刻所拥有的一切的总称：身体方面的和心理方面的，健康的和神经症方面的。当我们说我们想认识自己时，所指的就是现实自我。也就是说，我们想认识自己真实的样子。理想化自我则是存在于不合理想象中的我们自己的样子，或者是按照神经症自负的指令我们应该成为的样子。真实自我的含义我已经界定了好几次，它是一种朝向个人成长与实现的"原动力"，当我们摆脱神经症的沉重枷锁时，有了这种原动力，我们就可以再一次获得完整的同一性。因此，当我们说我们想寻找自我，其实指的就是真实自我。从这个意义上说，它（对于所有神经症患者来说）也是一种可能的自我（possible self）——这种自我与理想化自我不同，理想化自我是不可能实现的。从这个角度看，它似乎是所有自我中最具推理能力的。有的神经症患者能够把小麦和谷壳区分开来，并说：这就是他的可能自我。但是，尽管神经症患者的真实自我或可能自我从某种程度上说是抽象的，但它仍可以被感觉到，于是我们可以说，我们每看它一眼，就会觉得它比其他任何事物都更为真实、更为确定、更为明确。在经过某种敏锐的洞察后，我们便可以摆脱某种强迫性需要的控制，此时，我

---

① "经验自我"这个词是威廉·詹姆斯使用的。

们便可以在我们自己或者我们患者身上观察到这种特性。

虽然一个人无法总能清晰地将与现实自我的疏离和与真实自我的疏离区分开来，但我们在后面讨论的焦点主要是后者，即真实自我。克尔凯郭尔说过，自我的丧失是一种"致死的疾病"（sickness unto death）①。它是一种绝望——因为意识不到自我的存在而绝望，或者因为不愿意成为自己现在这个样子而感到绝望。但它同时也是一种既不喧哗也不挣扎的绝望（这也是克尔凯郭尔的话）。处于这种状态的人们继续生活着，就好像他们还与这一生命中心保持着直接的接触一样。任何其他的丧失——比如失业，或者说，断了一条腿——都不会引起更多的关注。克尔凯郭尔的观点与临床观察一致。除了前面提到的明显的病理症状外，自我的丧失往往不能直接而有力地映入人们的眼帘。前来接受咨询的患者常常会抱怨头疼、性障碍、工作中的抑制现象或者其他症状；通常情况下，他们并不会抱怨说自己与其精神生活的核心失去了联系。

现在，我们粗略地来看一下导致自我疏离的各种因素的概况。首先，从某种程度上说，它是整个神经症发展的结果，尤其是神经症患者身上所有具有强迫性的东西所导致的结果。所有这些具有强迫性的东西的潜台词是"我是被驱使者，而不是驾驭者"。在这种情况下，到底有哪些特定的强迫性因素往往并不重要——不管是在与他人的关系中起作用的因素（如服从、报复、超脱等），还是在与自我的关系中起作用的因素（如自我理想化），都不重要。这些驱力所具有的强迫性必然会剥夺个体的充分自主性和自发性。例如，一旦他那种"想被所有人喜爱"的需要成为一种强迫性的需要，他的情感的真实性就会随之减弱，他的分辨能力也会因此而减弱。一旦他为了荣誉而被迫去做一项工作，他对工作本身的自发兴趣就会降低。此外，冲突性的强迫驱力也会破坏他的完整性、决策能力和驾驭能力。最后一点也是相当重要的一点，那就是：神经症患者的假性解决办法（pseudo-solutions）②虽然代表了整合的意图，但同时也剥夺了个体的自主性，因为它们已经成了一种强迫性的生活方式。

其次，疏离是由于一些同样具有强迫性的过程而加剧的，我们可以将这些过程描述为积极主动地远离（active moves away from）真实自我。追求荣誉的整个驱力就属于这样一种远离真实自我的过程，尤其是因为神经症患者决定将自己塑造成不是自己本来的样子而导致的疏离。他只能感觉

---

① Sören Kierkegaard，*Sickness unto Death*，Princeton University Press，1941.
② 参见《我们的内心冲突》以及本书后面章节的内容。

到他认为自己应该感觉到的东西，只能想要得到他认为自己应该想要得到的东西，只能喜欢他认为自己应该喜欢的东西。换句话说，"应该"之暴行驱使着他疯狂地去追求不是他本来的或者可能成为的样子。在他的想象中，他是不同的——事实上，他想象自己是如此不同，以至于他的真实自我甚至会变得更为平淡、苍白。就自我而言，神经症要求意味着要放弃自发精力的储藏库。例如，在人际关系方面，神经症患者会坚持要求他人应该适应他，而不是他自己努力去适应其他人。他常常觉得自己有权利让他人为他做事，而不是自己全身心投入工作当中。他常常坚持他人应该对他负责，而他自己却不做任何决定。因此，他的建设性能量闲置了下来，他实际上越来越不是自己生活中的决定因素了。

神经症自负通常会让他更加远离自己。此时，他因自己的实际样子——他的情感、资源、行为等——而感到羞耻，因此，他不再主动地对自己产生兴趣。整个外化的过程是另一种积极主动的自我远离——远离现实自我和真实自我。顺便提一下，让我们感到震惊的是，这个过程与克尔凯郭尔所说的"不想成为自己的绝望"竟然如此相似。

最后，还有一些积极行动起来反抗真实自我的现象（如自我憎恨中所表现出来的现象）。打个比方说，当一个人的真实自我被放逐时，他就会变成一个受到谴责的罪犯，被人鄙视，并且面临被毁灭的威胁。"成为自己"（being oneself）的念头甚至会变得可憎可惧。这种恐慌的感觉有时候会不加掩饰地出现，就像有一名患者只要一想到"这就是我"就会感到恐慌一样。当她对"我"与"我的神经症"所做的明确区分开始瓦解时，这种恐慌的感觉也会出现。为了保护自己免遭这种恐慌感觉的袭击，神经症患者"常常会让他自己消失"。他对于"不去清楚地认识自己"有一种无意识的兴趣——就好像是把自己变成了聋人、哑巴和盲人。他不仅会把有关自己的真实情况弄得模糊不清，而且他在这样做的过程中获得了一种既得利益——这个过程会使他对于自身和外部世界中的是是非非的敏感性变得迟钝起来。虽然他可能会因为这种模糊性而在意识层面遭受痛苦，但他对于维持这种模糊性很感兴趣。例如，有一名患者在其联想中，经常用《贝奥武夫》中的怪物来象征他的自我憎恨，这个怪物一到晚上就会从湖中出来。有一次，他曾这样说："如果有雾，那怪物就看不到我了。"

所有这些行动都会导致一种与自我的疏离。当我们使用这一术语时，我们必须清楚，它所关注的焦点仅仅只是该现象的一个方面。它所精确表达的是神经症患者远离自我时的主观感觉。在分析中，他可能会认识到，他所说的所有有关他自己的明智的事情实际上与他及他的生活都不相关。

这些事情涉及的是某个与他没什么关系的人,有关这个人的发现很有趣,但却无法应用到他的生活中。

事实上,这种分析经验往往会让我们直接深入问题的核心。因为我们必须牢记,患者通常不会谈论天气或电视,他谈论的往往是他最为隐秘的个人生活经验。然而,这些经验却已经失去了其个人意义。而且,就像他在谈论自己时可能不让自己"置身其中"一样,他也可能会让自己"置身事外"地工作、交友、散步或与女人睡觉。他与自己的关系已变得与个人无关,他与自己整个生活的关系也是这样。如果"去人格化"(depersonalization)这个词语还不具有特殊的精神病学含义的话,那么,它将是一个很好的用来表示自我疏离之本质的术语:与自我的疏离是一个去人格化的过程,因此也是一个使精力不断衰竭的过程。

我在前面已经说过,(仅就神经症而言)除了在处于去人格化状态、产生非现实感或处于健忘状态中,与自我的疏离并不像其意义所表明的那样直接而明显。虽然这些状况都是暂时性的,但它们也只可能发生在那些在某种程度上疏远自我的人身上。导致非现实感的因素通常是对自负的严重伤害,再加上自卑感的急剧增加,远远超出了这个人所能忍受的程度。反之,不管个体是否接受治疗,当这些严重的状况得到了缓解时,他与自我的疏离并不会因此而发生本质的改变。它只是再一次被限制在了一定的范围之内,这样个体便能够正常地发挥功能,而不会出现明显的定向障碍。不然的话,一个接受过训练的观察者将能察觉到自我疏离的一些一般性症状,如目光呆滞、非个人化的先兆、机械化的行为等。像加缪(Camus)、马昆德、萨特(Sartre)等作家就曾很好地描述过这些症状。对于分析学家来说,当看到一个人置身其外地把功能发挥得相当不错时,他始终会感到吃惊。

那么,疏离自我到底会对一个人的人格以及他的生活产生什么样的影响呢?为了清楚而全面地阐述这个问题,我们接下来将依次讨论疏离自我对个人的情感生活、精力、驾驭自己生活的能力、对自己负责的能力以及他的整合力量所产生的影响。

如果没有事先准备,要说一些对所有神经症患者都适用的有关感觉能力(capacity to feel)或情感意识(awareness of feelings)的内容似乎并不容易。有些人在快乐、热情或痛苦方面过于情绪化;另一些人看起来比较冷淡,或者总是躲在冷漠的面纱背后;还有一些人在情感方面则比较冷漠,反应比较迟钝、平淡。不过,虽然存在无数种变化形式,但有一种特征似乎与任何严重程度的神经症都有关系。即情感意识、情感强度、情感种类通常主要取决于自负系统。这样一来，对自我的真正情感便会受到抑制或削弱，有时候这种情感甚至会消失殆尽。简而言之，自负支配着情感。

神经症患者易于轻描淡写那些与他的特殊自负背道而驰的情感，而过于强调那些增强其自负的情感。如果他骄傲自大地以为自己高高地凌驾于他人之上，那么，他就不可能允许自己对他人产生嫉妒感。他在禁欲方面的自负可能会掩盖他的快乐情感。如果他以自己强烈的报复心为傲，那他可能就会敏锐地感受到自己想要报复的愤怒。不过，如果他的报复心披上了"正义"的外衣，从而变成一种合理的荣誉，那他往往就体验不到这种想要报复的愤怒本身，虽然这种愤怒经常随地地表现出来，以致其他任何人都不会对此产生任何的怀疑。对于绝对耐力（absolute endurance）的自负可能会抑制所有痛苦的感觉。但是，如果痛苦在自负系统中占据重要位置的话——成为表达愤怒的媒介和神经症要求的基础——那么，患者就不仅会在他人面前强调这种痛苦，而且事实上，他自己也会更加深切地感受到这种痛苦。如果同情感被视为一种软弱，那么，这种情感可能就会受到抑制；但如果被视为一种神圣的品德，那个体就可能充分地体验到这种情感。如果自负主要集中于自我满足从而在某种意义上说不需要任何事或任何人，那么承认任何情感或需要就会像是"必须弯腰才能通过一扇狭窄的门，而这是个体无法忍受的。……如果我喜欢某个人，他就有可能会控制我。……如果我喜欢某物，那我就有可能依赖于它"。

有时候在分析中，我们可以直接观察到自负是怎样干扰真正的情感的。X虽然经常对Z不满（主要是因为自负受到了伤害），但他可能还是会以一种自然而友善的方式回应Z的友善接近。然后过了一会儿，他内心就会有个声音说："你是一个被友善愚弄了的傻瓜。"于是，友善的感觉被丢弃到了一边。或者，某种景象可能会唤醒他内心温暖而热烈的感觉。但是，当他想到"没有人会像你一样欣赏这些景象"时，他的自负就会毁了这种感觉。

到目前为止，自负通常发挥了一种审查的作用，它会促进或禁止一些情感进入意识的层面。但它可能会以一种更为基本的方式来控制情感。自负越占上风，一个人就越可能仅仅凭其自负以情绪化的方式对生活做出反应。这就好像是他已把自己的真实自我关进了一间隔音的房子里，他只能听见自负的声音。因此，他满意或不满意、沮丧或得意、喜欢或不喜欢人们的感觉主要都是自负反应。同样，他意识层面所感觉到的痛苦也主要是他的自负所遭受的痛苦。这一点从表面上看并不明显，但他真真切切地感觉到，他正因为失败、内疚、孤独、单相思而痛苦万分。事实上，他确实有这样的感觉。但问题是：是谁在受苦？在分析中，我们发现，受苦的主要是他自负的自我。他之所以受苦，是因为他觉得自己无法取得最大的成功，无法将事情做到至善至美，不具有无法抵制的魅力从而总能让人一眼就认出，无法让所有人都喜爱他。或者说，他之所以受苦，是因为他觉得自己有权利获得成功、名望等，但却无法如愿以偿。

只有当自负系统受到极大的破坏时，他才会开始感觉到真正的痛苦。只有到那个时候，他才有可能对自己这个受苦的自我感到同情，这种同情会促使他去做一些对他自己而言具有建设性的事情。他以前所感受到的那种自怜，确切地说是一种因为觉得自负的自我受到了虐待而表现出来的伤感痛苦。一个从未体验过此种差异的人可能会耸耸肩，并认为这没有什么大不了的——痛苦就是痛苦，与自我毫不相干。但是，只有真正的痛苦，才有力量拓宽和加深我们的情感范围，才能打开我们的心扉去体验他人的痛苦。在《自深深处》（*De Profundis*）中，奥斯卡·王尔德曾对这种解放（liberation）做过描述：当他开始体验到真正的痛苦，而不是因为虚荣心受伤而感到痛苦时，他感觉自己获得了解放。

有时候，神经症患者甚至只能通过他人才可以体验到他自己的自负反应。他可能不会因为某位朋友的骄傲自大或忽视而感到耻辱，但他只要一想到他的兄弟或同事将会视此为耻辱，就会感到羞愧。

当然，自负支配情感的程度是不同的。即使是一个情感上受到严重伤害的神经症患者，也可能会具有某些强烈而真诚的情感，如对大自然或音乐的情感。所以说，他的神经症并没有触及这些情感。有人可能会说，他的真实自我被允许有这么大的自由。或者说，即使是他的好恶，也主要取决于他的自负，其中可能也存在真实的成分。但是，这些倾向所导致的结果是，神经症患者的情感生活普遍贫乏，表现为情感之真诚性、自发性和深度的不断减少，或者至少表现为有可能产生的情感被局限在了一定的范围内。

一个人对于这种障碍的意识态度是不同的。他也许根本就没有把他情感匮乏当成一种障碍，反而以此为荣。他也可能非常关注这样一种与日俱增的情感枯竭状况。例如，他可能会认识到，他的情感慢慢具有了一种纯粹的被动反应特性。当他对友善或敌意没有了反应时，他的情感就会保持迟钝、静止的状态。他的心不再主动地去感受一棵树或一幅画的美丽，因此，这些东西对他来说毫无意义可言。他可能会在一位朋友向他抱怨某个困境时有所反应，但他通常不会主动去设想这位朋友的生活状况。或者，他可能会惊愕地意识到，甚至是这些反应性情感也变得迟钝了。让-保罗·萨特在《理性年代》（*The Age of Reason*）中描述其中一个人物时写道："如果他至少能够在自己身上发现一种微不足道的情感，那么这种情感虽然朴实无华，但却真实地存在……"最后，还有一些人甚至可能意识不到任何的贫乏。因此，只有在梦中，他才会把自己描述为一个傀儡、一座大理石雕像、一幅二维纸板图或者是一个咧着嘴唇看起来好像是在笑的僵尸。在后面列举的这些例子中，自欺是可以理解的，因为从表面上看，现存的贫乏可能会以下面三种方式中的一种被掩饰了起来。

有些神经症患者可能会表现出一种才华横溢的活泼和一种虚假的自发性。他们可能很容易就会表现出狂热或沮丧，很容易就被激发出喜爱或愤怒之情。但是，这些情感并非来自内心深处，他们内心根本没有这些情感。他们生活在自己的想象世界中，对于所有能引起他们兴趣或者伤害其自负的事情都只能做出表面上的反应。通常情况下，最为突出的是那种想给他人留下印象的需要。对他们来说，与自我的疏离使得他们可以根据形势的需要改变自己的人格。他们像变色龙一样，总是在生活中扮演着某个角色却不知道自己是在演戏；他们也像出色的演员，酝酿着与角色相匹配的情感。因此，不管他们扮演的是尘世中一个微不足道的人、一个对音乐或政治有着浓厚兴趣的人，还是一个乐于帮助朋友的人，他们似乎都可以演得惟妙惟肖，像真的一样。这对分析学家来说也具有欺骗性，因为在分析中，这样的人往往会很得体地扮演着患者的角色，表现出很迫切地想了解自己、想改变自己现状的样子。这里要解决的问题是角色变化的容易性，他们很容易就能进入某个角色，然后又能轻易地转换为另一个角色——就像一个人穿了一套衣服，又换成另一套衣服那么容易。

另一些人不顾一切地追求并兴奋地参与像野蛮驾驶、私通或者性发泄这样的活动，他们误以为这就是情感的力量。但事实恰恰相反，这种追求刺激与兴奋的需要正是其内心痛苦空虚的真实表现。只有这样一些不同寻常的强烈刺激才能引起这种人迟钝的情绪反应。

最后，还有一些人似乎具有一种相当确切的感觉。他们似乎知道自己感觉到的是什么，而且他们的情感反应对于情境而言往往是合适的。但是，这些情感的范围不仅同样也受到了限制，而且常常表现得十分低沉，就好像它们整个音调都被降下来了一样。在做更进一步的了解后，我们发现，这些人常常根据自己的内心指令机械地去感觉他们认为自己应该感觉的东西。或者说，他们只会做出他人期望的情感反应。当个人的"应该"与文化的"应该"相一致时，这种观察更具欺骗性。无论如何，只要我们能全盘考虑情感状况，就能避免得出错误的结论。发自我们内心的情感具有自发性。深刻性和真诚性。如果这些特性中缺失了哪一种，那么，我们最好检查一下其潜在的动力。

在神经症患者身上，精力的可获得性（availability of energies）程度不一，从一种普遍的惰性，到零星的断断续续的努力，再到一贯的，甚至是夸大的精力发挥，不一而足。我们不能说，神经症本身会使神经症患者比健康个体更具活力或更不具活力。但是，当我们撇开动机和目标，仅仅以一种量的方式来思考精力时，这种结论还是站得住脚的。神经症的主要特征之一——能量的转移，即将能量从发展真实自我的既定潜能转移到发展理想化自我的虚构潜能上，这一点我们在前面已经笼统地讨论过，也做过详细的阐释。我们对这一过程的意义了解得越充分，就越不会因为看到精力输出的不一致而感到迷惑。在这里，我只提两种含义。

自负系统消耗的精力越多，用于驱向自我实现的建设性驱力的精力就越少。下面我们用一个常见的例子来说明这一点：一个野心勃勃的人可能会展现出惊人的精力，以求获得卓越的地位、权力或魅力；但与此同时，他却没有时间、精力用于自己的个人生活和个人发展，对自己的个人生活和个人发展也没有兴趣。事实上，这不仅仅是一个"没有多余的精力"用于个人生活和个人成长的问题。即使他有多余的精力，他也会无意识地拒绝将它们用于真实自我的发展。因为这样做会违背自我憎恨的意图——压制他的真实自我。

另一层含义则是这样一个事实，即神经症患者通常并不拥有自己的精力（他只是觉得他的精力是他自己的）。他感觉不到他自己的生活中存在这样一种动力。在不同种类的神经症人格中，导致这种缺陷的因素可能有所不同。例如，当一个人觉得他必须去做他人期望他做的一切时，他实际上是在他人的推拉之下才这样做的，或者他会做这样的解释——如果仅仅依靠他自己的力量，他可能就会像一辆电已耗尽的汽车一样待在原地一动也不能动。或者，如果某人很害怕他自己的自负，并在雄心方面产生了禁忌，那么，他肯定会否认——对自己否认——他曾积极主动地参与了自己的所作所为。即使他已为自己在这个世界上谋得了一席之地，他也不会觉得自己做过这样的事情。他常常感觉到的是"曾经发生过"。但是,除了这些促进因素外,"感觉不到他自己的生活中存在这样一种动力"从更为深层的意义上说是真实的。因为他确实不会受到他自身的愿望、理想的驱动,驱使他的主要是从其自负系统演变而来的需要。

诚然,我们的生活进程有一部分是由我们左右不了的因素决定的。但我们可以拥有一种方向感。我们可以知道自己的生活追求。我们可以有理想,朝着理想而努力,并以理想为基础做出道德决策。而在许多神经症患者身上,这种方向感明显缺乏,他们指引能力(directive powers)的削弱与其疏离自我的程度是成正比的。这些人往往跟着自己的想象走,变化无常,没有计划,也没有目的。无用的白日梦会取代有目的的活动,纯粹的机会主义会取代诚实的努力,愤世嫉俗可能会扼杀远大理想。他们可能会非常优柔寡断、犹豫不决,以至于无法进行任何有目的的活动。

这种潜藏的(hidden)障碍甚至更为普遍,也更加难以辨认。一个人的行事方式可能看起来井井有条,而且事实上也确实卓有成效,这是因为他正被驱使着去实现诸如完美、胜利这样的神经症目标。在这种情况下,引导性控制被强迫性标准所接管。只有当他发现自己陷入了矛盾的"应该"之间时,这种指示的人为性才会显露出来。在这种情境之下,个体会产生严重的焦虑,因为他没有其他的指令可以遵循。他的真实自我好像被关进了一个地牢之中,他无法与它相商。正因为如此,他成了这些矛盾的"应该"的无助牺牲品。其他神经症冲突也是这样。对于冲突的无助程度和面对冲突的恐惧程度,不仅表明了冲突的大小,而且甚至在更大程度上表明了他与自我的疏离。

内在方向感的缺乏也可能不以此种方式表现出来,因为一个人的生活已经进入了传统的轨道,因此他有可能回避个人的计划与决定。拖延可能会掩盖优柔寡断。人们只有在必须独自一人做决定时,才可能会意识到自己的优柔寡断。所以说,这种情况可能是对最糟糕状况的一种考验。但即便如此,他们通常也认识不到这种障碍的一般性质,而是将其归咎于"这个特殊的决定本来就很难做"。

最后,顺从的态度背后也许隐藏着一种不充分的方向感。因此,人们常常会去做一些他们认为别人期望他们去做的事情,成为他们认为别人希望他们成为的那种人。他们对于他人的需要或期望可能会表现得相当敏感。通常情况下,他们会以一种间接的方式把这种技巧美化成敏感或体贴。当他们意识到这种"顺从"所具有的强迫特征,并试图对之进行分析时，他们通常都会将关注的焦点放在与个人关系有关的因素上，如取悦他人的需要、抵挡他人敌意的需要等。不过，在没有这些因素的情况下，他们也会表现出顺从，例如在分析情境中。他们把主动权交给了分析学家，然后想弄清楚或猜测分析学家期望他们去解决的问题是什么。他们这样做其实违背了分析学家明确鼓励他们按照自己的意愿行事的初衷。在这里，"顺从"的背景变得很清楚。由于对此没有丝毫的察觉，他们被迫把生活的方向盘交到他人手上，而不是掌握在自己手中。当让他们自己来支配自己的资源时，他们就会迷失方向。于是，在他们的梦中就会出现这样一些象征，如坐在一条没有船舵的小船上，丢失了指南针，身处陌生而危险的境地却没有向导，等等。这种内部引导力的缺乏是"顺从"的主要元素，到后来当他开始努力追求内心自主性时，这种现象也会明显地表现出来。在这个过程中出现的焦虑与他们在不敢相信自己的情况下放弃习以为常的帮助有关。

虽然引导力的削弱或丧失也许是隐藏的，但另一种不足（insufficiency）却始终清晰可辨（至少对训练有素的观察者来说是这样）：对自我负责的能力（faculty of assuming responsibility for self）。"责任"这个词可能包含了三种不同的含义。在这里，我所指的不是履行职责或信守承诺意义上的可靠性，也不是指对别人所负的责任。人们对这些方面的态度千差万别，因此很难挑出适合所有神经症的恒定特征。神经症患者可能完全可靠，也可能对他人承担了过多或过少的责任。

我们在这里也不打算着眼于有关道德责任的哲学纷争。神经症患者身上的强迫性因素非常普遍，以至于选择的自由都被忽略了。事实上，我们常常理所当然地认为，患者总体上不能像过去那样发展；尤其是他会情不自禁地去做、感觉、思考他过去曾做过、感觉过、思考过的事情。不过，患者并不认同这个观点。他高傲地蔑视一切意味着规则和必要性的东西，而且这种态度也会延伸到他自己身上。综合各方面因素考虑，他只能朝着特定的方向发展，但这一事实不在他考虑的范围之内。某种驱力或态度是有意识的还是无意识的，都并不重要。不论他必须奋起抵抗的逆境是多么难以克服，他都应该用自己无穷的力量、勇气、镇定去加以应对。如果他做不到这一点，那就证明他没用。相反，为了自我保护，他或许会矢口否认一切过失，标榜自己绝不会犯错，并把一切困难（不管是过去的还是当前的）都归咎到他人身上。

而且，就像在其他功能中一样，自负也会接管责任。当个体没有做到那些不可能做到的事情时，谴责性的指控就会缠着他不放。于是，这就使得他越来越不可能承担起唯一的重大责任。说到底，这就是他对自己以及自己生活所表现出来的朴实无华的诚实。它以三种形式表现出来：公正地认识自己，既不小看也不夸大自己；愿意为自己的行为、决定等承担后果，既不设法"逃避"，也不把责任推给其他人；认识到应该由他自己来解决所面临的一些困难，而不是坚持让他人、命运或时间来为他解决这些难题。这并不是说不要接受帮助，相反，这意味着要尽他所能地寻求帮助。如果他本人不朝着建设性改变的方向努力，那么，即使外界给他最有力的帮助也将无济于事。

举个例子来加以说明（这个例子实际上是由许多类似案例组合而成）：有一位已婚的年轻男子，虽然他父亲经常给他经济上的帮助，但他花钱总是入不敷出。他给了自己及其他人很多种解释：这是他父母的错，他们从未训练他如何理财；这是他父亲的错，他给他的补贴太少了。反过来说，这种状况之所以持续存在，是因为他太胆小，不敢多要；他之所以需要钱，是因为他妻子花钱大手大脚，或者因为他孩子需要一个玩具；此外，还有税款要缴，还有医药费得付——况且每个人不是都有权利偶尔享享乐吗？

对于分析学家来说，所有这些理由都是有重要意义的资料。它们表明了患者的要求以及他感觉自己受到了虐待的倾向。对患者来说，这些理由不但充分地、令人满意地解释了他的困境，而且直指要点。他把这些理由当成了一根魔杖，以驱走这样一个事实，即不管原因是什么，他都确实花掉了太多的钱。这种直言不讳的事实陈述，对于那些受自负和自责支配的神经症患者来说通常是不可能做到的。当然，结果肯定是这样的：他的银行账户透支，他负债累累。当银行工作人员礼貌地通知他在银行的账目情况时，他会大发雷霆；当朋友不愿意借钱给他时，他也会暴怒不已。当这种困境变得非常严重时，他就会把这样一个既成事实告知他的父亲或某位朋友，并在某种程度上强迫他们援助自己。他往往不去面对这样一种简单的联系：这些困境其实是他自己无节制地花钱所导致的。他常常会做一些有关未来的计划，但这些计划都不可能起到什么作用，因为他太急于为自己辩护而将责任推到他人身上，以致无法执行自己的计划。他还没有清醒地认识到，缺乏节制是他自己的问题，这确实使他的生活陷入了困境，因此，应该由他自己来解决这个问题。

另一个例子可以说明神经症患者是如何固执地对自己的问题或行为所引发的结果视而不见的：一个人如果无意识里确信自己对一般的因果关系

具有免疫力，那么，他可能就会察觉到自己的骄傲自大和报复心理。但他却全然意识不到他人对此感到愤怒的后果。如果别人以敌对的态度对待他，他就会觉得这是一种突如其来的打击。他觉得自己受到了侮辱，而且通常还会相当敏锐地指出导致他人对他的行为感到愤怒的神经症因素（他人身上的神经症因素）。他会轻率地抛弃所有提供给他的证据。他认为，这只不过是那些人试图为他们自己的罪责或责任找个合理的借口而已。

这些例子虽然很典型，但并没有包括逃避对自我负责的所有方式。我们在前面说到为抵御自我憎恨的攻击而采用保全面子的手段及保护措施时，已经讨论过其中的大部分方式。我们已经看到，神经症患者是如何将责任推给自己以外的任何人或任何事的，他是如何把自己变成一个与自己分离的自我观察者的，以及他是如何将他自己与他的神经症清楚地区别开来的。结果，他的真实自我变得越来越微弱，或者说越来越遥远。例如，如果他否认无意识力量是他整个人格的一部分，那么，这些力量就会变成一种神秘的力量，将他吓得不知所措。由于这些无意识的回避，他与真实自我的接触越来越弱，他越来越可能变成他无意识力量的无助牺牲品，而且他事实上也有越来越多的理由惧怕它们。与此同时，他为了对这个复杂难懂的机体（即他自己）的一切负责而采取的每一个行动都会让他变得明显坚强。

而且，对任何患者来说，"逃避对自我负责"都会让他更加难以面对和克服自身的问题。如果我们在分析一开始就能解决这个问题的话，那么，分析工作的时间和难度就都会大大减少。不过，只要患者依然沉溺于他的理想化意象，他就不会怀疑自己的真实性。而如果自责的压力很明显，他对于"对自我负责"的想法可能就会产生强烈的恐惧感，并无法从中获得任何收益。此外，我们还必须牢记，无法为自我承担任何责任只不过是整个自我疏离的一种表现。因此，在患者获得某种有关自己的感觉和为了自己的感觉之前，任何想要解决这个问题的尝试都将徒劳无功。

最后，当真实自我"被关在了外面"或者遭到了放逐时，个体的整合力量（integrating power）也将处于低潮。健康的整合是个体"成为自己"的结果，而且，个体只有在"成为自己"的基础上才能实现整合。如果我们让自己充分地成为自己，足以使自己拥有自发的情感，做出自己的决定，并为这些决定承担责任，那么，我们就会拥有一种基础牢固的整体感。一位诗人曾用她的笔触写到了她发现自我时的感觉，喜悦之情溢于言表：

此时一切融合，汇于一处，
从愿望到行动，从语言到沉默，
我的工作，我的爱情，我的时间，我的面孔，
聚成一种强烈的姿态，
一如幼苗在发育成长。①

我们通常把自发整合的缺乏看成神经症冲突的直接结果。这种观点固然正确，但我们如果不考虑到它所造成的恶性循环的话，就无法充分理解分裂力量的威力。如果我们因为许多因素而丧失了自我，那么，我们就会失去我们赖以解决内心冲突的牢固基础。于是，我们便会受到这种冲突的摆布，成为其分裂力量的无助牺牲品，因此，我们必定会利用任何可获得的手段去解决这些冲突。这就是我们所说的想要找到解决方法的神经症尝试（neurotic attempts）——从这个视角看，神经症就是一系列这样的尝试。但是，在这些尝试中，我们越来越失去自我，而冲突所产生的分裂性影响却越来越大。因此，我们需要人为的方法使自己获得整合。于是，作为自负和自我憎恨之工具的"应该"便获得了一种新的功能：保护自己免于陷入混乱。它们用铁拳支配一个人，但它们又像一种政治暴行，确实也创造并维持了某种表面的秩序。对意志力和推理能力的严格控制，是另一种试图把支离破碎的人格捆绑在一起的费力的手段。下一章，我们将对此连同缓解内心紧张的其他方法一起进行讨论。

这些障碍对于患者生活的普遍影响相当明显。不管他如何用强迫性的僵化表现来掩盖这一切，"他无法成为自己生活中一个积极的决定性因素"都会使他产生一种深深的不确定感。不管他表面上是如何充满活力，"他无法感觉到自己的情感"都会使他死气沉沉。他无法为自己承担起责任，因此也就被剥夺了真正的内在独立性。此外，真实自我的沉寂对神经症的发展过程有重大的影响。正是这一事实让我们非常清楚地看到了自我疏离所造成的"恶性循环"。它本身就是神经症过程的结果，同时也是神经症过程进一步发展的原因。因为与自我的疏离越严重，神经症患者就越会成为自负系统之阴谋诡计的无助的受害者。而他用以抵制与自我之疏离的活力也会变得越来越少。

这种最为活跃的精力源泉是会全部枯竭，还是会恒定不变？在有些情

---

① 引自"Now I Become Myself," by May Sarton, in *The Atlantic Monthly*，1948。

况下，人们可能会对此产生严重的怀疑。以我的经验看，暂时不要做出判断才是明智之举。如果分析学家有足够的耐心和技巧，那么，真实自我往往能够从放逐状态中返回或者能够"起死回生"。例如，尽管患者无法将精力投入他自己的个人生活中，但如果他能够把精力投入为他人所做的建设性努力上，那么，这就是一种让人心生希望的迹象。不用说，完整的人通常能够而且也确实会做出这样的努力。但在此让我们感兴趣的是这样一些明显自相矛盾的人：他们一方面在为他人服务时似乎精力无限，但另一方面，他们对自己的个人生活却缺乏建设性的兴趣与关注。甚至在他们接受分析的过程中，他们的亲人、朋友或学生从分析工作中所获得的好处常常比他们自己获得的好处还要多。但是，作为治疗师，我们仍然坚持这样一个事实，即他们对于成长的兴趣虽然以僵硬的方式被外化了，但这种兴趣仍存在。不过，要想让他们重新对自己产生兴趣，可能并不容易。在他们身上，不仅存在可怕的力量阻止建设性变化的发生，而且，他们本人也不太热衷于考虑这样的变化，因为他们指向外部的努力造就了一种平衡，而且给予了他们一种价值感。

当我们把真实自我与弗洛伊德的"自我"（ego）概念相比较时，可以更为清楚地看到真实自我的作用。我与弗洛伊德的研究前提完全不同，走的也是截然不同的研究路径，但我得出的结果好像与弗洛伊德的是一样的，他假定"自我"是虚弱的。诚然，我们在理论上存在明显的差异。在弗洛伊德看来，"自我"就像一个雇员，具有各种功能，但没有主动权，也没有执行权。而我认为，真实自我是情感力量、建设性精力、指引权和审判权的源泉。但是，就算真实自我具有所有这些潜能，而这些潜能也确实会在健康个体身上发挥作用，那么，就神经症而言，我的观点与弗洛伊德的观点有什么大的差异呢？一方面，自我（self）因为神经症过程而受到削弱、麻痹或"驱逐"；或者另一方面，自我天生就不是一种建设性力量。这二者实际上是否完全一样呢？

当审视大多数分析的初始阶段时，我们不得不肯定地回答这一问题。在那个时候，真实自我几乎不会明显地发挥作用。我们看到，某些情感或信念有可能是真实可靠的。我们可能会猜测，除了一些更为明显的宏大元素外，患者发展自我的驱力还包含一些真正的元素。此外，他还对有关自身的真实情况感兴趣，且这种兴趣远远超过了他的求知需要。凡此种种，不一而足——但这依然也只是猜测而已。

不过，在分析过程中，这种情况发生了彻底的变化。由于自负系统受到削弱，患者不再自动地进行防御，而是开始对有关自己的真实情况产生了兴趣。从下面所描述的这个意义上说，他确实开始对自己负起了责任：自己做决定，感觉自己的情感，并形成自己的信念。正如我们所看到的，自负系统所接管的所有功能逐渐重新获得了自发性，重新归于真实自我力量的掌控之中。许多因素重新分配。在这个过程中，真实自我及其所具有的建设性力量被证明是更强大的一方。

我们在后面将会讨论这个治疗过程所需的各个步骤。在此，我仅指出真实自我会出现这样一个事实。否则，这种有关自我疏离的讨论将会给我们留下一种真实自我过于消极的印象，它会让我们觉得真实自我就像是幻影，值得重新获取，但却永远难以捉摸。只有在熟悉了分析的后期阶段后，我们才能认识到，真实自我具有潜在力量的论断并不是仅凭推断而来。在有利的条件下（如建设性的分析工作），它能再度成为一种活力。

正是因为存在这样一种现实的可能性，我们的治疗工作才能在缓解症状之外，还有希望帮助个体实现个人的成长。也只有看到这种现实的可能性，我们才能理解真实自我与虚假自我之间的关系，就像我们在上一章提到的那样，这二者之间的关系是两种敌对力量之间的冲突。只有当真实自我再次变得积极主动，足以让个体敢于为此冒险时，这种冲突才有可能转化为一场公开的战争。只有到了这个时候，个体才只能做一件事：通过寻找虚假的解决办法来保护自己免遭冲突所具有之破坏力量的袭击。我们将在接下来的章节讨论这些方法。

第七章
缓解紧张的一般方法

到目前为止，我们所描述的所有过程都会引起一种充满分裂性冲突、难以忍受之冲突和潜在恐惧的内在情形。在这样的情形之下，没有人能够正常发挥功能，甚至无法正常生活。个体必须自动地努力解决这些问题、消除冲突、缓解紧张和防止恐惧，而且他确实也这样做了。一些与自我理想化过程中相同的整合力量开始发挥作用，自我理想化本身就是最为大胆、最为激进的试图解决问题的神经症尝试：通过超越所有的冲突及其所带来的困难，从而消除这些冲突和困难。但是，那种努力与我们目前所要描述的努力存在一定的差异。我们无法精确地界定这种差异，因为这不是一种质的差异，而是一种量的不同。对荣耀的追求，虽然同样产生于强迫性的内在需要，但却是一种更具创造性的过程。虽然它的结果具有破坏性，但它却来源于人类最美好的愿望——超越自己狭隘的局限性。归根结底，正是它所具有的强烈的自我中心性，才使得它有别于健康的努力。至于这种解决方法与后面将要谈到的其他解决方法之间的差别，并非因为想象力的枯竭而引起。想象力依然发挥作用——但却对内在形势造成了一定的损伤。当个体开始为了荣耀而奋斗时，这种内在形势就已经岌岌可危了：到现在为止（在前面所提到的冲突和紧张的分裂性影响下），心理被摧毁的危险已经迫在眉睫。

在提出解决问题的新尝试之前，我们必须先熟悉一下某些一直以来都在发挥着作用的旨在缓解紧张的方法。[1] 这些方法在本书以及以前的一些出版物中已经讨论过，而且在本书接下来的章节中还要加以阐述，因此，我们在这里只要简单地列举一下就可以了。

---

[1] 这些方法与我在《我们的内心冲突》一书中所说的"人为和谐的辅助方法"虽然内容不相一致，但原则是完全一致的。

从这个方面看，与自我的疏离就是这些方法中的一种，而且很可能是最为重要的一种。我们已经讨论过自我疏离产生及受到强化的原因。在这里再重复一遍，它之所以产生，一部分仅仅只是因为神经症患者受到强迫性力量驱使而导致的；另一部分则是因为主动远离真实自我并与之对立而造成的。我们在这里必须补充一点，那就是：为了避免内心冲突并将内心紧张降到最低限度，他还会对否认真实自我产生非常明确的兴趣。① 这里所涉及的原理与所有旨在解决内心冲突的尝试中发挥作用的原理是一样的。任何冲突（包括内在的冲突，也包括外在的冲突），如果它的某一方面受到抑制，而另一方面却占主导地位，这种冲突就会从视线中消失，而且确实会（人为地）减弱。② 它们就像具有相互冲突之需要或利益的两个人或两个团体，只要其中一个人或一个团体被征服，那么，公开的冲突就会消失。一个专横的父亲和一个顺从的孩子之间，通常不存在明显的冲突。同样，内心冲突也是如此。我们内心可能存在这样一种强烈的冲突：一方面，我们对他人心怀敌意；但另一方面，我们又需要被他人所喜欢。但如果我们压制了对他人的敌意——或者压制了自己想要被他人喜欢的需要——那么，我们的人际关系就会有所好转。同样，如果我们舍弃自己的真实自我，那么，它与虚假自我之间的冲突不仅会从意识层面消失，而且由于力量的分布发生了很大的变化，这种冲突实际上也得到了缓解。当然，这种缓解紧张的方式只能以牺牲自负系统的日益独立为代价而实现。

在分析的最后阶段，否认真实自我会受到自我保护性利益的支配这一事实会变得尤其明显。正如我在前面所指出的，当真实自我变得越来越强大，我们实际上便可以观察到内心斗争的激烈性。任何体验过自己或他人内心此种激烈斗争的人都知道，真实自我先前之所以从战斗区域撤出，是因为受到了生存需要以及不想被撕裂之愿望的指使。

这种自我保护的过程主要表现为患者喜欢弄乱问题。不管他表面上看起来是多么合作，他骨子里都是一个迷惘的人。他不仅具有惊人的把问题弄混乱的能力，而且很难被劝服不要这么做。这种对于混淆问题的兴趣，其运行方式必定与任何骗子在意识层面所采用的方式相同，而且事实上也确实相同：间谍必须隐藏他的真实身份，伪君子必须表现出一副真诚的面孔，罪犯则必须制造各种虚假的借口。而神经症患者由于认识不到这一点，因此往往会过着双重的生活，他必定同样会在无意识之中搞混自己的

---

① 这种兴趣是强化自我疏离的另一个因素，因此它属于远离真实自我的范畴。
② 参见 Karen Horney, *Our Inner Conflicts*, Chapter 2, The Basic Conflict.

真实身份、愿望、感受和信念。他所有的自欺行为都由此而产生。我们可以更为清晰地将其动力归纳为：他不仅从智力上混淆了自由、独立、爱情、善良、力量的含义，而且，只要他不准备对付自己，他就会对维持这种混乱状态有着迫切的主观兴趣——反过来，他可能会用他极其敏锐的智力上的自负来掩盖这种混乱。

第二重要的方法是内在体验的外化（externalization of inner experiences）。（再重复一遍）这意味着个体不能体验到内心过程本身，而是将其感知或感觉为发生在自己和外部世界之间的过程。它是缓解内在系统紧张的一种相当激进的方法，这种方法总是以内心的贫乏和人际关系障碍的日益严重为代价。最初，我将外化（externalization）[1] 描述为一种通过把不符合自己特定意象的缺点或疾病全部推给其他人，并以此维持理想化意象的方法。后来，我把它看成一种想要否认自我破坏力量之间内在斗争的存在，或者想要平息这场内在斗争的尝试。而且，我区分了主动外化和被动外化："我做任何事情都不是为了自己，而是为了他人——的确如此"与"我对他人没有敌意，他们所做的一切都是为了我"。而现在，我又进一步深化了对外化的理解。我所描述的内心过程几乎没有一个不被外化。例如，一个神经症患者可能完全无法同情自己，却会同情其他人。他可能会极力否认想让自己内心得到救赎的渴望，但这种渴望会在对成长受阻之人的敏锐察觉中表现出来，有时候也会表现为以一种惊人的能力帮助这些人。他对于内心指令之强制性的反抗可能会表现为对传统、法律或有影响势力的蔑视。由于意识不到自己身上存在的让人难以忍受的自负，他可能会对他人所表现出来的自负感到憎恨——或者被这种自负所吸引。他可能会借蔑视他人来蔑视自己在自负系统的专制面前所表现出来的畏缩。由于不知道自己正在掩饰自我憎恨的无情与残酷，他可能会形成一种波丽安娜式（Pollyannalike，即盲目乐观的）的一般生活态度，想消除生活中所有的无情、残酷、甚至是死亡。

另一种常见的方法是神经症患者往往以一种支离破碎的方式来体验自己，就像我们是由互相没有关联的各个部分组合起来的一样。这就是精神病学文献中大家都熟知的区隔化（compartmentalization）[2] 或精神分裂

---

[1] 参见 Karen Horney, *Our Inner Conflict*, Chapter 7, Externalization。
[2] 参见 Edward A. Strecker and Kenneth Appel, *Discovering Ourselves*, Macmillan, 1931。

(psychic fragmentation），而且似乎也只是重复了这样一个事实，即他无法感觉到自己是一个完整的有机体，是一个每一部分都与整体有关，而且每一部分之间都会发生相互作用的整体。当然，只有那些被疏离、被分裂的人才会缺乏这种整体感。不过，我在这里想强调的是，神经症患者对于"脱离关系"（disconnecting）具有积极的兴趣。当向他陈述某一联系时，他智力上能够理解这种联系。但这对他来说仅仅只是一个意外。他在这方面的洞察力相当肤浅，而且很快就会消失。

例如，他无意识里对于看不到因果之间的关系很感兴趣：一种因素由另一种因素引起，或者强化了另一种因素；一种态度之所以必定会保持下来，是因为它保护了某种重要的幻觉；任何强迫性倾向都会对个体的人际关系以及他的整个生活产生某种影响。他甚至可能连最简单的因果关系都看不到。他的不满往往与他的需求有关，或者他对他人有太过强烈的需要——无论出于什么样的神经症原因——从而使得他处处依赖于他人，而这其中的因果关系在他看来可能是不可思议的。当他发现，他入睡很晚与他上床很晚有关系时，这对他来说可能是一个惊人的发现。

对于不去感知同时存在于自己身上的彼此矛盾的价值观（contradictory values），他可能有同样强烈的兴趣。毫不夸张地说，他可能完全察觉不到自己正容忍着，或者甚至可以说是珍爱着自己身上的两套价值标准，这两套价值标准都是有意识的，而且彼此矛盾。例如，他可能不会因为这样一些相互矛盾的事实而感到困扰，即：他一方面看重圣洁的品质，另一方面又看重别人对自己的阿谀奉承；一方面诚实，另一方面又与之相悖地热衷于"投机取巧"。甚至当他试图审视自己时，他也仅仅只能得到一个静止的画面，好像他看到的自己是拼图玩具中各个分开的部分一样：他只能看到胆怯、对他人的蔑视、雄心、受虐幻想、受到他人喜欢的需要等等。他所看到的这各个部分可能都很正确，但却不会带来任何改变，因为他在看待这各个部分时脱离了背景，也没有感觉到这些部分之间的相互联系、过程以及动力。

虽然精神分裂本质上是一个破裂的过程，但它的功能却是要维持现状，保持神经症的平衡，以免崩溃。神经症患者不让自己因为内心的矛盾而感到困惑，从而让自己免于面对潜在的冲突，并因此让自己的内心紧张维持在较低的水平上。他甚至对那些矛盾冲突都丝毫不感兴趣，因此也就意识不到这些矛盾冲突的存在。

当然，通过切断因果之间的关系也可以得到同样的结果。切断因果之间的联系可以阻止个体意识到某些内部力量的强度和关联性。举一个常见但很重要的例子：一个人有时候可能会体验到一阵报复心理所产生的全部影响。但他很难理解（甚至智力上也很难理解）这样一个事实，即他受伤的自负和他想要恢复此种自负的需要都是驱动力；而且，即使他清楚地看到了这一事实，其间的相互关系对他而言依然毫无意义。他可能会再一次清楚地感觉到自己毫不留情的自我斥责。他可能已经从众多详尽的事例中看到，这些毁灭性自我轻视的表现是因为他没有完成他的自负所发出的不切实际的指令而引起的。因此，其自负的强度以及它与自我轻视之间的关系充其量依然只是一些模糊的理论思考——而这会让他觉得没有必要去解决他的自负问题。这种联系虽然仍会产生影响，但其紧张始终被保持在较低的水平，这是因为没有冲突出现，他也就能够维持一种虚假的统一感。

到目前为止，我们描述了三种保持内心平静表象的方法，这三种方法有一个共同的特征，即消除那些有可能破坏神经症结构的元素：排除真实自我，去除各种内在体验，消除那些将破坏内心平衡的联系（如果意识到将发生这种破坏的话）。另一种方法是自动控制（automatic control），它有一部分来源于同样的趋势。它的主要功能在于控制情感。在一个处于瓦解边缘的结构中，情感往往是危险之源，因为它们在某种程度上可以说是我们内心无法驾驭的基本力量。我在这里不是要谈有意识的自我控制，如果可以选择的话，借助这种有意识自我控制，我们便能控制一些冲动的行为或者突然爆发的愤怒或热情。这种自动的控制系统不仅能够抑制冲动的行为或情感的表达，而且能够控制冲动和情感本身。它的作用方式就像是一个自动的防盗铃或火灾警报器，当不需要的情感出现时，它就会发出（恐惧的）警报信号。

但是，与其他方法不同，这种方法正如其名所示，同时也是一个控制系统。如果与自我的疏离和精神分裂导致我们缺乏一种机体的统一感，那么，我们就会需要某种人为的控制系统把我们支离破碎的各个部分聚合到一起。

这种自动控制能够包含所有的冲动和恐惧、受伤、愤怒、愉悦、喜爱、热情等情感。与一个广泛的控制系统相对应的身体表现有肌肉紧张、便秘、步态姿态的改变、面部僵硬、呼吸困难等等。对于控制本身的有意识态度通常因人而异。有些人在受到控制时依然能够充分地察觉到自己的愤怒不安，而且至少有时候会迫切希望自己能够释放这种愤怒不安，能够开心地大笑，能够恋爱，能够狂热得忘乎所以。另外一些人则通过一种几乎公开的自负来巩固这种控制，当然，他们表达自负的方式各不相同。他们可能会把此种控制说成尊严、自信、坚忍，戴着一副面具，表露出一本正经的面容，是"现实的""不感情用事的""喜怒不形于色的"。

在其他类型的神经症患者中，这种控制的作用方式更具选择性。某些情感的表露不会受到惩罚，甚至会受到鼓励。因此，一些具有强烈自谦倾向的人往往会夸大自己爱或痛苦的情感。这里的控制作用主要是针对所有的敌对情感：怀疑、愤怒、轻视、报复等。

当然，情感可能会因为许多其他因素而被削弱或压制，如与自我的疏离、可怕的自负、自我挫败等。但是，一个警觉的控制系统的运作如果超出了这些因素，那么，个体在许多情况下就会仅仅因为可能会发生的控制减弱而表现出惊吓的反应——如害怕入睡，害怕处于麻醉状态，害怕醉酒，害怕躺在长椅上自由联想，害怕在山坡上滑雪，等等。那些渗透进了控制系统的情感——无论是同情、恐惧还是凶残——都可能会引起恐慌。这种恐慌可能是由于个体害怕并抵制这些情感而引起的，因为这些情感危及了神经症结构中某些特有的东西。但是，他也可能仅仅因为认识到了他的控制系统不起作用而变得惊恐不已。如果对这种情形加以分析，恐慌就会慢慢消失，而只有到了这个时候，那些特定的情感以及患者对待这些情感的态度才能正常地表现出来。

我们在这里要讨论的最后一种常见的方法是神经症患者所持的心智至上（supremacy of the mind）的信念。情感——由于难以驾驭——就像是需要加以管制的嫌疑犯。而心智——想象和理智——则像从魔瓶里钻出来的神怪一样可伸展自如。因此，事实上便产生了另一种二元论：不再是心智与（and）情感，而是心智对（versus）情感；不再是心理与躯体，而是心智对躯体；不再是心智与自我，而是心智对自我。但是，就像其他分裂的作用一样，这种分裂也是为了缓解紧张、掩盖冲突并建立一种统一的表象。它可以通过三种方式来起到这样的作用。

心智可以成为自我的旁观者。就像铃木（Zuzuki）所说的那样："智力毕竟只是旁观者，当它发挥某种作用的时候，无论好坏，它都是被雇来听盼咐行事的。"① 在神经症患者身上，心智绝不是一个友善的、表现出关心的旁观者；它可能多少有些兴趣，多少有点施虐倾向，但它始终都是分离的——就好像是在观察一个偶然遇到的陌生人一样。有时候，这种类型的自我观察可能显得相当机械和肤浅。因此，一名患者会相当精确地报告

---

① D. T. Zuzuki, *Essays on Zen Buddhism*, Luzac and Co., London, 1927.

某些事件、活动，以及一些症状的增强或减弱，但却不会触及这些事件对他而言的意义，也不会触及他自己对这些事件的反应。在分析的过程中，他还可能会对自己的心理过程非常感兴趣。但确切地说，这种对心理过程的兴趣是他对自己敏锐的观察力，或者这些心理过程发生作用的机制产生的愉悦感，这种兴趣产生的方式在很大程度上就像一名昆虫学家会被一种昆虫的功能所吸引一样。同样，分析学家也可能会感到很欣喜，把患者这种热切的表现误认为他对自己产生了真正的兴趣。不久之后，他就会发现，患者其实对于自己的一些发现对生活而言的意义完全不感兴趣。

这种分离的兴趣也可能公开地表现为吹毛求疵、幸灾乐祸、施虐倾向。在这些情况下，它通常会以主动或被动的方式外化。他可能在某种程度上对自己不理不睬，但却非常敏锐地观察他人和他人的问题——以同样分离、无关联的方式。或者，他可能会觉得，他时时处在他人不怀好意的、幸灾乐祸的观察之下——在妄想症患者身上，这种感觉非常明显，但绝非仅限于此。

不管"做自己的旁观者"性质如何，他都不再是内心斗争的参与者，他已经让自己从内心问题中脱离了出来。"他"成了他"观察自己的心智"，他也因此具有了一种统一感。于是，他的大脑成了他唯一感到有活力的部分。

心智也起到一个协调者（co-ordinator）的作用。对于这一作用，我们已很熟悉。从理想化意象的创造，从自负不停地努力掩盖着一点、突出那一点，并把需要变成美德、把潜能变成现实中，我们已经看到了想象的作用。同样，在合理化过程中，理性也可能屈从于自负。于是，任何事情看起来或者让人觉得都可能是合理的、可行的、合乎逻辑的——事实上，神经症患者正是从这一无意识前提的视角进行合理化操作的。

协调作用也可用以消除所有的自我怀疑。个体越需要心智发挥协调作用，整个结构就越不稳固。（引用一名患者的话来说）于是就有了一种"狂热的逻辑"，这种逻辑常常伴有一种认为其自身绝对无误的不可动摇的信念。"我的逻辑胜过一切，因为它是唯一的逻辑。……如果有人不同意这种说法，那他们就是白痴。"在与他人的相处中，这种态度会表现为一种傲慢的自以为是。就内心的问题而言，它往往会关闭建设性调查的大门，但同时它又会通过建立一种终将无果的确定性来缓解紧张的程度。就像在其他神经症情况下经常看到的事实那样，与它对立的另一个极端——一种普遍的自我怀疑——也同样会导致平息紧张的结果。如果任何事情都不是它看起来那样，那么，为什么还要自寻烦恼呢？在许多患者身上，这种怀疑一切的态度可能被深深地隐藏了起来。他们表面上好像很和善地接受一切，但内心却有所保留。结果，他们自己的发现以及分析学家的建议都会迷失在捉摸不定的危险中。

最后，心智是拥有魔力的统治者（ruler），它就像上帝一样无所不能。对内心问题的认识不再是改变过程中的一步，相反，认识就是改变。患者的行为以此为前提，但他们自己丝毫没有意识到这一点。于是，他们常常会因为自己已经非常了解障碍发生的动力，但这样或那样的障碍还是没有消失而感到困惑不解。这个时候，分析学家可能会指出，肯定还存在一些患者并不知晓的本质因素——事实往往确实如此。但是，即使患者看到了其他相关的因素，情况也不会发生改变。患者同样会感到困惑和沮丧。因此，他可能会不断地寻求获得更多的认识，认识本身很有价值，但只要患者坚持认为，"认识之光"应该驱散他生活中的每一片乌云，而他自己却不做任何实际的改变，那么，这种认识注定会徒劳无益。

他越是试图用纯理智来管理自己的生活，他就越难以承认他的内心之中存在无意识的因素。如果这些因素不可避免地干扰到了他，可能就会引起不相称的恐惧，不过也有些人可能会否认这些因素的存在，或者以合理化的方式消除这些恐惧。对于那些初次较为清楚地发现自己身上存在神经症冲突的患者来说，这一点尤其重要。他常常会在刹那间认识到，即使拥有理性和想象的力量，他也无法使矛盾的东西变得和谐起来。他感觉自己好像掉进了陷阱之中，而且可能会产生深深的恐惧感。于是，他会集中所有的心理能量以避免面对冲突。他怎样才能绕过这个陷阱呢？① 怎样才能从这个陷阱里走出来呢？陷阱中哪个地方有出口可以让他逃出来？单纯和狡猾通常无法并存——那么，他能不能在某些情境下表现得单纯，而在其他情境下表现得狡猾呢？或者，如果他受到报复心的驱使且以此为傲，但同时他又被息事宁人的观念支配着，那么，他就会受控于另一种观念，即追求一种平静的报复、一种不受干扰的生活，并像推开灌木丛那样排除那些冒犯他自负的因素。这种想要走出陷阱的需要其实就相当于是一种名副其实的激情。于是，所有用以削弱冲突的努力都将徒劳无益，而内心的"平静"却得以重建。

所有这些方法都以不同的方式缓解了内心的紧张。我们在某种程度上可以称这些方法为"解决紧张的尝试"，因为在所有这些方法中，整合力

---

① 参见易卜生《培尔·金特》中的相关场景。

量都在起作用。例如，通过区隔化，个体将冲突的激流分离了开来，因此他不再将冲突感觉为冲突。如果一个人把自己当成自己的旁观者，那么，他就会因此而建立一种统一感。但是，我们不可能通过说一个人是自己的旁观者，而对这个人做出令人满意的描述。这完全取决于他在"旁观"自己的时候观察到了什么，以及他在"旁观"自己的时候处于怎样的情绪状态。同样，即使我们知道他外化了什么以及他是怎样进行外化的，但外化过程也仅仅涉及他的神经症结构的一个方面。换句话说，所有这些方法都只是部分的解决方法。只有当这些方法具有我在第一章所描述的特性时，我才会称它们是神经症的解决方法。它们为神经症患者整个人格的发展提供了形态和方向。它们决定了哪些满足是可以获得的、哪些因素是需要避免的，决定了神经症患者的价值层次以及他们的人际关系。此外，它们还决定了神经症患者一般会采用的整合方法。总之，它们是一种权宜之计，是一种生活方式。

第八章
扩张型解决方法：掌控一切的吸引力

在所有的神经症发展中，与自我的疏离都是核心问题；而且在所有神经症的发展中，我们都发现了对荣誉的追求、应该、要求、自我憎恨以及各种用以缓解紧张的方法。但是，我们还不太清楚这些因素在特定的神经症结构中究竟是怎样起作用的。要想清楚了解这一点，有赖于个体找了哪种方法来解决他的内心冲突。不过，在对这些解决方法进行恰当描述之前，我们必须先弄清自负系统所产生的内在群体以及内在群体所引起的各种冲突。我们知道，自负系统与真实自我之间往往存在一种冲突。但就像我在前面所指出的，自负系统本身内部也会出现一种主要的冲突。自我美化与自我轻视并不会构成冲突。事实上，只要我们仅仅根据这两个关于我们自身的大相径庭的形象来思考问题，我们就会认识到这两种自我评价虽然彼此矛盾，但也相互补充——但我们并没有意识到冲突的驱力。如果从不同的视角出发，并将关注的焦点放在这样一个问题上——我们是怎样体验自己的——那么，我们所了解到的情况就会发生改变。

内在群体常常会导致一种对于同一性的基本的不确定感。我是谁？我是骄傲的超人——还是卑微、有罪且极其卑劣的东西？个体通常不会有意识地提出这样的问题，除非他是一位诗人或哲学家。但这种困惑、迷惘依然会出现在他的梦境之中。这种身份的丧失在梦中可能会直接简明地以多种方式表现出来。做梦者可能会梦到自己丢了护照，或者当有人要求他证明自己的身份时，他却无法证明自己是谁。或者，他可能会梦到一位老朋友，但对方的形象却与他记忆中的样子完全不同。或者，他可能会梦到自己在看一幅画像，但画框里装着的却只是一张空白的油画布。

更常见的情况是，做梦者不会明确地对自己的身份问题感到困惑，相反，他会用各种不同的象征来表示自己：不同的人、动物、植物或者无生命的物体。在同一个梦中，他可能既是加拉哈德骑士（Sir Galahad），又是危险的怪兽；既是被绑架的受害者，又是绑匪歹徒；既是罪犯，又是狱警；既是法官，又是被告；既是拷问者，又是被拷问者；既是受惊吓的孩子，又是响尾蛇。这种自我戏剧化（self-dramatization）表明，在一个人身上往往有多种不同的力量在起作用，在认识这些力量的过程中，解释（interpretation）可能非常重要。例如，如果做梦者有顺从的倾向，那么，这种倾向可能就会通过梦中出现的一个顺从者的角色表现出来；如果他有自我轻视的倾向，那么，在梦中可能就会通过厨房地板上的蟑螂表现出来。但是，这并非自我戏剧化的全部意义所在。自我戏剧化会发生（在此提及的原因）这一事实也表明，我们有能力体验自己的不同自我。一个人在白天的生活中以这种方式体验自己，在梦里又以那样的方式体验自己，在这两种体验自己的方式间所存在的明显差异中，我们也可以看到这种能力的表现。在清醒的时候，他可能是智多星，是人类的拯救者，是一个无所不能的人；但在梦里，他又可能是变态的怪物、唾沫飞溅的白痴，或者是一个躺在阴沟里的被遗弃者。最后，即使一名神经症患者能以一种有意识的方式体验自己，他也可能会一下子觉得自己拥有傲慢的全能感，一下子又会觉得自己是社会的渣滓。在酗酒者身上（但绝非仅限于酗酒者），这种情况尤为明显：他们一会儿觉得自己身处云端、指点江山、大许其诺，但过一会儿又会觉得自己是卑贱潦倒、畏缩不前之人。

　　这些体验自己的多种方式通常与既存的内在形态相一致。神经症患者一般不考虑更为复杂的可能性，他能够感觉到自己美化过的自我、受鄙视的自我，有时候还可以感觉到自己真正的自我（尽管在大多数情况下他们感觉不到自己的真正自我）。因此，他事实上必定会对自己的身份感到不确定。只要内在群体存在，"我是谁"这一问题便确实无法回答。而在这个节点上，让我们更感兴趣的是这样一个事实，即这些不同的自我体验必定会产生冲突。更确切地说，由于神经症患者完全将自己等同于优越、骄傲的自我和受人蔑视的自我，因此，不可避免会产生冲突。如果他将自己体验为一个优人一等的存在，那么，他往往就会扩大自己的努力，过分相信自己所能取得的成就；他往往或多或少地公开表现他的骄傲自大、勃勃雄心、争强好斗和苛刻要求；他会自大自满，蔑视他人；而且还会要求他人对他表示崇拜或盲目服从。相反，如果他在内心之中把自己视为顺从的自我，那么，他往往就会觉得无助，顺从他人，取悦他人，依赖于他人，并且渴望得到他人的喜爱。换句话说，完全认同于一种或另一种自我，不仅会带来两种截然相反的自我评价，而且还会导致两种截然相反的对待他人的态度、相反的行为方式、相反的价值标准、相反的驱力以及相反的满足种类。

如果这两种体验自己的方式同时起作用，那么，个体必定会觉得好像有两个人正朝两个相反的方向用力拉他。而这正是完全认同于两个既存自我的意义所在。这不仅只是一种冲突，而且是一种具有足够的力量能够将他撕裂的冲突。如果他没有成功地缓解因此而产生的紧张，那么，焦虑必定会产生。之后，他可能就会借酒精来缓解焦虑（如果他在遇到其他问题时也是这样处理的话）。

但通常来讲，就像遇到任何剧烈冲突的情况一样，寻求解决问题之方法的尝试也会自动产生。解决这种问题的方法主要有三种。其中一种是《化身博士》的故事中所提出的。杰基尔博士（Dr. Jekyll）认识到，自己有正反两面（大致可将其描述为具有罪恶的一面和圣洁的一面，而这两面都不是他本人），而且这两面永无休止地不停交战。"我告诉自己，如果双方能各居其所，那么，生活中便再也没有那些让人难以忍受的麻烦了。"于是，他合成了一种药物，服下这种药物，他便可以将这两个自我分离开来。如果脱掉这个故事让人觉得荒诞的外衣，那么，它所表明的就是一种企图用区隔化（compartmentalizing）来解决冲突的尝试。许多患者在这个地方都会转向。他们一会儿将自己体验为极其自谦，一会儿又觉得自己极其伟大，极具扩张性，但他们不会因为此种矛盾而感到困扰，因为在他们看来，这两种自我是分离的。

但就像史蒂文森的故事所表明的，这种尝试不可能成功。就像我们在上一章指出的，它只是极小部分的解决方法。一种更为激进的方法来源于流线（streamlining）模式，这是许多神经症患者都会采用的方法。这种方法是坚决、永久地压抑其中一个自我，而仅表现另一个自我。第三种解决冲突的方法是不再对内心激战感兴趣，并退出积极的精神生活。

因此，概括说来，自负系统会产生两大内心冲突：主要的内心冲突，以及骄傲自我与受鄙视自我之间的冲突。不过，在接受过分析的人和刚开始接受分析的患者身上，它们通常并不表现为两种分离的冲突。究其原因，部分在于真实自我是一种潜在的力量，而并非一种现实的力量。不过，还有部分原因在于患者往往简单化地轻视自己身上未被自负投注的一切——包括他的真实自我。由于这些原因，这两种冲突似乎合二为一，变成了扩张倾向与自谦倾向之间的冲突。只有经过大量的分析工作，主要的内心冲突才会表现为一种分离的冲突。

就目前所掌握的知识而言，解决内心冲突的主要神经症方法似乎是确定神经症类型最为适当的基础。但我们必须牢记，我们想做出齐整的分类，是为了更好地满足我们对于规则和指导的需要，而不是为了展示人类生活的百态。谈论人的类型——或者就像我们在这里所说的神经症类型——毕竟只不过是一种从某些特定视角来观察人格的方法而已。而我们所使用的标准，将是某一特定心理学体系框架中的关键因素。从这一严格的意义上说，任何试图建立类型的努力都必定有利有弊。在我的心理学理论框架中，神经症患者的性格结构是核心。因此，我的"分类"标准并非这种或那种症状，也不是这种或那种个体倾向。我的分类标准只能是整个神经症结构所具有的各种特征。而这些特征反过来在很大程度上又取决于一个人为缓解其内心冲突所找到的主要解决方法。

虽然这一标准比分类学中所使用的其他许多标准都更为综合全面，但它的效用也很有限——因为我们必须做出许多的保留和限定。首先，尽管那些倾向于采用同一主要解决方法的人具有许多独特的相似之处，但他们在人品、天赋以及所取得的成就上却存在很大的差别。而且，我们所认为的"类型"实际上只是个性的横切面，其中，神经症过程及其鲜明的特征获得了相当极端的发展。但是，总有一些中间结构所构成的不确定范畴无法进行任何精确的分类。而且，由于精神分裂过程的存在，有时候在一些极端情况下甚至不止一种主要解决方法，这一事实使得情况变得更为复杂了。"大多数病例是混合的，"① 威廉·詹姆斯说，"我们不应该过分局限于自己的分类。"因此，只说发展的方向而不说发展的类型，可能更加准确。

记住这些限制之后，我们就可以从本书所阐述的问题中，区分出三种主要的解决方法：扩张型解决方法、自谦型解决方法和放弃型解决方法。在采用扩张型解决方法（expansive solutions）时，个体主要是将他自己等同于美化过的自我。当他谈及"他自己"时，他所指的其实是他美化过的自我。或者，就像一名患者所说的那样："我仅作为一个优越者而存在。"伴随这种解决方法而产生的优越感并不一定是有意识的，但是——不论是否有意识——它们通常会在很大程度上决定个体的行为、努力以及对生活的态度。它主要会给予个体克服一切障碍（既包括他内在的障碍，

---

① 参见 William James, *The Varieties of Religious Experience*, p.148, Longmans, Green and Co., 1902。

第八章 扩张型解决方法：掌控一切的吸引力

也包括外在的障碍）的决心（这种决心可能是有意识的，也可能是无意识的），并让他相信他应该能够，并且事实上也确实能够做到这一点。他应该能够战胜命运带给他的各种逆境、某一处境的艰难、错综复杂的智力问题、他人的阻力以及自己内心的种种冲突等。"想要掌控一切"这种需要的反面是：他对一切意味着无助的事物都感到恐惧。这是他最为深切的恐惧。

当我们从表面上看扩张型解决方法时，我们看到的情形往往是这样的：这些人以一种流线的方式，致力于自我美化、野心勃勃的追求和报复性的胜利，他们把智力和意志力作为实现其理想化自我的手段，并以此来掌控生活。而且，除去前提、个别概念和术语的差异，这就是弗洛伊德和阿德勒看待这些人的方式（在他们看来，这些人受到了自恋式自我夸大或想凌驾于他人之上的需要的驱使）。不过，当我们对这些患者进行更为深入的分析之后，我们就会发现，他们所有人身上都存在自谦的倾向——这些自谦的倾向不仅受到了他们的压制，而且还遭到了他们的憎恨和厌恶。我们先看到的情形只是他们的一个方面，他们为了创造出一种主观的统一感，便假装这就是他们的整个存在。他们之所以如此固执地坚持扩张倾向，不仅因为这些倾向具有强迫性[1]，而且还因为他们觉得必须除去意识中一切自谦倾向的痕迹，以及所有自我谴责、自我怀疑、自我轻视的痕迹。只有这样，他们才能维持主观的优越感和控制感。

这方面的危险在于对那些"无法实现之应该"的认识，因为这会引起内疚感和无价值感。事实上，没有哪个人能够完全实现自己的各种"应该"，因此，这种人不可避免会运用一切可能的方式对自己否认自己的"失败"。不论是凭借想象、突出"优点"、掩饰短处，还是通过行为的完美和外化作用，他都必须在他的内心之中维持一个能够引以为傲的自我形象。可以说，他必须下意识地虚张声势，在生活中假装无所不知、慷慨大方、刚正不阿等。在任何情况下，他都绝不能通过与美化过的自我相比较而意识到真实自我的不足。在与他人的关系中，这两种感觉中的一种可能会占优势。无论他是否意识到，他都可能会因为自己拥有愚弄他人的能力而感到极其骄傲——而且，由于他的骄傲自大以及他对他人的轻视，他往往相信自己真的可以做到这一点。而与此同时，他又非常害怕自己受到愚弄，如果他被人愚弄，他就会觉得这是一种奇耻大辱。或者，他经常因为自己做了一个骗子而感觉到一种潜在的恐惧，而且，这种恐惧比其他神经

---

[1] 如本书第一章所述。

症类型都更为强烈。例如，即使他通过诚实的劳动取得了一些成功和荣誉，他也仍然会觉得这些成功和荣誉是他通过把某事置于他人之上而取得的。这使得他对批评和失败极为敏感，或者，他甚至对失败的可能性以及他的"虚张声势"遭到他人批评的可能性都非常敏感。

这一群体进而包括许多不同的类型，就像一个简单的调查所表明的那样，任何人都有可能成为患者、朋友或文学人物。在个体的种种差异中，最为关键的是一个人享受生活的能力，以及对他人产生积极情感的能力。例如，培尔·金特和海达·高布乐都是将自己夸大而成的形象——但是，他们在情感方面却存在很大的差异。其他相关的差异取决于各类型将采取什么样的方式从意识中除去这种对"缺点"的认识。而他们所提出之要求的性质、他们的理由以及他们主张的手段也各不相同。我们必须至少考虑"扩张型解决方法"三种更细的分类：自恋型、完美主义型和自大-报复型。由于前两种在精神病学文献中已有详细的描述，因此，我在此仅做简单的讨论，而对最后一种，我将做详细的阐述。

在使用自恋（narcissism）这个词时，我有些犹豫，因为在弗洛伊德的经典著作中，这个词包括一切难以区分的自我膨胀、自我中心、对个人利益的挂虑，以及不再与他人交往的现象等。① 我在此采用的是其基本的描述性含义："爱上自己的理想化意象"。② 更确切地说：一个人就是他的理想化自我，并且他对这种理想化自我似乎十分崇拜。这一基本态度给了他恢复正常的能力或反弹力，而这种能力是其他群体中的人完全缺乏的。它给了他相当充分的自信，对于所有正在遭受自我怀疑折磨的人来说，这一点正是他们所羡慕的。他（在意识水平上）没有什么疑虑，他是救世主、真命天子、先知、伟大的施舍者、人类的恩人。所有这一切都含有少许的真实性。他往往具有超常的天赋，在年幼时就能轻而易举地脱颖而

---

① 参见《精神分析的新方向》（*New Ways in Psychoanalysis*）中关于这个概念的讨论。这里的概念与《精神分析的新方向》中所提出的概念有如下区别：在《精神分析的新方向》中，我强调的是自我膨胀，我把这种自我膨胀归因于与他人的疏离、自我的丧失以及自信心的受损。这种观点依然正确，但我现在认为，导致自恋的过程更为复杂。现在，我个人倾向于把自我理想化与自恋区分开来，将自恋定义为"一个人将自己等同于他的理想化自我"。自我理想化在所有神经症中都会出现，它代表了一种想要解决早期内心冲突的尝试。而自恋则是解决扩张性驱力与自谦性驱力之间冲突的几种方式之一。

② Sigmund Freud, *On Narcissism：An Introduction*, Coll. Papers Ⅳ. 也可参见 Bernard Glueck, "The God Man or Jehovah Complex," *Medical Journal*, New York, 1915。

出，有时候还是备受宠爱、让人羡慕的孩子。

这种对于他自身之伟大、独特的坚定信念，是了解他的关键。他恢复正常的能力和常驻的青春都来源于此。他那迷人的魅力也是如此。但很显然，尽管他具有天赋，但根基却不稳定。他会滔滔不绝地谈论自己的功绩或美好品质，需要以崇拜和爱慕等形式不断肯定对自我的评价。他的控制感主要表现在：他坚信自己无所不能、无人不胜。他往往确实具有迷人的魅力，尤其是当有新人进入他的生活轨迹时。不管他们实际上对他重要与否，他都必须给他们留下深刻印象。无论是对自己还是对别人，他通常都会留下这样的印象：他"爱"人们。他可能会表现得慷慨大方、真情流露、奉承他人、给他人支持和帮助——以期望得到他人的崇拜，或者期望他人回报所得到的爱。他常常热情地帮助家人朋友，也会热情地投入他的工作和计划。他可能会表现得非常宽容，不求他人完美无缺，甚至能够容忍别人拿自己开玩笑（只要这些玩笑仅仅突出他可爱可亲的特点即可）。但是，他决不允许别人严肃地质疑他。

就像在分析工作中所表现出来的那样，相比于其他形式的神经症，他的"应该"同样不可动摇。但他的特点是运用"魔杖"去对付它们。他似乎拥有无限的忽视缺点或者将缺点转化为美德的能力。一个头脑清醒的旁观者常常会说他是无耻之徒，或者至少是不可靠之人。他看起来好像丝毫不在意违背诺言、不忠不义、负债累累、欺诈骗取等行为。（可以思考一下约翰·加布里埃尔·博克曼。）不过，他不是一个阴险狡诈的剥削者。相反，他觉得他的需要或工作非常重要，因此他应该享有一切特权。他从不怀疑自己的权利，而且，不管他实际上如何践踏了他人的权利，他都期望别人能够"无条件"地"爱"他。

在人际关系与工作方面，他也会陷入这样的困难境地。他丝毫不关心他人的本质必定会在亲密关系中表现出来。其他人有他们自己的愿望或观点，他们会用批判的眼光看待他或者指出他的缺点，他们会对他抱有期望——所有这些简单的事实，都会让他觉得是奇耻大辱，会让他感到郁闷愤恨。于是，他可能会大发雷霆，然后去找那些更能"理解"他的人。而且，由于他在大多数人际交往中会出现这一过程，因此他常常会觉得很孤单。

他在工作中的困难往往有多种。他的计划往往过于宽泛，他往往不考虑各种局限性，他会高估自己的能力，他的追求过多，因此很容易导致失败。从某种程度上说，他的反弹力给予了他一种回弹的能力，但与此同时，事业或人际关系中不断遭遇的失败——排斥——也可能会完全压垮他。于是，本来已被成功搁置一旁的自我憎恨和自我轻视，此时便有可能充分发挥效力。而他则可能会陷入抑郁状态，精神病发作，甚至会自杀，或者通过自我毁灭的冲动，招致一场意外事故或者得病而死（这是更为常见的情况）。①

最后要说的一点是他对生活的整体感觉。表面上，他相当乐观，关注外部生活，希望获得快乐和幸福，但内心之中却隐藏着失望与悲观的情绪。他以无限之物和获得虚幻的幸福为衡量的尺度，因此难免会感觉到生活中令人痛苦的矛盾。只要他没有遭遇失败，他就不可能承认自己哪儿失败了，尤其是在掌控生活方面。矛盾并不在他，而在于生活本身。于是，他可能会看到生活的悲剧性，不过这种悲剧性本身并不存在，而是他赋予了生活这样一种悲剧性。

细分的第二种类型是追求完美主义（perfectionism）的类型，这种类型的人常常将他自己等同于他的标准。这种类型的人之所以有一种优越感，是因为他在道德和智力上的高标准，并因此看不起其他人。不过，他这种傲慢地轻视他人的态度是隐藏起来的，隐藏于优雅的友善背后——甚至连他自己都不知道——这是因为他的种种标准不允许这些"不正常"的感觉的存在。

他掩饰那些无法实现之"应该"的方式具有双重性。与自恋型的人相比，他会通过履行职责和义务、礼貌有序的举止、不明显撒谎等行为，努力实现自己的"应该"。一说到完美主义者，我们往往只会想起这样的人：他们墨守成规、一丝不苟、认真守时，总是要找适当的话说，或者必须戴适宜的领带或帽子。但这些只不过是他们想达到最高卓越境界这一需要的表面现象而已。真正重要的不是那些细枝末节，而是生活中全部行为的完美无瑕和出类拔萃。但是，由于他所能获得的只是行为上的完美，因此，他需要另一种策略：在内心之中将标准与事实相等同——将"知道道德标准"等同于"做一个好人"。其间所涉及的自我欺骗，他往往更不清楚，因为对于他人，他可能会坚持要求他们真正地达到他的完美标准，如果他们没有做到这一点，他就会鄙视他们。这样一来，他自身的自我谴责也就外化了。

---

① 詹姆斯·M. 巴里（James M. Barrie）在他的《汤米与格里泽尔》（*Tommy and Grizel*, Charles Scribner's Sons, 1900）中描述了这样一种结果。也可参见 Arthur Miller, *The Death of a Salesman*, Random House, 1949。

为了进一步证实他对自己的看法,他需要他人的尊重,而不是热烈的赞美(对于这种热烈的赞美,他往往是嗤之以鼻的)。因此,他的要求更多的是基于他与生活秘密达成的"协议",而较少基于他对自己伟大之处的"天真"信念(这在第二章"神经症要求"中已做过描述)。因为他公平、公正、负责,因此,他有权利要求他人和生活整体上给他公平的对待。他坚信生活中有一种绝对可靠的公正,这种信念给了他一种控制感。因此,他自身的完美不仅仅是获得优越地位的手段,而且也是控制生活的手段。无论好坏,他的脑子里都绝不会有不劳而获的想法。所以,他自身所拥有的成功、财富或健康都不是用来享受的东西,而更多的是对他的优势的一种证明。相反,任何降临到他头上的不幸——如失去孩子、发生意外、妻子出轨、丢掉工作等——都可能会使这个表面看起来完全正常的人陷入崩溃的边缘。他不仅会怨恨命运的不公,而且,这种不幸甚至还会动摇他精神生活的基础。这种不幸会使他整个思考系统失灵,并让他想到孤立无助的前景。

在讨论"应该"之暴行时,我们还提到了他其他的崩溃点:认识到自己造成的某个错误或失败,发现自己陷入了相互矛盾的"应该"之中。就像不幸能摧毁他的立足之地一样,"认识到他自己易犯错误"也是如此。在此之前成功将其遏制的自谦倾向和难以释怀的自我憎恨,此时可能会涌现出来。

第三类朝着自大报复(arrogant vindictiveness)的方向发展,这一类就相当于他的自负。他生活中的主要动力就是他想要获得报复性胜利的需要。就像哈罗德·凯尔曼[①]在提到创伤性神经症时所说的那样,报复在此成了一种生活方式。

在任何追求荣誉的过程中,对报复性胜利的需要都是一个常见的部分。因此,我们感兴趣的不是这种需要是否存在,而是它那压倒一切的强度。想要获得胜利的念头是如何牢牢地控制个体,以至于他会穷尽一生不懈追求它呢?显然,这是由多种有力因素促成的。但是,仅仅知道这些因素还不足以解释它那可怕的力量。为了获得更充分的理解,我们必须从另一个视角来探讨这个问题。虽然在其他人身上,这种对报复和胜利的需要所产生的影响也很深刻,但它通常会受限于三个因素:爱、恐惧和自我保

---

① Harold Kelman, "The Traumatic Syndrome," *American Journal of Psychoanalysis*, vol. Ⅵ, 1946.

实现自我

护。只有当这些抑制性因素暂时或永久地失去作用时，报复心理才有可能涉及整个人格——因此才能成为一种整合力量，就像在美狄亚（Medea）身上所发生的一样——并朝着报复和胜利的方向发展。在我们接下来将要讨论的这种人身上，正是这两个过程——强有力的冲动和不充分的抑制——的结合，解释了报复心理的强度。一些伟大的作家凭直觉捕捉到了这种结合，并以一种让人印象深刻的方式将其表述了出来，这些方式比精神病学家所能希望的还要让人印象深刻。此刻我想到的就有：《白鲸》（*Moby Dick*）里的亚哈船长（Captain Ahab）、《呼啸山庄》（*Wuthering Heights*）里的希斯克利夫（Heathcliff）、《红与黑》中的于连（Julien）。

下面，我们先来描述一下报复心理学在人际关系中是怎样体现的。一种想要获得胜利的迫切需要通常会使这种人极具竞争性。事实上，他无法忍受任何人的知识和成就超过他、权力比他大，也无法忍受任何人以任何方式质疑他的优越性。他会强迫性地把他的对手拉下水或者击败他。即使他有时为了事业而让自己屈服，但他也还是会谋划最终的胜利。由于他不受忠诚感的约束，因此很容易做出背信弃义的举动。他常常不知疲倦地工作，但他实际上所取得的成就却往往依赖于他的天赋。虽然他总是不停地谋划，但往往还是一事无成，其原因不仅在于他没有效率，而且还在于他具有太过强烈的自毁倾向（这一点我们接下来将会看到）。

这种人的报复心理最为明显的表现是暴怒（violent rages）。报复性暴怒的发作是一件非常可怕的事情，有时连他自己都会害怕失控时自己会做出什么无法弥补的事情来。例如，如果患者酒后杀了人，事后他实际上也会十分害怕。也就是说，在当时，他平常的控制力不起作用了。想要采取报复性行为的冲动可能非常强烈，足以碾压平常支配其行为的谨慎心理。一旦受制于报复性的暴怒，这种暴怒就真的会危及他们的生命、安全、工作及社会地位。文学上的一个例子是司汤达的《红与黑》，于连在读完毁谤他的信件之后，一枪射死了德·雷纳尔夫人（Madame de Renal）。稍后我们便可理解这种行为的鲁莽性。

报复性情感很少爆发，比这些报复性情感更为重要的是永久性报复（permanent vindictiveness），它渗透于这种类型的人对待他人的态度之中。他坚信，任何人说到底都是险恶、扭曲的，友善只是一种伪装，对于任何人，我们都要选择不信任，这才是明智之举，除非这个人已被证实诚实可靠。但即使已经得到证实，只要有一丝刺激，便马上会引起他的怀疑。在对待他人的行为方面，尽管有时候他会用薄薄一层文明礼貌的外表来掩盖自己的行为，但他明显狂妄自负，并且常常表现得粗暴无礼。他常常以微妙或粗劣的方式有意或无意地羞辱他人、利用他人。他可能会利用女人来满足自己的性需要，而全然不顾她们的情感。他有一种表面上看似"天真的"自我中心心理，会利用别人，把别人当成达到某一目的的手段。他常常与人结交，并保持联系，但出发点只有一个，那就是，这些人有利于他实现追求胜利的需要。例如，那些可作为他事业上的垫脚石的人，那些他能征服的颇具影响力的女人，还有那些盲目推崇他、增强其权力的追随者，等等。

他在挫败他人方面是一个老手——挫败他人大大小小的希望，以及他们渴望得到关注、安慰、时间、朋友、享乐的需要。① 当他人抗议他这种待人方式时，他会觉得他们的这种反应是一种神经过敏。

在分析过程中，当这些倾向明显减弱后，他有可能会将其视为合理的武器，用其来对抗一切。如果不保持警惕，不聚集全部精力进行防卫，那么，他将是一个大笨蛋。他必须时刻准备反击。在任何时候任何条件下，他都必须是情境中不可战胜的主宰。

报复他人的心理最为重要的表现在于他提出的要求的类型，以及他坚持实现这些要求的方式。他可能不会公开提出要求，也丝毫意识不到自己有这样的要求或者正在提出这样的要求，但实际上，他觉得自己有权利让他人不容置疑地尊重自己的神经症需要，且有权利完全无视他人的需要或愿望。例如，他觉得自己有权利畅谈、批评自己不喜欢的现象，但同时，他又觉得自己有权利不受到任何的批评。他觉得自己有权决定是经常还是很少去看望某个朋友，有权决定如何度过在一起的时间。另外，与之相反，他还觉得自己有权利不让其他人表达对这个方面的希望或异议。

不管如何解释这些要求的内在必要性，它们肯定都会表现为一种对他人的蔑视。当他人达不到这些要求时，它们随之就会导致一种惩罚性的报复心理，这种报复心理的范围很广，从烦躁、愠怒到使他人产生负罪感，再到公开暴怒，程度不等。从某种程度上说，这些报复心理是他因受挫而产生的愤慨反应。但是，这些并未冲淡的情感表现还会被用来威胁他人，

---

① 像施虐倾向一样，我跟其他人都曾描述过报复心理的大多数表现。"施虐"（sadistic）一词关注的焦点是通过让他人蒙受痛苦或羞辱而获得满足。满足——兴奋、刺激、欣喜——毫无疑问在与性有关和无关的情境中都会产生，在这些情况下，"施虐"这个词的意义似乎很充分。我之所以建议在一般情况下可以用"报复"来替代"施虐"一词，是基于这样一个理由：对一切所谓的施虐倾向而言，报复的需要都是最为关键的动机。参见 Karen Horney, *Our Inner Conflicts*, Chapter 12, Sadistic Trends。

使其进入一种顺从的缓和状态，从而坚持他的要求。相反，当他没有坚持自己的"权利"，或者当他没有惩罚他人时，他便会对自己大为光火，并斥责自己"太过软弱"。在分析的过程中，他往往会抱怨自己的抑制状态或"顺从"，他的意思有一部分是要（无意识地）传达他对于这些技术的不足之处的不满。提高、改善这些技术，是他私下里希望分析能产生的结果之一。换句话说，他并不想克服自己的敌意，而只想在表达敌意的时候受到的抑制更少或更有技巧。这样一来，他就会变得令人畏惧，以至于所有人都会忙不迭地来满足他的要求。这两个因素增加了他的不满。而他确实是一个长期心怀不满的人。在他心里，他有理由这样做，而且他肯定也乐于让人知晓——所有这一切（包括他的不满）都可能是无意识的。

他在一定程度上会用他的优越品质来为自己的要求辩护，在他心里，这些优越品质指的是他的渊博知识、"智慧"和远见。更确切地说，他是因为所受的伤害才提出了这些要求，以作为补偿。为了巩固提出这些要求的基础，他必须在某种程度上珍藏所受到的这些伤害，并让这些伤害一直存在，而不论这些伤害是很久以前受到的还是最近受到的。他可能会将自己比作永远不会忘记的大象。他没有认识到的是，他的主要兴趣在于不忘记各种怠慢轻视，因为在他的想象中，这便是这个世界所要支付的账单。为自己的要求做辩护的需要，以及因为要求受挫而做出的反应，这二者就像是一种恶性循环，源源不断地为他的报复心理提供燃料。

因此，如此普遍的报复心理自然也会渗入分析关系之中，并以多种方式表现出来。这就是所谓的负性治疗反应（negative therapeutic reaction）[①] 的一部分，我们所说的负性治疗反应，指的是发生在建设性进展之后的急性损伤状况。任何对人或生活做出的行动，事实上都会危及他的要求，以及他的报复心理所涉及的一切。只要个体主观上觉得这些东西不可或缺，他在分析中就必定会为之辩护。这种变化只有极小部分是明确而直接的。此时，患者或许会坦率承认自己绝不放弃报复的决心。"你休想从我这儿夺走它，你想让我成为一个好好先生，报复让我心情激动，报复让我觉得自己还活着，它就是力量"，等等。但他大部分的辩护以微妙、间接的形式隐藏了起来。对于分析学家来说，必须弄清辩护所采取的形

[①] Sigmund Freud, *The Ego and the Id*, Institute of Psychoanalysis and Hogarth Press, London, 1927; Karen Horney, "The Problem of the Negative Therapeutic Reaction," *Psychoanalysis Quarterly*, 1936; Muriel Ivimey, "The Negative Therapeutic Reaction," *American Journal of Psychoanalysis*, vol. Ⅷ, 1948.

式，这在临床上极为重要，因为这种辩护不仅有可能会延长分析过程，而且还可能会完全破坏这个过程。

它可以通过两种主要方式达到上述结果。它即使不能控制分析关系，也会对分析关系产生极大影响。因此，"挫败分析学家"看起来可能比"取得进展"更为重要。而且（这一点鲜为人知），它还能决定个体有兴趣去解决的是哪些问题。我们再来看一些极端的例子，患者对于任何最终有助于形成一种更大更好的报复心理的事物都感兴趣——这种报复心理不仅一经产生便更为有效，而且执行起来不会让他有任何损伤，他能够更为镇定平静地对待这种报复。这个选择过程并非通过有意识的推理完成的，而是凭借一种确定无疑绝不会犯错的直觉方向感完成的。例如，他非常感兴趣于克服自己的顺从倾向，或者克服那种觉得自己没有权利的感觉。他对于克服自己的自我憎恨也很感兴趣，因为在反抗世界的斗争中，自我憎恨削弱了他的力量。但与此同时，他对于减少自己的自大要求，或者消除觉得自己受他人虐待的感觉却丝毫不感兴趣。他可能会出奇固执地坚持自己的外化。事实上，他可能完全不愿意分析自己的人际关系，强调他自己在这个方面想得到的一切都不用费心。除非分析学家领会到了这一选择过程的可怕逻辑，否则，很容易就会被整个分析过程弄得晕头转向。

这种报复心理源于何处？它的强度由何产生？同其他神经症的发展一样，这种报复心理也开始于童年期——尤其是在童年期有不好的生活经历，且即使有补偿性因素，这种因素也很少的情况。粗暴的行为、羞辱、嘲笑、忽视以及公然的虚伪，所有这些都会对孩子，尤其是一个极为敏感的孩子造成极大打击。在集中营待过多年的人告诉我们，他们之所以能够存活下来，完全是因为他们扼杀了自己的温暖情感，特别是对他人以及对自己的同情心。在我看来，一个长期处于我们所描述的那些状况之下的儿童，往往也会经历这样一个内心变硬的过程才能存活下来。他可能也曾可怜兮兮地试图博取他人的同情、关注或喜爱，但没有成功，最后便抑制了所有对温情的需要。他逐渐"断定"，对他来说，真正的爱不仅无法获得，而且根本就不存在。最终，他不再渴望得到爱，甚至还会嗤之以鼻。不过，这一步却会带来极为严重的后果，因为对爱、温暖、亲密感的需要是使我们那些讨人喜爱的品质得以发展的一种强有力的诱因。被爱的感觉——甚至是觉得自己可爱的感觉——很可能是生活中最大的价值之一。相反，觉得自己不可爱的感觉有可能会导致深切的痛苦，这一点我们将会在后面章节加以讨论。报复型的人常常试图用一种简单而彻底的方式消除这种痛苦，他让自己相信自己是一个不可爱的人，而且他坚信自己对此毫

实现自我

不在意。这样一来，他便不再急着去取悦他人，而是至少在他自己看来，他可以随意有满腔的愤恨。

我们到后面将会看到，这只是整个发展过程的开始：报复心理的表现可能会因为谨慎或权宜的考虑而受到抑制，但它们很少会因同情、喜爱或感激之类的情感而得以抵消。为了理解这个摧毁积极情感的过程到后来当人们渴求友谊或爱情时仍然存在的原因，我们必须看一下他的第二种生存方式：他对未来的想象和幻想。他将肯定比现在的"他们"强。他将变得很出色，让他们蒙受羞辱。他将会让他们看到，他们对他的判断错得有多离谱。他将成为永垂不朽的伟大英雄（在于连的例子中，这个伟大的英雄是拿破仑）、迫害者、领袖、科学家。这样一种对于辩护、报复、胜利的需要是可以理解的，在这种需要的驱使下，这些想象和幻想都并非胡思乱想。它们决定了他的生活历程。不论大事小事，他总是逼着自己要取得胜利，因此，他活着就是为了等待"最后审判日"的到来。

追求胜利的需要和否认积极情感的需要都来源于不幸的童年生活环境，因此，它们从一开始就紧密地相互联系在了一起。而它们之所以一直保持密切联系，是因为它们会强化彼此。情感的硬化最初是出于生存的需要，但也让这种想成功主宰生活的驱力不受阻碍地发展了起来。但是，这种驱力往往伴随着无法满足的自负，它最终会变成一个怪兽，慢慢地吞噬掉所有的情感。在通往一种险恶荣耀的道路上，爱、同情、体谅——所有的人类联系——都会被视为阻碍。这种类型的人应该保持冷漠、超然。

在西蒙·费尼莫尔（Simon Fennimore）[①] 这个人物角色身上，毛姆将这种故意压制人类欲望的行为描述为一个有意识的过程。为了在一个极权政体中成为一个独裁的"公正"领袖，西蒙强迫自己抛弃并摧毁了爱情、友情以及生活中的一切美好事物。任何人身上（不管是他自己，还是他人身上）发生的任何事情都不能触动他。为了获得一种报复性胜利，他牺牲了自己的真实自我。这是一位艺术家对自大-报复型个体身上逐渐而无意识地发生的事情的精辟见解。在这类人看来，承认自己有人性的需要是一种可耻、软弱的象征。在进行大量的分析工作后，情感会流露出来，但这些情感会让他感到厌恶和害怕。他觉得自己"内心变柔软了"，然后，他要么会进一步增强自己的虐待狂态度，要么就会以强烈的自杀冲动来反抗自我。

[①] W. Somerset Maugham, *Christmas Holiday*, Doran and Co., 1939.

第八章｜扩张型解决方法：掌控一切的吸引力

到目前为止，我们主要追踪了他的人际关系的发展。通过这种方法，我们理解了他的大部分报复心理和冷漠态度。但我们还是有很多有待解决的问题——如有关报复心理的主观价值和强度的问题，有关其要求之残忍性的问题，等等。如果我们现在将关注的焦点放在内心因素上，并思考它们对人际关系特点的影响，那我们就可以获得更为全面的了解。

这个方面的主要动力是他对于辩护的需要。由于觉得自己像一个被社会遗弃的人，因此，他必须向自己证明自己的价值。只有通过妄称自己具有超凡的品质（这些超凡品质的具体性质是由其特定需要决定的），他才能满意地证明这一点。对于一个像他这样孤立而敌意的个体来说，不需要他人这一点当然很重要。因此，他会发展出一种像神一样独立自足的明显的自负。他会变得过于骄傲，以至于不会提出任何要求，也不能大方地接受任何东西。在他看来，处于接受者的位置是一种耻辱，因此会抑制他所有的感激之情。在抑制了所有的积极情感之后，他便只能用他的智力来主宰生活。于是，他对自己智力的自负便会达到不同寻常的程度：自负于自己的警觉、以智取胜的能力、具有远见和善于计划。而且，对他来说，生活从一开始便是一场反抗一切的无情斗争。因此，拥有不可战胜的力量和变得不可侵犯不仅是他所渴望的，而且也是绝对必要的。事实上，当他的自负变得非常强烈时，他的脆弱性也会达到无法忍受的程度。但是，他绝不允许自己感觉到任何伤痛，因为他的骄傲不允许他有这种感觉。因此，这种原本是为了保护真实情感而必需的硬化过程，现在则必须积聚起所有的力量来保护他的自负。于是，他的自负超越了他受伤、痛苦的感觉。从蚊子到意外事件，再到人，没有任何东西，也没有任何人能够伤害到他。不过，这种方法是一把双刃剑。由于不能有意识地感觉到伤痛，因此，他在生活中不会经常感觉到剧烈的疼痛。除此之外，削弱了对伤痛的意识，是否真的不会同时削弱他的报复冲动？这一点依然令人怀疑。换句话说，要是这种意识没有削弱，他是否就不会变得更为暴力、更具破坏性？当然，对报复心理的意识本身也会减弱。在其心中，这转化成了对所犯之错的合理愤怒，以及对犯错者的惩罚权利。不过，如果某种伤害确实穿透了"不易受伤害"这个保护层，那么，这种伤害就会变得无法忍受。除了他的自负会受到伤害之外——例如，得不到认可——他还会遭受耻辱的打击，因为他竟然"允许"某事或某人伤害自己。即使是一个平时高度自制的人，遇到这样一种情况，也会迸发出一场情感危机。

他深信自己不可侵犯或不易受伤，并以此为傲。与此关系非常密切，且事实上与此相补充的一点是，他深信自己拥有豁免权和不受惩罚的权利。这种信念完全是无意识的，通常产生于他的这样一种要求：他要求自己有权利随心所欲地对待他人，而且有权利要求他人不介意他的做法或者对他实施报复。换句话说，他深信："没有人能够伤害我而不受惩罚，但我可以伤害任何人而不受惩罚。"要理解这种要求的必要性，我们必须重新审视一下他对待他人的态度。我们已经看到，他很容易因为他好战的心理、自大的惩罚，以及他公然利用它们作为达到目的的手段而冒犯他人。但是，他并不会明显表现出所有的敌意。事实上，他在很大程度上抑制了自己的敌意。就像司汤达在《红与黑》中所描述的那样，于连如果不是因为难以控制的报复性愤怒而失去理智的话，他是一个极其自制、相当谨慎和警觉的人。因此，我们对这种类型的人会产生一种奇怪的印象：他在与人打交道时，既鲁莽又谨慎。这种印象精确地反映了在他身上起作用的各种力量。事实上，在让他人感觉到他的愤怒和抑制这种愤怒之间，他必须保持一种平衡。驱使他将其表现出来的，不仅是他的报复冲动的强度，而且还有他想要威慑他人、使他人敬畏自己的威力的需要。由于他觉得自己不可能与他人友好相处，由于这是他坚持自己要求的一种方式，而且——更为普遍的是——由于在一场对抗一切的斗争中，进攻是最佳的防御方式，所以，这反过来也是必需的。

与此同时，他之所以需要抑制自己的攻击冲动，是因为恐惧。尽管他非常自大，认为没有人能够以任何方式威慑他或者影响他，但事实上，他还是害怕他人。这种恐惧是许多因素结合到一起所导致的。他害怕他人可能会因为遭到他的攻击而报复他。他害怕，如果自己"太过分"，他人就可能会干涉他所制订的任何与他们有关的计划。他之所以害怕他们，是因为他们确实有能力伤害他的自负。他之所以害怕他们，是因为他为了使自己的敌意显得正当合理，必须在头脑中夸大他人的敌意。不过，自我否认这些恐惧的存在并不足以将其消除，他需要某种更为有力的保证。要想应对这种恐惧，他必须表达自己的报复性敌意——而且，在表达这种敌意时还不能意识到恐惧。于是，"获得豁免"这一要求就变成了一种对于获得豁免的虚幻信念，这种要求似乎可以解决该困境。

最后要提及的一种自负是对他的诚实、公平、公正的自负。不用说，他既不诚实，也不公平，而且也不可能如此。相反，倘若有人决定——这是一种无意识的决定——不顾事实真相而一辈子虚张声势，那么，这个人就是他。但是，如果我们考虑一下他的前提，我们就能理解他为什么深信

第八章｜扩张型解决方法：掌控一切的吸引力

自己具有这些超人的品质。在他看来，反击或者——更为可取的做法是——先发制人（这在他看来更符合逻辑）是反抗他所在的这个充满欺骗和敌意的世界所不可缺少的武器。这只不过是明智而合法的利己行为而已。而且，他丝毫不怀疑自己的要求、愤怒以及对这些要求和愤怒的表达是否合理，在他看来，这些"显然"是完全合理的。

还有另外一个因素在很大程度上促使他坚信自己是一个特别诚实的人，这一点对于其他原因来说也非常重要。他看到周围有许多人装得比他们的本来面目更有爱心、更富同情心、更为慷慨。在这一点上，他确实更加诚实一些。他不会把自己伪装成一个友善的人，事实上，他也鄙视这种做法。如果他停留在一个"至少我不伪装……"的层面上，那么，他的处境还算安全。但是，他需要为自己的冷漠辩护，这就使他走得更远了。他常常否认帮助他人的愿望或者友善的行为的存在。他不会抽象地争辩说友善行为不会发生，但只要某个人表现出友善行为，他就会不分青红皂白地视之为伪善。这种举动再一次将他推向了顶峰，让他觉得自己并非一般的伪善之流。

相比于他自我辩护的需要，这种"对于伪装爱心的不能容忍"具有更为深刻的根源。只有在接受了大量的分析之后，他才会像其他扩张型个体一样，出现自谦的倾向。他把自己当成了实现最终胜利的工具，因此，掩饰这种倾向的需要比其他扩张型个体更为强烈。在接下来的一段时间里，他常常觉得自己既可耻又无助，总是为了被爱而让自己屈服。现在，我们明白了：对于他人，他不仅鄙视他们伪装出来的爱心，而且还鄙视他们的顺从、自我堕落以及对爱的无助渴求。简言之，他对他们的鄙视，其实表明了他对自己身上这些自谦倾向的憎恨和鄙视。

现在，自我憎恨和自我轻视看起来似乎已经到了令人震惊的程度。自我憎恨总是残忍无情。但是，它的强度或者说效力往往取决于两种因素：一种是个体受其自负支配的程度；另一种是建设性力量抵消自我憎恨的程度——这些建设性力量包括对于生活中存在积极价值的信念、生活中建设性目标的存在，以及对自己的某种温情或欣赏之情。由于所有这些因素对于攻击-报复型个体来说都是不利的，因此，他的自我憎恨比一般病例更具伤害性。即使在分析情境之外，我们也可以观察到他在很大程度上会无情地监督自己、挫败自己——他将这种自我挫败美化为克己自律。

这种自我憎恨需要严格的自我保护措施。它的外化似乎完全是一种自我防卫。就像所有扩张型解决方法一样，它也主要是一种积极的方法。他憎恨并鄙视他人身上所具备的这些东西：他们的顺从、他们的伪善以及他们的"愚蠢"。而这些也正是他自己身上具备且力图去压制和憎恨的东西。他把自己的标准强加于他人，当他人不能达到这些标准时，他便要进行惩罚。他想挫败他人的倾向从某种程度上说是自我挫败冲动的一种外化。因此，他对待他人的惩罚态度看起来似乎完全出于报复，但实际上却是一种混合现象。对待他人的惩罚态度有一部分是报复心理的表现；同时，它也是他对待自己的谴责性惩罚倾向的外化；最后，它还是一种为了坚持其要求而威慑他人的手段。在分析中，这三个方面都必须依次加以解决。

同其他地方一样，这里，在为了保护自己而对抗自我憎恨的过程中，最为突出的一点也是防止这样一种意识：自己不能按照内心自负的指令成为他应该成为的那种人。除了外化以外，他在这个方面采取的主要防御措施是披上一层厚厚的难以穿破的自以为是的盔甲，而这往往会导致他不近情理。在任何可能产生的争论中，他似乎都丝毫不在意事情真相如何，而常常把许多话都理解为敌意的攻击，并机械地予以反击——就像一只被碰触的豪猪一样。而对于那些有可能导致对其做法的正确性产生怀疑的东西，他是连考虑都不会考虑一下的。

他用来保护自己，以免认识到自身任何缺点的第三种方法是他对他人的要求。在讨论这些方法时，我们已强调过在他妄称自己拥有一切权利而否认他人拥有任何权利的心理中所涉及的报复性元素。但是，如果他不是迫切地需要保护自己，以免受到他自身的自我憎恨的攻击，那么，就算他有强烈的报复心理，他对他人的要求也会更为理智。从这个角度看，他的要求是：他人的行为方式不应该使他产生任何的内疚感或自我怀疑。如果他深信自己有权利利用、挫败他人，他人也不会因此而抱怨、批评或憎恨他，那么，他就不会意识到自己具有利用或挫败他人的倾向。如果他有权让他人不期望他表现出温柔、感激或体谅，那么，他们的失望就只能归于他们的运气不好，而不能怪他没有公平地对待他们。只要他有一丝丝怀疑自己在人际关系中的失败，以及他人有理由厌恶自己的态度，很快这种怀疑就会有如大堤决口，而自责的洪流也会随之奔涌而来，冲垮并卷走他所有假装的自信。

当我们认识到自负和自我憎恨在这种人身上所起的作用之后，我们不仅能更为准确地理解那些在他身上起作用的力量，而且还可能会改变对他的整个看法。只要我们将关注的焦点主要放在他处理人际关系的方式上，我们就会将他描述为一个狂妄自大、冷酷无情、自私自利的虐待狂——或者，我们可能就会用我们所能想到的任何表示敌对性攻击的词语来描述他。所有这些词语都很正确。但是，当我们认识到他已处于自负系统的牢牢控制之中，认识到他必须竭尽全力才能不被自我憎恨压垮时，我们就会把他看成一个为了生存而苦苦挣扎的疲惫不堪的人。这幅画面与前面描述的画面一样精确。

从两个不同的视角看到的两个不同方面中，是不是有一个方面更为基本、更加重要呢？这是一个很难回答的问题，而且很可能是一个无法回答的问题。但是，正是在其处于内心斗争之中，不愿审视自己在与人相处方面的困难，而且这些困难也确实没有被清楚认识到时，我们才能对其进行分析。从某种程度上说，他的这个方面相对比较容易理解，因为他的人际关系非常不稳定，以至于他相当迫切地想避免触及这些关系。但是，我们在治疗中首先处理内心因素，还有一个客观的原因。我们已经看到，这些内心因素以多种方式导致他产生了这样一种显著的倾向：自大的报复心理。事实上，如果不考虑他的自负及其脆弱性，我们就不能理解他的自大程度——或者说，如果看不到他想保护自己免遭自我憎恨的需要，我们就无法理解其报复心理的强度。但是更进一步说，这些内心因素不仅具有强化作用，而且它们还会使他的敌意-攻击倾向具有强迫性。直接处理敌意之所以往往无效，且必定无效，甚至徒劳，其决定性原因便在于此。只要这些导致其具有强迫性的因素依旧存在（简单地说，只要他对此无能为力），患者就不可能有任何兴趣去注意到他自己的敌意-攻击倾向，更不会去审视它。

例如，他追求报复性胜利的需要无疑是一种敌意-攻击倾向。但是，它之所以具有强迫性，就是因为他需要用他自己的观点来证明自己。这种愿望一开始甚至都算不上是神经症。在人类价值的阶梯上，他的起点非常低，以至于他必须为自己的存在辩护，并证明自己的价值。但紧接着，那种想要恢复自负、保护自己免于潜在自我轻视的需要往往又会使得这种愿望变得非常迫切。同样，他对于"正确"的需要以及随之而来的自大的需求虽然激进且富于攻击性，但也由于必须防止任何自我怀疑和自责的出现而变得具有强迫性。最后，他对于他人的大部分挑剔、惩罚、谴责的态度——或者，任何使得这些态度具有强迫性的东西——都来自他想要外化其自我憎恨的极端需要。

而且，就像我们一开始指出的那样，如果那些通常用来抵制报复心理的力量不起作用的话，那么，这种报复心理就会大为增长。在此，这些抑制力量不起作用的主要原因同样也是内心因素。对温柔情感的抑制（这种抑制通常开始于儿童期，有研究者将之描述为内心硬化过程）由于他人的行为及态度而成为必要的过程，意在保护自己、对抗他人。他的自负极为脆弱，这大大增强了他不想让自己感觉到痛苦的需要，同时，这种需要又因为他对于自身不会受到伤害的自负而达到顶点。他对于人间温暖和情爱（包括付出爱和接受爱）的渴望，一开始会受到环境的阻挠，然后因为追求胜利的需要而被舍弃，最后又因自我憎恨并给自己贴上了"不可爱"的标签而被冻结了起来。这样一来，在反对他人的过程中，他便没有什么珍贵的东西可以失去的了。他在无意之中采纳了一位古罗马皇帝的箴言：让他们又怕又恨吧（oderint dum metuant）。换句话说："他们不可能爱我，他们不管怎样都会恨我，因此，他们至少应当怕我。"而且，健康的利己心理（这种利己心理原本可以用来抑制报复性冲动）也由于他对自身个人幸福的毫不在意而保持在了最低限度。甚至是对他人的一定程度的害怕，也由于他那"不会受到伤害"和"免疫"的自负而受到了抑制。

在这种缺乏抑制力量的情况下，有一个因素特别值得一提。他对他人没有什么同情之心，即使有，也是非常少的。同情心之所以缺乏，原因有很多种，主要在于他对他人的敌意，以及他对自己缺乏同情之心。但是，他之所以对他人冷酷无情，很可能主要是因为他嫉妒他人。这是一种痛苦的嫉妒——这种嫉妒并不是为了这种或那种东西，而是一种弥漫性的感觉——因为觉得自己被摒弃在了整个生活之外而产生。① 诚然，因为身处困境之中，他确实被排除在了一切令生活有价值的事物之外——喜悦、幸福、爱、创造性、成长。如果沿着这种简单的思路思考，我们此时可能就会说：难道不是他自己背弃生活的吗？难道他不是以自己不想要、不需要任何东西的克己寡欲为傲吗？他不是一直抵制各种积极情感吗？那么，他为什么还要嫉妒他人呢？但事实上，他确实嫉妒他人。不用说，如果不接受分析，他的自负是不会允许他坦白承认这一点的。但是，随着分析的深入，他可能会说一些他人当然比他更好之类的话。或者，他可能会认识到，自己之所以对某个人发火，只不过是因为那个人总是很高兴，或者那个人总是对某些东西充满浓厚的兴趣。他自己间接地给出了一种解释。他觉得，这种人当着他的面炫耀自己的幸福，是不怀好意地想羞辱他。以这样一种方式体验事物，不仅会唤起他想要扼杀快乐这样的报复性冲动，而

---

① 参见弗里德里希·尼采的用语"生活在嫉妒当中"（Lebensneid）和马克斯·舍勒（Max Scheler）的《道德建构中的怨恨》（*Das Resentiment im Aufbau der Moralen*，*der Neue Geist Verlag*，Leipzig，1919）。

且会由于遏制了对他人痛苦的同情之心而产生一种奇怪的冷酷无情。（易卜生笔下的海达·高布乐就是这种报复性冷酷无情的一个很好的例子。）到目前为止，他的嫉妒让我们想起了那种"自己得不到，别人也别想得到"（dog-in-the-manger）的态度。任何东西，不管他想不想要，只要别人拥有而他得不到，这种东西就会伤害他的自负。

但是，这种解释还不够深入。在分析过程中，有一点会慢慢显示出来，那就是：虽然他已声称"生活中的葡萄"是酸的，但他还是想要得到。我们必须记住，他背弃生活并非有意，而且，他用来与生活交换的是一种差劲的替代品。换句话说，他对生活的热情虽然受到了抑制，但并未完全熄灭。在刚开始分析的时候，这还只是一种给人以希望的信念，但在比人们通常所认为的还要多得多的案例中，却往往被证明是合理的。治疗成功的关键在于其有效性。如果他内心没有想要生活得更为充实的愿望，那我们怎么能帮助他呢？

这种认识与分析学家对这样一个患者的态度也有关系。大多数人对这种类型患者的反应不是被吓得服服帖帖，就是完全拒绝他。这两种态度对于分析学家来说都不合适。如果分析学家接受他为患者，那么自然是想帮助他。但如果分析学家被吓到，他将不敢有效地去处理患者的问题。如果分析学家从内心拒绝患者，那他的分析工作将不能有效进行。不过，当分析学家认识到，这名患者虽然矢口否认，但他实际上就是一个在痛苦中挣扎的人时，那么，分析学家就会产生必要的同情、尊重和理解。

回顾这三种扩张型的解决方法，我们看到，其一切目的都在于掌控生活。这是其战胜恐惧和焦虑的方式。这赋予了患者生活的意义和一定程度的生活热情。他们总是竭力以不同的方式来掌控生活：运用自我欣赏和魅力；用其高标准强制命运的发展；让自己变得不可战胜，并本着报复性胜利的精神征服生活。

相应地，其情感氛围也存在显著差异——从偶尔洋溢出来的生活热情与喜悦，到冷漠，最后到心寒。这种特殊的氛围主要取决于其对自身积极情感的态度。自恋型的人在某些情况下，如情感丰富时，可能会显得友好大方（尽管这种友好大方有一部分具有欺骗性）。完美主义类型的人也可能会表现得很友善，因为他觉得他应该友善。自大-报复型的人往往会压制友善的情感，并对其嗤之以鼻。这三种类型的人都怀有强烈的敌意，但自恋型的人可以用慷慨大方来压制敌意；完美主义者也能够克制敌意，因为他觉得他不应该充满敌意；而在自大-报复型的人身上，敌意表现得更为公开，而且，由于我们在前面讨论过的一些原因，这种人身上的敌意更具潜在的破坏性。他对他人的期望的范围也不等：从一种追求他人忠诚和赞美的需要，到追求获得他人尊重的需要，再到追求他人顺从的需要。他在无意识之中对生活提出的要求所依据的基础也不同：从一种对伟大的"天真"信仰，到谨小慎微地"对付"生活，再到感觉自己有权利因为所受到的伤害而得到补偿。

我们可以预期，治疗的成功率会随着这种程度的不同而递减。但在这里，我们同样必须记住，这些分类仅仅表明了神经症发展的方向。事实上，成功的概率取决于多种因素。这个方面最为相关的一个问题是：这些倾向有多根深蒂固？想要制服这些倾向的动机或潜在动机有多强烈？

第九章
自谦型解决方法：爱的吸引力

我们现在要讨论的第二种解决内心冲突的主要方法是自谦型解决方法。它代表了一种方向的转变，这个方向的所有本质方面都与扩张型解决方法完全相反。事实上，当我们依据这种对比来看待自谦型解决方法时，它的显著特点立马就凸显了出来。因此，我们将简要地回顾一下扩张型个体的一些显著特征，主要聚焦于这样一些问题：他美化了自身的哪些方面——什么是他憎恨的？什么是他鄙视的？他培养了自身的哪些方面——他又压制了什么？

他美化并培养了自己身上所有意味着掌控（mastery）的东西。在人际关系中要想处于掌控地位，就需要以某种方式超过他人、优越于他人。因此，他常常会操纵或支配他人，使他人依赖于他。在他期望他人对待他的态度方面，也反映出了这种倾向。不管他力图获得的是他人的崇拜、尊重还是认可，他都很关心他人是否臣服于他、是否仰望他。一想到自己会顺从于他人，会取悦或依赖于他人，他便痛恨不已。

另外，他为自己有能力应付突发事件而感到骄傲，并对自己具备此种能力深信不疑。没有什么事情，或者说不应该有什么事情是他完成不了的。不管怎样，他都必须成为自己命运的主宰者——而且，他觉得自己就是自己命运的主宰者。无助感可能会让他惊慌失措，因此，他痛恨自己身上有任何无助的蛛丝马迹。

就他自己而言，掌控意味着他就是他自己理想化的令其骄傲的自我。他凭借意志力和理智，成了自己灵魂的主宰。他极不情愿承认自己身上存在任何无意识的力量，即超出他意识控制范围的力量。如果认识到自己内心存在冲突，或者自己身上有任何不能立刻解决（掌控）的问题，他就会感到极度不安。在他看来，痛苦是一种耻辱，应该将其隐藏起来。在分析中，他的典型表现是能够毫无困难地认识到自己的自负，但却极不情愿看到自己的"应该"或者至少是这些"应该"中表明他受其控制的方面。他认为，他不应该受到任何东西的左右。他会尽其所能地长期维持这样一种幻觉：他能够为自己制订规则并使之成为现实。他痛恨因自身因素而产生的无助感，也痛恨对任何外在因素的无助感觉，这两种憎恨的程度差不多，甚至前者更为强烈。

在那种改变方向朝自谦型解决方法发展的人身上，我们发现了一个与之相反的强调要点。这种人不能让自己有意识地感觉到自己优于他人，也不能让自己的行为举止流露出诸如此类的感觉。相反，他往往会让自己屈服于他人、依赖于他人、取悦于他人。对于无助和痛苦，他的态度与扩张型个体截然相反。这是他最为显著的特点。他不但不会痛恨这些情况，相反，他还会有意促成并在无意识之中夸大这些情况。因此，如果他人对他的态度（如崇拜、认同等）会将他推向优越的位置，他就会感到不安。他所渴望得到的是帮助、保护以及不求回报的爱。

这些特点也体现在了他对自己的态度之中。他的生活弥漫着一种失败感（未达到他的"应该"的标准），因此，他常常会觉得内疚、自卑或可耻，这一点与扩张型个体形成了鲜明的对比。因为这样一种失败感而引发的自我憎恨和自我轻视会以一种消极的方式外化出来：其他人都在指责他或者看不起他。与扩张型个体相反，他常常会否认并扼杀那些有关他自己的扩张性感觉，如自我美化、自负、自大等。不管从哪个方面来讲，自负都被他列入了必须严格、广泛地加以禁止的禁忌之列。这样一来，他就不会有意识地感觉到自负了，自负遭到了否认或抛弃。他成了他自己被抑制的自我（his subdued self），他是一个没有任何权利的偷渡者。与这种态度相一致的是，他还常常会压制自己身上任何意味着野心、报复、胜利以及谋取私利的东西。简而言之，他通过压制一切扩张性态度和驱力，并将自我放弃的倾向置于主导地位，从而解决了自己的内心冲突。只有在分析的过程中，这些冲突的驱力才会显现出来。

这种焦虑地避开自负、胜利或优越地位的倾向，通常会在多个方面显现出来。一个极为典型且容易观察到的方面是"害怕在比赛中获胜"。例如，有一名患者具有病态依赖的所有特征，她有时候网球打得很棒，或者象棋下得很好。只要她忽略自己的优势，一切进展就会相当顺畅。但一旦她意识到自己优于对手，就会突然接不住球，或者（在下象棋的时候）忽略掉最能确保获胜的那一步棋。甚至在接受分析之前，她也相当清楚自己的原因不是不在意获胜，而是不敢获胜。但是，虽然她因为自己的自我挫败而感到很生气，但这个过程是自动发生的，她根本无力阻止。

我们在其他情况下看到的也正是这同一种态度。这种人的显著特点是意识不到自己所处的优势地位，也不能充分地利用这种优势。在他心里，特权变成了责任。他常常意识不到自己的博学，在关键时刻也无法表现出来。在任何情况下，如果他的权利没有被明确地界定——例如，与用人的帮助或秘书的帮助有关的方面——他就会不知所措。甚至在他提出一些完全合理的要求时，他也会觉得好像自己占了别人的便宜一样。于是，他要么不向他人提要求，要么满怀歉意、心怀"内疚"地提出要求。他甚至可能会对那些事实上依赖于他的人也感到无能为力，当他们侮辱他时，他也不能保护自己。因此，难怪在那些想占他便宜的人看来，他是一个很容易上钩的猎物。他毫无防备，常常事后很久才意识到自己被人利用了，然后，他可能会对自己以及那个利用他的人狂怒不已。

就像他在比赛中害怕获胜一样，在比比赛更为严肃的事情上，他也害怕成功、被人称赞以及受人关注。他不仅害怕在公共场合表现自己，而且即使在某种追求中取得了成功，他也不会因此而赏识自己。他要么会感到害怕，将其小而化之，要么会将其归因于运气好。在后一种情况下，他仅仅只会觉得"事情发生了"，而不会觉得"是我做了这件事情"。通常情况下，成功与内心安全感呈一种反比的关系。在自己的工作领域中一次又一次取得的成功不仅不会让他觉得更为安全，反而会让他更为焦虑。这种感觉有时候可能会达到令这种类型的个体惊慌失措的程度，以至于出现这样的情况：比如一位音乐家或者一名演员有时候会拒绝大有前途的工作机会。

此外，他还必须避开任何"自以为是的"想法、感觉或姿态。在一个无意识但却系统的自我贬低过程中，他拼命地回避任何让他觉得自大、傲慢或自以为是的东西。他常常会忘掉自己所知道的东西、自己所取得的成就以及自己所做的好事。那种认为自己能够处理好自己的事务、自己邀请其他人他们就会应邀而来、某个漂亮女孩可能喜欢自己的想法，都是自负的表现。"无论什么事情，只要我想做，都是自大的表现。"如果他真的取得了某种成就，他就会认为那完全是因为运气好或者是一种虚张声势。他可能已经觉得拥有一种自己的想法或信念是自以为是的表现，因此，一旦有人大力提出某种建议，他就会很容易妥协，甚至丝毫不考虑自己的想法。因此，他就像风向标一样，可能也会屈服于相反力量的影响。在他看来，大多数合理的自我主张也会显得有些自以为是，比如因受到不公正指责而为自己辩解、点菜、要求升职加薪、签约时关注自己的权利，或者对某位理想的异性展开追求，等等。

他可能会间接地承认现存的优点或成就，但其情感上体验不到。"我的患者好像认为我是个好医生。""我的朋友说我很会讲故事。""有些男人说我很有魅力。"有时候，即使他人坦诚地给了他积极的评价，他也会矢口否认："我的老师认为我很聪明，但其实是他们搞错了。"在财产问题上，这种态度也经常出现。这种人不会觉得自己所拥有的金钱是自己的劳动所得。即使他在经济上相当富有，他也会认为自己是一个穷人。任何寻常的观察或自我观察都能揭示隐藏于这种过分谦虚背后的恐惧。他一抬头，这些恐惧便会出现。无论这种自我贬低过程是如何开始运转的，它都会因为一些强有力的禁忌而得以维持，而这些禁忌是他为禁止自己突破他为自己设置的狭窄空间而确定的。他觉得他应该很容易感到满足。他觉得他不应该渴求或追求太多的东西。在他看来，任何渴求、追求或者急切寻求更多东西的举动都是对命运的危险而鲁莽的挑战。他不应该企图通过节食或体操运动来改善自己的体型，也不应该通过更好的服饰装扮来改善自己的外表。最后一点同样也很重要，那就是：他觉得他不应该通过分析自我来改善他自己的状态。在他人的胁迫之下，他或许可以做到这一点。要不然的话，他肯定没有时间这样做。在此，我所指的并不是个体对于处理特殊问题的恐惧。在这些常见的困难之外，还有一种东西根本不允许他这样做。通常情况下，他觉得"浪费太多的时间"在自己身上是"自私的"表现，这与他有关自我分析之价值的意识信念形成了鲜明的对比。

他所蔑视的"自私"，几乎可以说同他所认为的"自以为是"一样广泛。在他看来，"自私"涉及一切只为自己而做的事情。他通常能够欣赏很多事物，但如果是他一个人独自欣赏的话，他就会觉得那太"自私"了。他往往意识不到自己的行为受到这些禁忌的制约，而只认为想与他人分享快乐是"自然而然"的事。事实上，"与他人分享快乐"在他那里成了一件绝对必须要做的事情。无论是食物、音乐还是大自然，如果不与他人分享，便失去了其韵味和意义。他不能把钱花在自己身上。他对个人开支的吝啬可能会达到荒谬的程度，而与此同时，他又经常将钱大手大脚地花在他人身上，相比之下，这种对自己的吝啬就显得特别引人注目。一旦他打破了这一禁忌，将钱花在了他自己身上，即使从客观上看这种开支完全合理，他也会惊恐万状。在时间和精力的使用方面，情况也是如此。在空余时间，他通常甚至无法好好地读一本书，除非这本书对工作有益。他可能不会给自己留出写一封私人信件的时间，而是偷偷地在两项任务之间挤出时间来写。他常常不能把自己的私人物品摆放得或者保持得井井有条——除非为了让别人欣赏。同样，他也可能不注重自己的外表，除了有约会，或者有职业上、社交上的聚会——同样也是为了其他人。相反，在为别人争取什么的时候（比如帮助他们结识喜欢的人或者谋求一份工作），他可能会精力充沛、不乏技能；而当为自己做同样的事情时，他便束手束脚了。

尽管他内心会产生强烈敌意，但只有在情绪低落的情况下，他才会表现出来。在其他情况下，他会因为多方面的原因而害怕纷争，甚至是摩擦。部分原因是：一个像他这样被剪掉了翅膀的人往往不是也不可能是优秀的斗士。还有部分原因在于：他害怕有人对他怀有敌意，因此宁可选择放弃、"理解"和原谅。在讨论他的人际关系时，我们将更好地理解他的这种恐惧心理。而且，与其他禁忌相一致，实际上也是其他禁忌所暗示的是一种有关"攻击性"的禁忌。他无法忍受自己不喜欢某个人、某种观点、某项事业——必要时还会与之对抗。他既不能持续保持一种敌意，也不能有意识地心怀怨恨。因此，报复性驱力一直处于无意识的水平，只能间接地以一种伪装的形式表现出来。他既不能公开苛求他人，也不能公开指责他人。对他来说，"批评、责骂或谴责他人"是最为困难的事情——甚至这种批评、指责看起来完全合理时，也是如此。即使是开玩笑，他也无法说出一些尖锐、风趣、挖苦的话。

总而言之，我们可以说：任何与自以为是、自私自利、攻击性有关的事情，都是禁忌。如果我们详细了解到这些禁忌所覆盖的范围，就会知道这些禁忌严重抑制了这个人的扩张力、战斗力、自我防御力以及利己行为——任何有可能促进其成长或自尊的东西。这些禁忌和自我贬低构成了一个退缩过程（shrinking process），这个过程人为地降低了他的发展高度，让他觉得自己就像一名患者所做的梦一样：由于某种无情的惩罚，一个人的身型缩了一半，并且退化成了一贫如洗、痴呆低能的状况。

所以，自谦型的人如果不违背他的禁忌，就不可能做出任何武断性、攻击性、扩张性的举动。而如果违背这些禁忌，就会唤起他们的自我谴责和自我轻视。他会产生一种毫无根据的普遍的恐慌感，或者会感到内疚。如果这种自我轻视很明显，那么，他可能就会害怕遭人嘲笑。由于在其自我感觉中，他是如此渺小和微不足道，因此，任何超出他狭小限制空间的举动都可能很容易引发他对于遭人嘲笑的恐惧。如果他意识到了这种恐惧，通常就会将它外化。如果他在讨论中发言、竞选某个职位或者雄心勃勃地想要写点什么，他人就会认为这是一件很可笑的事情。不过，这种恐惧在大多数情况下是无意识的。至少他看起来好像从来都没有意识到这种恐惧的可怕影响。不过，这是压制他的一个相关因素。对于遭人嘲笑的恐惧尤其表明了他的自谦倾向。这与扩张型完全不同。扩张型个体可能极其狂妄和自以为是，他甚至都意识不到自己有可能被人嘲笑，也意识不到他人有可能会这样看待自己。

自谦型个体往往严格限制自己追求自身的利益，他不仅一有空就会帮他人做事，而且，根据其内心指令，他应该成为乐于助人、慷慨大方、体贴周到、理解、同情、爱和牺牲的终极代表。事实上，在他心里，爱和牺牲是密切交织在一起的：他应该为了爱而牺牲一切——爱就是牺牲。

到目前为止，我们看到，各种禁忌和"应该"具有显著的一致性。但是，相反的倾向早晚会显现出来。我们可能会天真地认为，这种人将相当憎恨他人身上表现出来的攻击、自大或报复等品质。但事实上，他的态度却是分裂的。他确实会憎恨这些品质，但同时，他也会隐秘地或公开地羡慕他人身上的这些品质，而且不加区别地羡慕——不去区分什么是真正的自信、什么是空洞的自负、什么是真正的力量、什么是自私的野蛮残暴。我们很容易理解，由于他在自己身上强加了屈辱而感到愤怒，他往往会羡慕他人身上的攻击品质（这种品质是他所缺乏的，或者是他无法拥有的）。但慢慢地，我们认识到，这并不是完整的解释。我们看到，他身上还有一套隐藏得更深的价值观在起作用，这套价值观与我们刚才描述的那一套完全不同。而且，他很羡慕攻击型个体身上存在的那种扩张性驱力，而他为了自己的完整性，将这种驱力深深地压抑到了心底。他常常会否认自己的自负和攻击性，而对他人身上的这些品质却充满羡慕，这种矛盾心理在其病态依赖形成的过程中发挥了重要作用，这种可能性我们将在下一章论及。

随着患者变得越来越强大并足以面对自己的冲动，他的扩张性驱力就会较为清晰地凸显出来。他还应该绝对的无所畏惧；也应该竭尽全力去谋求自己的利益；如果有人冒犯他，他应该有能力反击。因此，如果他有一丝丝的"胆怯"、无能和顺从，他就会非常鄙视自己。这样，他便一直遭受两面夹击。如果他做了什么事情，他就该死；而如果他没有做这些事情，他也该死。如果他拒绝他人借款或求助的要求，他就会觉得自己是一个面目可憎、极其讨厌的家伙；而如果他答应了这些要求，他又会觉得自己是一个"傻瓜"。如果他站在那个侮辱他的人角度来思考，他又会觉得可怕且非常讨厌。

只要他还不能面对这种冲突并加以解决，他就必须控制那种攻击性潜流，而这种必要性往往会使得他更需要固守那种自谦的模式，从而也就增强了其刻板性。

到目前为止，我们看到的主要是这样的一幅画面：一个人为了避免做出扩张性举动，极力地压抑自己，以至于人为地降低自己的发展高度。而且，就像我们在前面所指出的，他觉得自己受到一种一直存在的随时有可能谴责自己、鄙视自己的心理的制约，这一点到后面还会详加阐述。他还觉得自己很容易害怕，就像我们将要看到的那样，他常常花费大量的精力来缓解这些痛苦的感受。在进一步讨论其基本情况的细节和含义之前，我们先要来思考一下是哪些因素将他逼向了自谦的方向，从而对自谦倾向的发展有一定的理解。

后来倾向于采用自谦型解决方法的人，通常通过"接近"他人来解决他们与他人之间的早期冲突。① 在一些典型的例子中，他们早期环境的特点与扩张型个体完全不同，扩张型个体要么很早就受到他人的赞美，在严格标准的压力下长大，要么就是受到他人严厉的对待——受到他人剥削，并遭受屈辱。而自谦型的人却往往在某人的阴影下长大，这个人可能是一个受偏爱的兄弟姐妹、一个为（外人）广为崇拜的父母，也可能是漂亮的母亲或者仁慈又专横的父亲。这是一种很不稳定的处境，很容易引起害怕。不过，他可以得到某种情感——代价是：一种甘居人下的忠诚。例如，可能有这样一位母亲：她长期受苦，一旦她的孩子没有给她特殊的照顾和关心，她就会让她的孩子感到内疚。也可能有这样的母亲或父亲：当受到盲目崇拜时，他（她）就会很友善、慷慨大方。或者有这样一个专横的兄弟姐妹：只要讨好他（她）、取悦他（她），就可以得到他（她）的喜爱和保护。② 这样经历若干年以后，在孩子的内心之中，反抗的愿望与追求爱的需要不断地发生冲突，于是他压制了自己的敌意，放弃了斗争的精神，而与此同时，追求爱的需要也慢慢消失了。他不再发脾气，变得顺从了起来，他学会了喜欢每一个人，并以一种无助的崇拜心情去依赖于他最为害怕的那些人。他变得对敌意性紧张高度敏感，并且必须将其平息缓解。由于对他而言"赢得他人的赞同"是至关重要的事情，因此，他会努力培养使自己受人欢迎的可爱品质。有时在青春期，还会经历另一段充满叛逆，以及狂热而令人着迷之雄心的时期。但为了爱和保护，有时候是因

---

① 参见 Karen Horney，*The Neurotic Personality of Our Time*，Chapter 6-8 on The Neurotic Need for Affection；Karen Horney，*Our Inner Conflicts*，Chapter 3，Moving Toward People。

② 参见 Karen Horney，*Self-Analysis*，Chapter 8，Systematic Self-analysis of a Morbid Dependency。（克莱尔［Claire］的童年在这个方面很典型。）

为第一次恋爱，他同样还是会放弃这些扩张性驱力。以后的发展在很大程度上取决于叛逆和雄心受到压制的程度，或者是个体转向顺从、情感、爱的程度。

像其他神经症患者一样，自谦型个体也会解决通过自我理想化方式从其早期发展演化而来的各种需要。但是，他只能通过一种方式做到这一点。他的理想化自我意象主要由各种"可爱的"品质组合而成，如无私、善良、慷慨、谦逊、圣洁、高贵、富有同情心等。除此之外，无助、痛苦、牺牲也被美化了。与自大-报复型个体不同，自谦型的人还重视感受——如快乐或痛苦的感受，这不仅包括对个体的感受，而且还包括对人类、艺术、自然，以及各种价值观的感受。"具有深刻的情感体验"是他的意象的一部分。只有加强自我放弃的倾向（这种倾向来自他解决自己与他人之间基本冲突的方法），他才能实现因此而产生的内心指令。因此，对于自己的自负，他必定会采取一种矛盾的态度。既然他的虚假自我所具有的圣洁、可爱的品质都是他所具有的，那么，他必然无法不以此为傲。有一名患者在恢复期间这样评价他自己："我很谦逊地认为我在道德上是有优越感的。"虽然他否认了自己的自负，其行为举止也没有表现出自负的倾向，但自负却以许多间接的方式表现了出来，在其中，神经症自负常常以脆弱、采取一些保全面子的策略、回避等形式显现。与此同时，正是他那圣洁、可爱的形象使得他意识不到自己的自负感。他必须走到另一个极端，抹去一切自负的痕迹。于是，退缩过程就开始了，这个过程会让他变得渺小又无助。他不可能将自己等同于他那美化过的骄傲自我。他只能认为自己就是他那个受到压制、遭到迫害的自我。他不仅觉得自己渺小又无助，而且还会感到内疚，觉得自己很多余、不可爱、愚蠢且无能。他觉得自己是一个失败者，是一个随时会被他人踩躏的人。因此，"让自己意识不到自负"就是他用来解决内心冲突的方式。

据我们所知，这种解决方法的弱点在于两个方面。其一是退缩过程，用《圣经》里的话说，它包含了一种隐藏个人才能（对抗自己）的"原罪"。其二是扩张性禁忌使得他成为自我憎恨之无助牺牲品的方式。在刚开始接受分析时，许多自谦型患者对任何的自责都会做出强烈的恐惧反应，在他们身上，我们可以观察到这一点。这种类型的患者往往意识不到自责与恐惧之间的关联，他只能感觉到自己受到了惊吓或者感到恐慌这一事实。他通常能意识到自己的自责倾向，但不会对此多加思考，而认为这是自己坦诚正直的标志。

此外，他可能还会意识到自己太容易接受他人的指责了，而直到后来他才会认识到，他人的这些指责实际上是毫无根据的。而且，他还会认识到，承认自己有罪比指责他人容易多了。事实上，当受到批评时，他承认自己有罪或有错是一种快速、自动的反应，以至于他的理智根本没有时间去加以干涉。但他意识不到自己正积极地虐待自己这一事实，更意识不到这种虐待的严重程度。他的梦中充满了各种自我轻视和自我谴责的象征。后者典型的是执行死刑的梦：他梦到自己被处以死刑；他不知道原因，但还是接受了；没有人对他表示丝毫的同情甚至是关心。或者，他会梦到或幻想自己正饱受折磨。这种对于折磨的恐惧可能会表现在他的疑病症恐惧中：如果头痛，他便怀疑得了脑瘤；如果喉咙痛，他便怀疑得了肺结核；如果胃不舒服，他便怀疑自己患了癌症。

随着分析的深入，他的自我谴责和自我折磨逐渐变得清晰了起来。讨论到他的任何困难都可能会将他击倒。他逐渐意识到自己的敌意，这可能会让他觉得自己就像是一个潜在的杀手。一旦他发现自己对他人有许多期待，他就会觉得自己是一个掠夺成性的剥削者。如果认识到自己在时间和金钱方面的混乱无序状态，他可能就会害怕"堕落"。焦虑的存在可能会让他觉得自己就像是一个完全失衡、处于精神错乱边缘的人。倘若这些反应公开地表现出来，那么，分析在一开始可能就会恶化这种状况。

因此，我们可能一开始就会有这样一种印象：与其他类型的神经症患者相比，他的自我憎恨或自我轻视更为强烈、更为恶意。但随着我们对他的了解越来越深入，并将他的情况与其他临床经历相比较，我们就会排除这种可能性，并认识到，他只不过是对自己的自我憎恨更加无能为力而已。扩张型个体用来抵制自我憎恨的大多数有效手段，不在他可以随意使用的范围之内。尽管如此，他还是像其他神经症患者一样，试图通过自己的"应该"和禁忌、理智和想象来帮助掩饰和美化这种情况。

但是，他无法靠"自以为是"（self-righteousness）来消除自我谴责，因为这样做违背了他的禁忌，即禁止自大和自负。他也无法因为他人身上具有他自身所摒弃的东西而有效地憎恨或鄙视他人，这是因为他必须"理解"他人、宽恕他人。"谴责他人"或者是对他人的任何敌意，事实上都会让他感到害怕（而不是让他安心），因为他在攻击性方面有禁忌。此外，正如我们马上就将看到的，他非常需要他人，以至于他因此而必须避免任何摩擦冲突。最后，鉴于以上所有这些因素，我们可以说，他绝不可能成为一名优秀的斗士，这种情况不仅适用于他与他人的关系，而且也适用于他对自己的攻击。换句话说，他抵抗不了他人的攻击，也同样抵抗不了他自己的自我谴责、自我轻视、自我折磨等的攻击。他心甘情愿地接受了这一切。他接受了自己内心专制的裁决——这反过来又增加了他对自己已经减少的情感。

尽管如此，他当然也需要自我保护，而且确实也发展出了自己的防卫措施。事实上，只有在他特有的防卫措施不能恰当地发挥作用时，他对自我憎恨的攻击才可能会感到恐惧。自我贬低的过程不仅是一种避免扩张性态度，将自己局限于自身禁忌所设定之范围内的手段，而且也是一种平息其自我憎恨的方式。根据自谦型个体在感觉自己受到了攻击时对他人所采取的典型行为方式，我能很好地描述这一过程。他会尽力通过（例如）过于急切地认罪来缓和、减弱指责：“你很正确……不管怎样都是我不好……这都是我的错。"他常常通过道歉、表达懊悔和自责的想法，来寻求他人的同情和安慰。他可能会通过强调自己的无助状态来乞求宽容。他常常还会用同样的平息方式，来缓解他自己的自我谴责所带来的痛苦。在其内心之中，他常常会夸大自己的内疚感、无助感，自己在各个方面都很糟糕——简言之，他会强调自己的痛苦。

释放内心紧张的另一种方式是通过消极的外化。这种外化常常表现在他受到他人指责、怀疑、忽视、压制、轻视、辱骂、利用或者残忍对待时所产生的感觉体验中。不过，这种被动外化虽然也能缓解焦虑，但看起来好像不如主动外化那样能有效地消除自我谴责。除此之外（像所有外化一样），它还会干扰他与他人之间的关系——由于多方面的原因，他对这种干扰尤其敏感。

不过，尽管有这些防卫措施，他内心还是处于一种极不稳定的状态之中。他依然需要一种更为有力的保障。甚至在其自我憎恨保持在适度范围内的时候，他仍会觉得自己所做的任何事情或者为自己而做的任何事情都毫无意义——他的自我贬低等等——往往会令他极为不安。于是，他会遵循自己的旧有模式，寻求他人给予他被接受、被赞同、被需要、被渴求、被喜欢、被爱、被欣赏的感觉，以此增强他的内心地位。他要靠其他人来拯救。因此，他对他人的需要不仅会受到极大强化，而且还常常会达到疯狂的程度。我们开始理解，对于这种类型的人来说，爱的吸引力有多大了。我把"爱"作为一切积极情感的共同特性，不管这些积极情感是同情、温柔、爱、感激、性爱，还是被需要、被欣赏的感觉，都是如此。我们将用单独一章的内容来讨论从更为严格的意义上说，这种爱的吸引力是如何影响一个人的爱情生活的。在这里，我们将从一般意义上讨论它对个体人际关系的影响。

第九章 | 自谦型解决方法：爱的吸引力

扩张型个体需要他人来肯定自己的力量和虚假的价值。他还需要他们做他自我憎恨的安全阀。但是，由于他更易于求助自己的才智，能从自己的自负中获得更大的支持，因此，他对他人的需要不像自谦型个体那样迫切和广泛。这些需要的性质和大小，说明了后者对他人之期望（expectations of others）的基本特征。除非有证据证明，否则，自大-报复型个体对他人的期望主要是坏的方面，真正超然的个体（我们后面会谈到这种类型的个体）对他人的期望既不好也不坏，而自谦型个体对他人一直持有好的期望。从表面上看，他对"人性本善"似乎有着不可动摇的信念。诚然，他更为坦诚，对他人身上的可爱品质也更为敏感。但由于其期望具有强迫的特性，因此他不可能对此加以区别。通常情况下，他区分不出什么是真正的友好、什么是虚假的友善。他太容易被任何温情或兴趣的流露所打动。此外，他的内心指令还告诉他，他应该喜欢每一个人，他不应该猜疑。最后，由于他害怕对立冲突以及可能发生的争斗，因此，他往往会忽略、否认、最小化这样一些品质，如撒谎、不正当、利用他人、残忍、背叛他人等，或者为其辩解。

当面对证明这些倾向的无可辩驳的证据时，他每一次都会大吃一惊。但尽管如此，他还是会拒绝相信自己有任何想要欺骗、侮辱或利用他人的意图。虽然他经常受人侮辱，而且他感觉自己受到了侮辱的情况甚至还要更多，但这并不会改变他的基本期望。即使他可能从痛苦的个人经历中了解到，不可能有哪个群体或者哪个人会对他好，他也还是会坚持这样的期望——不管在意识层面还是无意识层面，他都会这样期望。特别是当一个在其他事情上非常精明、机敏的人表现出这种盲目性时，其朋友和同事可能就会吃惊不已。但这仅仅表明，他的情感需要是如此强烈，以至于他忽视了证据的存在。他对他人的期望越大，就越倾向于将他们理想化。因此，他对人类并没有一种真正的信任，而只有一种盲目乐观的态度（Pollyanna attitude），这种态度不可避免会带给他许多失望，让他在与人交往时更觉不安全。

现在，我们来简单概括一下他对他人的期望。首先，他必须感觉自己是为他人所接受的。他需要这样一种接受，而不管这种接受是以何种形式表现出来：关注、赞同、感激、喜爱、同情、爱、性等等。为了更清楚地说明这一点，我们可以打个比方：就像在我们的文化中，许多人觉得"赚"钱越多越有价值一样，自谦型的人用"爱"这一标准来衡量自己的价值，在这里，他所使用的"爱"这个字具有广泛的意义，包括各种接受的形式。他的价值就等同于他被喜欢、被需要、被渴求或者被爱的程度。

而且，他之所以需要与人交往、有人陪伴，是因为他无法忍受独处，哪怕是一小会儿也不行。他很容易感觉不知所措，就好像断绝了与生活的联系一样。虽然这种感觉很痛苦，但只要他的自虐倾向保持在一定限度内，这种痛苦还是可以忍受的。不过，一旦他的自我谴责或自我轻视倾向变得严重起来，他那种不知所措的感觉可能就会发展成为一种莫名的恐惧，也就是在这个时候，他对他人的需要就会变得极其强烈。

独处对他来说是自己不被他人需要、喜欢的证明，因此也是一种应当保密的耻辱，于是，这种对于"有人陪伴"的需要就更为强烈了。在他看来，独自一人去看电影或者度假是一种耻辱，周末他人都有社交活动而自己却独自一人也是一种耻辱。这在某种程度上说明了他的自信往往依赖于他人以某种方式对他的关心。此外，不管他做什么事情，他都希望他人对此赋予意义、表示热心。自谦型个体需要有个人为他缝缝补补、洗衣做饭、修理花园，需要一个能为他弹奏钢琴的老师，需要依赖于他的患者或来访者。

不过，除了这种情感的支持外，他还需要帮助——需要大量的帮助。在他自己看来，他所需要的帮助完全在合理的范围之内，他之所以这样认为，部分原因在于他对帮助的需要大部分是无意识的，还有部分原因在于他关注的焦点主要在于对帮助的某些需求上，就好像这些需求是孤立、独特的一样：帮他找一份工作、与他同住聊天、跟他一起购物或者帮他购物、借钱给他。此外，他觉得自己所意识到的任何求助愿望都是完全合理的，因为隐藏其后的需要非常强烈。但在分析的过程中，我们看清了一切，"他需要他人帮助"实际上就相当于是他期望他人会为他做一切事情。他人应该给他提供动力、为他做事、为他负责、赋予他生活的意义、管理他的生活，这样他才能生活下去。当认识到这些需要和期望的整个范围之后，我们便非常清楚"爱"对自谦型个体而言的吸引力了。它不仅是一种缓解焦虑的方式，而且，如果没有爱的话，他和他的生活便没有了任何价值和意义。因此，爱是自谦型解决方法的一个固有部分。从这类人的个人情感这个角度来说，爱对他而言就像氧气对呼吸一样不可或缺。

当然，他往往也会将这些期望带进分析关系中。他丝毫不会因为请求他人帮助而感到羞耻，这一点与扩张型个体不同。相反，他可能会通过夸大自己的需要和无助来乞求帮助。但是，他当然想用自己的方式来获得帮助。说到底，他是希望用"爱"来治愈自己。他可能很乐意在分析工作中付出努力，但后来的结果却是：他受到了自己的迫切期望的驱使，认为拯救和救赎必须且只能来自外界（这里指的是分析学家）——通过被他人接受。他期望分析学家能够用爱来消除他的内疚感，如果分析学家是异性，那么，这种爱可能指的是性爱。更多情况下，这种爱指的是用更为一般的方式表现出来的友善、特别关注或兴趣的迹象。

就像神经症患者身上经常发生的那样，需要往往会变成要求，这意味着他觉得自己有权利拥有所有这些好处。对爱、喜欢、理解、同情或帮助的需要往往会变成："我有权拥有爱、喜欢、理解、同情。我有权让他人为我做事。我有权不去追求幸福而幸福却会降临到我身上。"不用说，与扩张型个体相比，这些要求——像神经症要求一样——更多地处于无意识水平。

与这个方面相关的问题是：自谦型个体提出其要求的依据是什么？他又是怎样坚持这些要求的？最为清晰而且从某方面来说最为现实的依据是：他要努力使自己变得可爱、有用。随着气质、神经症结构以及处境的变化，他可能会表现得富有魅力、顺从、体贴、对他人的愿望很敏感、乐于助人、具有牺牲精神、理解他人。很自然，他会在这个或那个方面高估自己为他人所做的事。他常常会忽略这样一个事实，即他人可能就不喜欢他的这种关注或慷慨；他意识不到自己给他人的帮助是有附加条件的；他往往不考虑自己身上体现出来的令人不快的品质。因此，在他看来，所有这一切都是出于纯粹的友善，为此他可以合理地期望得到回报。

其要求的另一个依据对他自己而言更为不利，而对他人而言则更具强制性。因为他害怕独处，因此他人也应该待在家里；因为他不能忍受喧哗吵闹，因此他人在家里就应该轻手轻脚。这样一来，神经症需要和痛苦就得到了补偿。他在无意识之中将痛苦变成了宣称其要求的一种手段，这不仅会抑制克服痛苦的动力，而且还会导致他在不经意间夸大痛苦。这并不意味着他的痛苦是为了表现给其他人看而"伪装"的。痛苦对他的影响要比这深刻得多，因为他必须从根本上满意地向自己证明：他有权利实现自己的需要。他必须觉得自己的痛苦太过独特、太过强烈，因此有权得到帮助。换句话说，如果个体在其无意识之中没有获得某种策略性价值的话，这个过程就会让他感觉到更为强烈的痛苦。

第三个依据处于更深的无意识水平，且更具破坏性，那就是：他觉得自己受到了虐待，因此有权利要求他人弥补他所受到的伤害。在梦中，他可能会梦到自己被摧毁得无法恢复，因此他有权利让自己的一切需要都得到满足。为了理解这些报复性因素，我们必须了解一下那些能够说明其受虐感（feeling abused）的因素。

在一个典型的自谦型个体身上，受虐感几乎可以说是一股始终贯穿其整个生活态度的潜流。如果我们想用三言两语对他做一个粗略而简要的概括，那么我们可以说，他是一个渴求情感但在大多数时候却觉得自己受到了虐待的人。一开始，就像我在前面所提到的，他人确实常常会利用他的毫无防卫，以及对帮助他人、牺牲自己的过分渴求。因为他觉得自己毫无价值，又没有能力捍卫自己，因此，他有时候不会让自己意识到这样的虐待。此外，由于他的退缩过程及其后果，即使他人没有任何伤害他的意图，他也常常处于劣势。尽管他事实上在某些方面比他人更为幸运，但他的禁忌不允许他认识到自己的优势，他必须让自己觉得自己的处境比他人更为糟糕。

而且，当他很多的无意识要求没有得到满足时——例如，当他强迫自己努力去取悦、帮助他人，为他人做出牺牲，而他人却不报以感激时——他也会觉得自己受到了虐待。一旦要求受挫，他的典型反应与其说是正当的愤怒，倒不如说是因为受到了不公正对待而感到自怜。

比所有其他来源更令他痛苦的很可能是：他通过自我贬低、自我谴责、自我轻视、自我折磨等强加到自己身上的虐待——所有这些通常都会被外化出来。自我虐待的倾向越强烈，良好的外在环境越不能战胜它。他常常会讲述自己的悲惨故事，唤起他人的同情以及想要对他更好一点的愿望，但不久之后便会发现自己又处在了同样的困境之中。事实上，他可能并没有像他自己所认为的那样受到了极不公平的对待。不管怎样，这种感觉的背后是他自我虐待的现实。我们不难看出自我谴责频率的突然上升与随之而来的受虐感之间的联系。例如，在分析中，只要他因为看到自己的困难而产生自责，他可能马上就会回想起自己在生活中真的受到了虐待的事件或时期——不管这些虐待是发生在儿童期，还是发生在以前的治疗中或是以前的工作中。就像他以前做过无数次的那样，他可能会夸大自己所遭遇的不公，而且总是耿耿于怀。在其他的人际关系上，同样的模式也可能出现。例如，如果他稍微意识到他人不够体贴周到，他便会闪电般的转而感受到受虐。简言之，他对于遭遇不公的恐惧使他觉得自己是个受害者，即使事实上是他辜负了他人，或者是他含蓄地将自己的要求强加到了他人身上。由于因此而产生的受害感变成了一种保护自己防止自我憎恨的方式，所以，积极防卫就被提上了一个战略地位。自我谴责越具恶性，他就必定越会疯狂地证明并夸大自己所遭遇的不公——因而对"不公"的感受就越深刻。这种需要非常强烈，致使他在当时无法得到帮助。因为接受帮助，甚至向自己承认有人正在帮助自己，都会导致他完全是个受害者这一防御地位崩溃瓦解。相反，在任何时候，突然产生受虐感以寻求内疚感的增加却是有利的。在分析中，我们经常可以观察到：一旦个体认识到自己对于某一特定处境也负有责任，并以一种实事求是的态度（也就是说，没有自我谴责的倾向）来看待这一处境，他所遭遇的不公就会缩减至合理的比例，或者事实上就不再是什么不公了。

自我憎恨的被动外化可能会超出单一的受虐感。他可能会激起他人以粗暴的方式对待他，这样他便将内心的图景转移到了外在世界。通过这种方式，他成了在一个可耻而残酷的世界上受苦的高尚的受害者。

所有这些强有力的根源共同导致他产生了受虐感。但如果仔细观察，便会发现：他不仅会因为这个或那个原因而感觉自己受到了虐待，而且在其内心之中还有某种东西喜欢这种感觉，甚至可能会热切地捕捉这种感觉。这表明了这样一个事实，即受虐感必定还具有某种重要功能。这种功能使得他被压制的扩张性驱力找到了发泄的方法——而且这几乎可以说是他唯一可以忍受的发泄方式——同时，他还能将这些扩张性驱力隐藏起来。这使他私下里觉得自己比其他人优越（因为他戴上了牺牲者的桂冠）；使他对他人的敌意性攻击有了一个合理的基础；最后，这还使他得以掩饰自己的敌意性攻击，因为就像我们马上要看到的那样，他的大部分敌意受到了抑制，而以痛苦的形式表现出来。因此，受虐感是患者看到并感觉到内心冲突（他常常用自谦型方法来解决这种内心冲突）的最大绊脚石。而且，虽然对每一个因素的分析有助于降低其顽固性，但只有当个体能够面对这种冲突时，它才能消失殆尽。

只要这种受虐感依然存在——通常情况下，它不会保持静止不变，而是会随着时间的推移而不断增强——它就会使得他对他人的报复性愤恨变得越来越强烈。这种报复性敌意大部分是无意识的。它之所以必定会被深深地压抑下去，是因为它会危及个体所赖以生存的一切主观价值。这种报复性敌意会损坏他绝对善良和宽宏大量的理想化意象；它会让他觉得自己不可爱，并与他对他人的所有期望相冲突；它违背了要求自己应该理解一切、宽恕一切的内心指令。因此，当他内心充满憎恨的时候，他不仅会对抗他人，而且同时也会反对自己。所以，对于这种类型的个体而言，这样的憎恨是一种最具破坏性的因素。

虽然这种憎恨会普遍受到压制，但指责偶尔还是会以缓和的形式表达出来。只有当他觉得被逼无望时，紧锁的大门才会打开，强烈的谴责才会奔涌而出。虽然这些可能会准确地表达他内心深处的感受，但通常情况下，他会弃之不用，因为对他而言，要说出自己的意思太令人不安了。但是，他表达其报复性憎恨最为独特的方式还是强调受苦。不断加深的痛苦（这种痛苦可能来源于他所表现出的一切心身症状，也可能因为他所感觉到的无能为力感或沮丧感而产生）可以将愤怒掩盖起来。在分析的过程中，如果分析学家激起了这种患者的报复性，他不会公开表示愤怒，但他的状况将会受损。他会不断抱怨并指出，分析似乎并没有让他好转，反而让他的状况更糟糕了。分析学家可能知道在上一次面询中是什么东西打击到了患者，并尽力让他认识到这一点。但患者往往并不乐意看到一种有可能减轻其痛苦的联系。他只是一再强调他的不满，就好像是他必须让分析学家明白，就是分析学家导致了他现在这样一种严重抑郁的状况。由于没有意识到这一点，他试图让分析学家为他所遭受的痛苦而感到内疚。这往往是其内心所发生一切的确切翻版。这样，受苦便获得了另一种功能：掩盖愤怒，并让他人感到内疚——这是报复他们的唯一有效的方式。

所有这些因素使得他对他人的态度具有了一种奇怪的矛盾性：表面上他对他人普遍持一种"天真"的乐观、信任的态度，但私下里却对他人不加区别地加以怀疑和憎恨。

日益增强的报复心理可能会引起一种强烈的内心紧张。而通常情况下，问题不在于他有这样或那样的情绪不安，而在于他想方设法试图维持一种完全的平衡状态。他能否做到这一点以及能够维持多长时间，一部分取决于其内心紧张的程度，还有一部分取决于环境。由于他处于无助的状态，必须依赖于其他人，因此相比于其他类型的神经症患者，环境对他而言更为重要。如果一种环境不要求他去做他的禁忌所允许范围之外的事情，而且能够根据他的结构提供一种他既需要也允许他自己采用的满足方式，那么，这种环境对他而言就是有利的。只要他的神经症不太严重，那他便可以过一种为他人或某项事业奉献的生活，并从中获得满足。在这样一种生活中，他可能会为了让自己成为一个有用的、对他人有帮助的人而失去自我，而且在这样一种生活中，他觉得自己是被他人所需要、渴求和喜爱的。不过，即使在最为理想的内外部条件下，其生活根基还是极不稳定。外部环境一发生变化，他的生活就有可能受到威胁。他所照顾的人会离开人世，或者不再需要他；他为之奋斗的事业可能会失败，或者对他不再有意义。这样一些丧失（losses）正常人可以承受，却会把他推到"崩溃"的边缘，他所有的焦虑和无用感会全部涌来。

另一个危险的威胁主要来自内部。在他未公开承认的针对自己及他人的敌意中同样存在太多的因素，这些因素可能会让他产生难以忍受的内心紧张。或者换句话说，他感觉自己受到虐待的概率非常大，以至于任何环境对他来说都不安全。

与此同时，大多数环境甚至可能不包括我刚刚所描述的这些有利因素中的一部分。如果内心极度紧张，环境条件又恶劣，那么，他不仅会变得极其痛苦，而且他内心的平衡也可能会被打破。不管是哪种症状——恐慌、失眠、厌食（丧失食欲）——都表明了痛苦的产生，其主要特点在于：敌意冲破了大堤，淹没了这个系统。于是，他积聚起来的所有针对他人的痛苦谴责都会涌现出来；他的要求变成了公然的报复，变得毫无理性可言；他的自我憎恨上升到了意识层面，并达到了难以控制的程度。他陷入了一种无法缓和的绝望状态之中。他可能会极度恐慌，自杀的危险性极大。这种情况与那种过于软弱、急于取悦他人的人完全不同。不过，开始和最后阶段都只是某种神经症发展过程的一部分。如果有人断定最后阶段出现的破坏量一直处于受压制状态，那就大错特错了。当然，在通情达理的外表下，紧张的情绪往往比我们眼睛所看到的还要多。但是，只有当遭遇的挫折大量增加时，最后阶段才会产生敌意。

由于自谦型解决方法的其他一些方面将在病态依赖部分加以讨论，因此，我在此仅总结一下这种结构的大致框架，并对神经症痛苦这个问题稍做评论。每一种神经症都会给人带来真正的痛苦，而且，这种痛苦往往比个体所能意识到的还要多。自谦型个体常常会受到自虐感，以及他对他人的矛盾态度的束缚而痛苦，这种束缚阻止了他的扩张。所有这些都是显而易见的痛苦，它并非服务于某种隐秘的目的，个体承受这种痛苦并不是为了给他人留下这样或那样的印象。但除此之外，他的痛苦还具有某些功能。我建议把这一过程所带来的痛苦称为神经症痛苦或功能性痛苦（neurotic or functional suffering）。我在前面曾提到过这样一些功能。痛苦成了他提出某些要求的基础。它不仅是一种对于获得关注、关心和同情的乞求，而且它还让个体觉得他有权利获得这一切。个体常常用它来维持自己的解决方法，因此它具有一种整合的功能。此外，痛苦也是个体用来表达其报复心理的独特方式。实际上，这种例子很常见，例如，夫妻二人中如果有一人得了精神疾病，这些精神疾病就常常会被用作对付对方的致命武器，或者常常被用作压制孩子的手段：如果孩子擅自行动，就给他灌输负罪感。

他强加了如此多的痛苦在他人身上，他是怎样做到心安理得的呢，对于他这样一个并不热衷于伤害他人情感的人来说？他可能隐隐约约地意识到自己是周围环境的累赘，但往往不会直面这一事实，因为他的痛苦让他觉得自己获得了赦免。简单地说就是：他的痛苦常常谴责他人而宽恕自己！在他看来，他会因为痛苦而让自己的一切都得到宽恕——他的要求、他的易怒，以及他削弱他人士气的举动。痛苦不仅会缓和他的自我谴责倾向[①]，而且还避免了他人可能的指责。而他对于获得宽恕的需要会再一次变成一种要求。他的痛苦让他觉得他有权利得到"理解"。如果他人批评他，那是他们没有同情心。他觉得不管他做什么，都应该唤起他人的同情心以及想给予他帮助的愿望。

痛苦还会以另一种方式赦免自谦型个体。自谦型个体事实上不能让自己过上更为有益的生活，也不能实现远大的目标，而痛苦为他提供了能够解释这一切的借口。虽然我们已经看到，他常常迫切地想避开雄心和胜利，但追求成就和胜利的需要仍在起作用。通过在其内心坚持认为——无论他自己是否意识到了这一点——要不是因为备受某种怪病的折磨，他完全有可能取得卓越的成就，这样，他的痛苦便让他保全了自己的面子。

最后，神经症痛苦可能会让个体产生一种让自己崩溃瓦解的念头，或者可能会导致个体在无意识之中决定这样做。在深陷痛苦时，这样做的吸引力自然就更大，此时，个体能够意识到这种吸引力。在这种时候，更常见的情况是只有反应性恐惧进入意识层面，譬如对心理、生理或道德状况退化的恐惧，对自己不能取得什么成就的恐惧，对变得太老什么都做不了的恐惧。这些恐惧表明，个体身上较为健康的部分想过一种完整的生活，而另一个执意要崩溃瓦解的部分则会感到忧虑。这种倾向也可能在无意识中起作用。个体可能甚至都意识不到自己的整个状况已经受到了损害——例如，他做事的能力降低，更害怕他人，更觉得抑郁沮丧——直到有一天，他突然认识到自己正处于每况愈下的危险之中，自己身上有某种东西在压制自己，此时，他才会意识到这种状况。

在深陷痛苦之时，"颓废"（going under）可能会对他产生极大的吸引力。这似乎是一种能够解决其一切困难的方法：放弃对爱的无望追求；放

[①] 亚历山大（Alexander）将这种现象称为"对惩罚的需要"，并用大量极具说服力的例子对此做了说明。这意味着在理解内心过程方面取得了一定的进展。我的观点与亚历山大的观点的区别在于：在我看来，通过受苦的方式让自己摆脱神经症性内疚感，并不是一个对所有神经症患者都有效的过程，而只对自谦型患者有效。此外，付出受苦的代价好像也并不能让他摆脱罪恶感。其内心暴行的指令非常多，也非常严格，以至于他不得不再一次违背它们。参见 Franz Alexander, *Psychoanalysis of the Total Personality*, Nervous and Mental Disease Publishing Co., New York, Washington, 1930。

弃为实现各种相互矛盾的"应该"而做的疯狂努力；接受失败，让自己不再恐惧自我谴责。同时，这也是一种由于他的消极性而对其产生吸引力的方法。它不像自杀企图那样积极主动，在这种时候很少出现自杀企图。他只是不再反抗，让自我破坏的力量任意发展。

最后，他认为，在一个无情世界的攻击下让自己崩溃瓦解是最终的胜利。这可能会表现为"死在冒犯者的门槛上"这样一种明显的形式。但更常见的是，它不是一种流露出情感试图让他人感到羞愧，并在此基础上提出要求的痛苦。它更为深刻，因此也更加危险。它主要是一种属于个体内心之中的胜利，个体甚至有可能意识不到这种胜利。当我们在分析中揭示这一点时，我们发现了一种对软弱和痛苦的美化（这种软弱和痛苦是混乱的部分真实情况所支持的）。痛苦本身似乎成了高尚的证明。在一个卑鄙的世界里，一个敏感的人除了崩溃瓦解外还能怎样！难道他应该去反抗并坚持自己的权利，从而将自己降低到这种粗鲁庸俗的水平吗？他只能选择宽恕，并戴着牺牲者的桂冠逐渐衰亡。

神经症痛苦所具有的这些功能解释了其深刻性和顽固性。它们都来自整个结构的可怕需求，只有在这一背景下，我们才能理解这些功能。在治疗方面，我们可以说：如果他的整个性格结构没有发生彻底变化，他就不能摆脱这些功能。

要想理解自谦型解决方法，我们必须考虑整体情况：既包括整个历史发展的情况，也包括在某个既定时间点上所发生的整个过程。在对关于这一主题的理论进行简要研究后，我们发现，它们的不足从本质上说是因为将关注的焦点片面地放到了某些方面上。例如，片面地将关注焦点放到了内心因素或者人际因素上。不过，仅从这些方面中的某个方面出发，我们是无法理解其动力的，而只能将其看成一个过程。在这个过程中，人际冲突会导致一种特殊的内心状况，而这种特殊的内心状况反过来又依赖于以前的人际关系模式，并修正这种模式。它会使这些模式更具强迫性和破坏性。

而且，有些理论，如弗洛伊德和卡尔·门宁格的理论[1]，过于关注那些明显的病态现象，如变态的"受虐倾向"、深陷内疚感之中不能自拔，或者自我折磨等。它们忽略了那些与健康状态更为接近的倾向。诚然，想

---

[1] 参见 Sigmund Freud, *Beyond the Pleasure Principle*, International Psychoanalytic Library, London, 1921; Karl A. Menninger, *Man Against Himself*, Harcourt, Brace, New York, 1938.

要赢得他人、接近他人、过平静生活的需要由软弱和恐惧所决定，因此有些任意，但却包含了健康处世态度的萌芽。与攻击-报复型个体的炫耀自大相比，这种人的谦恭态度和让自己顺从的能力（就算他的基础是虚假的）似乎与正常人更为接近。这些品质使得自谦型个体似乎比许多其他神经症患者都更具"人性"。在这里，我所说的并不是他的防卫；正是我们刚刚提到的那些倾向使得他开始疏离自我，并引发了进一步的病理发展。我只想说，如果不把这些品质理解为整个解决方法的固有部分，就必然会导致对整个过程的错误理解。

最后，有些理论虽然将关注的焦点放在神经症痛苦上——这确实是一个核心问题——但却将它与整个背景分离了开来。这不可避免会导致对策略性手段的过度强调。因此，阿尔弗雷德·阿德勒[1]将痛苦视为获得关注、逃避责任以及获得一种不正当优势的手段。西奥多·赖克[2]强调，流露出情感的痛苦是一种获得爱和表达报复的手段。而弗朗兹·亚历山大则强调痛苦所具有的消除内疚感的功能，这一点我们在前面已经提及过。所有这些理论都依赖于有效的观察，但由于未能充分地深入整个结构，因此得到的结论并不理想，只是接近大多数人的信念：自谦型个体纯粹就是想受苦，或者只有在痛苦的时候他才会感到快乐。

"要看到全貌"不仅对于理论上的理解十分重要，而且对于分析学家对这类患者的态度而言也非常重要。由于他们那些隐秘的要求，以及他们被打上的特殊标记——神经症性不诚实（neurotic dishonesty），他们很容易唤起他人的愤恨情绪，但与其他人相比，他们或许更需要一种同情性的理解。

---

[1] Alfred Adler, *Understanding Human Nature*, Greenberg, 1927.
[2] Theodore Reik, *Masochism in Modern Man*, Farrar and Rinehart, 1941.

第十章
病态依赖

在解决自负系统的内在冲突的三种主要方法中,自谦型解决方法似乎是最不令人满意的一种。它不仅具备每一种神经症解决方法都有的缺陷,而且与其他方法相比,它还会让个体产生一种更为强烈的主观不幸福感。自谦型个体所遭受的真正痛苦可能并不比其他类型的神经症患者更为强烈,但由于对他而言,痛苦承担了多种功能,因此,他主观上往往觉得自己比其他人更为可怜,痛苦也更为强烈一些。

此外,他对他人的需要和期望使得他过于依赖他们。虽然每一种强加的依赖都会让人感到痛苦,但这种依赖尤其不幸,因为他与其他人的关系必然是分离的。不过,爱(这里的爱依然是广泛意义上的爱)是唯一能够给他的生活带来积极内容的东西。爱,从特定意义上说是性爱(erotic love),在他的生活中发挥了非常特殊而重要的作用,因此有必要单列一章进行专门论述。虽然这不可避免会导致某些内容的重复,但它也给我们提供了一个更好的机会来更清楚地了解整个结构中的一些重要因素。

性爱对这种类型的人充满了诱惑,被视为最高成就。爱必定是而且看起来也确实是通往天堂的门票,在那里,所有的悲痛都消失不见了:不再孤独,不再有茫然失措感、内疚感和毫无价值感,不再需要为自己负责,不再需要同一个残酷的世界做斗争(对于这场斗争,他觉得自己是没有希望赢,也是没有准备的)。相反,爱似乎给了他获得保护、支持、情感、鼓励、同情和理解的希望。它会给予他一种有价值的感觉,会赋予他的生活以意义。它是一种拯救和补偿。这样一来,他常常根据人们有没有结婚或者是否拥有类似的关系(而不是根据其经济状况和社会地位)把人分为拥有者和一无所有者两类,也就不足为怪了。

到目前为止,爱的重要性主要在于个体希望从被爱中获得的一切。一些对依赖者的爱做过描述的精神病学作者片面强调这一方面,因此,他们称之为寄生虫式的、海绵式的或者"口唇-性欲式"的爱。而且,这个方面可能的确引人注目。但对于典型的自谦型个体(即经常表现出自谦倾向的人)来说,爱的吸引力与被爱的吸引力同样强烈。在他看来,爱意味着失去,意味着让自己沉浸于某种狂喜的感觉之中,意味着自己将与另一个人融为一体,身心交融,而且他在这个融合过程中能找到一种他在自己身上无法找到的统一性。因此,他对爱的渴求有着深刻而有力的根源:渴望屈服,渴望统一。如果不考虑这些根源,我们就无法理解其情感卷入的深刻性。"寻求统一"是人类身上最强有力的动力之一,对于内心分裂的神经症患者来说,它甚至更为重要。"渴望屈服于比我们自身更为庞大的事物"好像是大多数宗教形式的基本要素。虽然自谦性屈服是对健康渴望的滑稽模仿,但它具有同样的力量。它不仅表现在对爱的渴求中,而且还表现在其他许多方面。① 这是导致他倾向于让自己迷失在各种情感之中的一个因素:迷失在"泪海"之中;迷失在对大自然的狂喜之中;沉溺于内疚感之中;迷失在对于在性高潮时或者睡眠中死去的渴望之中;此外,他还常常迷失在对于死亡的渴望之中,将死亡视为自我的最终消失。

更进一步来讲:对他来说,爱的吸引力不仅在于他希望获得满足、安心与统一,而且,爱也是他实现其理想化自我的唯一方式。在爱的时候,他能充分地发展出其理想化自我的可爱品质;在被爱的时候,他的理想化自我往往会得到最高肯定。

因为爱对他来说具有独一无二的价值,因此在决定其自我评价的一切因素中,可爱(lovableness)位居第一。我在前面已经提过,这种人对可爱品质的培养开始于他早期对情感的需要。他越需要爱,他人对他的心灵平静而言就越关键;爱所涵盖的范围越大,扩张性举动就越会受到压制。可爱是唯一承载了受抑制之自负的品质,后者常常表现为:他对于这个方面所受到的任何批评或质疑都高度敏感。如果他对他人的需要表现出了慷慨大方或关注,而他人没有感激他,或者甚至与之相反,他的表现惹恼了他们,他就会觉得自己受到了深深的伤害。由于这些可爱的品质是他自身唯一珍视的因素,因此,一旦有人排斥这些品质,他就会觉得这是对他整

---

① 参见 Karen Horney, *The Neurotic Personality of Our Time*, W. W. Norton, 1936, "The Problem of Masochism"。在该书中,我提出,对自我毁灭的渴求是解释我当时所说的受虐现象的基本原则。现在,我认为,这种渴求产生于特殊的自谦结构这一背景。

个人的完全排斥。相应地，他非常恐惧遭到他人排斥。在他看来，遭到排斥不仅意味着他失去了对某人的一切希望，而且还会让他觉得自己毫无价值。

在分析中，我们可以更为仔细地研究这些可爱品质是如何通过一套严厉的"应该"系统而得以加强的。他不仅应该富有同情心，而且应该绝对地理解他人。他永远都不应该觉得自己受到了伤害，因为这种理解应该将任何诸如此类的东西都彻底消除。除了"觉得痛苦"，"觉得自己受到了伤害"也会引起自我谴责，谴责自己的卑鄙或自私。尤其是他不应该因为嫉妒之苦而受到伤害——对于一个很容易害怕遭到排斥和抛弃的人来说，这是一个完全不可能完成的指令。他所能做的最多只是坚持假装自己是一个"心胸开阔的"人。任何冲突摩擦的出现都是他的错。他应该更加沉着冷静、更加体贴周到、更加宽宏大量。每一个个体觉得他的"应该"属于他自己的程度是不一样的。通常情况下，有些"应该"会被外化到伴侣身上。然后，他所意识到的就是一种关于如何满足后者期望的焦虑情绪。与这方面关系最为密切的两种"应该"是：他应该能够将任何恋爱关系都发展为一种绝对和谐的状态，他应该能够让对方爱自己。当他陷入一段难以维持的关系，并充分地认识到结束这段关系对自己有利时，他的自负会让他觉得这样一种解决问题的方式是可耻的失败，并要求他应该将这段关系弄好。与此同时，正是因为这些可爱的品质——不管这些品质具有多大的欺骗性——带有一种隐秘的自负，因此，它们也成了他内心隐藏着诸多要求的基础。它们让他觉得他有权利获得他人独一无二的忠诚，有权利满足我们在上一章讨论过的许多需要。他之所以觉得自己有权利被爱，不仅是因为他的用心（这有可能是真的），而且还因为他的软弱、无助、痛苦以及自我牺牲。

在这些"应该"和要求之间会涌起一股股相互冲突的潮流，而他可能会深陷其中，无法自拔。例如，有一天，他无端遭受辱骂，于是他可能会决定将妻子痛斥一番。但后来，他却被自己的勇气吓到了：他竟然不仅敢为自己争取东西，而且还谴责了其他人。此外，一想到失去自我，他也会感到恐惧。于是，他的钟摆从一个极端摆到了另一个极端。他的"应该"和自责占据了上风。他觉得自己不应该怨恨任何事情，应该沉着冷静，应该更有爱心、更理解其他人——无论如何，一切都是他的过错。同样，他对伴侣的评价也摇摆不定：他有时候认为对方强大、可爱，有时候又觉得对方残忍无比、没有人性。因此，任何事物对他来说都是模糊不清的，他也不可能做出任何的决定。

尽管他建立一段恋爱关系时内心状况一直不稳定，但这并不一定会导致灾难。如果他的破坏性不太强，而且如果他找到了一个完全健康的伴侣（或者是一个因为他是神经症患者而相当珍视他的软弱和依赖性的伴侣），那他也能在一定程度上感到幸福。虽然这样一个伴侣有时候也可能会觉得他的依赖态度是种负担，但这样，他便成了保护者，并在很大程度上唤起了他的个人忠诚——或者他自己认为是这样的，而他或许也会因此而觉得自己很强大、安全。在这些情况下，这种神经症解决方法可以说是成功的。这种被珍视、被保护的感觉使得自谦型个体发展出了最优秀的品质。不过，这种状况也不可避免会导致他无法超越自己的神经症困难。

这种幸运的情况多久会出现一次，这不属于分析学家的判断范围。分析学家注意到的是一些不那么幸运的关系，在这些关系中，伴侣之间互相折磨，依赖的一方处于一种缓慢而痛苦地摧毁自己的危险之中。在这些情况下，我们说的是一种病态依赖（morbid dependency）。病态依赖并非仅在性关系中发生。它的许多典型特征也会出现在一些与性无关的关系中：父母与子女之间、教师与学生之间、医生与患者之间、领导与下属之间的关系。但这些特征在恋爱关系中表现得最为明显，而且，只要在恋爱关系中掌握了这些特征，我们在其他关系中便能轻易地认出它们来，而不管它们是否会被忠诚、责任这样的合理化外表所掩盖。

病态依赖关系开始于不成功的伴侣选择。更确切地说，我们不应该谈什么选择。自谦型个体事实上不会主动进行选择，而只是会被某些类型的人"迷住"。他自然而然地会被一个比他更为强大、更为优秀的同性或异性吸引。我们在此不考虑健康的伴侣，他可能很容易爱上一个分裂的人（如果这个人因其财富、地位、声誉或者特殊天赋而具有某种魅力的话），爱上一个同他一样开朗、自信的外向自恋型的人，爱上一个敢于公开提出要求且不在乎自己的傲慢无礼的自大报复型的人。他之所以容易迷恋这样一些人，原因有多个。他往往会高估这些人，因为他们似乎拥有一些他所没有的品质，而且他还会因为自己缺乏这些品质而鄙视自己。这可能是一个独立、自足的问题，可能是一种对于优越地位的无敌自信，也可能是在炫耀傲慢自大或攻击性方面表现出的勇敢无畏。只有这些强大的、处于优越地位的人——他眼中的他们就是这样的——才能满足他的需要，才能照顾他。我们来看一下一位女患者的幻想：只有一个拥有一双强壮臂膀的男人才能将她从失火的房子里、失事的船只里或者盗贼的手中救出来。

但是，他之所以被迷住或者被吸引——这样一种迷恋中所包括的强迫性因素——确切地说是因为他的扩张性驱力遭到了抑制。就像我们看到的那样，他必定会不遗余力地否认这些驱力。不管他有什么样隐匿的自负和掌控驱力，都与他不相干——相反，他认为，他的自负系统中受到压制的无助部分才是他自己的本质所在。但与此同时，由于他承受着自己的退缩过程所带来的痛苦，因此，他可能也会觉得以富有攻击性的、自大的方式去掌控生活的能力是最为理想的。在无意识之中，甚至——当他觉得自己可以自由地将其表达出来时——在意识层面，他觉得，要是他能像西班牙征服者那样骄傲、残忍就好了，那样的话，整个世界就都在他的脚下，那他就"自由"了。但因为他无法拥有这种品质，因此他会被他人身上的这种品质所吸引。他常常会将自己的扩张性驱力外化出来，并满心羡慕他人身上的扩张性驱力。正是他们表现出来的骄傲自大深深打动了他。由于他不知道只能在自己身上解决这一冲突，因此，他试图通过爱来解决。去爱一个骄傲的人，与他融为一体，让他来代替自己生活，这样他便可以参与对生活的掌控，而不用将此归于自己所为。如果在维持关系的过程中，他发现对方也有致命的弱点，那么，他有时候可能就会失去兴趣，因为他再也不能将他的自负转移到对方身上。

与此同时，一个具有自谦倾向的人通常不会吸引他，让他将其视为性伴侣。他可能会喜欢同他做朋友，因为与其他人相比，他在这种人身上可以找到更多的同情、理解和爱慕。但如果与他的关系再亲密一点，他可能就会觉得厌恶。看到这个人，他就会觉得自己在照镜子一样，他会看到自己的软弱，因此，他鄙视这个人，或者至少会因此而感到恼怒。此外，这种伴侣所表现出的完全依赖于他人的态度也会让他感到害怕，因为只要一想到自己必须成为比对方更强的那一个，他就会觉得恐惧。因此，这些负面的情绪反应会导致他不可能看重这种伴侣身上现存的优点。

在那些明显表现出骄傲态度的人当中，自大-报复型个体通常对这种依赖性强的人具有最大的吸引力，尽管就依赖者真正的自我利益而言，他有充分的理由害怕他们。他们之所以会吸引依赖者，部分原因在于他们常常很明显地表现出他们的骄傲。但更为关键的原因是这样一个事实，即他们极可能会将他自身的骄傲敲得粉碎。事实上，这种关系可能开始于自大者某次粗鲁的冒犯。萨默塞特·毛姆在他的《人生的枷锁》(*Of Human Bondage*) 中菲利普（Philip）和米尔德里德（Mildred）的初次邂逅时就曾描写了这一点。斯蒂芬·茨威格的《马来狂人》(*Amok*) 中也有类似的例子。在这两个例子中，依赖者一开始的反应都是愤怒，并产生要报复冒犯者的冲动——在这两个例子中，冒犯者都是女性——但几乎与此同时，他又非常迷恋她，以至于无望而又疯狂地为之"倾倒"，此后，能够驱动他的唯一兴趣便是：赢得她的爱。这样一来，他便摧毁（或者几乎摧毁）了他自己。侮辱性行为经常会促成一种依赖关系。事情的发展不一定总是像《人生的枷锁》或《马来狂人》中所描述的那样富有戏剧性。它可能要微妙、隐秘得多。但如果说它在这样一种关系中是完全缺失的，那就太让人感到诧异了。它可能仅仅表现为：不想或者因为自负而不愿意注意他人，不愿同他人开玩笑或说笑话，对他人身上那些通常能够给人留下深刻印象的优点视而不见——如姓名、职业、知识、美貌等。这些都是"侮辱"，因为在他看来这些都是拒绝的表现——就像我在前面曾提到过的——在那些认为骄傲主要就是让所有人都爱上自己的人看来，拒绝就是侮辱。这种现象发生的频率让我们明白了超然者对他而言的吸引力。正是他们的冷漠和不可接近造成了这种侮辱的拒绝。

诸如此类的事件似乎加深了这样一种观念：自谦型个体只是渴求痛苦，他渴望抓住侮辱所提供的这种机会。事实上，没有什么比这样一种观念更能阻碍我们真正理解病态依赖。由于它还具有一丝真实性，因此更会让人产生误解。我们知道，痛苦对他来说具有多方面的神经症价值，而且，侮辱行为也确实像磁石般的吸引他。这里的错误在于：通过假定这种磁石般的吸引往往取决于受苦的机会，从而在这两个事实之间建立了一种过于随意的因果关系。这种现象产生的原因还在于另外两个因素（这两个因素我们曾分别提到过）：他人表现出的傲慢自大和攻击性对他的吸引力，以及他自己想要屈服的需要。现在，我们可以看到，这两个因素之间的关系比我们迄今为止所认识到的还要更为密切一些。他渴望自己在肉体和精神上都屈服，但只有当他的自负屈服了或者被粉碎了的时候，他才能做到这一点。换句话说，最初的冒犯已不再那样有吸引力了，因为它不仅带来了自我摆脱和自我屈服的可能性，同时也带来了伤害。引用一名患者的话来说："动摇我心底自负的人也把我从自大和自负中解放了出来。"或者："如果他能侮辱我，那就说明我只是一个普通人。"而且，他还可能会补充说："只有到那时，我才能去爱。"在这里，我们也可能会想起比才（Bizet）作品里的卡门（Carmen）：只有当她不被爱时，她的激情才会燃烧。

毫无疑问，把"放弃自负"作为向爱屈服的一个严格条件是不正常的（就像我们马上就要看到的那样），特别是因为有明显自谦倾向的个体只有在他觉得自己受辱或者真的受到了侮辱的时候，他才能去爱。但是，如果我们还记得这一点，即对健康个体而言，爱与真正的谦卑是联系在一起的，那么，这种现象看起来便不再那么奇特而神秘了。我们起初可能认为这与我们在扩张型个体身上所看到的完全不同，但差异实际上也并没有这么大。后者对爱的恐惧主要取决于他在无意识中的认识，即他将不得不为了爱而放弃他的大部分神经症自负。简单来说就是：神经症自负是爱的敌人。在这里，扩张型个体和自谦型个体之间的区别在于：前者并不热切地需要爱，相反，他视爱为危险而避之不及；而在后者看来，"向爱屈服"似乎是能够解决一切事情的方法，因此爱是一种必须获得的至关重要的东西。扩张型个体在其自负崩溃时也可能会屈服，但接着他可能狂热地成为其奴隶。司汤达在《红与黑》一书中写到骄傲的玛蒂尔德（Mathilde）对于连的强烈感情时就描述了这个过程。这表明，自负者对爱的恐惧是有充分理由的——在他自己看来是这样。但在大多数时候，他非常警惕，不会让自己陷入爱河。

虽然我们在任何关系中都能研究病态依赖的特征，但这些特征在自谦型个体与自大-报复型个体之间的性关系中表现得最为明显。这种关系里产生的冲突最为强烈，而且能得到更为充分的发展，因为双方各自的原因，所以关系持续的时间往往也更长。自恋或超然的一方更容易对加于他身上的隐性要求感到厌烦，因此也更容易放弃①，而受虐的一方则更倾向于将自己与他的牺牲者绑在一起。相应地，对依赖者而言，要想让自己从与自大-报复型个体的关系中解脱出来就更加困难了。由于他特有的弱点，他无法解决这样一种复杂的状况，就像一艘为在平稳水面航行而修建的船只无法横渡巨浪滔天的海洋一样。他完全缺乏坚定性，于是，人格结构中的每一个弱点都会被他感觉到，而这可能意味着毁灭。同样，一个自谦型的人在生活中也可能完全正常，但一旦陷入这样一种关系所引起的冲突之中，他身上隐藏的每一种神经症因素都会开始发生作用。在此，我将主要从依赖者的角度来描述这一过程。为陈述简单起见，我假定自谦的一方是女性，而具有攻击性的一方是男性。虽然很多例子表明，自谦与女性没什么关联，攻击性和自大与男性也没什么关系，但实际上，这种组合在我们的文化中似乎更为常见。这二者都是异常的神经症现象。

给我们留下深刻印象的第一个特征是：这个女人会完全投入关系中。对方成为她生活的唯一中心。所有事情都围着他转。她的心情完全取决于他对她的态度是积极的还是消极的。她不敢有任何计划，唯恐接不到他的

---

① 参见 Flaubert, *Madame Bovary*。她的两个情人都对她感到厌倦并离开了她。也可参见 Karen Horney, *Self-Analysis*, Claire's self-analysis.

实现自我

电话或者错过与他共度良宵的机会。她满脑子想的都是怎样理解他、帮助他。她所有的努力都是为了满足她所认为的他对她的期望。她只害怕一件事——反对他、失去他。而与之相反,她其他方面的兴趣都慢慢消失了。她的工作除非与他有关系,否则就会变得没什么意义。甚至是她的职业工作,她的态度也可能如此,除非她极爱这份工作,或者是一份她已经取得了一定成功且富有成就的工作,显然,后一种情况让她最为痛苦。

其他的人际关系往往会被她忽略。她可能会忽略甚至是离开她的孩子和家庭。友谊越来越被她当成他不在时用来打发时间的消遣。一旦注意到他出现了,她就会放下手头的一切事情。其他人际关系的受损通常是对方促成的,因为他反过来也想让她越来越依赖自己。而且,她还开始通过他的眼睛来看待自己的亲戚或朋友。对于她对他人的信任态度,他常常嗤之以鼻,并向她灌输他的怀疑态度。这样一来,她便失去了自己的根基,变得越来越没有主见。此外,她那一直处于低潮的利己之心也慢慢消失了。她可能负债累累,面临名誉、健康、尊严受损的危险。如果她正接受分析,或者有自我分析的习惯,那么,对自我认识的兴趣往往就会让位于一种对于理解他的动机、帮助他的关注。

问题可能一开始就完全出现。但有时候,事情暂时看起来是相当吉利的。从某些神经症方面看,这两人似乎很般配。他需要成为掌控者,而她需要的则是屈服。他常常公然苛求,而她则表现得顺从服帖。对她来说,只有当骄傲被破坏时,她才会屈服,而他由于自身的许多原因,肯定能做到这一点。但是,这两种气质——或者更确切地说,这两种神经症结构——之间早晚必定会出现冲突,因为它们本质上截然相反。它们之间的主要冲突出现在有关情感、"爱"的问题上。她坚持需要爱、情感和亲密的关系。而他却极度害怕积极的情感。他觉得流露出情感是粗鄙的表现。她对爱的保证,在他看来似乎纯粹是一种虚伪——事实上,就像我们所看到的,她确实更多的是受到了一种想要失去自我并与他融为一体的需要的驱使,而不全是出于对他的爱。他无法不去打击她的情感,因此也就与她产生了对抗。而这反过来会让她觉得自己受到了忽视或虐待,这会唤起她的焦虑并强化她的依恋态度。这里会出现另一个冲突:虽然他用尽一切办法让她依赖自己,但她对他的依附却又让他感到恐惧和厌恶。他害怕、鄙视自己身上的一切弱点,同时也鄙视她身上的弱点。这对她来说意味着另一种拒绝,从而引发她更强烈的焦虑和更多的依附行为。她的内隐要求在他看来是一种胁迫,他必须用力反击,以维持他的掌控感。她给予他的强迫性帮助冒犯了他在独立自足方面的自负。她坚持"理解"他的做法同样也伤害了他的自负。而事实上，尽管她做出了各种诚心诚意的努力，但其实并没有真正地理解他——她很难做到这一点。此外，她的"理解"中夹杂了太多求得原谅和宽恕的需要，因为她觉得她的一切态度都是善意且自然的。而反过来，这会让他觉得她的道德感优越于他，因此恨不得撕掉她的伪装。因为他们二人在内心深处都觉得自己是对的，因此他们不太可能就这些事情进行心平气和的交谈。于是，她开始认为他是一个残忍的人，而他则认为她是一个道德伪君子。如果他是以一种建设性的方式撕掉她的伪装，那将非常有帮助。但在大多数时候，他采取的是一种讽刺、贬损的方式，所以只会伤害她，让她觉得更没有安全感、依赖性更强。

如果有人问他们在这些冲突中是否对对方有所帮助，那完全是一种无聊的猜测。当然，他能忍受一定程度的软化（softening），而她也能忍受一定程度的硬化（toughening）。但大多数时候，他们深陷于自己特殊的神经症需要和厌恶之中。给双方都带来最坏结果的恶性循环一直在起作用，因此只能导致彼此之间的相互折磨。

她所面对的挫折和局限的种类不同，不过，文明程度和强烈程度的不同比种类之间的不同还要大。他们之间好像一直在玩某种猫捉老鼠的游戏：一会儿被吸引，一会儿又排斥；一会儿要纠缠到一起，一会儿又逃避退缩。在发生令人满意的性关系后，可能随之而来的是粗鲁的冒犯；在共度良宵之后，接下来可能连约会都会忘记；在引得对方信任后，接着可能会利用对方的信任来讽刺她。她可能也会尝试玩同样的游戏，但由于受限制太多，因此玩不好。但她一直都是供他玩弄的好工具，因为他的攻击常常让她消沉沮丧，但他看上去心情又很好，从而让她错误地以为从现在开始一切都会变得更好。他总是觉得自己有权利做大量的事情而不应受到任何质疑。他的要求可能涉及经济支持、送给他自己及其亲友礼物，为他做事（如做家务、打字等），发展他的事业，严格考虑他的需要。后面这些要求可能涉及如时间安排、一心一意对他所最追求的东西感兴趣且不加任何批判、需要人陪伴或者不要人陪伴、在他生气或愤怒时仍能保持镇定等等。

无论他的要求是什么，他都觉得显然是理所应当的。当他的愿望不能实现时，他不会有任何感激，而是不停地抱怨、发火。他觉得并毫不含糊地声称自己一点也不苛求他人，她却吝啬、懒散、不替他人着想，也不懂感激——而他却要忍受这一切。与此同时，他可以很敏锐地看出她的要求，并认为她的所有要求都属于神经症要求。她对于情感、时间及伴侣的需要是占有性的，她在对性或美食的渴求方面则过于放纵。因此，当他不满足她的这些需要时（出于他自己的原因，他必须要这么做），他会觉得这根本就算不上什么挫折。他觉得最好是不要理会她的需要，因为她应该为自己有这样的需要而感到羞耻。事实上，他挫败她的技巧已获得了高度的发展，主要包括：表现出闷闷不乐的样子来破坏欢乐气氛，让她觉得自己不受欢迎或不被需要，身体上或心理上与她保持距离，等等。对她来说，最具伤害性且最不易察觉的部分是他经常表现出来的无视、鄙视她的态度。不管他实际上对她的能力或品质有多尊重，他都极少表现出来。与此同时，就像我在前面已经说过的那样，他确实会因为她的柔弱、谨慎和拐弯抹角而瞧不起她。但除此之外，由于他需要积极主动地将他的自我憎恨外化出去，因此他会吹毛求疵，并且爱贬损他人。如果她敢反过来指责他，他就会以一种专横的方式对她的话不屑一顾，或者证明她是在打击报复。

我们发现，在性问题上存在的差异最大。性关系或许是唯一令人满意的关系。或者，如果他在享受性爱方面受到了抑制，他可能就会让她在这方面也遭遇挫折，这会让她更加痛苦，因为他在性方面缺乏温柔，而性在她看来可能是爱的唯一保证。或者，他可能会把性当成一种贬低她、羞辱她的手段。他可能会明确表示，她对他来说只不过是一个性对象而已。他可能会向她炫耀他与其他女人的性关系，并混杂着说一些贬损她的话，说她不如其他女人有吸引力或者主动。由于他一点也不温柔，或者因为他使用了虐待的技术，因此，性交可能会被视为下贱的事情。

她对这种虐待的态度极为矛盾。就像我们马上就要看到的那样，这不是一组静止不变的反应，而是一个会让她陷入越来越多冲突的不断波动的过程。一开始，她表现得完全无助，就像她一直以来对攻击型个体的态度那样。她从来都没有能力坚持自己的要求并以任何有效的方式予以反击。一直以来，"顺从"（complying）对她来说都是更容易做到的事情。而且，因为她很容易产生内疚感，所以他颇为同意他的许多谴责，尤其是因为他的谴责中还常常带有一点点的真实性。

但现在，她的顺从倾向更为严重了，而且性质也发生了变化。它依然是她想讨好他人、取悦他人之需要的表达，但除此之外，它现在还取决于她对于完全屈服的渴求。就像我们所看到的那样，只有当她的自负大部分崩溃时，她才能做到这一点。因此，她有一部分的自己私下里欢迎他的行为，而且非常积极主动地配合他。他很明显——虽然是在无意识之中——就是要摧毁她的自负，她内心深处也有一种恭维式的想要将其扼杀的不可抑制的冲动。在性行为中，她或许能完全意识到这种冲动。出于狂乱的性欲，她可能会让自己跪下，处于受辱的位置，让对方打自己、咬自己、侮辱自己。有时候，只有在这些情况下，她才能得到彻底的满足。这种通过自暴自弃的方式让自己完全屈服的冲动，似乎比其他说法更能解释受虐狂的性变态表现。

这样一些为了贬低自己而坦率表达性欲的做法，证明了这种驱力所具有的强大力量。它也可能表现于有关低级的性狂欢、当众裸露身体、被强奸、被捆绑、被打的幻想中——这些幻想通常与手淫有关。最后，这种驱力还可能表现在梦中：梦到自己一丝不挂地躺在臭水沟里被同伴拉起，梦到自己被他当成了妓女，梦到自己匍匐在他脚边。

这种自暴自弃的驱力可能过于伪装，而让人无法看清楚。但在一个经验丰富的观察者看来，这种驱力会以多种形式表现出来，如她急切地——或者相当迫切地——去粉饰他的过错，把他犯下不当行为而应承担的责任揽到自己头上；或者卑贱地去侍奉他、顺从他。她自己意识不到这一点，因为在她看来，这种顺从就是谦恭或爱的表现，或者是在爱的过程中表现出来的谦恭，而这又是因为这种让自己臣服的冲动通常情况下——除了在性的问题上——都被深深地压抑到了心底。但是，这种冲动一直存在，而且加强了妥协，从而使得这种贬低情况发生而不会被个体意识到。这就解释了很长时间以来她可能甚至都注意不到他的无礼行为，而在别人看来却是再明显不过的原因。或者，即使她注意到了他的无礼行为，她也不会对它产生情感体验，也不会真正去在意它。有时候，她的朋友可能会提醒她注意这一点。但即使她相信这是事实，而且她的朋友提醒她是因为关心她的幸福，这可能也只会激怒她。事实必定会如此，因为它过于密切地触动了她在这方面的冲突。比这甚至更能说明问题的是，她自己有时候也会努力挣脱这种处境。她可能会一次又一次地回想起他所有的侮辱、羞辱她的态度，希望这能帮助自己采取一种与他对抗的立场。只有经过长期的这种徒劳的尝试之后，她才会惊奇地认识到，这些根本就无足轻重。

此外，她追求完全屈服的需要还会导致她必须把伴侣理想化。因为只有在一个代表了她的自负的人身上，她才能找到自己的统一性，因此，这个人应该是骄傲的，而她则应该顺从。我在前面曾提到过，他的自大一开始就让她着了迷。虽然这种有意识的迷恋可能会慢慢消退，但她还是继续会以更为微妙的方式对他进行美化。后来，她可能在许多细节上看清了他，但只有当她真正与之决裂时，她才能冷静地看清他的全部——甚至到了此时，她可能还是依然会美化他。例如，其时她还往往认为，虽然他确实存在许多问题，但他在大多数情况下还是对的，而且他知道的东西比其他任何人都要多。在这里，她理想化对方的需要以及她想让自己屈服的需要同时起了作用。她完全失去了她的个人自我，以至于只能通过他的眼睛来看他、他人以及她自己——这是导致她难以离开他的另一个因素。

到目前为止，她和伴侣之间的关系一切进展顺利。但当她下的赌注没有实现的时候，便会出现一个转折点，或者更确切地说是一个持续很长时间的转折过程。毕竟，她的自我贬损在很大程度上（虽然不完全如此）是一种为达到某个目的而采取的手段：通过让自己屈服并与伴侣融为一体，从而找到自己内在的统一性。在她看来，为了实现这个目的，伴侣必须接受她对爱的屈服，并回报她的爱。但正是在这个关键点上，他没有满足她——我们知道，他由于自己的神经症，必定会这样做。因此，虽然她并不介意——或者更确切地说，她内心里相当欢迎——他的自大态度，但她害怕且十分痛恨他的拒绝，以及在爱情上所遭遇的或含蓄或明显的挫折。这涉及两个方面：一方面她深切地渴望获得救赎，另一方面她的自负又要求她应该有能力让他爱上她并维持这段关系。除此之外，她像大多数人一样，也无法轻易放弃一个让她投入太多的目标。因此，对于他的粗暴对待，她的反应是焦虑、沮丧或绝望，但不久之后，她又重新充满希望，坚信他终有一天会爱上她——虽然证据与此相反。

正是在这个时候，冲突出现了。一开始，冲突持续的时间很短，很快就能被克服，但慢慢地，冲突变得越来越深，持续的时间也变得越来越长。一方面，她竭尽全力想改善关系。在她看来，这似乎是努力培养感情的好方法；而他则认为，她的依附倾向更严重了。他们二人从一定程度上说都是对的，但又都忽略了最基本的问题：她所努力争取的是在她看来属于至善的东西。她比以前任何时候都更加小心翼翼地去取悦他、满足他的期望、寻找自身的错误、忽略或者不去怨恨他任何的粗鲁表现、理解他、安慰他。由于没有意识到所有这些努力都是服务于根本错误的目标，因此，她将这些努力视为"改善"。同样，她一直以来也坚信这样一个信念（而这个信念通常是错误的）：他也"改善了"。

另一方面，她开始憎恨他。一开始，这种憎恨被她完全压抑了下去，因为它会摧毁她的希望。后来，这种憎恨偶尔会在她的意识中闪现。此时，她开始怨恨他对她的无礼冒犯，但还是犹豫着不愿向自己承认这一点。接着，报复的倾向开始变得越来越明显。她真正的怨恨开始爆发出来，但她依然不知道这是否真实。她开始变得越来越挑剔，越来越不愿意像以前那样任他剥削利用。这种报复心理的特点大部分以间接的方式表现

第十章 | 病态依赖

出来：抱怨、痛苦、牺牲，以及依附表现的增多。此外，报复的成分也会潜入她的目标之中。这些报复的成分一直潜伏在那里，但现在却像癌细胞一样扩散。虽然她依然渴求他的爱，但现在"获得他的爱"更多地成了一种报复性胜利。

无论从哪一方面来看，这对她来说都是不幸的。虽然报复依然是无意识的，但在一个如此关键的问题上分歧很大，从而导致了真正的不幸福。而且，正因为是无意识的，所以这种报复心理将她与他更为紧密地捆绑到了一起，因为它给了她另一个努力追求"美满结局"的强有力的诱因。但即使她成功了，他最终确实爱上了她——如果他不太过顽固，而她也不太过自毁的话，他有可能会爱上她——她也得不到任何好处。她对胜利的需要一旦得到满足，其强度就会降低，她的自负也得到了补偿，但她已不再感兴趣。她对于他所给予的爱可能会心存感激，但又觉得这来得太晚了。事实上，她的自负一旦得到满足，她便无法去爱了。

不过，如果她付出了双倍努力但仍不能从根本上改变这种状况时，她可能就会转而猛烈地反对自己，从而陷入双重的冲突之中。由于屈服的念头慢慢地失去了其价值，她也意识到自己忍受了太多的侮辱，所以她会觉得自己被人剥削利用了，并因此而憎恨自己。她终于开始认识到，自己的"爱"实际上是一种病态依赖（她还可以用其他任何词语来表示）。这是一种有益健康的认识，但一开始她对此的反应是自我轻视。此外，她还会谴责自己身上的报复倾向，并因此而憎恨自己。最后，她会因为自己未能得到他的爱而无情地抨击自己。这种自我憎恨，她能意识到一部分，但通常情况下，大部分的自我憎恨会以自谦型个体所特有的消极被动的方式被外化了出去。这就意味着她现在产生了一种强烈而广泛的被他虐待了的感觉。这往往会导致她对他的态度出现一种新的分歧。因为觉得自己受到了虐待而引发的怨恨变得越来越强烈，从而让她失去理智。但同时，这种自我憎恨要么令人非常害怕，以至于需要他人的情感安慰，要么在纯粹自毁的基础上强化她忍受虐待的能力。于是，伴侣成了她自毁行为的执行者。她之所以被迫忍受折磨和羞辱，是因为她憎恨自己、鄙视自己。

有两名患者的自我观察或许可以说明自我憎恨在这一时期的作用，他们二人都想从一段依赖关系中解脱出来。第一名患者是男性，他决定独自一人去度一次短假，为的是弄清楚自己对所依赖的那个女人到底是什么样的真实情感。这种尝试虽然可以理解，但大多数情况下被证明是徒劳无用的——部分原因在于一些强迫性因素掩盖了这个问题，还有部分原因是个体通常并非真的关心他自己的问题以及他与所处情境的关系，而只想凭空"查明"他是否爱另一个人。

在这个例子中，尽管他肯定找不到问题的答案，但他想要查明问题之根源的决心还是会使他有所收获的。情感确实会显现，事实上，他会陷入情感的风暴之中。一开始，他会沉浸在这样一种感觉之中，即这个女人太残忍、太没有人性了，对她施加任何惩罚都不为过。不久之后，他又会产生一种同样强烈的感觉：他愿意付出一切来换取她的一个友善举动。这些极端的情感会交替出现好几次，而且每一次感觉都非常真实，以至于他当时都忘了与之相反的感觉。只有当这个过程反复出现三次之后，他才会认识到自己的情感是相互矛盾的。只有到了这个时候，他才会认识到这些极端情感没有哪一种能代表他的真实情感；也只有到了这个时候，他才会清楚地看到这二者都具有强迫性。这种认识让他获得了解脱。他不再无助地从一种情感体验走向另一个极端，相反，他现在开始认为这二者都是需要去理解的问题。下面这段分析让人惊奇地认识到，与其伴侣相比，这两种情感实际上竟与他自己内心过程的关系更为密切。

下面两个问题有助于澄清这种情感的剧变：他为什么非要将她的冒犯夸张到让她看起来像一个毫无人性的怪物的程度？他为什么需要花这么长的时间才认识到自己的情绪波动中这么明显的矛盾？第一个问题让我们看到了这样的顺序：先是自我憎恨增多（由于多方面的原因），然后觉得自己被这个女人虐待的感觉增强，接着，通过对她采取报复性憎恨的态度从而将自己的自我憎恨外化出来。看清这个过程之后，第二个问题的答案就简单了。只有当他对这个女人又爱又恨时，他的情感才会出现矛盾。事实上，当他认为对这个女人施加任何惩罚都不为过时，他自己也会因为这种报复的念头而感到害怕，为了让自己安心，他试图通过让自己对这个女人充满渴望来缓解自己的这种焦虑。

另一个例子是关于一名女患者的，她曾在某个特殊时期一直在两种情感之间摇摆不定：一会儿觉得自己相当独立，一会儿又觉得有一股不可抗拒的冲动令她想给她的伴侣打电话。一旦把手伸向电话——她完全知道再次联系只会让事情变得更为糟糕——她便想："我希望有人把我绑在桅杆上，像尤利西斯（Ulysses）那样……像尤利西斯那样？但他需要被绑起来，是为了抵制女巫瑟茜（Circe）的诱惑，否则，她就会把人变成猪！"①

---

① 这名患者将海妖塞壬（Sirens）的事与瑟茜混为了一谈。当然，这不会影响其发现的正确性。

第十章 | 病态依赖

而驱动我的则是：一种贬低自己、让自己受他羞辱的强烈冲动。"她觉得这是事实，于是咒语被打破。这时，她开始能够进行自我分析，于是她问了自己这样一个相关的问题：是什么使得刚才的这种冲动如此强烈？接着，她便会体验到大量以前不曾意识到的自我憎恨和自我轻视。以前发生的事情出现了，这些事情曾导致她反抗自己。在此之后，她感到释然，也更为踏实了，因为她这个时候想离开他，而且通过这次自我分析，她确实找到了一根仍然将她与他捆绑在一起的绳索。在接下来的这次分析面询中，她一开始就说了这样的话："我们必须更详细地研究我的自我憎恨。"

因此，由于所提到的这一切因素——实现的希望越来越小、加倍的努力、憎恨与报复心理的出现及其影响、针对自我的暴力行为——其内心的混乱状态日益严重。内心的状况变得越来越难以维持。事实上，她此刻已处于成败的紧要关头。现在有两种举动，到底会采取哪一种举动则完全取决于哪一方获胜。一种是沉没——我们在前面已经讨论过这一点——该举动对于这种类型的人来说极具吸引力，觉得它最终能解决一切冲突。她或许会考虑自杀，以自杀相威胁，尝试自杀，以及真的自杀。她可能会患上疾病、死于疾病。她可能在道德上变得相当草率，例如陷入一些毫无意义的风流韵事之中。她可能会采取报复性的方式猛烈攻击其伴侣，但通常她自己受到的伤害反而更深。或者，由于没有认识到这一点，她可能完全失去对生活的热情，变得懒散起来，不在意自己的外表、工作，并且变得越来越胖。

另一种举动是朝着健康发展的方向，努力挣脱这种处境。有时候，正是因为意识到自己实际上已面临濒于崩溃的危险，她才有了必要的勇气。有时这两种举动交替进行。挣脱的过程是非常痛苦的。这样做的动机和力量既有健康的来源，也有神经症的来源。因此，存在一种正在被唤醒的建设性利己之心；同时也因为实际所遭遇的所谓虐待以及他让她有"受骗"感而对他产生了一种日益增强的愤恨；游戏中的失败也会让她觉得自负受到了伤害。但与此同时，她也会面临极大的困难。她已割断了与这么多人和事的关系，觉得自己就像是被撕裂了一样，一想到自己将被抛弃，她便惊恐不已。此外，关系的破裂也意味着宣布自己的失败，因此另一种自负会反对她这么做。通常情况下，这两种情况会交替出现——有时她觉得自己能离开他，有时又宁愿承受任何侮辱也不愿挣脱。这在很大程度上就像是两种自负之间的斗争，而她自己则万分恐惧地站在它们中间。其结果取决于多种因素。其中大多数因素在于她自身，但也还有很多因素在于她的整个生活处境——诚然，朋友或分析学家的帮助可能非常重要。

假如她确实成功地摆脱了这种情感上的纠葛，那么，她的行为的价值则取决于这样一些问题：她千方百计地摆脱了一种依赖，但会不会迟早又仓促地进入另一种依赖呢？或者，她对自己的情感非常谨慎，这会不会导致她扼杀所有的情感呢？这样一来的话，她可能看起来很"正常"，但实际上却是伤痕累累。或者，她有没有发生彻底的改变，变成了一个真正的强者？这些都有可能实现。自然，分析为她提供了最好的机会去克服这些给她带来痛苦和危险的神经症问题。但是，如果她在挣扎中能够调动起足够的建设性力量，并且在经历了真实的痛苦之后变得成熟起来，那么，她便能完全诚实地面对自己，努力使自己自力更生，从而获得内心的自由。

病态依赖是我们必须解决的最为复杂的现象之一。只要我们不承认人类心理的复杂性，并坚持用一种简单的规则来解释一切，那我们便没有能够理解这一点的希望。我们不能将一切都解释为性受虐狂的多个分支。如果性受虐狂真的存在，它也只是其他许多因素的结果，而不是它们的根源。它不完全指一个软弱无望之人倒错的性施虐癖。我们将关注的焦点放在其寄生或共生的方面上，或者放在神经症患者丧失自我的驱力上时，也没有抓住它的本质。自我毁灭虽然有强加痛苦于己身的冲动，但它也还不足以成为一条解释的原则。最后，我们也不能将全部情况都看成仅仅只是自负和自我憎恨的外化。当我们把这个或那个因素视作全部现象的深刻根源时，那我们便只能得到一种片面的看法，而无法看到其中所有的特性。而且，所有这样的解释都太过静止。病态依赖不是一种静止的状态，而是一个过程，在这个过程中，所有因素或大多数因素会起作用——它们会一一显现出来，一旦重要性降低，一个因素就会决定或强化另一个因素，或者与另一个因素相冲突。

最后，上面提到的所有因素虽然与整个状况有关，但从某种程度上说似乎过于消极，以至于无法解释这种情感纠葛的激烈性。不管是突然爆发，还是郁积于心，它都是一种激情。但是，如果没有对某种重要成就的期望，激情就不会存在。而至于这些期望是否以神经症为前提而产生，通常就没什么关系了。这个因素就是想要完全屈服的驱力，以及对于通过与伴侣融为一体从而找到统一性的渴望。这个因素不能被分离出来，而只能放到自谦性人格的整个框架中理解。

第十一章
放弃：自由的吸引力

第三种解决内心冲突的主要方法，本质上指的是神经症患者撤出内心战场，并宣称自己对此毫无兴趣。如果他能鼓起勇气并保持一种"不在乎"的态度，那么，他就会较少受到内心冲突的干扰，并能获得一种表面的内心平静。因为只有放弃积极的生活，他才能做到这一点，所以，我们似乎可以用"放弃"（resignation）一词对这种解决方法进行恰当命名。从某种程度上说，"放弃"是所有解决方法中最为彻底的一种，也正是因为如此，它在大多数情况下能比较顺利地进行。而且，由于我们对"健康"的感觉通常都比较迟钝，因此常常将放弃者误认为是"正常的"而让其蒙混过关。

放弃或许具有一种建设性的意义。我们可以想到许多较为年长的人，他们认识到雄心和成功本质上是徒劳无用的，因此降低了期望和要求从而让自己变得成熟了一些，他们还通过舍弃一些不太重要的东西从而让自己变得更为明智。在许多形式的宗教或哲学中，"舍弃不太重要的东西"往往会得到大力拥护，它们认为这是获得更大精神发展和成就的前提条件：为了更接近上帝而放弃表达个人的意志、性欲，以及对世俗利益的渴求。为了让生命永存，而放弃对稍纵即逝之事物的渴求。为了获得人类身上潜在的精神力量，而放弃个人的努力和满足。

不过，对于我们这里所讨论的神经症解决方法来说，放弃意味着满足于一种仅仅只是没有冲突的平静。在宗教实践中，追求平静并不是要放弃奋斗和努力，而是要将它们引向更高的目标。对神经症患者来说，追求平静则意味着放弃奋斗和努力，而满足于更少的东西。因此，他的放弃是一个退缩、限制和削减生活与成长的过程。

正如我们后面将会看到的，"健康个体的放弃"与"神经症患者的放弃"之间的区别并不像我刚刚所说的那样截然分明。即使是神经症患者的放弃，其中也包含了积极的价值。但我们的眼睛所看到的往往是因为这一过程而产生的某些消极品质。如果我们回想一下另外两种主要的解决方法，就会更清楚这一点。在他们身上，我们看到的是一幅混乱的画面：急切地想得到什么、追逐着什么，并对某种追求充满了热情——而不管这种东西是与控制有关，还是与爱有关。在他们身上，我们看到了希望、愤怒和绝望。即使是自大-报复型的人，虽然他们抑制了自己的情感而变得冷酷，但也迫切渴望——或者因为受到驱使而渴望——成功、权力与胜利。放弃的情景则与之相反，如果放弃的倾向持续存在，那么生活就会一直处于低潮——一种没有痛苦、没有摩擦但也没有激情的生活。

因此，我们丝毫不奇怪，神经症放弃的基本特征显著地表现为一种受到限制、逃避某物、不需要或者不愿做的感觉。每一个神经症患者身上都存在某种程度的放弃。我在这里将要描述的是对那些将放弃视为主要解决方法的人来说具有广泛代表性的放弃。

神经症患者撤出内心战场的直接表现是他成了他自己以及他自己的生活的旁观者。我曾将这种态度描述为一种缓解内心紧张的一般方法。因为超然度外（detachment）是他普遍而显著的态度，因此他也是他人的旁观者。他的生活就好像是坐在交响乐团中，观看着舞台上的戏剧表演，而坐在那个位置看戏剧大多数时候不会令人激动。虽然他不一定是个好观众，但他可能非常敏锐。甚至在第一次咨询中，在一些相关问题的帮助下，他或许就能了解自己，当然其中充满了大量偷偷的观察。但是，他通常会补充说：这些我都知道，但这并不能改变什么。当然什么都不会改变——因为他的发现中没有哪一项是他自身的体验。做自己的旁观者仅仅意味着：不积极主动地参与生活，并在无意识之中拒绝这样做。在分析中，他通常会尽力维持同样的态度。他可能极为感兴趣，但那种兴趣在相当长一段时间里可能停留在着迷的消遣水平上——什么都没有发生改变。

不过，有一件事是他甚至在理智上也要回避的，那就是：看到自身任何冲突的危险。如果他猝不及防地看到了冲突，或者在某种程度上卷入了某次冲突，他可能就会极度恐慌。但大多数时候他过于警惕，不会让任何事情触动他。一旦接近某个冲突，他对于整件事情的兴趣就会逐渐消失。或者，他可能会证明这个冲突根本就不是冲突，从而说服自己摆脱冲突。当分析学家察觉到患者的"回避"策略，并告诉他"看，这就是你那岌岌可危的生活"时，患者往往不太明白分析学家说的是什么。对他来说，这不是他的生活，而是一种他所观察到的生活，在这种生活中，他并未起到

第十一章｜放弃：自由的吸引力

任何积极的作用。

第二个特征与"不参与"密切相关，那就是：缺乏对成就的任何严肃认真的追求以及对努力的厌恶。我之所以把这两种态度放到一起，是因为在放弃者身上，这两种态度的结合是一种典型的现象。许多神经症患者都热衷于取得某种成就，一旦受到限制不能取得该成就，他们就会感到恼怒。他在无意识之中既排斥成就，也拒绝努力。他常常最小化或者干脆否认自己的优点，并满足于自己的平淡无奇。指出与之相反的证据并不会让他有任何改变。他可能会非常恼怒。分析学家是想让他产生某种野心吗？是想让他成为美国总统吗？最后，如果他不得不意识到某些天赋的存在，他可能就会感到害怕。

而且，他也许能够谱写出优美的音乐，能够绘画写书——在他的想象当中。这是消除抱负和努力的另一种方法。他可能真的有关于某个主题的很好的独到见解，但要想将一篇论文写出来往往需要做一些创新的艰苦工作，需要仔细思考这些见解并将它们组织到一起。所以，论文一直没有动笔。他可能会有一种模模糊糊的愿望，想写一部小说或者一个剧本，但却一直等着灵感的出现。到那时，情节就会非常清楚，一切就会从笔端倾泻而出。

此外，他也很擅长为自己不做事情寻找各种各样的理由：呕心沥血、千辛万苦地写一本书有什么好！枯燥无味的书不是已经有太多的人写了吗？将所有的注意力都集中来追求一件事情会不会减少其他方面的兴趣，并因此导致自己视野狭隘？进入政界或者任何竞争性领域难道不会玷污品性吗？

这种对努力的厌恶态度可能会扩展到所有活动上。然后，它就会引起一种完全的惰性，稍后我们还会讲到这一点。之后，他在做一些简单的事情（比如写信、读书、购物）时也会表现得拖拖拉拉。或者，他可能会抵制内心的抗拒，慢腾腾地、无精打采地、毫无效率地做这些事情。一想到自己不可避免要做一些更大的事情（比如处理工作中堆积起来的任务），他可能还没开始做就已经感到厌倦了。

与此同时，他在大大小小的事情上还往往缺乏目标定向和计划性。他这一生到底想做些什么？他从未想过这个问题，而是轻易地将其抛诸脑后，就好像这根本就不是他的事一样。在这一点上，他与自大-报复型个体形成了鲜明的对比，后者通常会精心地制订长期计划。

在分析中，他的目标看起来不仅有限，而且消极。他觉得分析应该消除他那些令人困扰的症状，如与陌生人在一起时的尴尬困窘、害怕脸红或者害怕在街上昏倒。或者，他觉得分析应该消除他这个或那个方面的惰性，如阅读困难等。他可能也有一个远大的目标，用他典型的模糊术语来说，这个目标是"宁静"（serenity）。不过，这对他来说仅仅意味着没有任何麻烦，也没有任何令人恼怒、不安的事。自然，他觉得，只要是他希望得到的，不管是什么东西，都可以轻易获得，而不会有任何痛苦或压力。他觉得分析学家应该做到这一点。毕竟他是专家，不是吗？分析应该像牙医拔牙或者医生打针一样：他愿意耐心地等着分析学家呈现可以解决一切问题的线索。如果患者不用说那么多，那就更好了。分析学家应该拥有某种类似 X 光那样的东西，扫一下就可以看到患者的想法。或者，分析学家可以采用催眠的方法，这样就可以更快地解决问题——患者不需要做出任何的努力。当一个新的问题出现，想到还有那么多事情要做时，他的第一反应很可能是愤怒。就像我们在前面指出的，他可能并不介意观察自己身上的东西。他一直介意的是改变的努力。

再深入一步，我们就可以看到放弃的本质了，那就是：对愿望的限制（the restriction of wishes）。在其他类型的人身上，我们也能看到对愿望的限制。但这种限制通常只针对某些方面的愿望，如与人亲近或者获得胜利的愿望。此外，我们还认识到了愿望的不确定性，这主要是因为一个人的愿望往往取决于他"应该"希望自己获得的东西。所有这些倾向在这里也都会起作用。在这里，某个领域通常也会比另一个领域受到更大的影响。自发的愿望在这里也会因为内心指令而变得模糊不清。但除了这些以外，放弃者还会有意或无意地认为，最好不要有什么愿望或期待。有时候，这种观念会伴随一种有意识的悲观人生观，觉得不管怎样人生都是徒劳，而且没有什么东西值得为之努力。更多的时候，许多事情以一种模糊、懒散的方式看似乎很值得拥有，但却引不起具体而鲜活的愿望。即使有一种愿望或兴趣激起了他足够多的热情，穿透了"不在乎"的态度，它也会很快消失，并重新恢复为"一切都不重要"或者"没有什么东西应该重要"的平静表象。这样一种"不抱希望"可能涉及职业生活，也可能涉及个人生活——希望另找一份工作或升职、结婚、有房、有车或其他东西。这些愿望的实现看上去主要还是一种负担，而且事实上会破坏他确实有的一个愿望——不被打扰。"不抱希望"与前面提到的三个基本特征密切相关。只有当他没有任何强烈的愿望时，他才能成为自己生活的旁观者。而如果没有追求愿望的动力，他就很难有什么抱负或者明确的目标。最后，没有哪种愿望强烈到足以证明需要为之努力。因此，这两个明显的神经症要求是：生活应该轻轻松松，没有痛苦，无须努力；他应该不被

第十一章｜放弃：自由的吸引力

打扰。

他特别迫切地表现出不依恋于任何事物，甚至到了完全不需要的程度。在他看来，没有什么东西是如此重要，以至于没它不行的。喜欢某个女人，喜欢乡下某个地方或者某些饮料，这都没有问题，但不应该对此产生依赖。一旦他意识到一个地方、一个人或者一群人对他来说非常重要，失去这些，他就会很痛苦，那么，他往往就会收回他的情感。谁都不应该觉得自己对他来说不可缺少，或者将他们之间的关系视为理所应当。如果他怀疑存在这样的态度，通常就会退出。

就像他在成为自己生活的旁观者和对一切都不抱希望的倾向中所表现出来的一样，不参与的原则也会在他的人际关系中发生作用。他们的特点是超然度外，即在情感上与他人保持距离。他能享受疏远的或者短暂的关系，但不应该投入感情。他不应该依恋于某个人，不应该需要他的陪伴、帮助或者与他发生性关系。这种超然度外的态度很容易维持，因为与其他类型的神经症个体相比，如果他对他人有期望的话，不管是好还是坏，他都不会期望太多。甚至在紧急关头，他也可能想不起来向他人求助。与此同时，只要不让他投入情感，他可能也很乐意帮助其他人。他不想得到甚至不期望他人的感激。[①]

性的作用存在很大差异。有时性对他来说是与他人建立联系的唯一桥梁。因此，他可能有许多短暂的性关系，但他早晚会退出这些关系。从某种程度上说，这样的关系中不应该产生爱。他可能完全清楚自己不想与他人发生牵连的需要。或者当他的好奇心得到了满足时，他可能就会以此为理由来结束一段关系。因此，他会说，正是由于对某种新体验的好奇心驱使着他靠近这个或那个女人，而现在他已经获得了这种新体验，那么，这个女人对他来说就没有吸引力了。在这种情况下，他对女人的反应可能与他对一处新风景或者新认识的一群人的反应完全一致。既然他已经了解了她们，她们便不再激起他的好奇心，因此他转向了其他的东西。这不仅仅只是对他的超然态度的合理化。他比其他人更有意识，也更长久地将作为旁观者的态度坚持下去，有时候，这可能会给人一种对生活充满热情的假象。

与此同时，在有些情况下，他会将所有与性有关的东西从生活中剔除

[①] 更多关于这种超然态度之本质的内容，可参见 Karen Horney, *Our Inner Conflicts*, Chapter 5, Moving away from People.

出去——甚至完全扼杀这方面的所有愿望。因此，他可能甚至都没有性幻想，或者，即使有这方面的幻想，一些未遂的幻想或许就是他全部的性生活了。所以，他与他人的实际接触通常仅停留在保持距离的友善关心的水平上。

如果他确实拥有持久的关系，他当然也必须与对方保持一定的距离。在这个方面，他与自谦型个体截然相反，后者需要与伴侣融为一体。他保持距离的方式通常存在很大差异。他可能认为，性对于一种永久性的关系来说太过亲密，因此这种关系中不应该有性；相反，他可能会与一个陌生人发生关系来满足自己的性欲。与之相反，他可能会多多少少地将一种关系仅限于性接触，而不与伴侣分享其他方面的经历。① 在婚姻中，他可能很关心对方，但从不亲密地谈论自己的事情。他可能坚持要求有一大段时间完全只属于自己，或者独自去旅行。他也可能会把一段关系限制在偶尔的周末或旅途中。

在这里，我还想补充一句，这句话的重要性我们后面会理解。害怕对他人投入情感与缺乏积极情感并不是同一回事。相反，如果他普遍抑制了自己的温柔情感，那他就不必如此警惕了。他可能有属于他自己的深刻情感，但他觉得这些情感应该停留在他内心的秘所。这是他的私事，与他人无关。在这个方面，他与自大-报复型个体不同，后者虽然也持超然的态度，但其在无意识之中却把自己训练成了不能有积极的情感。他与自大-报复型个体之间还有一点不同：他不想以任何形式与他人发生摩擦或者对他人动怒，而自负型个体却很容易动怒，他往往能在冲突中找到自己的本性。

放弃者的另一个特征是他对任何影响、压力、威胁或束缚都高度敏感。这也是一个与他的超然态度相关的因素。甚至在他建立某种个人关系或者参与某种群体活动之前，他可能也会害怕持久的束缚。而有关他如何让自己脱身这个问题可能从一开始就存在。在结婚前，这种恐惧可能会演变成恐慌。

实际上，被他视为威胁从而加以憎恨的东西是多样的。它可能是任何

---

① 弗洛伊德观察到了这种特殊现象；他认为这种现象只出现在男性身上，是其恋爱生活中发生的奇怪现象。弗洛伊德试图根据他们对母亲的一种分裂态度来解释这种现象。Sigmund Freud, "Contributions to the Psychology of Love," *Collected Papers*, Ⅳ.

第十一章 | 放弃：自由的吸引力

形式的合同，如签订租约或者任何一个长期合约；可能是身体受到的任何压力，甚至是衣领、腰带、鞋子；也可能是一种受阻的观点。他可能憎恨他人期望或者可能期望从他身上得到的任何东西——比如圣诞礼物、信件，或者在某些特定的时候让他付钱等。这种憎恨可能会扩展到组织机构、交通规则、传统习俗、政府干涉等。他之所以不公开反抗这一切，是因为他不是斗士；但是，他通常会在内心反抗，并且可能会有意无意地以他自己的消极方式（不回应或者干脆忘了）挫败他人。

他对威胁的敏感与他的惰性以及"不抱任何希望"有关。由于他不想有任何改变，因此，不管他人期望他做什么事情，他可能都会觉得是一种威胁，即使这件事情明显是为他好，也是如此。与"不抱任何希望"的关系就更为复杂了。他害怕（而且他有理由害怕）任何人会将其更为强烈的愿望强加到他身上，并用其更为坚定的决心把他卷入某件事情之中。但外化同时也在起作用。由于体验不到自己的愿望或偏好，当他实际上遵从自己的偏好时，他却很容易觉得自己是在屈从于他人的愿望。我们举日常生活中一个简单的例子就可以说明这一点：一个人应邀参加一个晚会，而那天晚上他正好与女友有约，但当时他对这种状况的体验却不是这样的。他去见了女友，但同时又觉得他这样做是"屈从于"她的愿望，并憎恨她所施加的"威胁"。一个非常聪明的患者用寥寥数语概括了这整个过程的特征："人生来痛恨空虚。当你自己的愿望沉寂时，他人的愿望就会乘虚而入。"我们还可以补充一句：他们现实的愿望、所谓的愿望或者他外化到他们身上的那些愿望都会乘虚而入。

对威胁的敏感构成了分析中的一个真正困难——困难越大，患者就越消极、越抗拒。他可能会产生这样一种持久的怀疑：分析学家想影响自己，把自己塑造成一种预定的模式。分析学家越不理解这种怀疑，那么，当他不断要求患者去尝试时，患者的惰性就会越大，越不会去尝试他所提出的任何建议。由于他认为分析学家是在对他施加不适当的影响，因此，他可能会驳斥任何或明或暗地攻击他的某种神经症处境的疑问、陈述或阐释。还有这样一个事实导致这个方面更加难以取得进展，那就是：因为他讨厌摩擦，所以长期以来都不愿意表达自己的怀疑。他或许只会觉得，这是分析学家的个人偏见或嗜好。因此，他没有必要因此而感到困扰，而只需将其视为可以忽略之物而置之不理就可以了。例如，分析学家可能会建议患者应该审视一下他与其他人的关系。患者立马便会警惕起来，并私下里认为分析学家是想让他合群。

最后，对变化的厌恶（对任何新事物的厌恶）也往往伴随放弃。这在强度和形式上也存在很大差异。惰性越明显,他就越害怕任何变化所带来的风险以及为变化而做的努力。他宁愿忍受现状——不管是工作、生活环境的现状,还是职员、配偶的现状——而不愿做出任何改变。他也从未想过自己也许能够改善这种处境。例如,他可以重新摆放家具,安排更多的空闲时间,在妻子遇到困难时给予更多的帮助。当有人给他提出这样的建议时,他通常会表现出有礼貌的淡漠态度。他之所以表现出这种态度,除了惰性以外,还有另外两个原因。由于他对任何处境都不抱太多期望,因此改变的动机很小。而且,他往往认为事情是不可改变的。人就是这样:这是他们的性格。生活就是这样——这就是命。虽然他并不抱怨那些对大多数人来说难以忍受的处境,但他对事物的忍受看上去却常常像自谦型个体那样牺牲。但这种相似只是表面上的:它们来自不同的根源。

到目前为止,我所提到的这些有关厌恶变化的例子都仅涉及外部事件。不过,这并不是我把它列为放弃的一种基本特征的原因。在有些例子中,放弃者很明显地表现出了在改变环境事物方面的犹豫不决,但其他放弃者却常常给人相反的印象——他们常常焦躁不安,无法安宁。但在所有例子中,都明显存在一种对内心变化的厌恶。从某种程度上说,这适用于所有神经症患者[1],但厌恶通常是需要处理和改变的特殊因素之一——大多数是那些与某种主要解决方法有关的因素。放弃者也是如此,但是,因为他静止的自我概念深深地植根于他解决方法的本质之中,因此,他只要一想起变化这个词本身便会感到厌恶。这种解决方法的本质是:退出积极的生活,退出积极的愿望、努力和计划,退出努力与行动。他常常把对自己的看法投射到他人身上,认为他人也不会变化,而不管他可能会如何大谈特谈发展变化——或者甚至理智上还欣赏这种想法。在他看来,分析应该是一种一次性的揭露(one-time revelation),一旦进行,便可以一劳永逸地解决问题。一开始,他还没有认识到这是一个过程(在这个过程中,我们以新的视角解决问题,看到不断变化的联系,并发现不断更新的意义,直到找到问题的根源,并从内部改变某些东西)。

整个放弃态度可能是有意识的。在这种情况下,个体视之为更高超的智慧。依据我的经验,更为常见的情况是:个体意识不到自己的放弃态度,但知道我们在这里提及的一些方面——虽然就像我们马上要看到的,

---

[1] Karen Horney, *Self-Analysis*. Chapter 10, Dealing with Resistance, W. W. Norton, 1942.

第十一章｜放弃：自由的吸引力

他可能会因为看待的视角不同而从其他方面来思考这些方面。最为常见的是，他只能意识到自己的超然态度以及对威胁的敏感。但是，由于一直涉及神经症需要，因此，通过观察当他遇到挫折时的反应，或者变得倦怠、疲惫、愤怒、恐慌、愤恨时的表现，我们便能认识放弃者之需要的本质。

对分析学家来说，了解这些基本特征对于迅速把握整个情况非常有帮助。当其中某个特征引起了我们的注意，我们就必须寻找其他的特征，而且我们完全有理由相信能找到它们。就像我在前面曾谨慎提出的，它们不是一系列毫无关联的特征，而是一个紧密交织在一起的结构。至少从其基本构成来讲，它是一幅非常和谐统一的画面，看上去就好像是被涂上了同一种色彩。

下面，我们将尝试理解这幅画面的动力及其意义和发展过程。到现在为止，我们已经指出，放弃是一种通过退出内心冲突来解决这些冲突的主要方法。乍看之下，我们会得到这样一种印象：放弃者基本上放弃了他的雄心壮志。这是放弃者自己经常强调的方面，他还常常将此视为整个发展过程的线索。从雄心壮志方面来看，他可能会发生很大改变，就此而言，他的成长经历有时候似乎也能证实这种印象。在青春期或者青春期前后，他常常会做一些显示其充沛精力和过人天赋的事情。他可能足智多谋，能够克服经济障碍，并为自己谋得了一席之地。他在学校里可能雄心勃勃，在班级名列前茅，在辩论赛或某次进步的政治运动中脱颖而出。至少在某一段时期，他常常表现得相对活跃，对许多事情都充满了兴趣，在这段时期中，他会反抗自己生活中的传统，并想将来要有所成就。

接下来通常是一段痛苦的时期：焦虑、抑郁，并因为某次失败或者因为自己的叛逆个性从而卷入的不幸生活处境而感到绝望。在此之后，他生活的曲线似乎就慢慢变直了。人们说他已经"适应"了，并且安定了下来。他们评论说他年轻时心比天高，但现在慢慢回归了现实。他们说这是"正常的"历程。但其他更富有思想的人却为他担忧。因为他好像同时也失去了对生活的热情，对许多事情不再感兴趣，而且似乎满足于比他的天赋和机遇所能保证的少得多的东西。他怎么啦？显然，一个人的翅膀会因为一系列的灾难或剥夺而折断。但在我们所记得的例子中，环境并非完全不利，以至于要让环境因素来承担一切责任。因此，起决定作用的因素必定是某种内心的痛苦。不过，这个答案也不能令人满意，因为我们记得有些人也经历了同样的内心混乱状态，但摆脱的方式却完全不同。实际上，这种变化并不是存在冲突而导致的结果，也不是冲突强度太大的结果，而是他为了与自己和谐相处而采取的方式所导致的结果。其中所发生的是：他感受到了自己的内心冲突，然后采取了退却的方式来解决这些冲突。为什么他会用这种方式解决冲突，他为什么能够这样做，这只是一个与他的过往经历有关的问题，关于这个问题后面会有更多论述。我们首先需要更加清晰地了解这种退却的本质。

让我们先来看一下扩张性驱力和自谦性驱力之间主要的内心冲突。在之前三章我们所讨论的这两种类型的个体身上，这两种驱力中有一种较为明显，而另一种则受到了抑制。但如果放弃占据上风的话，那么，我们所得到的有关这种冲突的印象就会与典型情况不同。扩张趋势和自谦趋势似乎都没有受到抑制。只要我们熟悉它们的表现和含义，那就不难观察到它们，而且——从某种程度上说——也不难意识到它们。事实上，如果我们坚持将所有神经症分为两类，即扩张型神经症和自谦型神经症，那么，我们就会感到困惑，无法决定该把放弃型归入哪一类。我们只能说，通常情况下，某种倾向会占据上风，因为它更接近意识或者更为强大。整个神经症患者群体的个体差异部分取决于哪种倾向处于上风。不过，有时候，这两种倾向却似乎处于一个相当平衡的状态。

扩张倾向可能会表现在个体的夸张幻想中：在其想象中，他幻想自己能够成就一番大事业，或者是幻想自己具有某些优秀品质。而且，他常常有意识地觉得自己比其他人优越，并有可能在他的行为中表现出来，过分夸大自己的尊严。在他对自己的感觉中，他往往觉得自己是他那个骄傲的自我。但是，他所引以为傲的品质是为放弃服务的——这与扩张型个体截然不同。他常常骄傲于自己的超然态度、"坚忍"、自足、独立、对威胁的厌恶，以及对竞争的不屑。他也可能完全意识到了自己的要求，并能有效地坚持这些要求。不过，它们的内容却不同，因为它们源自他想要保护他的象牙塔的需要。他觉得自己有权利不让其他人侵犯自己的隐私，不让他们对自己有任何期望或者打扰自己，并且觉得自己有权利不用为生活奔波，也不用承担任何责任义务。最后，扩张倾向可能会表现在从基本放弃演化而来的一些次级发展中，比如他对于声誉的珍视或者公开反抗等。

但是，这些扩张倾向不再是一种积极的力量，因为从他不再积极主动追求任何雄心勃勃的目标并为实现这些目标而积极努力这个意义上说，他已经放弃了自己的雄心。他决定不再需要它们，甚至不再试图获得它们。即使他有能力从事某种富有成就的工作，他在做这项工作时也会极其鄙视或无视周围人的需要和评价。这是反叛者的特征。他也不想为了报复或报复性胜利而做出何积极的或攻击性的举动,他已经放弃了追求实际掌控的驱力。事实上,只要一想到成为领导者、影响或操控他人,他就会感到非常不愉快,这在某种程度上与他的超然态度相一致。

与此同时,如果自谦倾向很明显,放弃者往往就会对自己评价过低。他们可能胆小怕羞,觉得自己无足轻重。他们还可能会表现出某些态度,要不是因为我们了解完整的自谦型解决方法,可能很难看出这些态度具有自谦的倾向。他们通常对他人的需要极为敏感,而且事实上可能会花费大量的时间去帮助其他人,或者服务于某项事业。他们常常会对强加之物或攻击毫无防备,宁愿责怪自己也不愿指责他人。他们可能过分焦虑,绝不会让自己伤害其他人的情感。他们还常常会表现得很顺从。不过,对于自谦型个体来说,这后一种倾向的出现并不是因为他们对情感的需要,而是因为他们需要避免摩擦。此外,他们身上还潜藏着恐惧,这表明他们害怕自谦倾向的潜在力量。例如,他们可能会表达这样一种令人吃惊的信念:要不是因为他们冷漠,别人早就把他们碾碎了。

同我们在扩张倾向中所看到的一样,自谦倾向更是态度,而不仅仅是积极、强大的驱力。赋予这些驱力一种狂热特征的爱的吸引力之所以缺乏,是因为放弃型个体通常已下定决心不需要他人,也不对他人有任何期望,他还决定不与他人发生任何情感上的纠葛。

现在,我们弄清了从扩张性驱力和自谦性驱力之间的冲突中退出的意义。当这两种驱力中的积极因素被消除,它们便不再是相互对抗的力量,因此也就不再构成一种冲突。比较这三种主要的尝试后,个体往往希望通过尽力排除这些相互对抗之力量中的一种来达到统一;而采取放弃型解决方法的个体则试图将这两种力量都冻结起来。而他之所以能够这么做,是因为他已经放弃了对荣誉的积极追求。他依然必须是他的理想化自我,也就是说,他那内含各种"应该"的自负系统一直在起作用,但是,他已经放弃了实现理想化自我的积极驱力——他已经放弃以行动来实现其理想化自我。

一种相似的冻结倾向也会对他的真实自我产生作用。虽然他依然想做自己,但由于他抑制了自己的主动性、努力、鲜活的愿望以及奋斗,所以他也抑制了追求自我实现的自然驱力。就其理想化自我和真实自我而言,他强调的都是现存的状态(being),而不是获得或者发展。但他仍想做他自己,这一事实使他得以在情感生活中保留某种自发性,与其他类型的神经症患者相比,他可能较少疏远自己。他能够对宗教、艺术、大自然——

一些非个人的事物——产生强烈的个人情感。尽管他不允许自己在情感上与他人有任何牵连，但他通常情况下能够对他人及他人的特殊需要产生情感体验。当我们将他与自谦型个体相比较时，保留下来的这种能力就更加明显了。自谦型个体同样不扼杀积极的情感，相反，他会培养积极的情感。但这些积极的情感会被夸大、歪曲，因为它们都服务于爱——服务于屈服。他想让自己连同自己的情感一起消失，最终在与他人的融合中找到统一。而放弃型个体想把情感严格地控制在自己内心的私密处。与他人融为一体的想法，只是想想都会让他觉得厌恶。虽然他并不清楚"做自己"这一概念的确切意义是什么，而且事实上他也因为没有意识到这一点而对此感到迷惑不解，但他还是想做他"自己"。

正是冻结（immobilization）这个过程使放弃具有了一种消极或静止的特性。但在这里，我们必须提出一个重要的问题。它给人的这样一种静止状态的印象（静止状态是消极特性的特点）会不断地受到新观察的强化。但这种说法是否适合整个现象呢？毕竟，没有人能够仅凭消极特性活着。难道我们对放弃之意义的理解漏掉了什么东西吗？难道放弃型个体不会追求积极的东西吗？他会为了获得安宁而不惜付出任何代价吗？答案当然是肯定的，但也仍然存在一种消极的特性。在采取其他两种解决方法的个体中，除了这种想要获得完整的需要外，还存在一种动力——某些赋予生活以意义的积极事物的强大吸引力：一种是掌控一切的吸引力，另一种是爱的吸引力。难道在放弃型解决方法中就没有某个更为积极的目标所产生的同等吸引力吗？

当分析过程中出现这类问题时，仔细听听患者自己对此有什么说法通常很有帮助。我们经常会遇到这样的情况：患者告诉了我们一些东西，但我们没有把这些东西太当回事。现在，让我们再来听听患者告诉我们的东西，并更为仔细地审视一下患者是如何看待他自己的。我们已经看到，他像其他所有人一样，为了使自己的需要看起来更为高尚，也会装饰自己的需要并使之合理化。但在这一点上，我们必须区分不同的情况。有时候，他显然把某种需要变成了美德，例如，把缺乏对奋斗的渴求说成不屑于竞争，或者把自己的惰性说成不屑于做汗流浃背的繁重工作。随着分析的深入，这些美化通常会慢慢消失，他不再过多谈及。但还有一些美化不那么容易抛弃，因为它们显然对他具有真正的意义。这些美化通常涉及他对独立和自由的看法。事实上，那些我们从放弃的角度来看待的大部分基本特征，如果从自由的角度看也说得通。任何较为强烈的依恋都会减少他的自由。需要也是如此。他会依赖这些需要，而这些需要很容易就会让他同时

第十一章｜放弃：自由的吸引力

也依赖于其他人。如果他把精力全部投入对某一事物的追求中，那么他就不能自由地去做其他有可能让他感兴趣的事情。尤其是，他似乎能够用一种新的眼光来看待自己对威胁的敏感性。他想自由自在，因此不能忍受压力。

因此，如果分析过程中讨论到这一问题，患者往往会做出一种积极防御的姿态。人想要获得自由不是很自然的事情吗？任何人在压力下做事不是都会容易倦怠吗？他的阿姨或者朋友不就是因为总是做他人期望他们做的事情而变得了无兴趣或死气沉沉的吗？分析学家是不是想驯服他，强迫他遵循某种模式，从而让他像一排一模一样的安置房当中的一栋一样，很难与其他人区分开来？他之所以从来都不去动物园，是因为他根本无法忍受看到动物被关在笼子里。他只想在他高兴时做他高兴做的事。

现在，让我们来看一下他的部分观点，其他的留到后面再讨论。从他的这些观点中，我们了解到：自由在他看来就是做自己想做的事情。在这里，分析学家观察到了一个明显的缺陷。既然患者已经竭尽全力冻结了自己的愿望，那么，他应当完全不知道自己想要的是什么。因此，他往往什么都不做，或者觉得什么事情都不重要。不过，这并不会干扰到他，因为在他看来，自由主要就是不受他人干涉——不管这个"他人"是人还是机构，都是如此。不管是什么使得这样一种态度变得如此重要，他都打算捍卫到底。假如他对自由的看法看起来又是消极的——从什么当中获得自由，而不是为了什么而争取自由——那么，它确实会对他产生吸引，而这种吸引力（从某种程度上说）是其他解决方法所没有的。自谦型个体之所以相当害怕自由，是因为他需要依恋和依赖他人。而扩张型个体渴望获得这样或那样的掌控地位，因此常常会鄙视自由这种想法。

我们怎样才能解释这种自由的吸引力呢？它产生于哪些内心需要？它的意义何在？要想获得一定程度的理解，我们必须回顾一下那些后来采取放弃方式解决其问题之人的早期经历。这样的儿童往往会遇到一些他无法公然反抗的限制性影响因素，因为这些影响因素要么太过强大，要么太不确定。他可能身处一种非常紧绷的家庭氛围之中，可能在情感交流上极为封闭，以至于他无法施展个性，并有压垮他的危险。与此同时，他可能得到喜爱，但从某种程度上说，这种喜爱让他感到厌恶，而不是觉得温暖。例如，有的家长太过以自我为中心，不理解孩子的需要，却严格要求自己去理解孩子或者给予他情感支持。或者，有的家长情绪变化无常，一会儿对孩子热情洋溢，充满了温情，一会儿又大发脾气，无缘无故地骂他打他。简而言之，他所处的环境会或明或暗地要求他这样或那样做，没有充分考虑到他的个性，让他面临被吞没的威胁，更不要说什么鼓励他的个人成长了。

所以，这个孩子会在或长或短的时期内备受折磨：一方面试图获得情感和关心但却徒劳无获，另一方面又憎恨加在他身上的束缚。他解决这种早期冲突的方式通常是：退出与他人的关系。通常让自己在情感上与他人拉开距离，他让自己的冲突不再产生作用。① 他不再需要他人的喜爱，也不想反抗他们。这样一来，他就不再因为对他人的矛盾情感而备受折磨，并与他们相处得相当和谐。此外，由于他退回到了自己的世界中，因此挽救了自己的个性，使之不至于被完全限制和吞没。所以说，他早期的超然态度不仅是为了自身的完整统一，而且也具有一种非常重要的积极意义：保持内心生活的完整。没有了束缚，他才有可能保持内心的独立。但他必须要做的不仅仅是抑制自己的情感或反抗他人。他还必须收回所有那些需要他人去实现的愿望和需要：他对于理解、分享经验、情感、同情、保护的自然需要。不过，这有着非常深远的含义。这意味着他必须独自感受自己的快乐、痛苦、悲伤与恐惧。例如，他常常可怜但又拼命地努力克服自己的恐惧——对黑暗、狗等的恐惧——但不让其他任何人知道。他训练自己（自动地）不仅不表现出痛苦，而且不去感觉这种痛苦。他之所以不需要他人的同情或帮助，不仅是因为他有理由怀疑他们的真诚，而且还因为即使他人只是暂时性地给予他同情或帮助，它们也将成为他将受到危险束缚的警报信号。除了遏制这些需要之外，他还觉得不让他人知道他看重些什么更为安全，否则，他怕自己的愿望会遭遇挫折，或者被当成一种让他依赖于其他人的手段。于是，放弃过程的显著特征——收回所有的愿望——开始出现。他依然知道自己喜欢某件衣服、某只小猫或者某个玩具，但他通常不会再说出来。但慢慢地，就像他处理自身恐惧的方式一样，他在这个问题上同样也会觉得根本就不要有任何愿望更为安全些。他实际的愿望越少，他在收回这些愿望时就越安全，他人就越难控制他。

到目前为止，因此而产生的现象还不是放弃，但它通常蕴含了放弃得以发展的萌芽状态。即使情况一直保持不变，它也会严重危及未来的发展。我们不可能在真空中成长，不与他人亲近、发生摩擦。情况很难保持静止不变。除非有利的环境使它好转，否则，这个过程就会凭其自身动力而发展，陷入恶性循环——就像我们在其他神经症发展中所看到的一样。

---

① 参见 Karen Horney, *Our Inner Conflicts*, Chapter 5, Moving away from People。

第十一章│放弃：自由的吸引力

我们在前面曾提到过一种这样的循环。一个人为了保持其超然态度，必须抑制其愿望和追求。不过，"收回愿望"的影响具有两面性。它确实会让他更独立于其他人，但同时也会削弱他。它往往会削弱他的活力，并损害他的方向感。这样一来，他用来对抗他人之愿望和期望的东西就更少了。他必须加倍警惕任何的影响或干涉。引用哈里·斯塔克·沙利文（Harry Stack Sullivan）的一句妙语，他必须"精心打造自己的距离机器"。

对早期发展的主要强化通常来自内心过程。那种驱使其他人追求荣誉的需要在此也起了作用。如果他能一直坚持，那么，他早期的超然态度就能消除他与其他人的冲突。但这种解决方法的可靠性往往取决于"愿望的收回"，而且在早期阶段，这个过程是波动起伏的，它还没有发展为一种成熟的坚决态度。他仍然需要从生活中得到更多的东西，而不仅仅是满足他内心的安宁。例如，当受到强烈的诱惑时，他可能就会卷入一种亲密的关系之中。这样一来，他的冲突就很容易被激发，而且他需要更多的完整性。但是，早期的发展不仅让他出现了分裂，而且也使他疏离了自我，使他缺乏自信并觉得自己无法适应现实生活。只有保持一个安全的情感距离，他才能与他人交往；如果身处更为亲密的关系之中，他就会由于不再反抗而遇到阻碍，而且还会受到抑制。因此，他同样也会受到驱使，要从自我理想化中找到这些需要的答案。他可能也会尝试在现实中实现其雄心壮志，但由于他自身的诸多原因，一遇到困难，他往往就会放弃追求。他的理想化意象主要是对这些已经得到发展的需要的美化。它由自信、独立、安宁、没有欲望和情感、坚忍、公正组合而成。在他看来，公正更是一种对"不做任何承诺""不侵犯任何人之权利"的理想化，而不是对报复的美化（就像攻击型个体的"正义"一样）。

与这样一种意象相对应的"应该"让他陷入了新的危险之中。起初，他必须反抗外在世界以保护自己的内在自我，但现在，他要想保护自己的内在自我，就必须反抗这种可怕得多的内心暴行。其结果取决于他迄今为止所保护的内心活力的程度。如果内心活力强大，而且他似乎在无意识中已经决定无论如何都要维持它，那么，他依然能够维持部分活力，只是他必须要付出代价：被迫接受我们在开始时讨论过的那些限制——只能以退出积极生活、抑制自我实现的驱力为代价。

没有临床证据表明此处的内心指令比其他类型神经症的更加严格。确切地说，其间的区别在于：由于他需要自由，因此这些内心指令让他更加恼怒。为了应对这些指令，他采取的部分方式是将它们外化出去。由于他对攻击有禁忌，所以他在这样做的时候只能采取一种被动的方式——这意味着他人的期望（或者他自己的感觉）往往具有一种命令的性质，必须绝对服从。而且，他深信，如果他不顺从他人的期望，他们就会冷漠无情地跟他对着干。从本质上说，这意味着他不仅外化了自己的"应该"，而且将其自我憎恨也外化了出去。如果他不符合自己的"应该"，他人就会像他自己一样严厉地与他对抗。而且，由于这种对敌意的预期是一种外化，因此无法用相反的经历来补救。例如，一名患者长期以来感受到的都是分析学家的耐心和理解，但一旦受到胁迫，他可能就会觉得如果公开反抗的话，分析学家立刻就会抛弃他。

因此，他对外界压力的原有敏感性就会在很大程度上受到强化。现在，我们明白了为什么他会不断地感受到外在的威胁，尽管后来的环境可能仅施加了极小的压力。此外，他的"应该"的外化，虽然缓解了内心的紧张，但同时也给他的生活带来了一种新的冲突：他应该顺从他人的期望；他不应该伤害他人的情感；他必须缓和他们对他的意料之中的敌意——但与此同时，他还应该保持自己的独立性。这种冲突常常体现在他对他人的矛盾反应中。它有许多变体，以一种奇怪的方式将顺从与反抗混合到了一起。例如，他可能有礼貌地遵从某个要求，但却又会忘掉或者推迟去做。这种遗忘现象可能会达到一种令人不安的程度，以至于他只能靠一本记事本，记下各种约会或者要做的事情，才能维持有条理的生活。或者，他会敷衍地顺从他人的愿望，但却又在心里毫无意识地破坏这些愿望。例如，在分析中，他可能遵从某些明显的规则（比如准时、说出内心的真实想法等），但对所讨论的东西却不加理解，以致分析工作毫无成效。

这些冲突不可避免会给他的人际关系造成一种压力。有时候他自己也可以意识到这种压力。但是，不论他自己是否意识到这种压力，它都确实会强化他从与他人的关系中退出来的倾向。

在那些没有被外化的"应该"方面，他用来反抗他人之期望的消极抵制也会起作用。只要想到他应该做什么事情，通常就足以让他无精打采。如果"应该"只是局限于他心底所厌恶的一些活动，如参加社交聚会、给某些人写信、让他付钱等，那么，这种无意识的静坐抗议就没有那么重要。但是，他的个人愿望消除得越彻底，他所做的任何事情——不管是好的、坏的还是无关紧要的事情——就越可能被当成他应该做的事情：刷牙、读报、散步、工作、吃饭或者与女人发生性关系等。于是，所有事情都会遭到无声的抵制，从而导致一种普遍的惰性。因此，活动被限制到了最低程度，或者更常见的情况是在压力之下进行。所以，他毫无成效，容

第十一章 放弃：自由的吸引力

易疲惫或者遭受长期疲劳的困扰。

在分析中，当这一内心过程变得清晰可见时，我们便可以看到，有两个因素使得该过程永久存在。只要患者不求助于自己的自发能量，他就有可能充分认识到这种生活方式碌碌无为，且令人不满，但他看不到改变的可能性，因为——就像他感觉到的那样——如果不是他自己鞭策自己，他根本什么都不会去做。另一个因素是他的惰性所具有的重要功能。在他看来，他的"心理瘫痪"已经变成了一种无法改变的痛苦，他利用它来回避自我谴责和自我轻视。

因此而产生的对"不活动"的重视，也会受到另一来源的强化。就像他解决冲突的方法是将其冻结一样，他也会尽力使其"应该"失去作用。他常常通过回避那些困扰他的环境，从而使"应该"失去作用。因此，这也是他回避与他人接触、回避认真追求某物的另一个原因。他遵从了无意识中的这个座右铭：只要什么事情都不做，他就不会违背任何"应该"和禁忌。有时候，他认为自己的任何追求都会侵犯他人的权利，这样一来，他便将这些回避行为合理化了。

内心过程通过这许许多多的方式不断强化最初那种超然的解决方法，而且逐渐产生了各种复杂的混乱现象，并最终导致"放弃"的出现。这种状况无法治疗——因为改变的动机很小——如果不是因为自由的吸引力中存在积极因素的话。与其他人相比，这些积极因素在其身上占据上风的患者往往对内心指令的有害性有更为直接的了解。如果条件有利的话，他们可能很快就会因为自己实际所受的束缚而认出这些指令，并有可能立场鲜明地做出反抗。[①] 当然，这样一种有意识的态度本身并不能消除它们，但对于逐渐克服它们却有很大的帮助。

现在，如果从保持完整的角度回顾"放弃"的整个结构，我们便可以观察到一些一致的现象，这些现象颇具意义。首先，真正超然之人所具有的完整性总是会引起一位警惕的观察者的注意。我本人作为这样一位观察者一直以来都意识到了这一点，但我以前没有认识到它是这个结构固有的核心部分。持超然态度的放弃者由于对影响和亲密关系的蔑视和警惕，因此可能会表现得不切实际、迟钝懒散、毫无效率、难以相处，但他们内心最深处的思想与情感——在某种程度上——往往仍具有一种基本的真诚和

[①] 参见 "Finding the Real Self: A Letter with a Foreword by Karen Horney," *American Journal of Psychoanalysis*, vol. IX, 1949。

天真，它们不会因为权力、成功、奉承或"爱"的引诱而被诱惑或腐化。

而且，我们在保持内在完整性的需要中，还看到了这些基本特征的另一个决定因素。一开始，我们看到，这些回避和限制都是为了获得完整性。接着，我们看到，它们也取决于一种对自由的需要（虽然我们还不知道它的意义所在）。现在，我们明白了，他们为了保持其内心生活不被破坏、不被玷污，他们需要没有纠葛，不被影响，没有压力，也没有雄心和竞争的束缚。

患者通常不会谈论这一关键问题，对此我们可能会迷惑不解。事实上，他会以许多间接的方式表明，他想保持"自己"，害怕分析会使他"失去个性"，害怕分析会使他同其他任何人没有区别，害怕分析学家一不小心会按照他自己（即分析学家）的模式来塑造他，等等。但分析学家常常领会不到这些话的全部含义。这些话的语境表明，患者想要保持的要么是他神经症的现实自我，要么是他夸大的理想化自我。而且，患者实际上是想捍卫自己的现状。但是，"他坚持成为自己"也表明他迫切地关注保持真实自我的完整性，尽管他还不能对此加以界定。只有通过分析工作，他才能明白这样一个古老的真理：一个人必须先失去自己（神经症的美化自我），才能找到自己（真实自我）。

这个基本过程产生了三类截然不同的生活形式。第一类是一贯放弃（persistent resignation），即相当一致地选择放弃及其结果。第二类是反抗（rebellious group），自由的吸引力把消极抵制变成了一种更为积极主动的反抗。第三类是肤浅生活（shallow living），恶化过程占据上风，并导致肤浅的生活。

第一类的个体差异与扩张倾向或自谦倾向的普遍程度，以及从活动中退出的程度有关。虽然已经刻意把自己训练得在情感上与他人拉开距离，但有些人还是能够为他的家人、朋友或者工作上接触到的人做一些事情。而且，很可能正是因为其公正无私，他们往往能够提供有效的帮助。与扩张型个体和自谦型个体都不同，他们并不期望得到他人太多的回报。与后者相反，如果他人将他们的乐于助人误解为是个人情感，而且，除了提供帮助之外还向他们提出了更多的要求，他们就会非常生气。

尽管对活动有所限制，许多这样的人还是能够做日常工作的。但他们常常会觉得这是一种压力，因为他们在这样做的时候违背了内心的惰性。一旦工作越积越多，需要他积极主动，或者关系到为某事或者为反抗某事而斗争，这种惰性就会变得更加显著。做日常工作的动机通常很复杂。除了经济上的需要和传统的"应该"之外，往往还存在一种帮助他人的需要，尽管他们自己是放弃者。此外，日常工作也是一种消除他们独处时产生的无用感的手段。他们常常不知道如何打发自己的空余时间。对他们来说，与他人接触压力太大，因此没什么乐趣可言。他们喜欢独处，但没有效率。甚至是读本书，也会遭到内心的抵抗。因此，如果不用努力就可以得到的话，他们就会做梦、思考、听音乐或欣赏大自然。他们大多数情况下意识不到内心潜藏的对无用的恐惧，但会不由自主地以某种方式安排自己的工作，使自己几乎没有空余的时间。

最后，惰性及与之相伴随的对日常工作的厌恶可能普遍存在。如果没有经济来源，他们可能会做一些临时的工作，要不然便沦落到过寄生生活的地步。或者，如果有适当的经济收入，他们就会极力限制自己的需要，这样便可以随心所欲地做自己喜欢的事情了。不过，他们所做的事情通常具有兴趣爱好的性质。或者，他们可能会在某种程度上屈从于一种完整的惰性。这一结果在冈察洛夫（Goncharov）笔下令人难忘的奥勃洛莫夫（Oblomov）身上得到了精彩的体现，他甚至对穿鞋都恨之入骨。他的朋友邀请他去其他几个国家旅游，并为他做好了一切细致的准备。奥勃洛莫夫想象自己到了巴黎，到了瑞士的高山上，而我们一直有这样一个悬念：他到底去还是不去？当然，他没有去。只要一想到要面临各种吵闹的到处走动和各种不断变化的景象，他就觉得难以忍受。

即使没有到如此极端的地步，一种普遍存在的惰性中往往也存在恶化的危险，这一点也体现在了奥勃洛莫夫及其仆人后来的命运中。（因此，从这里将过渡到第三类，即肤浅生活。）之所以说它也很危险，是因为它不仅会产生对行动的阻抗，而且还会扩展到对思想和情感的阻抗。因此，思想和情感都有可能会变得完全被动。某次谈话或者分析学家的某些评论可能会让患者产生某些想法，但由于它调动不了精力，因此很快就会消失。某次拜访或者某封信件也许会激发某种积极或消极的情感，但同样不久之后便会消失。一封来信或许会激发回信的冲动，但如果不马上行动，便很快就会忘记这件事。在分析中，我们可以清楚地观察到思维的惰性，这种思维惰性对分析工作来说往往是一个极大的障碍。简单的心理操作也变得极为困难。因此，不管一小时面询中讨论了什么，患者都有可能会统统忘掉——这不是因为任何具体的"阻抗"，而是因为患者将讨论的内容视为异物存储在了大脑中。有时候，他在分析中会觉得无助、混乱，在阅读和讨论某些困难问题时也是如此，这是因为把各种信息联系起来所带来的压力太大了。有名患者在梦中表达了这种漫无目标的混乱状态：他梦到自己到了世界各地。但他实际上并没有打算去这些地方；他不知道自己是怎么到达那儿的，也不知道自己从那儿到哪儿去。

惰性越普遍，个体情感受它影响的程度就越大。他需要更为强烈的刺激才能引起他的反应。公园里一片美丽的树林已经不再能够引起他任何的感受，他需要的是一种缤纷的日落情景。这样一种对情感的惰性中往往包含悲剧的成分。就像我们前面看到的那样，放弃型个体为了保持其情感的真实与完整，从而在很大程度上限制了自己的扩张倾向。但如果走向极端，这一过程就会抑制他想要保持的那种活力。因此，当他的情感生活变得麻木时，他的情感就会枯竭，而他因此要比其他患者承受更大的痛苦，这可能是他确实想要改变的一件事情。随着分析的深入，一旦他总体上变得更为积极主动，他有时可能就会感觉到自己的情感更有活力了。但即便如此，他也不愿承认自己的情感枯竭其实只不过是自己身上普遍存在之惰性的一种表现，因此也不愿意承认只有减少惰性才能改变情感枯竭的状况。

如果某种活动得以维持，生活条件也相当合适，那么，"一贯放弃"就可能会给人一种静止不变的印象。放弃型个体的许多特点结合到一起，就导致它让人产生了此种印象：他在奋斗追求及期望方面的抑制、他对于改变及内心斗争的厌恶，以及他容忍事物的能力等。不过，有一个令人不安的因素——自由对他的吸引力——影响了这一切。事实上，放弃者是一个被制服的反抗者。到目前为止，我们在研究中已经看到，这种品质表现在一种对内外压力的消极抵制中。但它在任何时刻都有可能转变成一种积极的反抗（active rebelliousness）。至于事实是否果真如此，则往往取决于扩张倾向和自谦倾向的相对力量，也取决于个体尽力挽救其内心活力的程度。他的扩张倾向越强烈，越有活力，他就越容易对生活中的限制感到不满。如果对外在环境的不满占据上风，那么它主要就是一种"对抗性的反抗"。或者，如果他对自己的不满占据上风，那么，它就主要是一种"为争取什么而做出的反抗"。

环境情况——家庭、工作——可能会变得令人极其不满，以至于个体最终再也无法忍受，并以某种形式公然反抗。他可能会离开家庭或者放弃工作，对周围与他有关联的任何人以及传统习俗、机构等都表现出咄咄逼人的攻击性。他的态度是："不管你对我有什么样的期望，也不管你怎么看我，我根本都不在乎。"这可能会以多少有些文雅的方式表现出来——或者以多少有些无礼的形式表现出来。从社会的角度看，这是一种极为自私的发展。如果这种反抗主要指向外部，那它本身就不是具有建设性的一步，而且，尽管它释放了个体的精力，但也会驱使他更加远离自我。

不过，这种反抗更可能是一种内在过程，主要对抗内心的暴行。因此，从某种程度上讲，它能起到解放的作用。在后一种情况下，这往往是一个逐渐发展的过程，而不是狂暴的反抗；是一种演变，而不是变革。因此，个体在自身的束缚之下，痛苦日益加深。他认识到自己的处境有多困难，他是多么不喜欢自己的生活方式，多么不愿意遵守规则，而且事实上多么不在意周围的人以及他们的生活标准或道德标准。他越来越热衷于"成为自己"，就像我们在前面所说的，"成为自己"是一种将抗议、自负以及真实成分混到一起的奇怪混合物。他的能量得到了释放，而且他能采用自己擅长的方式让自己富有成效。在《月亮与六便士》（*The Moon and Sixpence*）中，毛姆通过画家斯特里克兰德（Strickland）这个人物描写了这样一个过程。高更（Gauguin，斯特里克兰德这个人物基本上是以高更为原型刻画的）以及其他一些艺术家似乎都经历了这样一个演变过程。创造物的价值自然往往取决于所拥有的天赋和技巧。不用说，这不是变得富有成效的唯一方式。这是以前受到遏制的创造力得以自由发挥的一种方式。

尽管如此，在这些情况下，解放的程度也是有限的。获得这种解放的人依然具有放弃者的许多特征。他们依然必须小心地守护着自己的超然态度。他们对世界的整个态度还是防御性或攻击性的。他们对待自己个人生活的主要态度依然是漠不关心，只有一些与其成效有关的问题，才会令他们兴奋。所有这些都表明，他们其实并没有解决自己的冲突，而只是找到了一种可行的妥协方法。

这个过程在分析中也可能会出现。因为它毕竟产生了一种明显的解放，所以，一些分析学家[①]认为这是一种极为理想的结果。不过，我们必须记住：这只是部分的解决方法。深入研究"放弃"的整个结构，不仅会释放创造性能量，而且还会使个体总体上可以找到更好的方法与自己以及他人保持联系。

从理论上看，积极反抗的结果表明了自由的吸引力在"放弃"结构中至关重要的意义，也表明了它与维持自主内心生活之间的关系。与此相

[①] 参见丹尼尔·施耐德（Daniel Schneider）于1943年在纽约医学院上朗读的论文《神经症模式的运行，以及它对创造性掌控、性能力的歪曲》（The Motion of the Neurotic Pattern; Its Distortion of Creative Mastery and Sexual Power）。

反，现在我们将会看到，一个人越疏离自我——他与自我的疏离程度越大——自由就越没有意义。个体由于退出了自己的内心冲突，远离了积极的生活，对自身的成长也不再产生积极的兴趣，因此，他也将面临脱离其深刻情感的危险。于是，在"一贯放弃"中已经成为一个问题的无用感（feeling of futility）往往就会导致对空虚的恐惧，不断地对个体产生干扰。对奋斗追求和有目标定向之活动的抑制往往会导致个体失去方向，结果就会随波逐流。他坚持认为生活应该是轻松的，应该没有痛苦、摩擦，这种坚持可能会成为一种腐化因素，特别是当他屈服于金钱、成功及声誉的诱惑时，更是如此。一贯放弃意味着生活将受到限制，但并不是毫无希望，人们还是有赖以生存的东西。但当他们看不到自己生活的深度与自主权时，放弃的消极特性便会保留下来，而其积极价值会逐渐消失。只有到了这个时候，他们才会觉得毫无希望。他们往往会走到生活的边缘。这就是最后一类（即肤浅生活）的特征。

所以说，一个以离心的方式远离自己的人，往往会失去其情感的深度和强度。他对他人的态度会变得毫无区别。任何人都可以是"非常好的朋友""这样的一个好人""这样一个漂亮的姑娘"。但眼不见，心不想。如果他人激怒了他，哪怕是最轻微的挑衅，他也可能甚至懒得去审视一下到底发生了什么事情便对他们失去了兴趣。超然度外的态度会不断恶化，最终发展成为一种毫不相干的态度。

同样，他的乐趣也开始变得肤浅起来。性交、吃饭、喝酒、聊八卦、游戏或政治构成了他生活的主要内容。他丧失了理解本质的能力。兴趣变得越来越肤浅。他不再有自己的判断或信念，而是一味地人云亦云。他常常被"人们"的想法吓到。除此之外，他还失去了对自己、他人以及任何价值观的信任。他开始变得愤世嫉俗起来。

我们可以区分"肤浅生活"的三种形式，它们之间的区别仅仅在于对某些方面的强调不同。一种是强调乐趣（fun），强调玩得开心。这种形式表面上看起来好像对生活充满了热情，它完全不同于"放弃"的基本特征——不需要。但这种情况下的动力不是迫切追求享乐，而是需要通过一些快乐的事情让自己转移注意力，从而压住一种令人痛苦的无用感。我在《哈泼斯杂志》（Harper's Magazine）上看到了下面这首题为《棕榈泉》（Palm Springs）的小诗①，它描绘了有闲阶层对乐趣的追求：

---

① 引自"Palm Springs: Wind, Sand and Stars," by Cleveland Amory。

第十一章｜放弃：自由的吸引力

啊，给我一个家，
那里有百万富翁在闲逛，
还有可爱迷人的小姑娘在玩耍。
没有妙语珠玑，
我们每天都在聚拢金钱。

不过，这绝不仅限于有闲阶层，而且也包括收入有限的社会阶层。毕竟，是在昂贵的夜总会、鸡尾酒会和剧院找"乐趣"，还是在家中喝酒、打牌、聊天找"乐趣"，这仅仅只是一个金钱的问题。此外，这还有可能更局限于集邮、当美食家或看电影上。只要它们不是生活的唯一真实内容，所有这一切都不成问题。"享乐"不一定要参加社交，它也可以是看神秘小说、听收音机、看电视或者做白日梦等。如果乐趣就是参加社交活动的话，那就必须严格避免两件事情：一是任何时间的独处，二是严肃的交谈。后者常常被视为极不礼貌的行为。愤世嫉俗被披上了一层"宽容""豁达"的薄外衣。

第二类强调的是声望或投机的成功。对奋斗和努力的抑制（这是放弃者的特征）在此没有任何消减。其动机很复杂。一部分是希望有了钱，生活便可以容易一些；一部分是需要人为地提高自尊，因为这类肤浅生活的人已没有了自尊。不过，由于他们已经丧失了内心的自主，因此只能通过抬高他人眼中的自己来提高自己的自尊。有人写书，是因为这本书可能畅销；有人结婚是为了钱；有人加入某个政党，是因为这个政党可以提供某些有利条件。他们的社交生活很少强调乐趣，而更多强调隶属于某些圈子或去过某些地方的声誉。唯一的道德准则是聪明地蒙混过关而不被发现。乔治·艾略特（George Eliot）在《罗慕拉》（Romola）一书中精彩地刻画了蒂托（Tito）这样一个机会主义者。我们在他身上看到了对冲突的逃避、对舒适生活的坚持、不做任何承诺的状态，以及道德的逐渐堕落。随着道德品质的日益败坏，道德堕落并非偶然，而是必定会发生。

第三种形式是"适应良好的"自动化机器（"well-adapted" automation）。在这里，由于丧失了真实的思想与情感，因此往往会导致个性的普遍消退，这在马昆德的许多人物形象中已经得到充分的描述。因此，这样的人会与他人相处得很好，并遵从他人的规则与传统习俗。他的所感、所想、所做、所信正是他人希望他去感、想、做、信的，或者是周围环境认为对的事情。这种人的情感麻木并不比其他两类更为强烈，但更为明显。

埃里希·弗洛姆①详细描述了这种过度适应,并看到了它的社会意义。如果我们将肤浅生活的另两种形式也包括进来(我们也必须这样做),那么这种意义就更大了,因为这种生活方式出现的频率极高。弗洛姆清楚地看到这种人与一般的神经症患者不同。这种类型的个体不像一般的神经症患者那样容易受到驱使,他们也不会明显受到冲突的干扰。此外,他们通常也不会表现出像焦虑、抑郁这样的特殊"症状"。简言之,他们给人的印象是:没有因为某些障碍而感到痛苦,但他们往往缺了些什么。弗洛姆断定,这些是小毛病,而不是神经症。他认为,这些小毛病并非生来就有,而是早期生活中受到了权威人物的压制所致。他所说的小毛病与我所说的肤浅生活,似乎只是说法不同而已。但就像我们经常看到的那样,说法的不同往往源于对某一现象之意义的理解的显著差异。事实上,弗洛姆的观点提出了两个有趣的问题:肤浅生活是一种与神经症毫不相关的状况,还是我在此所提出的神经症过程的结果?沉溺于肤浅生活的人真的没有深度、道德品质和自主性吗?

这两个问题是相互关联的。我们来看看分析观察的结果如何。因为这种类型的人可能会前来求助于分析,因此我们可以对他们进行观察。如果肤浅生活的过程已得到充分发展时,那当然就不存在治疗的动机。但是,当这个过程没有得到充分发展时,他们还是有可能想接受分析的,因为一些身心障碍、一次又一次的失败、工作中的抑制现象,以及与日俱增的无用感会让他们感到困扰。他们可能会觉得自己的状况越来越糟糕,并因此而感到焦虑不安。在分析中,我们对他们的最初印象已经从一般好奇心的视角做过描述。他们总是停留在表面,似乎缺乏好奇心理,经常油嘴滑舌,只对与金钱或声望有关的外部事务感兴趣。所有这些都让我们认为,他们的经历远不止我们眼中所看到的这些。就像前面就趋向放弃的一般行动所描述的一样,在以前的某一段时期(青春期或青春期前后),他们曾有过积极的对奋斗之追求,而且情感上经历了一些痛苦。这不仅表明这些状况开始出现的时间比弗洛姆所假定的要晚一些,而且还表明它是神经症所导致的结果(这种神经症在某个阶段非常明显)。

随着分析的深入,在他们的清醒生活与梦境之间常常会出现一种令人不解的矛盾。他们的梦清楚表明了其情感的深度和混乱。这些梦(而且常

---

① Erich Fromm, "The Individual and Social Origin of Neurosis," *American Sociological Review*, 1944.

第十一章 | 放弃：自由的吸引力

常也只有这些梦）会揭示一种深藏心底的悲伤、自我憎恨、对他人的憎恨、自怜、绝望、焦虑等。换句话说，在平静的表面之下，隐藏着一个充满了冲突和激情的世界。我们试图唤醒他们在梦中表现出来的兴趣，但他们往往将其抛置一边，不予理睬。他们好像生活在两个完全不相干的世界里。我们越来越清楚地认识到，他们并非生来肤浅，而是迫切地想避开自己的深度。他们匆匆瞥一眼便紧紧地闭起双眼，就好像什么都没有发生过一样。之后不久，各种情感可能会突然从被抛弃的深渊中奔涌而出，出现在他们清醒的生活中：某个记忆可能会让他们大哭一场，某种怀旧感或宗教情感可能会出现——然后消失。后来的分析工作证实了这些观察结果，这不仅与弗洛姆提出的"小毛病"概念相矛盾，而且还表明了一种要逃避其内在个人生活的决心。

如果把肤浅的生活视为神经症过程的一个不幸结果，那么，无论在预防方面还是治疗方面，都会让我们更为乐观一些。目前肤浅生活出现的频率极高，因此，最为可取的做法是：将其视为一种障碍并进而阻止其发展。肤浅生活的预防与神经症的一般预防措施相一致。在这方面人们已经做了很多工作，但还有更多的工作需要做，而且很明显这些工作是可以做到的，尤其是在学校里。

对放弃型患者的任何治疗，首先要做到的是：将这种状况视为一种神经症障碍，而不是把它看成一种体质特征或文化特征从而置之不理。后一种观点意味着它是不可改变的，或者它不属于精神病学家要解决的问题范畴。不过，与其他神经症问题相比，它较不为人所知。它之所以较少引起人们的兴趣，原因可能有二。一方面，这个过程中出现的许多障碍虽然可能会限制一个人的生活，但这种限制并不十分明显，因此并不急于治疗。另一方面，这一背景下可能产生的障碍总体上与基本过程没有关联。其中，精神病学家完全熟悉的唯一因素是超然态度。但放弃是一个包含更广的过程，在治疗中，它会呈现出具体的问题和具体的困难。只有充分了解放弃的动力和意义，这些问题才能被成功地解决。

第十二章
人际关系中的神经症障碍

虽然本书着重强调各种内心过程，但我们在叙述过程中无法将它们与人际过程分离开来。我们之所以无法这样做，是因为事实上，这二者之间会不断地发生相互作用。甚至在一开始介绍对荣誉的追求时，我们也看到了这样一些成分，如追求优越于他人或者战胜他人的需要，而这些成分与人际关系直接相关。神经症要求虽然源自内心需要，但主要指向他人。如果不了解神经症自负的脆弱性对人际关系的影响，我们就无法讨论神经症自负。我们已经看到，每一种内心因素都可以外化出来，而且这个过程会很彻底地改变我们对待他人的态度。最后，我们还讨论了每一种解决内心冲突的主要方法中人际关系所表现出来的更为具体的形式。在本章，我想从具体回到一般，简要但系统地探讨一下自负系统大体上是怎样对我们的人际关系产生影响的。

首先，自负系统使神经症患者变得以自我为中心（egocentric），从而远离他人。为了避免误解，我需要说明一下：我所说的"自我中心倾向"不是指只考虑自身利益的自私自利或自高自大。神经症患者可能冷酷自私，也可能太过无私——在这个方面，所有神经症患者都没什么不同。但是，从他只顾自己这个意义上说，他一直都以自我为中心。这从表面上看并不一定很明显——他可能是一匹孤独的狼；他可能为了他人而活，或者靠他人而活。但不管怎样，他都会在生活中信仰他自己的私人宗教（即他的理想化意象），遵守他自己的法则（即他的"应该"），并生活在自负这道带刺的铁丝网内，警惕地保护自己不受来自内外的威胁。结果，他不仅在情感上更为孤立，而且更加难以将他人视为拥有其自身权利且与他不同的个体。他认为，他们都从属于他首要的关注之物：他自己。

到目前为止，他人的形象变得越来越模糊了，但还没有被歪曲。不过，自负系统中还有其他因素在起作用，这些因素甚至会更为有力地阻止他看清他人的本来面目，并导致对他人形象的积极歪曲（distortions）。我们不能油嘴滑舌地说我们对他人的概念当然会同对自己的概念一样模糊，从而解决这个问题。尽管大致如此，但这却会让人产生误解，因为它提出对他人的扭曲看法与对自己的扭曲看法之间是一种简单的平行关系。如果我们审视一下自负系统中导致这些歪曲产生的因素，那便能更为准确、更为全面地了解它们。

现实歪曲之所以产生，部分原因在于：神经症患者常常根据自负系统产生的需要来看待他人。这些需要可能直接指向他人，也可能间接地影响他对他人的态度。因此，他想要获得他人崇拜的需要会将他人变成满心崇拜的观众。他想要获得神奇帮助的需要赋予了他神奇的魔力。他想让自己一贯正确的需要会使他人犯下过失、容易犯错。他追求胜利的需要使得他把他人分成了追随者和诡计多端的敌人两类。他想伤害他人但不用受罚的需要把他人都变成了"神经症患者"。他极力想贬低自己的需要会将他人变成巨人。

最后，他会根据自己的外化来看待其他人。他常常感觉不到自己的自我理想化；相反，他能感觉到他人的自我理想化。他体验不到自己的专制，但却认为他人都是暴君。最为重要的外化是自我憎恨的外化。如果这主要是一种积极的倾向，那他往往就会认为他人都是可耻的，应该受到谴责。如果出了什么事情，那都是他人的过错。他认为，他人应该十全十美，他人是不可信的，应该要去改变和改造他们。因为他们都很可怜，因此，尽管他是一个会犯错误的凡人，但也要对他们负起像神一样的责任。如果主要是被动外化的话，那他人就会坐在审判席上，随时挑他的错、谴责他。他们会压制他、辱骂他、威胁他、恐吓他。他们不喜欢他，他们不需要他。他必须取悦他们，符合他们的期望。

在歪曲神经症患者对他人之看法的所有因素中，外化作用的效果很可能位居第一。而且，它们是个体身上最难以辨认的因素。因为根据他自身的经验，他觉得他人就是他按照自己的外化作用所看到的样子，而且他也只能通过这样的方式对他们做出反应。他通常感觉不到的是这样一个事实，即引起他反应的那些东西正是他自己强加到他人身上的。

外化作用常常与他根据自己的需要或者这些需要的满足与否而对他人做出的反应混在一起，因此就更加难以辨认了。例如，说对他人的一切恼怒实际上都是我们对自己的愤怒的外化，这种概括其实是站不住脚的。只有对某一特定的情境进行仔细的分析，我们才能弄清楚一个人是真的对自己感到愤怒，还是生他人的气（例如，因为他人没有满足他的要求，从而生他人的气），以及这种愤怒的程度。最后，他的恼怒当然有可能源于这两个方面的原因。我们在分析自己或他人时，必须始终不偏不倚地关注这两种可能性。也就是说，我们不能只倾向于某一种解释。只有这样，我们才能逐渐看到它们影响我们与他人之间关系的方式及程度。

但是，即使我们意识到是我们把某种东西带进了我们与他人的关系之中，而这种东西通常并不属于那里，这样一种意识也不会阻止外化作用的发生。我们只有"将它们拿回到"自己身上，并在自己身上体验这一特定的过程，才能将它们抛弃。

我们可以将外化作用歪曲对他人之看法的方式大致分为三种。歪曲之所以发生，可能是因为赋予了他人一些他们并不具备的特征，或者即使有，也可以忽略不计的特征。神经症患者可能会把他人视为完全理想的个体，像神一样完美，拥有像神一样的力量。他可能会认为他人可耻、有罪。他可能会把他们变成巨人或侏儒。

外化作用还可能会让一个人对他人身上的优点或缺点视而不见。他会把自己（尚未察觉到的）对于剥削利用和撒谎的禁忌转移到他人身上，并因此甚至有可能看不到他人身上那些非常明显的剥削利用和欺骗的意图。或者，由于扼杀了自己的积极情感，他可能看不到他人身上所存在的友善和忠诚。因此，他很容易就将他人视为伪君子，并让自己提防不被这种"策略"所欺骗。

最后，外化作用也可能会让他清楚看到他人身上真正具有的某些倾向。因此，如果一名患者认为自己具有一切基督徒美德，而且他看不到自己身上明显的掠夺倾向，那他很快就能发现他人的伪善态度——特别是假装善良、有爱心的态度。而另一名内心深处具有相当强烈的不忠、不义倾向的患者，则对他人身上的这种倾向保持高度警惕。这些情况看起来好像与我有关外化作用之歪曲力量的观点相矛盾。如果说外化具有两种作用——使个体变得特别盲目和使个体变得特别敏锐——是不是有可能更为正确呢？我认为并不是这样。他在辨别某些品质的过程中获得的敏锐性，常常因为这些外化作用对他个人的意义而有所损毁。这使得外化作用变得非常明显，以至于有这些外化作用的个体几乎无法作为个体存在，而成了某种特殊的外化倾向或某些外化倾向的象征。这样一来，对整个人格的看法就会变得非常片面，以致必定会受到歪曲。自然，最后这几种外化非常难以辨认，因为患者总能躲到这样一个"事实"中避难：毕竟他的观察是正确的。

所有提到的这些因素——神经症患者的需要、他对他人的反应，以及他的外化——使得他人难以与他相处，至少在任何亲密关系中是如此。神经症患者本身却不这样看。因为在他眼中（如果有意识的话）他由此产生的需要或要求都是合理的，他对他人的反应同样也是正当的，他的外化只是对他人身上某些态度的反应，所以，他通常觉察不到这种困难——事实上，他觉得自己很容易相处。但很好理解，这只是一种错觉。

只要是在他们能够承受的范围之内，他人往往会尽力与家中神经症状最为明显的成员和平相处。在这里，他的外化又一次成了这些努力的最大障碍。因为外化就其本质而言与他人的实际行为没什么关联，即使有的话，这种关联也非常小，所以他会无助地攻击他们。例如，他们会尽量对一个好斗的正直者妥协，不驳斥他，不批评他，按照他所希望的样子去照顾他的衣食住行，等等。但是，他们的行为也可能会引起他的自我谴责，为了抵制自己的罪恶感，他可能会开始痛恨他人（《送冰人来了》[The Iceman Cometh] 中的希克斯先生 [Mr. Hicks] 则采用了打趣的方式）。

由于所有这些歪曲，神经症患者对他人的不安全感（insecurity）会大大增强。尽管在其内心，他或许坚信自己能够敏锐地观察他人，自己了解他们，而且他对他人的评价事实上都是对的，但所有这些至多只能算是部分正确。对于一个真实、客观地了解自己及他人的人，一个不因各种强迫性需要而改变对他人之评价的人来说，观察和批判性智力并不能代替他们对他人的内心肯定感。如果一名神经症患者受过训练且能够对他人进行敏锐的观察，那么，即使他对他人有一种普遍的不确定感，他也能够相当准确地描述他人的行为，甚至是某些神经症机制。但是，如果他受到所有这些歪曲所引起的不安全感的支配，那么，这种不安全感肯定会在他与他人的实际交往中表现出来。因此，他凭借观察、总结，以及在此基础上的评价所得到的印象，似乎并不能持久存在。在这里，有太多的主观因素会发生作用，并有可能迅速改变他的态度。他可能轻易就会反对一个他曾经极为尊敬的人，或者不再对他感兴趣，而对另一个人的评价则可能会突然好了起来。

这种内心的不确定感有多种表现方式，其中有两种似乎很常见，而且与特定的神经症结构没有多大关系。个体往往不知道他自己对他人的立场，也不知道他人对自己的立场。他或许会称他人为朋友，但"朋友"这个词已经失去了它的深刻含义。朋友所说的话、所做的事、所疏忽的东西一旦产生任何争议、谣言和误解，可能不仅会让他暂时感到怀疑，而且会动摇他们之间关系的基础。

对他人的第二种相当普遍的不确定感是一种对信心或信任的不确定。

这不仅表现为过度信任或极不信任，而且表现为不知道哪种人值得信任，以及自己的局限在哪里。倘若这种不确定感极为强烈，那么，即使他与某个人有数年的密切交往，他也不了解这个人会做正派之事还是卑劣之事，或是什么事情都不能做。

由于他对他人有一种基本的不确定感，因此，他通常会期待最坏的结果——这种期待可能是有意识的，也可能是无意识的——因为自负系统也会增加他对他人的恐惧。他的不确定感与恐惧感常常紧密地交织在一起，这是因为：即使他人对他来说确实是一个很大的威胁，但如果他对他人的印象没有歪曲的话，他的恐惧感也不会轻易地突然上升。一般说来，我们对他人的恐惧取决于两个方面：一是他人伤害我们的能力，二是我们自身的无助状态。这两个因素都会受到自负系统的极大加强。不管表面上是多么狂傲自信，这个系统都会在本质上削弱一个人。它在削弱个体时主要采取了让个体与自我疏离的方式，同时也利用了它所引起的自我轻视和内心冲突（它们使得个体出现分裂并反对自己）。之所以出现这种情况，是因为他变得越来越脆弱了。而他之所以变得更加脆弱，原因有很多。他的自负很容易受到伤害，或者他很容易就会产生内疚感或自我轻视感。他的各种要求因其性质也必定会受到挫折。他的内心平衡极不稳定，很容易被搅乱。最后，他的外化以及他自身对他人的敌意（这种敌意是由外化以及其他许多因素引起的）会让他人显得比实际更为可怕。所有这些恐惧说明了他对他人主要采取了一种防御的态度，而不管这种态度是较具攻击性的防御，还是较为缓和的防御。

在回顾我们迄今所提到的所有因素时，我们会惊讶于它们与基本焦虑之组成成分之间的相似性，再重复一次，基本焦虑是个体在一个潜藏着敌意的世界里所产生的疏离感和无助感。事实上，这主要是自负系统对人际关系所产生的影响：它往往会强化基本焦虑。在成年的神经症患者身上，我们所认为的基本焦虑并不是原先形式的基本焦虑，而是因为内心过程中多年所增加的东西而发生了相当大的改变。它成了一种混合的待人态度，与最初的基本焦虑相比，它取决于更为复杂的因素。由于他身上所存在的基本焦虑，成年神经症患者像儿童必须找到与人相处的方式一样，也必须找到这样的方式。他在我们前面描述的主要解决方法中找到了这些方式。虽然这些方式同样与早期接近、反抗、逃避他人的解决方法存在相似之处——而且，部分源自早期的解决方法——但实际上，新的自谦型、扩张型、放弃型解决方法在结构上不同于早期的解决方法。虽然它们也决定人际关系的形式，但它们主要是解决内心冲突的方法。

整个情况是这样的：虽然自负系统强化了基本焦虑，但与此同时，它也因为它所产生的需要而赋予了他人一种过分的重要性。对于神经症患者来说，他人往往通过以下方式变得过于重要，或者事实上变得不可或缺：他需要他们直接肯定他妄称自己具有的虚假价值（崇拜、赞同、爱）。他的神经症内疚感及其自我轻视使得他迫切需要为自己辩护。但是，他那产生这些需要的自我憎恨却使得他几乎不可能在自己身上找到这种辩护。他只能通过他人来找。他必须向他们证明：不管他有什么样的特殊价值，这些价值对他来说都非常重要。他必须向他们表明：他是多么善良、多么幸运、多么成功、多么能干、多么聪明、多么强大，以及他能为他们或者对他们做些什么。

此外，不管为了他对荣誉的积极追求，还是为了他的辩护，他都需要而且确实能从他人那里得到许多促成其活动的动力。这一点在自谦型个体身上最为显著，这种人几乎不能独自做任何事情，也不能为自己做任何事情。但要是没有这种给他人留下印象、反抗他人或击败他人的动力，一个攻击性较强的人会有多积极主动和精力旺盛呢？即使是一个反叛型的人，为了释放自己的能量，他也需要有其他人来让他反叛。

最后一点也很重要，神经症患者需要他人来保护他，使他免于自我憎恨。事实上，他从他人那里获得的对他的理想化意象的肯定，以及他为自己辩护的可能性，也会使他更为坚定地对抗自己的自我憎恨。除此之外，他还会通过各种或明显或微妙的方式，表现出他需要他人来缓解因自我憎恨或自我轻视的突然涌现而产生的焦虑。而且，最为重要的一点是，如果没有其他人，他就无法利用他那最为强大的自我保护手段：外化。

这样，自负系统便碰巧将一种基本的不协调带进了他的人际关系之中：他觉得自己与他人很疏远，对他们极不确定，害怕他们，对他们心怀敌意，但在许多重要方面却又需要他们。

一般而言，所有这些干扰人际关系的因素在恋爱关系中也不可避免会发生作用，只要这种关系维持时间稍长一点，作用就会显现。在我们看来，这种观点不言而喻，但还是需要说一下，因为许多人都有这样一种错误的观念，认为只要恋爱双方对性关系感到满意，这种爱情关系便很好。性关系确实有助于暂时缓解紧张，或者如果它本质上是以神经症为基础的话，它甚至可以长久维持一段关系，但它并不能使这种关系更为健康。因此，讨论婚姻关系或类似关系中可能产生的神经症问题，并不能丰富我们迄今为止所提到的原则。但是，对于爱和性对神经症患者而言的意义和功能，内心过程也会产生一种特定的影响。在结束本章之前，我想就这种影响的本质提一些一般的观点。

由于神经症患者所采用的解决方法不同，爱对他的意义和重要性有很大的不同，因此难以归纳。但往往都存在一种干扰性因素：他在内心深处觉得自己不可爱。我在这里指的不是他觉得自己不被某个特定的人所爱，而是指他坚信没有人爱他，也不可能有人爱上他（这或许就相当于是一种无意识的信念）。或者，他可能会认为，他人之所以爱上他，是因为他的外表、声音、他所给予的帮助，或者他给他们的性满足。但是他们不会爱上他本人，因为他根本不可爱。如果有证据看上去与这种信念相矛盾，他往往会以各种理由置之不理：很可能是因为那个人很孤独、需要某个人来依靠，或者是出于怜悯，等等。

但是，他不会采取具体的措施来解决这个问题——如果他意识到了这个问题的话——而是采取两种模糊的方式加以处理，且注意不到这两种方式其实是相互矛盾的。一方面，即使他并不特别在意爱情，但也往往会抱着这样一种错觉不放：在某时某地，他将邂逅那个会爱上他的"对的"人。另一方面，他所采取的态度往往同他对自信的态度一样：他将"可爱"视为一种与实际存在的可爱品质毫不相干的特性。而且，由于他把"可爱"与个人品质分割了开来，因此，他看不到这种品质会随着他的未来发展而发生改变的可能性。所以，他往往会采取一种宿命的态度，认为自己的"不可爱"是一个神秘但不可改变的事实。

自谦型个体最容易察觉到他对自己不可爱的怀疑，而且就像我们在前面所看到的，这种类型的人往往非常努力地培养自己身上的可爱品质，或者至少表面上是这样。但即使是他这种对爱充满强烈兴趣的人，也不会自发地寻找这一问题的根源：究竟是什么使得他坚信自己不可爱的呢？

这个问题主要有三个原因。一是神经症患者自身爱的能力受损。这种能力必定会受损，其原因在于我们在本章所讨论的所有因素：过于自我封闭、太过脆弱、太害怕他人等等。"觉得可爱"与"我们能够去爱"这二者之间的联系，虽然在智力上通常可以被充分认识到，但它只对我们当中极少数人才具有深刻且重要的意义。但事实上，如果我们爱他人的能力得到了充分发展，我们就不会因为"我们是否可爱"这个问题而感到困扰。因此，"他人是否真的爱我们"也就不那么重要了。

神经症患者觉得自己不可爱的第二个原因是他的自我憎恨及其外化。只要他不接受自己——不接受自己真的可恨或可耻——他就不可能相信他人会爱上他。

　　这两个因素在神经症患者身上既明显又普遍，它们解释了"觉得自己不可爱"在治疗中不容易消除的原因。我们可以在某个患者身上看到这种"觉得自己不可爱"的存在，而且可以审视它对于其爱情生活的影响。但是，只有当这两个因素的强度减弱时，这种感觉才有可能减轻。

　　第三个因素的作用没那么直接，但由于其他方面的原因也必须提一下。这个因素就是：神经症患者期望从爱中得到的东西超出了爱所能给予的（"完美的爱"），或者他所期望得到的东西是爱不能给予的（比如，爱不能消除他的自我憎恨）。由于他所得到的爱都不能满足他的期望，因此他常常觉得自己没有"真正地"被爱。

　　对爱的期望，种类繁多，各不相同。一般情况下，它指的是对许多神经症需要的满足（这些神经症需要本身往往是相互矛盾的），或者——就自谦型个体而言——是指对其所有神经症需要的满足。"爱被用来服务于神经症需要"这一事实不仅使患者想要得到它，而且也迫切地需要它。因此，我们在爱情生活中也发现了一般人际关系中所存在的不协调：需要日益增强，而满足需要的能力却降低了。

　　我们不可能精确、密切地把爱和性结合到一起，同样，我们也不可能把它们准确、清楚地区分开来（弗洛伊德）。不过，由于在神经症中性兴奋或性欲望与爱的感觉往往是相分离的，所以，我想专门探讨一下性（sexuality）在神经症中所发挥的作用。性在神经症中仍然保留了它的本来功能：满足生理需要，满足与他人进行亲密接触的需要。此外，性功能良好也在许多方面增强了一个人的自信感。但是在神经症中，所有这些功能都被放大了，并且呈现出一种不同的色彩。性行为不仅被用来缓解性紧张，而且还被用来缓解多种与性无关的心理紧张。性行为可能被当成一种排除自我轻视的手段（性受虐行为），或者被当成一种通过对他人的性贬低或性折磨来进行自我折磨的手段（性虐待行为）。它们成了最常用来缓解焦虑的方式之一。这些人自身往往并没有意识到这种联系。他们甚至可能没有意识到自己正处于某种紧张状态之中或者有某种焦虑，他们仅仅只是感觉到了性兴奋或性欲望的高涨。但是在分析中，我们可以准确地观察到这些联系。例如，一名患者在快要体验到自己的自我憎恨时，可能会突然产生要与某个姑娘睡觉的计划或幻想。或者，他可能会谈到自己身上某个让他极度鄙视的弱点，并会产生折磨某个比他更弱的人的性虐待幻想。

　　此外，建立亲密人际关系这种自然的性功能也会被放大。众所周知，对于超然孤僻者，性可能是他与他人接触的唯一桥梁，但这并不仅仅限于成为亲密人际关系的明显替代品。它还表现为：人们可能会轻率地与他人发生性关系，而不让自己有机会找出他们之间是否有共同点，或者是否可以培养共同的兴趣和理解。当然，后来也有可能逐渐产生情感上的联系。但更为常见的是不会产生情感联系，因为通常情况下，开始的冲动本身就表明了他们受到过多的抑制，从而不能发展出良好的人际关系。

最后，性与自信之间的正常关系常常会转变为性与自负之间的关系。性功能（迷人或性感）、性伴侣的选择、性体验的数量或多样化——所有这些都成了自负的事，而与愿望和享受无关。爱情关系中个人因素越消减，纯粹与性有关的因素就越会上升，对可爱的无意识关注就越会转变为一种对吸引力的有意识关注。[①]

性在神经症中有所增强的功能并不一定会导致其患者比相对健康的人有更为广泛的性行为。它们可能会导致这样的结果，但它们也可能会带来更大的抑制。我们很难将神经症患者与健康个体进行比较，因为在性兴奋、性欲强度、性欲出现的频率以及性表达的形式上，即使同属"正常"范围的个体也往往存在很大的差异。不过，他们之间有一个显著的差异。在神经症患者那里，性常常被用来服务于神经症需要，这在某种程度上与我们前面讨论过的想象一样[②]。正因为如此，性常常显得过于重要，其重要性往往源于某些与性无关的因素。而且，由于同样的原因，性功能可能很容易出现障碍。例如恐惧、大量的抑制、同性恋的复杂问题，以及性变态等。最后，由于性行为（包括手淫和幻想）及其特定形式往往取决于——或者至少部分取决于——神经症需要或禁忌，因此它们本质上都具有强迫性。所有这些因素可能会导致这样的后果：神经症患者之所以与他人发生性关系，不是出于需要，而是因为他觉得他应该取悦他的伴侣，因为他必须表明自己是被人需要、被人爱的，因为他必须缓解某种焦虑，因为他必须证明自己的控制力和性能力，等等。换句话说，性关系的发生更多的是为了满足某些强迫性需要，而较少取决于他自己的真实愿望与情感。即使没有任何贬低对方的意图，对方也不再是一个个体，而成了一种性"工具"（弗洛伊德）。[③]

---

① 参见本书第五章有关自我轻视的讨论。
② 参见本书第一章。
③ 英国哲学家约翰·麦克默里（John Macmurray）在他的《理智与情感》（*Reason and Emotion*，Faber and Faber Ltd.，London，1935）一书中，从性道德的视角出发探讨了这个问题，他提出，情感的忠诚是衡量性关系价值的标准。

神经症患者具体是如何处理这些问题的呢？这个问题的答案范围极广，在这里，我甚至无法列出各种可能性。毕竟，爱和性方面存在的特殊问题也只不过是他的整个神经症障碍的一种表现而已。此外，其变化形式也多种多样，因为其种类不仅取决于个体的神经症性格结构，而且也取决于他以前或现在的那个特定伴侣。

这看起来好像是一个不必要的限制条件，因为我们在分析中已经了解到，伴侣的选择并不是我们以前所认为的那样，而是无意识的。这个观点的正确性事实上可以被无数次地证明。但我们往往会走到另一个极端，认为每一个伴侣都是个体自己的选择。然而，这种概括并不正确。它需要两个方面的限定。我们必须先问这样一个问题：是谁在"选择"？确切地说，"选择"（choice）这个词就假定了有选择的能力，以及了解所选择伴侣的能力。但在神经症患者身上，这两种能力都减弱了。只有当他对他人的印象没有因为我们所讨论过的许多因素而歪曲时，他才能够进行选择。从这一严格的意义上说，他其实不会进行什么名副其实的选择，或者说选择非常有限。"选择伴侣"一词在这里的意思是：个体因其显著的神经症需要（他的自负、他想要支配或剥削他人的需要、他想让自己屈服的需要等等）而感觉受到了吸引。

但是，即使是在这种限定的意义上，神经症患者也没有多少"选择"伴侣的机会。他可能会结婚，因为这是一件必须要做的事情；他可能与自己非常疏远，同时又远离他人，以至于他会与一个碰巧了解稍微多一点的人，或者一个碰巧想与他结婚的人结婚。他常常因为自卑而对自己的评价极低，以至于他完全无法接近那些吸引他的异性——仅仅因为神经症原因而受其吸引。他本来就不认识几个合适的对象，再加上这些心理限制，我们便知道偶然的情况有多少了。

我不会详尽介绍这多种因素造成的千变万化的性经验，而只想指出某些会对神经症患者对爱和性的态度产生影响的一般倾向。他可能倾向于把爱从生活中排除出去。他可能最小化或否认爱的重要性，甚至否认爱的存在。这样一来，爱对他来说便不再具有吸引力，相反，他还会逃避爱，或者鄙视爱，将爱视为一种欺骗自己的弱点。

在放弃型、超然型个体身上，这种将爱排除出去的倾向往往以一种平静但又坚决的方式发生作用。这种人的个体差异主要体现在他对性的态度上。他在现实生活中不仅可能会排除爱的可能性，而且还可能会将性方面的可能性排除出他的个人生活，就好像这些并不存在，或者对他个人来说毫无意义一样。对于他人的性经验，他既不妒忌，也不反对，但当他们陷入某种麻烦时,他可能会非常理解他们。

还有一些人在年轻时可能有过一些性关系。但是,这些并不能穿透他们超脱的盔甲,没有太多意义,并且会逐渐消退,不会让他们产生还需要这种经验的欲望。

对于另一种超脱的人来说,性经验很重要,而且是令人愉悦的。他可能会与许多人发生性关系,但总是——有意识或无意识地——让自己保持警惕,不产生任何依恋。这种短暂性接触的性质取决于许多因素。其中一个重要因素是扩张倾向或自谦倾向占据上风。他对自己的评价越低,这些性接触就越会局限于一些低于他的社会层次或文化层次的人,比如妓女。

同样,还有些人可能碰巧结婚了,而且,如果其伴侣也超脱的话,他们甚至还可以维持一种虽然疏远但仍体面的关系。如果这种人跟一个与自己没有多少共同之处的人结婚,他通常可以忍受这种处境,并履行自己作为一个丈夫和父亲的职责。只有当对方攻击性太强、过于暴力或虐待成性,以至于不允许这个超脱者往内退缩时,后者才会竭尽全力脱离这种关系,或者在这种关系中崩溃。

自大-报复型个体常常以一种更为激烈、更具破坏性的方式把爱排除在生活之外。他对爱通常采取一种诋毁、揭穿的一般态度。他的性生活主要会出现两种可能的情况。其一,他的性生活非常贫乏——他可能只是为了释放身心压力而偶尔发生性接触。其二,性关系对他极为重要,只要可以,他便会自由释放他的性虐待冲动。在这种情况下,他要么可能热衷于施虐的性行为(这可能会令他非常兴奋,并让他获得满足),要么可能在性关系方面过于矜持和节制,但仍会以一种一般的虐待方式对待伴侣。

对爱和性的另一种一般倾向,也是把爱——有时候还有性——从现实生活中排除出去,但在想象中却赋予爱显著的地位。于是,爱便成了一种高贵神圣的感觉,任何现实中的爱与它相比都显得肤浅可鄙。霍夫曼(E. T. A. Hoffman)在《霍夫曼的故事》(*Tales of Hoffmann*)中精彩地描述了这种现象,他说,爱就是"渴望无限,让我们与上帝同在"。它是一种"通过作为人类宿敌的狡猾"而植根于我们灵魂之中的幻觉,"……通过爱,通过肉体的愉悦,存在于我们内心之中的神圣承诺在人间也能实现"。因此,爱只能在幻想中实现。根据他的解释,唐璜对女人而言是具有破坏性的,因为"深爱的姑娘的每一次背叛、每一次因猛烈打击爱人而遭破坏的欢乐……都代表了一次胜过心怀敌意之恶魔的崇高胜利,而且把那个引诱者永远地排除在了我们狭窄的生活、自然界以及造物主之外"。

这里要提到的第三个可能性也是最后一种可能性,那就是:在现实生活中过于强调爱和性。这样一来,爱和性便成了生活的主要价值所在,并因此而得到了美化。在这里,我们可以将爱大致分为征服的爱(conquering love)与屈服的爱(surrendering love)。从逻辑上看,后者往往源于自谦型解决方法,这在有关自谦型解决方法的章节中已有过描述。前者主要出现在自恋型个体身上,如果由于某些特殊的原因,他的控制驱力主要集中在爱情上的话。这样一来,他的自负就会投注在成为理想的、让人不可抗拒的爱人之上。那些容易得到的女人对他来说没有吸引力。他必须通过征服那些由于各种原因而难以得到的女人,来证明自己的控制地位。征服可能表现为要求性行为的完美,也可能表现为他旨在成为情感上完全屈服的人。一旦这些目标得以实现,他的兴趣就会减退。

我不确定这浓缩成寥寥数页的简要陈述是否说清了内心过程对人际关系之影响的程度和强度。认识到了它的全部影响之后,我们就必须修正人们心中通常怀有的某些期望,即认为良好的人际关系能对神经症患者产生有利的影响——或者,在更为广泛的意义上说,能对一个人的发展产生有利的影响。这些期望包括:预期环境、婚姻、性生活的改变或者参加任何形式的集体活动(社区活动、宗教活动、职业团体活动)能够帮助个体克服其神经症问题。在分析治疗中,此种期望往往表现为这样一种信念:认为治疗的主要因素在于患者能否与分析学家建立一种良好关系,即在这种关系中,不存在那些在他童年时期伤害过他的因素。① 这种信念源于某些分析学家所持的前提假设,即认为神经症主要是而且始终都是一种人际关系方面的障碍,因此可以通过建立一种良好的人际关系来治愈。所提到的其他期望并不完全基于这个前提假设,而是基于这样一种认识——其本身是正确的——人际关系是我们所有人生活中的一个关键因素。

所有这些期望对儿童和青少年来说都是合理的。即使他可能会表现出浮夸自大、要求获得特权、容易产生受辱感等明显迹象,他也能极其灵活地对有利的人际环境做出反应。这种环境可能会缓解他的焦虑和敌意,会让他更信任他人,甚至可以扭转那些使他在神经症中越陷越深的恶性循环。当然,根据个体所患障碍的程度以及良好人际关系影响的持续时间、

---

① Janet M. Rioch, The Transference Phenomenon in Psychoanalytic Therapy, *Psychiatry*, 1945. "在治疗过程中,患者会发现以前受到压抑的那部分自我,这对于治疗极有帮助。患者只有通过与分析学家建立起一种适于这种重新发现的关系,才能发现这部分自我。……在分析学家与患者之间的个人关系中,现实慢慢地'不再被歪曲',自我也重新被发现。"

性质、强度，我们必须加上"或多或少"的限制。

只要自负系统及其后果不那么根深蒂固，或者——用积极的话来说——只要自我实现的想法（不管个体称之为何）依然具有某种意义和效力，那种有利于个体内心成长的影响就也会发生在成年人身上。例如，我们经常看到，夫妻中如果有一方接受了分析而且日益好转，那么，另一方也会大步向前发展。在这种情况下，有好几个因素在发生作用。接受分析的一方通常会谈论自己所获得的洞见，另一方则可能会吸取其中某些对他自己有价值的信息。当亲眼看到自己确实有可能改变时，他就会受到鼓励去做一些对自己有利的事情。而且，当看到有可能建立更加良好的关系时，他就有了克服自身问题的动力。当神经症患者与相对健康的个体保持亲密且持久的关系时，即使不接受分析，他也可能发生同样的改变。在这里，同样有多种因素可能会促进他的成长：其价值观的重新调整，归属感与被接受感，因外化减少而有可能面对他自身的问题，接受严肃而富有建设性的批评并有可能从中获益，等等。

但是，这些可能性比我们通常所认为的要小得多。假定一位分析学家的经验仅限于他所看到的病例，而在这些病例中，这样的希望并没有实现，那么，依据理论，我敢说，这样的机会太有限，不能盲目相信他们身上存在这种可能性。我们一次又一次地看到，一个固定采用某种特定方法解决其内心冲突的人，在与他人建立某种关系时往往带有他僵化的要求和"应该"、他特有的自以为是和脆弱、他的自我憎恨和外化，以及他想要获得控制、屈服或自由的需要。因此，这种关系不是双方能够彼此愉悦、共同成长的媒介，而成了一种满足其自身神经症需要的手段。这样一种关系对神经症患者的影响主要是减轻或增加其内心紧张，这取决于这种关系是满足还是没有满足他的需要。例如，一个扩张型个体在处于支配地位或被一群崇拜者包围时，可能感觉会更好，而且生活得更好。而自谦型个体则在不那么孤立且觉得自己被他人所需要时，可能会繁荣发展。任何了解神经症痛苦的人肯定都清楚这种改善所具有的主观价值。但是，这些改善并不一定就表明个体获得了内心成长。通常情况下，它们仅仅表明：在合适的人际环境中，即使个体的神经症没有发生任何改变，他也会觉得相对轻松。

这种观点也适用于基于机构、经济状况及政体形式的变化而产生的期望（这是一种与个人关联不大的期望）。当然，一种极权政体能够成功地阻止个体的成长，而且就其本质而言，它必定旨在阻止个体的成长。而且毫无疑问，只有那种能够给予众多个体尽可能多的自由去追求其自我实现的政体，才值得为之奋斗。但是，即使外部环境发生了最为理想的改变，它们本身也不能让个体获得成长。它们只能给个体提供一个更好的成长环境。

所有这些期望中所涉及的错误并不在于高估了人际关系的重要性，而在于低估了内心因素的力量。人际关系虽然很重要，但它也无力根除一个泯灭了其真实自我的人身上根深蒂固的自负系统。在这个关键问题上，自负系统再一次被证明是我们成长的敌人。

自我实现并不只是（或者甚至并不主要是）旨在发展一个人的特殊天赋。这一过程的核心是一个个体作为人的潜能的逐渐发展。因此，它涉及——在其中心位置——个体建立良好人际关系的能力的发展。

第十三章
工作中的神经症障碍[1]

我们之所以在工作中出现障碍，其原因可能有很多。这些原因可能源于外部环境，如经济压力或政治压力，平静、独处或时间的缺乏，或者——举个在我们现代较为常见的具体例子——一位必须学习用一种新语言来表达自己想法的作家所面临的问题。这些困难也可能来自文化环境，如公众舆论对一个人的压力可能会使得他的赚钱能力大大超过他的实际需要——如我们城市中的那些商人。但与此同时，这样一种态度对墨西哥的印第安人来说却毫无意义。

不过，我在本章不打算讨论这些外部困难，而只讨论工作中出现的神经症障碍。而且，我还对讨论主题做了更进一步的限制：工作中出现的许多神经症障碍通常与我们对他人、上司、下属及同级的态度有关。虽然我们事实上无法将这些障碍与工作本身所涉及的困难完全区分开来，但我们在这里将尽可能地忽略它们，而将关注的焦点放在内心因素对工作过程及个体的工作态度的影响上。最后，在任何常规工作中，神经症障碍相对来说都并不重要。只有当工作需要个人的主动性、想象力、责任心、自信心及独创性时，神经症障碍才会显得较为重要。因此，我的评论将仅限于那些要求我们必须挖掘个人资源的工作——从广义上说，即创造性工作。我们在前面以艺术工作或科学写作为例所说的情况，同样适用于教师、家庭主妇和母亲、商人、律师、医生以及工会组织者的工作。

工作中的神经症障碍范围极广。就像我们马上要看到的，并不是所有的神经症障碍都能被意识到；相反，有许多障碍都表现在工作的质量或者生产力的缺乏上。其他一些障碍则表现为各种各样与工作有关的精神痛

---

[1] 本章部分段落摘自 1948 年发表在《美国精神分析杂志》(*American Journal of Psychoanalysis*) 上的一篇论文《工作中的抑制》(Inhibitions in Work)。

苦，如：过度紧张、疲惫、衰竭；恐惧、恐慌、易怒，或者因抑制而产生的有意识的痛苦；等等。在这个方面，所有神经症仅有少数几个一般但相当明显的共同因素。除了某件特殊工作所固有的困难之外，还有一些困难虽然可能并不明显，但一直都存在。

自信（self-confidence）很可能是创造性工作最为关键的前提条件，但不管一个人的态度看起来是多么自信或现实，其基础始终都是不稳定的。

对于某项特定的工作，很少有人会给予恰当的评价，但对工作中出现的某些困难，却往往不是高估就是低估。而且通常情况下，对于所完成之工作的价值，也没有进行恰当的评估。

大多数情况下，工作条件或许太过苛刻。与人们通常所形成的工作习惯相比，它们在种类上更为奇特，程度上更为苛刻。

由于神经症患者往往以自我为中心，因此，他内心对工作本身并不怎么关心。与工作本身相比，他更关心自己进展如何以及应该如何表现这样的问题。

因为工作太具强迫性、充满了太多的冲突和恐惧，或者主观上对其评价太低，因此，个体从合意的工作中所能获得的快乐或满足感往往会受到削弱。

但是，一旦我们忽略这些一般特性，而是详细思考这些障碍在工作中是如何表现的，我们就会更多地注意到不同类型神经症之间的不同之处，而不是其相同点。我在前面曾提到过意识到存在的困难与因这些困难而产生的痛苦之间的差异。但是，工作能否得以完成的具体条件也是不同的。还有，做出持之以恒的努力、冒险、计划、接受帮助、给他人分派工作等方面的能力，也是如此。这些差异主要取决于一个人为解决其内心冲突而采取的主要方法。我们接下来将分别加以讨论。

不论其具体特点如何，扩张型个体都倾向于高估其自身的能力及特殊的天赋。他们还常常认为自己所做的特定工作具有独一无二的重要性，并高估其质量。其他人如果不高估他们的活动，他们就会认为，那些人不能理解自己（自己是在对牛弹琴），或者那些人嫉妒心太强，不能给予自己应有的称赞。对于他人的任何批评（不论这些批评是多么认真或诚心），他们都会觉得这本身就是一种恶意攻击。而且，由于他们必须抑制对自己的任何怀疑，因此，他们常常对他人批评的正确性不加审视，而主要关注通过某种方式回避这些批评。出于同样的原因，他们需要他人认可自己的工作（不管是何种形式的认可），而且，这种需要是无限的。他们常常觉得自己有权利得到这样的认可，如果没有得到，他们就会愤愤不平。

与此同时，他们称赞他人的能力也极其有限，至少对与他们同属一个领域或者同一年龄段的人如此。他们可以坦诚自己崇拜柏拉图（Plato）或贝多芬（Beethoven），但却觉得很难欣赏任何一个同时代的哲学家或作曲家。他们越是这样，就越会觉得这对他们独一无二的重要性来说是一种威胁。如果他人当着他们的面称赞某人的成就，他们可能就会极其敏感。

最后，这类人的特点——"掌控一切的吸引力"使他们坚信：凭着自己的意志力和卓越的能力，没有什么障碍是他们克服不了的。我推测，我们在美国一些办公楼里看到的这句格言警句肯定是一个扩张型个体发明的："现在能解决的困难，稍后就无法解决了。"无论如何，他都会逐字逐句地理解这句话。他想证明自己处于控制地位的需要往往会让他富于机智，而且让他有动力去尝试解决他人不敢着手解决的任务。不过，这也会带来低估其中所涉及困难的危险。他觉得：没有什么生意上的事情是他不能很快解决的；没有什么病是他不能一眼就诊断出来的；没有什么论文是他不能在短时间发表，也没有什么演讲是他不能在短时间内准备好的；他的车没有什么他修理不好的毛病，他甚至比任何机修工修理得更好。

所有这些因素——高估自己的能力及工作的质量、低估他人及所存在的困难、不接受批评意见——解释了这样一种现象：他常常忽视工作方面存在的障碍。这些障碍会因占据支配地位的是自恋倾向、完美主义倾向或是自大-报复倾向而有所不同。

自恋型个体最有可能被自己的想象所左右，他公然地表现出了上述所有标准。虽然所具备的天赋与他人大致相同，但他却是扩张型个体中最具创造性的人。但他也可能遭遇各种各样的困难。其中一个困难就是兴趣和精力的四处分散。例如，有一个女人，她觉得自己必须做完美的女主人、家庭主妇和母亲；她必须衣着华美，在委员会上积极活跃，并参与政治活动；她还必须成为一位伟大的作家。还有这样的商人，他不仅参与大量商业活动，还广泛地追求各种政治活动和社会活动。从长远来看，当这样一个人最终意识到自己绝对无法做某些事情时，他通常会将此归因于自己天赋太多。虽然他会不加掩饰地表现出傲慢自大的态度，但他也可能会对那些只具有一种天赋的不幸的家伙表示妒忌。事实上，他可能确实具备多种能力，但这并不是造成他的问题的根源。根源在于：他坚决拒绝承认自己所能做到的事情其实有限。因此，限制其活动的短暂决心通常不会有持久的影响。不管有多少与之相反的证据，他都会很快再一次坚信：其他人可能做不到这么多事情；但是，他能——而且，他能把这些事情做得完美无缺。对他而言，限制他的活动就是一种失败的打击，是可耻的弱点。一想到自己是一个同其他人没什么两样的人，而且同其他人一样也存在各种局限，他就会觉得很丢脸，因此也无法忍受。

其他自恋型个体则可能不是在同时进行多种活动的过程中分散了其精力，而是在接连不断地开始某一追求然后又放弃的过程中，精力被分散了。在具有一定天赋的年轻人身上，这看起来好像只不过是他们需要时间和尝试才能发现自己最感兴趣的是什么而已。只有通过细致地审视他们的整个人格，我们才能看出这样一种简单的解释是否正确有效。例如，他们可能对舞台有强烈的兴趣，于是开始尝试演戏，并表现出了颇有前途的开端——但很快他们便放弃了。此后，他们可能会同样激情满满地追求诗歌创作或农场经营，但结果也是很快放弃。然后，他们可能转而从事护士工作或研究医学，但同样很快从热情洋溢转为兴趣全无。

但是，同样的过程也可能出现在成年人身上。他们可能会列出一本大部头书的提纲、发起一个组织、策划庞大的商业计划、开始某一发明创造——但一次又一次，他们总是在事情完成之前，兴趣便已消失殆尽。他们在想象中画了一幅鲜明的蓝图：自己可以在很短的时间内取得辉煌的成就。但一碰到真正的困难，他们的兴趣就会马上消失。不过，他们的自负不允许他们承认自己是在躲避困难。因此，丧失兴趣就成了一种保全面子的策略。

导致自恋型个体所共有的特点，即摇摆不定的因素有两个：讨厌关注工作中的细节，也讨厌持续的努力。前一种态度在患有神经症的学龄儿童身上可能就已经相当明显。例如，他们对某篇作文可能有相当丰富的想象，但无意识里却坚决抵制将其工工整整地写出来或者正确地拼写。这种草率的态度同样也会损害成年人的工作质量。他们可能觉得自己理应有卓越的想法或计划，但"具体的工作"应该由其他普通人去做。因此，如果想法或计划可以完成的话，他们在分派给他人工作时就不存在任何困难。而且，只要员工或同事能把他们的想法付诸行动，结果可能就会很好。如果要他们自己动手做这些工作——如写论文、设计服装、起草法律文件等——那么，在仔细考虑这些想法、审查、重审并将它们组织起来这样一些真正的工作甚至还没开始之前，他们可能就会万分满意地认为工作已经完成了。在分析中，患者可能也会出现同样的情况。在这里，除了普遍的夸张以外，我们还看到了另一个决定因素：他们害怕仔细地审视自己。

他们之所以不能持续努力，原因也在于此。他们特有的自负在于"无须努力便可以获得优越性"。充满戏剧性的、不同寻常的荣誉吸引了他们的想象力，而日常生活中的小事却遭到他们的憎恨，认为这是对他们的侮辱。与之相反，他们偶尔也会努力，在突发事件中表现得精力充沛又小心谨慎，举办盛大的聚会，突然爆发出洪荒之力写完积累数月的信件，等等。这种偶尔的努力能满足他们的自负，但持续的努力却有损于这种自负。任何人，不管是汤姆、迪克还是哈里，只要辛勤劳动，就会有所成就！而且，只要不努力，就总会有所保留：如果自己真的努力的话，取得的成就将更大。对持续努力的隐藏最深的厌恶在于，它威胁到了"自己具有无限能力"这一幻觉。我们假设有一个人想培育一个花园。不论他是否愿意，他都将很快意识到，这个花园不可能在一夜之间就变成繁花似锦的天堂。它只会完全按照他所投入的工作而逐渐发展。在持续写报告或写论文时，在做出版工作或教学工作时，他都会同样清醒地体验到这一点。时间和精力方面确实有所限制，而且在这些限制中所能取得的成就也是有限的。只要自恋型个体坚持这样的幻觉，即他拥有无限的精力，并能取得无限的成就，他就必定会小心提防，不让自己产生幻觉破灭的体验。或者，如果他真的产生了这样的体验，他必定就会像身处有损尊严的枷锁之下那样痛苦。而这样的愤恨反过来又会令他精疲力竭。

总之，我们可以说，自恋型个体虽然能力很优秀，但他的工作质量事实上却常常令人失望，因为他完全不知道如何工作（这与他的神经症结构相一致）。而完美主义型个体（perfectionistic type）的问题在某些方面却正好相反。他常常按部就班、有条不紊地工作，对细节也过于小心谨慎。但是，由于他太过束缚于应该做什么以及应该怎么做，因此没有太多空间让他发挥独创性和自发性。因此，他做事情很慢，而且没有效率。因为他对自己要求严苛，所以很容易工作过度而精疲力竭（众所周知，完美主义型家庭主妇就是如此），结果让他人也很痛苦。而且，由于他对他人也像对自己一样苛刻，因此他对他人的影响往往是束缚性的，特别是当他处于管理者位置时，更是如此。

自大-报复型个体也有他自己的优点和缺陷。在所有神经症患者中，他是最为出色的工作者。如果说一个感情冷漠的人"极具激情"是适宜的话，那我们便可以说他对工作充满了激情。因为他有无情的野心，工作之外的生活又相对空虚，所以他认为每一分每一秒的时间都应该花在工作上，否则就是浪费。这并不意味着他喜爱工作——他通常无力喜爱任何事物——但工作也不会让他感到疲倦。事实上，他不知疲倦，就好像一台装满了油的机器一样。不过，虽然他机智、高效，而且往往很敏锐，并具有批判性智力，但他的工作却很可能毫无效果。在这里，我所指的并不是这一类人中已堕落为机会主义者的那些人，这种人不管做任何事情（不管是生产肥皂、画肖像画，还是撰写科研论文），都只关心他的工作所带来的外在结果——成功、声望、胜利。但是，即使他对工作本身感兴趣（除了他自身的荣誉之外），他也往往只停留在自己这一领域的边缘，而不深入问题的核心。例如，作为一名教师或社会工作者，他会对教学方法或社会工作感兴趣，而不关心学生或当事人。他可能会写批判性评论，但写不出有自己观点的东西。他可能会急切地想完全掩盖所有可能出现的问题，以便对这件事情有最终的发言权，但却不会加上自己的任何意见。简言之，他似乎只关心如何控制某一特定的主题，而不是使它更为丰富多彩。

由于他的自负不允许他称赞他人，他自己又缺乏效率，再加上他自己对此毫无意识，因此他很容易就会挪用他人的想法。但是，即使是他人的想法，一到他的手中也会变得机械呆板、死气沉沉。

与大多数神经症患者不同，他有能力进行谨慎而细致的计划，而且对未来发展有相当清楚的远见（在他心里，他觉得自己的预见永远都是对的）。因此，他有可能成为一名优秀的组织者。不过，有几个方面的因素降低了他的这种能力。他在分配工作方面存在一些困难。由于他自大且瞧不起其他人，因此，他坚信自己是唯一能够胜任工作的人。而且，在组织方面，他也倾向于采取独裁的方式：威胁利用他人，而不是激励他们；扼杀他人的动机和快乐，而不是激发它们。

由于他制订了长期计划，因此他能相对较好地忍受暂时的挫折。不过，在严峻考验的情况下，他可能会变得极度恐慌。当一个人几乎只生活在胜利或失败的范畴内时，任何可能的失败当然都是可怕的。但是，由于他觉得他应该超越恐惧，因此他会对自己的害怕感到非常愤怒。此外，在这种情况下（即接受审视的情况下），他对那些敢于坐着审判他的人也会狂怒不已。通常情况下，所有这些情绪都会遭到压抑，而内心混乱的结果可能会表现为这样一些身心症状，如头痛、肠绞痛、心悸等。

自谦型个体在工作方面存在的困难几乎每一点都与扩张型个体截然相反。他往往把目标定得过低，常常低估自己的能力，以及自己工作的重要性与价值。他会因猜疑和自责而备受折磨。他根本就不相信自己能做一些不可能的事情，因此很容易就会被一种"我不能"的感觉所压垮。他所做的工作不一定很苦，但他却总是感到很痛苦。

自谦型个体只要是为他人工作，就可能会感觉相当自在，而且事实上

实现自我

也能做得很好，如做家庭主妇、管家、秘书、社会工作者、教师、护士，或者是一名学生（师从某位令人钦佩的老师）。在这种情况下，我们经常可以观察到两种奇怪现象，这两种现象中的任何一种都可以表明某种障碍的存在。其一，他们在独自工作时和与他人一起工作时，这二者之间存在显著的差异。例如，一位人类学实地考察工作者在与当地人交流时表现得机智过人，但当要他系统阐述他的发现时，他却完全不知所措；一名社会工作者在面对当事人或者担任监督者时可能表现得相当能干，但一要他做报告或者进行评价，他就会大感恐慌；一个学艺术的学生在老师在场时可能画得相当好，但独处的时候却会把所学的东西忘得一干二净。其二，这类人的实际工作水平会远远低于其能力。而且，他们可能从来都不会想到自己有什么潜质。

但是，出于各种各样的原因，他们可能会开始独自做一些事情。他们可能会晋升到一个需要写作或当众发言的职位；他们的野心（隐秘的野心）可能会促使他们去进行一些更为独立的活动；最后一点也同样重要，即最为健康且最难以抗拒的原因可能在于，他们所具有的天赋最终会驱使他们充分地表现自己。当他们试图跨越自身结构中"退缩过程"所设置的狭窄限制时，真正的麻烦便产生了。

一方面，他们对完美的要求与扩张型个体一样高。但是，后者很容易沉醉于所取得的成就而沾沾自喜，而自谦型个体则由于自身永无停歇的自责倾向而总是关注工作中的一些不足。即使表现良好（很可能是举办了一次聚会或发表了一场演讲），他们也仍然会强调自己事实上忘这或忘那了，自己没有清楚地强调所要表达的意思，自己太过顺从或太过无礼了，等等。因此，他们会陷入一场几乎无望的战斗之中。在这场战斗中，他们一边追求完美，一边又打压自己。此外，还有一个特殊的原因强化了他们追求优秀的需要。由于他们对野心和自负有禁忌，因此，如果去追求个人成就，他们便会有"罪恶"感，只有最终的成就才能抵消这种罪恶感。（"如果你不是一个完美的音乐家，你最好就去擦地板。"）

另一方面，如果他们触犯了这些禁忌，或者至少是如果他们意识到自己正在触犯这些禁忌，他们就会自我毁灭。这与我所描述的竞争性比赛的过程相同：这种类型的人一旦意识到自己将要获胜，他便无法再进行比赛。因此，他经常处于进退两难的境地，经常在"必须要登临顶峰"和"必须要打压自己"之间徘徊。

当扩张驱力和自谦驱力之间的冲突近乎表面化时，这种困境最为明显。例如，一位画家被某件物品的美深深打动，于是构思出了一幅极好的作品。他开始作画。画布上的初稿看上去棒极了。他感到异常兴奋。但紧接着，不管这幅初稿是不是太好（超过了他所能承受的范围），也不管这幅初稿有没有达到他开始设想的那样完美，他都会转而反对自己。他开始尽力完善初稿，但结果却变得更糟。此时他开始抓狂。他不断地"完善"，但颜色却变得越来越暗淡、越来越呆板。不一会儿，这幅画就被破坏了。他在彻底的绝望之中放弃了努力。不久之后，他又开始创作另一幅作品，但结果也只是重复这一痛苦的过程而已。

同样，一位作家在某段时间可能写作相当顺利，直到他开始意识到一切都进展得非常顺利。这时——当然，他并不知道自己的这种满意正是危险产生的信号——他开始变得吹毛求疵起来。或许他真的遇到了困难，不知道应该让他的主角在某一特定情境中如何表现。不过，他的困难之所以看起来这么大，也可能仅仅只是因为他的破坏性自我轻视限制了他。无论如何，他都会变得无精打采，一段时间都无法工作，而且一怒之下甚至还会把最后几页撕得粉碎。他还可能会做噩梦，在梦中，他和一个要杀他的疯子一起被关在了一间屋子里——这纯粹表达了一种对自己的极端愤怒，他恨不得杀了自己。[①]

在这两个例子中（这种例子不胜枚举），我们看到了两种明显的趋势：一种是积极进取追求创造性的心态，还有一种是自我毁灭的心态。现在，让我们来看一下那些扩张驱力受抑制而自谦驱力占上风的人，他们身上明显的积极进取举动极为罕见，而自我毁灭的举动也不那么激烈和戏剧化。这些冲突隐藏得越深，工作期间的整个内心过程就越漫长，也越复杂——而且，要想理清其中所涉及的因素也会更加困难。虽然在这些例子中，工作方面的障碍可能是明显的抱怨，但也可能不能被直接理解。只有当整个结构都松散开来之后，这些障碍的性质才会逐渐地清晰起来。

在从事创造性工作时，这种人注意到的是自己不能集中注意力。他很容易就会失去思路，或者脑子里一片空白；他的思绪常常迷失在各种各样的日常事务中。他开始变得坐立不安、不得安宁，心不在焉地乱写乱画，玩单人纸牌游戏，打电话消磨时间，修指甲，抓蚊子，等等。他开始讨厌自己，疯狂地努力工作，但不一会儿便会疲惫不堪，以致不得不放弃。

由于没有意识到这一点，他常常面临两种长期障碍：自我贬低，以及处理事情时表现出毫无效率。我们知道，他之所以自我贬低，在很大程度

---

① 在《工作中的抑制》一文中引用这两个例子时，我仅提到了因未能达到预期的优秀而产生的反应。

上是因为他需要打压自己，以免触犯对于"自以为是"的禁忌。这样一种微妙的破坏、责备、怀疑，耗竭了他的精力，而他却没有意识到自己对自己做了什么。（有名患者幻想有两个丑陋凶残的侏儒分别坐在他的两个肩膀上，唠叨不休，相互贬低。）他可能会忘记自己所读到、观察到、想到的东西，甚至是自己以前就这个主题所撰写的东西。他还可能会忘记自己要写的东西。所有用来写论文的材料都已经准备好，只要一搜索便可以找到，但在他需要的那一刻却常常找不到它们。同样，当别人邀请他在讨论会上发言时，他一开始可能会有一种无话可说的压抑感，直到后来他才慢慢意识到自己有很多中肯的评论要提。

换句话说，他有一种打压自己的需要，而这种需要阻碍了他开发自己的资源。结果，他对工作会产生无能为力、毫不重要的压抑感。在扩张型个体看来，他所做的每一件事情都很重要（即使这件事情的客观重要性甚至可以忽略不计，他也觉得很重要），而自谦型个体对自己的工作则相当谦逊，即使他所做的工作客观上很重要，他也会如此。他的典型特点是他只会说他"不得不"工作。在他的情况中，这不是像放弃型个体那样是一种对威胁高度敏感的表现。但他如果承认自己希望有所成就的话，便会觉得自己太自以为是、太有野心了。他甚至不能觉得自己想做一份好工作——这不仅是因为他事实上受到了对完美的严格要求的驱使，而且还因为在他看来，承认这样一种意图就好像是对命运的傲慢而鲁莽的挑战。

他在处理事情时表现出毫无效率，主要是他对一切暗含声明、攻击、控制之物的禁忌所致。一谈到他对攻击的禁忌，我们通常想到的是他对于他人不苛求、不操纵、不控制的态度。但是，对于无生命的事物或者精神问题，同样的态度往往也占据上风。就像他对漏了气的轮胎或者卡住的拉链无能为力一样，他对自己的想法也会感到无能为力。他的问题不在于没有创造性。他可能会想出好的创意，但在把握、处理、应对、斟酌、检验、整理及组织这些创意时，却常常会受到抑制。我们通常意识不到这些心理操作是具有武断性、攻击性的举动，尽管它们的字面意思表明了这一点；只有当它们受制于一种对攻击的普遍抑制时，我们才会意识到这个事实。自谦型个体可能并不缺乏表达观点的勇气，但无论什么时候，他都先要有自己的观点。抑制作用通常在这之前的某个时刻便已发生——在他不敢意识到自己已经得出了某个结论或已经形成了自己的观点的时候。

这些障碍本身往往就会导致缓慢、浪费、无效的工作，或者导致一事无成。关于这点，我们可能会想起爱默生（Emerson）所说的话：我们之所以没有什么成就，是因为我们贬低了自己。但是，痛苦——以及就那件事而言取得某种成就的可能性——之所以出现，是因为个体同时也受到了他自己想追求终极完美的需要的驱使。他不仅觉得他的工作质量应该满足他的苛刻要求，而且，他的工作方式也应该是完美的。例如，当有人问一个学音乐的学生她是否在有系统地学习时，她常常尴尬地回答说："我不知道。"在她看来，"系统地学习"意味着一动不动地坐在书桌前八个小时，专心致志，几乎废寝忘食。由于她不能长时间专心致志地做到这一点，所以，她转而反对自己，称自己是永远都不会有所成就的半吊子。事实上，她常常努力研究一首乐曲，努力学习读谱和左右手的动作。换句话说，她完全有理由对自己认真学习的态度感到非常满意。由于心中有这样一些过分的"应该"，我们很容易想象自谦型个体因通常无效的工作方式而多么自卑。最后，完整地说一下他的困难：即使他做得很好，或者已经有所成就，他也不应该意识到这一点。这就好像是他的左手不能知道他的右手正在做什么一样。

当开始做某种创造性工作时，他会感到特别无助——例如，开始写一篇论文时。因为他讨厌控制一个主题，所以无法事先做详细计划。因此，他往往不是先写提纲或者在心里充分地组织材料，而是一上来就写。事实上，这种方法对其他类型的人来说或许也是可行的。例如，扩张型个体毫不犹豫就可以这样做，而且他觉得自己的初稿就已经十分精彩，因此不会再对其多加修饰润色。但自谦型个体完全不可能就这样草草写下一篇在思想表达方式、文体、组织方面都必然不够完美的初稿便作罢。他会敏锐地注意到任何别扭之处，以及不清楚或不连贯的地方等。他的批评在内容方面可能相当中肯，但这些批评所引起的无意识的自我轻视却让他非常不安，以至于他无法继续。他可能会告诉自己："现在，看在上帝的分上，先写下来，反正你以后什么时候都可以重写"——但这往往毫无作用。他可能会重新开始，写下一两句话，记下一些有关该主题的松散想法。只有在浪费了大量的工作和时间后，他才会问自己："你究竟想写什么？"只有到了这时，他才会列出一个大概的提纲，然后列第二个更为详细的提纲，接着列第三个、第四个，等等。每一次，来自他内心冲突的受到压制的焦虑都会有所缓解。但当到了论文要最后定稿，准备发表或印刷时，焦虑又会再一次激增，因为这个时候论文就应该是完美无缺的了。

在这个痛苦的过程中，有两个相反的原因可能会引起强烈的焦虑感受：事情变得越来越困难时，他会感到烦恼；事情进展过于顺利时，他也会感到烦恼。一遇到难题，他可能就会休克、晕厥、呕吐——或者可能会觉得四肢发软。与此同时，当意识到事情进展顺利时，他可能就会开始比平时更为剧烈地蓄意破坏自己的工作。例如，有一名患者，当他的抑制开始减弱时，他的反应具有很大的自毁性。当一篇论文快要写完时，他注意到有几段内容有些熟悉，他突然意识到他以前肯定写过这些内容。在桌子上一找，他果真找到了那几段写得相当完美的草稿，其实就是前一天写的。他花了将近两个小时的时间来构想他已经表述过的东西，而他自己却没有意识到这一点。这种"遗忘"让他大为吃惊，他开始思考这种现象出现的原因，他记得自己曾相当流畅地写过这几段内容，而且曾以为这是一个充满希望的标志，表明他已经克服了自己的抑制现象，而且很快就可以完成这篇论文。虽然这些想法实际上有坚实的基础，但他还是不能忍受，因此开始自我破坏。

当我们认识到这种类型的人在工作方面所遇到的可怕问题后，他与工作之关系的几个特点就更加清晰了。其中一个特点是：他在做一件对他来说较为困难的工作之前，就会开始担心，甚至感到恐慌——由于存在冲突，他会认为这是一件无法完成的工作。例如，有一名患者每一次在发表演讲或参加会议之前总是会感冒，另一名患者在初次登台表演之前就病倒了，还有一名患者在圣诞节购物之前就筋疲力尽了。

而且，我们还逐渐明白他为什么通常只能分期完成工作。他工作时内心往往非常紧张，而且在他工作期间这种紧张感还会增强，因此他无法长期忍受。这不仅适用于脑力工作，而且在他独自做任何其他工作时也可能如此。他可能会整理好一个抽屉，而把其他抽屉都留到以后再进行整理。他可能会在花园里除除草、挖挖土，但干了一会儿就会停止。他常常在写半个小时或一个小时的东西之后就必须中断。不过，还是这个人，当他为他人工作或者与他人一起工作时，或许就能不停地工作。

最后，我们明白了他在工作中如此容易分心的原因。他常常指责自己对工作没有真正的兴趣，这一点完全可以理解，因为他经常表现得很愤怒，就像一个被逼学习的小学生一样。实际上，他的兴趣可能完全真实且认真，但工作过程比他所意识到的甚至还要令人恼怒。我在前面已经提到过一些小的分心行为，如打电话、写信等。而且，他还过于轻易地满足他的家人或朋友提出的任何要求，这与他想取悦他人、赢得他人喜爱的需要相一致。结果有时候是这样的：他的精力也可能会四处分散，而原因却与自恋型个体完全不同。最后，特别是在年轻时，爱与性对他具有强烈的吸引力。虽然爱情关系通常不能让他感到幸福，但却有可能满足他的一切需要。因此，他无法忍受工作中的困难时便会坠入爱河，这也就不足为怪了。有时候，他会循环重复这样的过程：工作一会儿，甚至可能取得了某种成就；然后沉溺于爱情之中，有时还是一种依赖型的爱情关系；接着，工作退步或者变成不可能完成的事情；于是他奋力从爱情关系中挣脱出来，再一次开始工作——如此反复。

总之，自谦型个体在独自完成任何创造性工作时，往往都会遇到不可逾越的困难。他不仅在长期的障碍下工作，而且——多半情况下——还会在焦虑的压力下工作。与这样一种创造性过程相关之痛苦的程度当然是不同的。但通常情况下，这种痛苦只会消失极短的时间。当他开始构思某个计划，而且在某种程度上思索其中所涉及的各种想法，且没有因为种种矛盾的内心指令而受束缚时，他也许会觉得开心。当某件工作快要完成时，他还可能会有短暂的满足感。不过，到了后来，他不仅会失去完成工作后的满足感，而且甚至感觉不到不管外在的成就或赞誉怎样，自己都是完成这件工作的人。一想起这件工作，一看到它，他便会觉得丢脸，因为即使存在各种内心困难，他也不会因为自己完成了这件工作而称赞自己。在他看来，记得这些困难的存在就是一种明显的耻辱。

由于存在这些烦人的困难，因此，一事无成的危险自然就非常大。他一开始可能不敢独自开始做一件工作。在工作的过程中，他可能会选择放弃。工作质量可能会因为工作时所遇到的障碍而受损。但是，由于有足够的天赋和毅力，他有可能完成一些相当优秀的工作，因为尽管他的毫无效率常常让人难以置信，但他还是坚持做了许多工作。

对放弃型个体来说，阻碍他工作的因素本质上与扩张型、自谦型个体完全不同。属于一贯放弃类型的个体，也可能会解决一些低于自己能力水平的问题，在这一点上与自谦型个体有些相似。但后者之所以这样做，是因为他觉得在这样的工作环境中更为安全：除了遵守自己对自负和攻击的禁忌外，他在这样的工作环境中还可以依赖于他人，且觉得自己受人喜爱、被人需要。而放弃型个体之所以这样做，则是因为这样做是他"退出积极生活"这样一种普遍倾向的重要组成部分。他能够在其中高效工作的环境条件也与自谦型个体截然相反。由于他的超脱，他单独工作时会做得更好。而且，由于他对强制性高度敏感，因此难以为某个老板或者某个有明确规章制度的机构工作。不过，他可以自我"调节"以适应这种情境。因为他抑制了自己的愿望和抱负，再加上他讨厌变化，因此他可以忍受自己不喜欢的环境条件。而且，由于他缺乏竞争性，迫切地希望避免摩擦，因此能与大多数人和睦相处，尽管他在情感上严格地与他们保持距离。但是，他既不快乐，也没有效率。

如果他必须工作，他会偏向于做一个自由工作者，尽管做一个自由工作者也很容易受到来自他人之期望的胁迫。例如，自谦型个体喜欢某一设计的发表或某件礼服的交送有一个最后期限，因为外在的压力可以缓解他的内心压力。如果没有最后期限，他可能就会觉得必须永无休止地改进他的作品。最后期限使得他可以不用那么要求严苛，而且还使得他在按照某个人的期望为这个人工作的基础上，可以根据自己的愿望成就什么事情或者完成某件工作。在放弃型个体看来，最后期限是一种他极为痛恨的强制要求，可能会激起他强烈的无意识反抗，以至于他会无精打采、迟钝呆滞。

他在这一点上的态度只是说明他对强制性普遍敏感的一个例子而已。这种态度也适用于任何建议他、期待他、要求他、请求他去做的事情，或者他必须面对的事情——例如，如果他想有所成就，他就不得不工作。

他最大的障碍很可能是他的惰性，其意义及表现我们在前面已经讨论过。① 惰性越普遍，他就越倾向于仅在想象中做事情。由于惰性而导致的"毫无效率"与自谦型个体不同：不仅其决定因素不同，而且其表现形式也不同。自谦型个体受到各种彼此矛盾的"应该"的驱使，就像一只被关在笼子里的小鸟一样到处乱蹦乱跳。而放弃型个体则显得无精打采，缺乏主动性，且在体力活动或脑力活动中反应迟钝。他可能做事拖延，或者必须把要做的事情都写在记事本上才不至于忘记。但是，一旦他单独做事，这种情况就会倒转，而这又一次与自谦型个体形成了鲜明的对比。

例如，有位医生只有靠记事本的帮助才能恪尽职守。他必须记下每一个前来就诊的患者、每一个要参加的会议、每一封要写的信件或报告、每一种要开的药品。但在闲暇时刻，他会非常积极主动地阅读自己感兴趣的图书、弹弹钢琴，并撰写一些哲学方面的东西。他在做这些事情的时候兴致盎然，而且心情愉快。在他的私人空间里，他才觉得他可以是他自己。他确实保存了真实自我的大量完整性，但其特点是，只有不与周围世界发生联系时，他才能做到这一点。他在工作之余做其他事情时也是如此。他并不期望成为卓越的钢琴家，也不打算发表自己的作品。

这种类型的人越不愿迎合他人对他的期望，就越倾向于减少与他人一起工作或为他人而做的工作，或者越倾向于减少有固定时间要求的工作。确切地说，为了做他喜欢的事情，他会把自己的生活标准降到最低限度。

---

① 参见本书第十一章——放弃。

只要他的真实自我在更为自由的条件下能够活跃发展，那么这种进展就会让他有可能去做一些建设性的工作。这样一来，他就有可能找到创造性的表现形式。不过，这取决于他所具备的天赋。不是每一个脱离家庭关系去南太平洋的人都能成为高更。倘若没有这样有利的内在条件，他就会面临成为一个粗野个人主义者的危险，粗野的个人主义者只高兴做那些让人意想不到的事，或者乐于过一种与常人不同的生活。

属于肤浅生活类型的人，工作中往往不存在什么问题。其工作通常是一个不断恶化的过程。"努力追求自我实现"和"努力实现其理想化自我"这二者不仅会受到抑制，而且还会遭到抛弃。由于他既没有动力发展自身的潜能，也没有动力追求高尚的目标，因此工作对他来说变得毫无意义可言。工作成了一种必须要做的坏事，它常常会打断那些"让人开心的好时光"。他可能会因为他人的期望而去工作，但通常不会有任何的个人参与。工作可能会沦落为仅仅只是一种获取金钱或声誉的手段。

弗洛伊德看到了工作中经常出现的神经症障碍，而且认识到了这些障碍的重要性，从而把工作能力视为他的治疗目标之一。但是，他认为这种能力与动机、目标、工作态度、完成工作的条件以及工作质量是相分离的。因此，他只认识到了工作过程中一些明显的干扰。此处的讨论所得出的一般结论之一是：这种看待工作中困难的方式过于形式化了。只有考虑到所有提及的因素，我们才能理解这些广泛存在的障碍。换句话说，工作中的特点和障碍是而且也只能是整个人格的一种表现而已。

当我们仔细考虑工作中所涉及的全部因素时，还有一个因素也会明显地表现出来。我们认识到以一般方式来看待工作中的神经症障碍是不正确的做法。也就是说，只考虑神经症本身的障碍是不对的。就像我一开始提到的那样，我们只能小心谨慎、有所保留、有所限制地对所有神经症做一般叙述。只有辨清基于不同神经症结构而产生的困难种类，我们才能准确了解某种特定的困难。每一种神经症结构在工作中都有它的优势和困难。这种关系非常明确，以至于当我们知道了某一特定的结构时，我们就能——几乎能——预测可能出现的障碍的本质。而且，由于我们在治疗中并不处理"某种"神经症，而是针对某个特定的患有神经症的个体，因此，这样一种精确对应不仅有助于我们更加迅速地找到特定的困难，而且还有助于我们更加全面地了解这些困难。

要想将工作中许多神经症障碍所产生的痛苦表达出来，并不是一件容易的事情。不过，工作中的障碍并非总会产生有意识的痛苦，许多人甚至没有意识到自己在工作中有什么困难。这些障碍总会浪费一个人的精力：

在工作过程中浪费精力，因不敢做与其能力相称的工作而浪费精力，因不挖掘自身资源而浪费精力，因损害工作质量而浪费精力。对个体来说，这意味着他在某个根本的生活领域无法满足自己。成千上万这样的个人损失加到一起，工作中的障碍就成了人类的损失。

虽然许多人并不怀疑这种损失的真实性，但他们对艺术与神经症之间的关系，或者更确切地说，对艺术家的创造力与其神经症之间的关系还是感到不安。他们会说："就算神经症一般情况下会带来痛苦，尤其会导致工作中的困难，但是痛苦难道不是艺术创作必不可少的条件吗？大多数艺术家不是患有神经症吗？如果让一位艺术家接受分析，他的创造力不是反而会削减甚至是破坏吗？"如果我们把这些问题分开来看，并审视其中所涉及的因素，那我们至少会有所了解。

首先，个体所具备的天赋与神经症没有什么关系，对此几乎没有人怀疑。最近的教育事业已经表明：只要给予适当的鼓励，大多数人能绘画，但即使这样，也不是每一个人都能成为伦勃朗（Rembrandt）或雷诺阿（Renoir）。这并不是说只要有足够的天赋就总会展现出来。就像这些实验所表明的，神经症毫无疑问会在相当大的程度上阻碍天赋的展示。一个人自我意识的程度越低，所受的威胁越少，他就越不会试图顺从他人的期望，越不需要事事正确或完美，也就越能更好地展现自己的天赋。此外，分析经验也更为详细地表明，神经症因素可能会阻碍创造性工作。

迄今为止，对艺术创作的关注不是对既定天赋（即在某一特定环境中的艺术表现能力）的重要性及价值的看法不明，就是低估这种重要性和价值。不过，这里又出现了第二个问题：就算天赋本身与神经症不相干，难道艺术家的创造力也不与某些神经症状况紧密相连吗？要想找到这个问题的答案，就要更为确切地弄清究竟是哪些神经症状况有利于艺术工作。自谦倾向占据上风很明显就是不利的。实际上，具有这些倾向的人对这个方面往往没有丝毫的兴趣。他们完全清楚——在他们的骨子里——他们的神经症已经剪断了自己的翅膀，使他们不敢表现自己。只有扩张性驱力处于上风的人以及放弃型中表现出反叛倾向的人，才会害怕在分析中失去创造性工作的能力。

他们真正害怕的究竟是什么呢？用我的术语来说：他们觉得，尽管对控制的需要可能是神经症的，但正是这些驱力给了他们创造的勇气和热情，使得他们能够克服其中所涉及的一切困难。或者，他们觉得，只有完全摆脱与他人的联系，不受他人期望的干扰，自己才能有所创作。他们

（在无意识之中）害怕，一旦这种觉得自己像神一样的控制感稍微有一丝动摇，自己便会深陷于自我怀疑和自我轻视之中。或者，就反叛者来说，他们往往觉得自己不仅会陷入自我怀疑之中，而且还会成为顺从的自动化机器，从而丧失自己的创造能力。

这些害怕是可以理解的，因为他们所害怕的其他极端情况在他们身上也存在——从其现实可能性这个意义上来说。不过，这些害怕都是基于错误的推理。在许多患者身上，每一次当他们仍深陷于神经症冲突之中，以至于只能"非此即彼"地考虑事情，并且无法想出真正可以解决这些冲突的方法时，我们就可以看到他们在这些极端之间来回摆动。倘若分析的进展相当顺利，能让他们获益，那么，他们必定将会看到并体验到自我轻视或顺从倾向，但毫无疑问不会永远保留这些态度。他们将会克服这两种极端中的强迫性成分。

在这一点上，又引发了更为深入的争论，这种争论比其他的更富思想性，也更为重要：假定分析能解决神经症冲突，并使个体更加幸福，那它不会同时因为消除了过多的内心紧张而使他仅仅满足于存在（being）从而失去创造的内心冲动吗？这种争论可能具有两大意义，而且这两种意义都不能轻易忽略。它包含了一种普遍的观点：艺术家需要内心的紧张，甚至是痛苦，才能激发出创作的冲动。我不知道一般情况下是否真的如此——但是，即便是如此，难道所有的痛苦都必须来自神经症冲突吗？在我看来，即使没有这些神经症冲突，生活中也有足够多的痛苦。对于一个艺术家来说就更是如此了，因为他不仅对于美丽与和谐有着超乎常人的敏感性，而且对于不和谐及痛苦亦是如此，除此之外，他还具有更强的体验情感的能力。

330

此外，该争论还包含这样一个具体的论点：神经症冲突可能是一种生产力。我们之所以要认真对待这一论点，其原因在于我们在梦中的经历。我们知道，在梦中，我们的无意识想象可以解决当时困扰我们的内心冲突。梦中使用的意象是如此浓缩、如此相关，如此简明扼要地表现了本质，以至于在这些方面它们与艺术创造相似。因此，一个极具天赋的艺术家，如果掌握了自己的表达方式并能应用于作品之中，那么，为什么他就不能以同样的方式创作诗歌、绘画或作曲呢？我个人倾向于认为有这样的可能性。

但是，我们必须考虑到下面这些情况，从而对这一假设做出限制。在梦中，一个人可以获得许多不同的解决方法。这些方法可能是建设性的，也可能是神经症的，两者之间的可能性范围极为广泛。这一事实对于艺术创作的价值来说也并非毫不相关。我们可以说，即使一位艺术家只能很好地使用其特定的神经症解决方法，他也能产生强烈的共鸣，因为还有许多其他人也倾向于采用这同一种解决方法。但我想知道，比如，达利（Dali）的画和萨特的小说的一般有效性会不会因此——尽管他们具有高超的艺术能力和敏锐的心理领会力——而减弱呢？为了避免误解，我得说明一下：我并不是说任何戏剧或小说都不应该表现神经症问题。相反，在某个时期，当大部分人受到这些问题的折磨时，艺术表现能帮助很多人意识到其存在及意义，并帮助他们弄清楚这些问题。当然，我也并不是说任何涉及心理问题的戏剧或小说，其结局都应该是大团圆。例如，《推销员之死》（Death of a Salesman）的结尾就不是美满的结局。但是，这并不会让我们感到迷惑不解。它不仅控诉了一个社会和一种生活方式，而且，它还清楚地描述了一个深陷于想象之中却不去解决自己的问题（从自恋型解决方法的意义上说）的人必然会遭遇的下场。如果我们不了解作者的立场，或者不了解作者是否在表述或宣称某一种神经症解决方法是唯一的解决方法，那我们就无法理解这位作者的某件艺术作品。

　　从刚才所提及的考虑中，我们或许还可以找到另一个有关问题的答案。由于神经症冲突或者他们的神经症解决方法可能会麻痹或损害艺术创造性，因此，我们肯定也可以说它们同时也能引发艺术创造性。也许迄今为止大部分这样的冲突和解决方法对艺术工作产生了一种不利的影响。但是，我们该如何界定哪些冲突能为艺术家提供建设性动力，而哪些冲突会扼杀或削减艺术家的能力（或者损害其作品的价值）呢？这种界定仅仅取决于一个量的因素吗？我们当然不能说艺术家的冲突越多，对他的工作就越好。是不是有一些冲突会有利于他的工作，但太多冲突就没有好处了呢？但是，我们又该如何界定"一些"和"太多"呢？

　　显然，当根据量来考虑时，我们会不着边际。有关建设性的神经症解决方法及其含义的思考指向了另一个方向。不管艺术家冲突的性质任何，他都不能迷失在这些冲突之中。他身上肯定存在某种非常有建设性的东西，能激发他挣脱这些冲突并对它们采取一种立场的愿望。不过，这等于是说不管他的冲突如何，他的真实自我都必须活跃到足以发挥作用。

　　从这些考虑中可以看出，人们通常所坚信的神经症对于艺术创造而言的价值其实并不存在。剩下唯一有可能发生的是：艺术家的神经症冲突可能有助于激发他进行创造工作的动机。而且，他的冲突以及他寻求摆脱这些冲突的方式可能是他创造的主题。例如，就像一位画家会表达他对某个山景的个人体验一样，他也会表达自己内心挣扎的个人体验。但是，只有当他的真实自我还活跃，还能给予他深刻的个人体验、自发的欲望以及将其表达出来的能力时，他才能进行创作。不过，正是这些能力，会因为他与自我的疏离而使他有陷入神经症的危险。

在这里，我们逐渐看清了这种观点的错误所在——认为神经症冲突是艺术家不可或缺的推动力。冲突最多只能暂时性地激发动机，但创造冲动本身和创造力只能来自他自我实现的欲望以及服务于自我实现的精力。如果这些精力从用于简单而直接地体验生活被转移去证明什么东西——证明他不是他自己——那么，他的创造力必定会受损。相反，如果在分析中艺术家的自我实现欲望（即他的自我实现驱力）得到了解放，那么他便会重获其创造性。如果认识到了这种驱力的力量，那么，有关神经症对于艺术家之价值的所有争论从一开始就不会出现。因此，艺术家不是因为有了神经症才能创作，而是尽管有神经症，但还是能够进行创作。"艺术的自发性……乃是个人的创造性，是自我的表达。"[1]

---

[1] John Macmurray, *Reason and Emotion*, Faber and Faber, Ltd., London, 1935.

第十四章
精神分析治疗的道路

虽然神经症可能会引起严重的障碍，有时也可能相当平静，但这两种情形都不是它的本质所在。它是一个凭自身动力不断发展的过程（process），在这个过程中，它以无情的逻辑影响越来越多的人格领域。它是一个会产生各种冲突，并需要找到解决这些冲突的方法的过程。但由于个体找到的解决方法都是人为的，因此新的冲突会产生，这些新的冲突又需要新的解决方法——这可能会让这个人生活得相当顺利。这个过程会驱使他越来越远离真实自我，从而危及他的个人成长。

为了避免虚假的乐观，误认为可以找到快速而简单的治愈方法，我们必须清楚这个复杂过程的严重性。事实上，只有当我们想到一些症状（如恐惧、失眠等）的缓解时，"治愈"（cure）一词才是适用的，而我们都知道，"治愈"可能会受到多方面因素的影响。但是，我们无法"治愈"一个人所走的错误发展道路。我们只能帮助他逐渐克服困难，使他走上更具建设性的发展道路。我们不能在这里讨论确定精神分析治疗目标的诸多方法。自然，任何一位分析学家的目标都是根据他的信念、他对神经症之本质的认识提出的。例如，只要我们认为人际关系障碍是神经症中的一个关键因素，那我们的治疗目标就是帮助患者建立良好的人际关系。认识到了内心过程的性质和重要性之后，现在，我们倾向于以一种更具包容性的方式提出治疗目标。我们希望帮助患者发现自我，使他有可能朝着自身的自我实现而努力。他建立良好人际关系的能力无疑是他自我实现的重要部分，但自我实现还涉及创造力和自我负责的能力。分析学家自始至终必须一直牢记自己的工作目标，因为这个目标决定着接下来要做哪些工作，以及工作时所秉持的精神。

要想粗略估计治疗过程中会出现哪些困难，我们必须思考一下患者在这个过程中发生了什么。简单说来，他必须克服所有阻碍其发展的需要、驱力或态度：只有当他开始舍弃对自己的错觉及其虚幻的目标时，他才有机会发现自己的真正潜能并加以发展。只有当他放弃自己的虚假自负时，他对自己的敌意才会减少，他才能产生坚定的自信心。只有当他的"应该"失去其强制力时，他才能发现自己的真实情感、愿望、信念以及理想。只有当他面对自己身上存在的冲突时，他才有机会获得一种真正的统一——如此等等。

尽管在分析学家看来这是不可否认、清晰明了的事实，但患者并不这样认为。他坚信，自己的生活方式——他解决问题的方法——是正确的，而且只有通过这种方式，他才能找到安宁和满足。他觉得自负给了他内在的坚忍与价值，如果没有这些"应该"，他的生活将一团糟，等等。客观的旁观者很容易就可以说出所有这些价值都是虚假的。但只要患者觉得它们是他唯一拥有的价值，那他必定就会紧紧抓着它们不放。

此外，患者之所以必须坚持他的主观价值，是因为不这样做就会危及他的整个心理存在。他为解决自己的内心冲突而找到的解决方法，其特点可以简单用"控制""爱"或"自由"这样几个词来表示，他不仅认为这些方法正确、明智、可取，而且还认为这是唯一安全的方法。它们给了他一种统一感。在他看来，直接面对自己的冲突就有可能出现被分裂的可怕前景。他的自负不仅给了他一种价值感或意义感，而且还保护他免于陷入自我憎恨和自我轻视这种同样可怕的危险之中。

患者在分析中为避免认识到冲突或自我憎恨而采取的特殊方法，往往都是他根据自己整个结构选取的，这些方法对他来说是可以获得的。扩张型个体通常避免认识到自己有任何的恐惧和无助感，避免任何对情感、关心、帮助或同情的需要。自谦型个体则极为迫切地避免看见其自身的自负以及对其个人利益的追求。放弃型个体为了防止其冲突被激发，可能会表现出一副礼貌但冷漠、缺乏活力的样子。在所有患者身上，"回避冲突"都具有双重结构：他们一方面不让冲突的倾向显露出来，另一方面也不会试图去了解这些冲突。有些患者会试图通过理智化（intellectualizing）或区隔化（compartmentalizing）来逃避对冲突的了解。另一些患者的防御甚至更为扩散，具体表现为在无意识之中对于认真思考任何事情的阻抗，或者在无意识里坚守一种犬儒主义（这是从否定价值的意义上说的）。在这些情况下，混乱思维与犬儒态度把冲突问题弄得非常模糊，以至于这些冲突竟然无法让人看清。

在患者为了避免体验到自我憎恨或自我轻视而做的努力中，最为重要的问题是避免认识到任何尚未实现的"应该"。因此，在分析中，他必须

实现自我

竭力摆脱对那些缺点的真正洞察（根据他的内心指令，那些缺点都是不可宽恕的罪过）。所以，任何对这些缺点的暗示，在他听来都是一种不公正的谴责，从而让他采取防御的姿态。不管他采取的是攻击性的防御姿态还是妥协性的防御姿态，结果都一样：都是为了阻止他清醒地审视真相。

患者所有这些保护其主观价值、避免危险的迫切需要——或者避免焦虑、恐惧等主观感觉的需要——说明：尽管有良好的有意识意图，但也会损害与分析学家合作的能力。这些需要也说明了患者采取防御姿态的必要性。

迄今为止，患者的防御姿态都旨在维持现状。[1] 在大部分的分析工作过程中，这是它的显著特征。例如，在分析工作的开始阶段，放弃型的患者往往需要让他的超然态度、他的"自由"，以及他无欲无求的政策丝毫无损，这些需要完全决定了他对分析的态度。但在扩张型个体和自谦型个体身上，还有另一种力量阻碍了分析过程，尤其是在分析工作刚开始的时候，更是如此。就像他们在生活中努力追求获得绝对控制、胜利、爱等积极目标一样，他们在整个分析的过程中也会力求实现这些目标。分析应该消除一切阻碍他们获得彻底胜利或永不失败，阻碍他们获得神奇意志力、不可抵挡的吸引力和沉静、圣洁等的因素。因此，这里不仅仅是患者采取防御姿态这样一个简单的问题，而且还有患者和分析学家积极地往相反方向努力的问题。尽管双方都有可能谈到演进、成长、发展，但他们所指的却是完全不同的东西。分析学家心里所想的是真实自我的成长，而患者却只想着如何让他的理想化自我变得更加完美。

在患者寻求分析帮助的动机中，所有这些阻碍力量都已经发生作用。人们通常因为某种障碍而希望接受精神分析，如恐惧、抑郁、头痛、工作中的抑制现象、性方面的问题，以及某种反复出现的失败等。他们之所以前来接受分析，是因为他们无法应对某些令人苦恼的生活处境，如伴侣不忠或离家出走等。他们之所以前来接受分析，还可能因为他们模模糊糊地感觉到自己的整个发展受到了阻碍。所有这些障碍似乎足以构成考虑接受精神分析的理由，而且似乎不需要做更进一步的检查。但鉴于马上就要提及的原因，我们最好还是问一句：谁有障碍？是患者本身——以及他对幸福和成长的真正渴求——还是他的自负？

---

[1] 这就是我在《自我分析》(Self-Analysis, Chapter 10, Dealing With Resistance, W. W. Norton, 1939) 中提出的"阻抗"的定义。

当然，我们不可能区分得非常清楚，但我们必须认识到自负在某种痛苦变得让个体无法忍受的过程中所起的压倒性作用。例如，某个人可能无法忍受街道恐惧症（street phobia），因为这伤害了他对于掌控一切环境的自负。如果一名神经症患者对于得到公正对待的要求没有获得满足，那么，被丈夫抛弃就是一个灾难。（"我是一个这么好的妻子，因此我有权利要求他永远忠诚。"）一个并不会让其他人感到不安的性问题，对于一个要求自己必须完全正常的人来说却是难以忍受。个人的发展受阻可能是一件非常痛苦的事情，因为他对于无须努力便可以优越于他人的要求似乎失灵了。自负的作用还常常体现在这样一个事实中，即一个人可能会因为一个伤害了他自负的小障碍——如脸红、害怕当众发言、手颤抖——而寻求帮助，但对严重得多的障碍却轻易忽略。事实上，这些严重得多的障碍在他下定决心去接受分析的过程中也只起了模糊的作用。

与此同时，自负也可能阻止人们去求助分析学家——这些人通常需要帮助，而且分析学家也能够帮到他们。他们对自足、"独立"的自负可能会让他们觉得考虑寻求帮助是一件丢脸的事情。这样一来，他们便不会允许"纵容"自己，他们觉得自己应该能够处理好自己的障碍。或者，他们对于自我控制的自负甚至可能不允许他们承认自己有任何神经症问题。他们至多为了讨论某个朋友或亲属的神经症问题才会前来咨询。在这些情况下，分析学家必须留意这样一种可能性：这是他们间接谈论自身问题的唯一方式。因此，自负可能会阻止他们对自身问题做现实的评估，也不允许他们寻求帮助。当然，阻止他们考虑接受分析的并不一定是某种特殊的自负。任何源自其解决内心冲突之方法的因素都有可能阻碍他们。例如，他们的放弃倾向可能非常强烈，以至于他们宁愿与其障碍和平共处（"我就得这样做"）。又或者，他们的自谦倾向可能会阻止他们"自私地"为自己做任何事情。

在患者对分析学家的私下期望中，阻碍力量也会发生作用——我在讨论分析工作的一般困难时已提到过这一点。再重复一遍：他在某种程度上期望分析应该消除一些障碍因素而不会让他的神经症结构有任何改变，在某种程度上他又期望分析应该实现其理想化自我的无限权力。此外，这些期望不仅关系到分析目标，而且还关系到实现目标的方式。他很少（如果有的话）清醒地评价将要去完成的工作。这里涉及几个因素。如果一个人只通过阅读，或者偶尔尝试分析他人或自己来了解精神分析，那当然任何人都很难评价这项工作。但是，就像其他任何新工作一样，患者总有一天会了解到如果没有自负的干涉将会发生什么事情。扩张型个体往往会低估自己的问题，并高估自己克服这些问题的能力。他认为，凭借他那聪明的头脑或者无所不能的意志力，他应该马上就能解决这些问题。而放弃型个体因囿于缺乏主动性和活力，往往期望分析学家能提供神奇的线索，而他自己则做一个兴致勃勃的旁观者耐心地等候一旁。在一名患者身上，自谦的成分越占上风，他就越期望分析学家会因为他所受的痛苦以及对帮助的乞求而挥舞魔杖。当然，所有这些信念和希望都隐藏在合理期望的外表之下。

这些期望的阻碍作用相当明显。不管患者是期望分析学家还是他自己的神奇力量能够带来他所希望的结果，他自己积聚分析工作所需能量的动机都会被削弱，而分析会成为一个相当神秘的过程。毋庸置疑，合理化的解释都是无效的，因为它们远不能触及那些决定"应该"及隐藏于"应该"背后之要求的内在需要。只要这些倾向发生作用，短期治疗对他们来说就具有巨大的吸引力。患者忽视了这样一个事实，即有关这些疗法的出版物所指的仅仅只是症状的改变，而他们误以为这些疗法是获得健康与完美的一蹴而就的方法，并因此深受其吸引。

在分析工作中，这些阻碍力量的表现形式千变万化。虽然为了快速辨认出这些表现形式，分析学家对它们有所了解非常重要，但我在此只会提到其中几种形式。而且，我也不打算详加讨论，因为我们在此处关注的不是分析技巧，而是治疗过程中的基本要素。

患者可能变得好争论、爱嘲讽、喜欢动武；他可能表面上装出礼貌顺从的样子，并以此来保护自己；他可能会逃避、偏离主题，或者忘掉某件事情；他可能会以一种毫无结果的智慧来谈论某件事情，就好像这件事情与他毫无关系一样；他可能交替出现自我憎恨或自我轻视的反应，以此警告分析学家不要再继续下去了；等等。所有这些困难都有可能出现在直接处理患者问题的过程中，也可能出现在他与分析学家的关系中。与其他人际关系相比，分析关系从某个方面来讲是患者觉得更为轻松的一种关系。因为分析学家把注意力都集中在了理解患者的问题上，因此他对患者的反应相对较少。而在其他方面，分析关系则更加困难，因为它激起了患者的冲突和焦虑。无论如何，分析关系都是一种人际关系，患者在其他人际关系中遇到的所有困难，在分析关系中也会发生作用。我们在此仅提及几个显著的困难：他追求控制、爱或自由的强迫性需要在很大程度上决定了关系的进程，并使他对指导、拒绝或威胁极为敏感。因为他的自负在这个过程中必定会受到伤害，他常常很容易就觉得自己受到了羞辱。他常常因为自己的期望和要求而感到受挫和受虐。或者，当受到一种自我破坏性愤怒的影响时，他马上就会跳起来责骂、辱骂分析学家。

最后，患者常常会高估分析学家的重要性。在他们看来，分析学家不仅仅是一个凭借其所接受的训练和所拥有的知识帮助他们的人。无论患者是多么精通世故，他们私下都会把分析学家视为一个具有超人的行善或作恶能力的术士。他们的恐惧与期望结合到一起，便产生了这种态度。分析学家有能力伤害他们，碾碎他们的自负，激发他们的自我轻视——但同时也能进行神奇的治疗！简言之，分析学家是一个能够把他们打入地狱或升入天堂的魔术师。

我们可以从几个角度来评价这些防御的意义。在对患者进行治疗时，这些防御对分析过程产生的阻碍作用常常会给我们留下深刻印象。它们使得患者很难——有时候是不可能——去审视自己、理解自己并做出改变。与此同时——就像弗洛伊德在谈到"阻抗"（resistance）时所认识到的——它们也是指引我们的路标。当我们逐渐理解患者需要保护或加强的主观价值，以及他所要避开的危险时，我们就能了解在他身上起作用的重要力量。

此外，虽然这些防御造成了治疗中的种种困惑，而且——天真地说——分析学家有时候希望防御能少一些，但这些防御也会使得治疗过程比没有防御的情况下要稳定一些。分析学家通常极力避免不成熟的解释，但因为他不像上帝那样无所不知，所以他也无力避免这样的事实，即患者身上一些更令人不安的因素会被激起，而分析学家却没有能力处理。分析学家可能会发表某个他认为无害的评论，但患者却惊慌地以另一种方式解释。或者，即使没有这样的评论，患者通过自己的联想或梦境也可能想到一些令人害怕但至今都没有任何益处的东西。因此，无论这些防御起了多大的阻碍作用，它们都包含了一些积极的因素，因为它们是直觉性自我保护过程的一种表现，而这一过程因为自负系统所产生的不稳定的内心情况而必须进行。

分析治疗过程中所产生的任何焦虑通常都会让患者感到害怕，因为他倾向于将其视为受损的迹象。但很多时候情况并非如此。只有把它放到它所出现的环境中，我们才能评价它的重要性。这可能意味着：患者已经比较接近他的冲突或自我憎恨了，而在某个既定时刻他是无法忍受这些的。在这种情况下，他用来缓解焦虑的惯用方法通常会帮助他应对这种状况。似乎正要打通的道路又被堵上了，他未能从经验中获益。与此同时，突然产生的焦虑也具有不寻常的积极意义。因为它可能表明患者现在觉得自己足够强大，可以冒险去直面自己的问题了。

341　　　分析治疗之路是一条古老的道路，在人类历史上曾多次得到提倡。用苏格拉底和印度哲学家的话来说，这是一条通过自我认识来进行重新定位的道路。其中具体的新东西是获得自我认知的方法，这一点我们要归功于弗洛伊德这位天才。分析学家通常会帮助患者意识到在他身上起作用的所有力量（包括阻碍性力量和建设性力量）。他会帮助患者战胜那些阻碍性力量，并调动起建设性力量。虽然阻碍性力量的破坏作用与建设性力量的诱导作用同时发生，但我们还是要分别加以讨论。

　　关于本书中所谈到的这些主题，我曾做过一系列讲座①，当讲完第九讲，有人问我究竟要到什么时候才谈到治疗。我的回答是：我所讲的一切都与治疗有关。精神方面可能涉及的一切信息都让每个人有机会去发现自己的问题。同样，当我们在此处询问，患者必须意识到些什么才能根除其自负系统及其后果时，我们也只能简单地说他必须意识到本书所论及的每一个方面：他对荣誉的追求、他的要求、他的"应该"、他的自负、他的自我憎恨、他与自我的疏离、他的冲突、他特定的解决方法——以及所有这些因素对他的人际关系及创造力所产生的影响。

　　此外，患者不仅必须要意识到这些单个因素，而且还要意识到它们之间的联系和相互作用。这个方面最为重要的一点是，他要认识到自我憎恨与自负是不可分割的，他不可能只有其中一个而没有另一个。每一个因素都必须放到整个结构的背景中加以审视。例如，他必须认识到他的"应该"往往取决于他的自负种类，而这些"应该"如果没有实现，就会引起他的自责，而这些自责反过来又解释了他想保护自己不受其攻击的需要。

　　意识到这些所有因素并非仅仅指要知道它们，而是要了解它们。就像麦克默里所说：

342　　　"将注意力集中于事物而对有关的人漠不关心，这是'知道'态度的特点，这种特点常常被称为客观性。它实际上与个体无关。……'知道'始终都是知道有关某物的信息，而不是对它的了解。科学不能教你去了解你的狗，它只能告诉你关于狗的一般情况。只有通过在它得大瘟热的时候耐心地照顾它、教它在屋里如何行动、同它一起玩球，你才能了解它。当然，你可以利用科学提供的关于狗的一般信息去更好地了解你的狗，但那

---

① 1947 年和 1948 年在新社会研究学院（the New School for Social Research）。

是另外一回事了。科学关注的是一般性，关注的是事物一般情况下或多或少的普遍特征，而不是特定的事物。任何真实的事物始终都是特定的事物。至于以某种奇特方式来了解事物，则往往取决于我们对它们的个人兴趣。"①

但是，这样一种对自我的了解意味着两件事。患者大致知道自己有许多虚假的自负，知道自己对批评和失败极为敏感，知道自己有自我谴责倾向，或者知道自己有一些冲突，但这毫无帮助。重要的是他开始意识到这些因素作用于他的具体方式，以及它们如何在他过去与现在的独特生活中具体且详细地表现出来的。例如，了解一般性的"应该"，或者甚至知道这样一个一般性的事实，即这些"应该"会作用于他，对于任何人来说都没有帮助。这一点似乎不言而喻。相反，他必须认识到这些"应该"的特定内容，认识到他身上那些使它们成为必要的特定因素，以及它们对他的个人生活所产生的特定影响。但是，对具体事物和特定事物的强调之所以十分必要，是因为患者出于许多不同的原因（与自我的疏离、想掩饰无意识中的托词的需要）倾向于要么态度模棱两可，要么不牵涉个人感情。

而且，患者对自己的了解不可能一直停留在智力了解的水平上，尽管它是以这种方式开始的，但它必定会成为一种情感体验（emotional experience）。这两种因素通常紧密地相互交织在一起，因为举例来说，没有人能体验到一般的自负：只有在某一特定的事物中，他才能体验到他特定的自负。②

那么，为什么说患者不仅要考虑自身的力量，而且还要感觉到它们这一点非常重要呢？因为从严格的意义上说，仅仅只是智力上的实现其实就是根本没有"实现"（realization）③：这种实现对他来说并不真实，它没有成为他的个人财产，也没有在他身上扎根。他用智力看到的特定东西可能正确；但是，就像镜子不能吸收光线而只能反射光线一样，他也可能只把

---

① John Macmurray, *Reason and Emotion*, Faber and Faber, Ltd., London, 1935, p. 151 ff.
② 在精神分析史上，智力了解一开始被视为治疗手段。在当时，它指的是童年记忆的浮现。而且，在当时，对智力控制的过高评价还表现在人们的这样一种期望上：他们期望只要认识到某种倾向的不合理性，就能让事情恢复正常。后来又发展到了另一个极端：对某个因素的情感体验成为至关重要的了，而且从那以后，还用各种方式对此进行了强调。事实上，强调重点的这种转变是大多数分析学家经历的过程所特有的。每一位分析学家似乎都需要亲自去重新发现情感体验的重要性。参见 Otto Rank and Sandor Ferenczi, *The Development of Psychoanalysis*, Nervous and Mental Disease Publ. No. 40, Washington, 1925; Theodore Reik, *Surprise and the Psychoanalyst*, Kegan Paul, London, 1936; J. G. Auerbach, "Change of Values through Psychotherapy," *Personality*. Vol. I, 1950.
③ 根据《韦氏词典》的解释，"实现是逐渐成为事实的行动或过程"。

这种"洞见"应用于别人，而不用到自己身上。或者，他对智力的自负可能会在某些方面以闪电般的速度接管一切：他自豪于自己发现了他人所躲避的东西，于是开始操纵某一特定的问题，并加以改变和歪曲，这样一来，他的报复心理或者他的受辱感便立刻成了一种完全合理的反应。或者，到了最后，在他看来，仅仅用他的智力似乎就足以消除问题：看见就是解决。

此外，只有体验到了无意识或半意识中一种迄今不合理的感觉或者驱力的全部影响，我们才能逐渐了解在我们自己身上起作用的无意识力量的强度及强迫性。对患者来说，仅仅只是承认这样一种可能性是远远不够的，即他对单恋的绝望实际上可能是一种羞辱感，因为他对于自己让人无法抗拒之魅力或者占有对方身心的自负受到了伤害。他必定会感到羞辱，而且，到后来还必定会感觉到自负对他的控制。模糊地意识到自己的愤怒或自责对于当时的情况而言可能有些过分是不够的。他必须感觉到自己的愤怒的全部影响，或者自责的深度。只有到了那个时候，某个无意识过程的力量（及其不合理性）才会清晰地展现在他面前。只有到了那时，他才会有动力去发现越来越多有关自我的东西。

另外，在适当的情境中去感觉情感，并尽力去体验那些还只是看到但并未感觉到的情感或驱力，也非常重要。例如，我们可以回头看一下这个例子：一位女士在没能够爬到山顶时，一条狗让她感觉到了恐惧——她所感觉到的这种恐惧本身非常强烈。帮助她克服这种特定恐惧的，是她认识到了这种恐惧是因自卑而产生的。尽管后者几乎不会被体验到，但她的发现仍然意味着她在适当的情境中感觉到了恐惧。但是，只要她没有感觉到其自卑的深度，其他类型的恐惧就会不断出现。只有当她在自己对自己有控制一切困难的不合理要求这种情境中感觉到自卑时，自卑的体验才会有所帮助。

对迄今为止的某种无意识的情感或驱力的体验可能会突然出现，然后会给我们留下天启般的深刻印象。但更多的时候，这种体验是在认真解决某一问题的过程中逐渐出现的。例如，患者可能先认识到一种含有报复成分的恼怒。他可能会看出这种情况与受伤的自负之间的联系。但在某个时刻，他必定会体验到他受伤之情感的全部强度以及报复心理的情感影响。同样，他也可能先认识到自己的愤怒感或受虐感的强烈程度超出了当时的情况。他会认识到，这些情感是他因某个期望未能实现而产生的反应。他会认识到，分析学家是在暗示这些情感可能没有道理，但他自己却认为其完全正当。慢慢地，他会注意到那些甚至连他自己也觉得无理的期望。随后，他会认识到，这些不是无害的愿望，而是苛刻的要求。一段时间之后，他会发现这些情感的范畴及其幻想性。然后，他将体验到，当这些情感遭受挫折时，他就会被完全压垮或者狂怒不已。最后，他开始明白这些情感所固有的力量。但是，所有这一切与他宁死也不愿放弃这些情感的感觉仍有很大的差别。

最后，再举一个例子：他可能知道自己认为"得过且过"最为可取，或者知道自己有时候喜欢愚弄或欺骗他人。当他在这一点上有了更为广泛的觉察时，他可能会意识到自己是多么妒忌那些比他更好地"混过"一些事情的人，或者当受到愚弄或欺骗的那个人是他自己时，他会怎样暴跳如雷。他会逐渐地认识到，自己实际上是多么骄傲于自己的欺骗或诈骗能力。他也必定在某个时刻从骨子里觉得这实际上是一种吸引人的激情。

不过，如果患者就是感觉不到某些情感、冲动、渴望——或者诸如此类的东西，那又会怎样呢？毕竟，我们无法人为地引出情感。不过，如果患者和分析学家都坚信让情感发泄出来——不管是涉及什么情感——并让它们以其既定的强度发泄是可取的，那就会有所帮助了。这会让患者与分析学家双方都注意到纯粹的脑力劳动与情感参与之间的差异。此外，这还会激起他们的兴趣去分析那些干扰情感体验的因素。这些因素在程度、强度以及种类上可能会有所不同。对分析学家来说，重要的是要确定这些因素是阻碍了对所有情感的体验还是只阻碍了对某些特定情感的体验。其中最为突出的一点是：患者没有能力或只有极小的能力去体验任何事情，且只能得出悬而未决的判断（suspended judgment）。如果一名相信自己最为体贴周到的患者逐渐认识到自己也会专横跋扈、令人生厌，那么，他很快就会产生一种价值判断，认为这种态度是错误的，必须立刻停止。

这样一种反应看起来像是立场鲜明地反对神经症倾向，并且想要改变这一倾向。但实际上，在这样的例子中，患者是卡在了自负和对自责的恐惧这两个车轮之间，因此在还没有时间去认识并体验这些倾向的强度时，他们便匆匆忙忙地试图要抹去这些特定的倾向。还有一名患者对于接受他人帮助或者占他人便宜有禁忌。他发现，在自己的过度谦逊之下隐藏的是一种寻求私利的需要；他发现，事实上，如果自己没有从某一环境中得到什么东西便会暴怒不已，而且，每一次当自己与那些在某些他认为很重要的方面比他强的人在一起时便会感到不舒服。于是，他会又一次以闪电般的速度妄下结论，认为自己令人讨厌至极——从而把可能产生的体验以及对于各种被抑制之攻击性倾向的理解都扼杀在了萌芽状态。此外，通往认识一种强迫性"无私"与一种具有同样强迫性的贪欲之间冲突的大门也关闭了。

　　那些思考过自己并觉察到了相当多内心冲突与问题的人经常会说："我对自己相当（或者甚至完全）了解，这帮我更好地控制了自己；但实际上，我还是觉得很不安或痛苦。"在这种情况下，结果往往证明是他们的认识太过片面或者太过肤浅。也就是说，这并不是一种像刚才所说的那样深刻而全面的意识。但是，假定有人真的体验到了在他身上起作用的某些重要力量，并且看到了这些力量对其生活的影响，那么，这些认识本身又会以何种方式并在多大程度上帮助他解放自己呢？当然，这些认识有时候可能会让他心烦意乱，有时候又会让他感到宽慰，但它们到底让人格发生了怎样的改变？如果不做深思熟虑，这个问题可能就会显得太过宽泛而不会有令人满意的答案。但是，我怀疑我们所有人都会倾向于高估这些认识的治疗效果。而且，因为我们想确切地弄清楚治疗的动因到底是什么，因此，接下来我们将试图分析一下这些认识——其可能性和局限性——所带来的变化。

　　如果不对他内心所发生的一切进行某种重新定位，那么，任何人都无法了解他的自负系统及解决方法。他开始认识到，他对自己的某些想法其实是幻想。他开始怀疑，他对自己的要求对任何人来说是否都有可能实现，他对他人的要求（除了基于不稳定根基的之外）是否可以实现。

　　他开始看到，他过去会因为自己并不具备的某些品质——或者至少没有到他自己相信的程度——而感到非常骄傲。例如，他曾以自己的独立为傲，但这种独立并不是一种真正的内心自由，而只是对高压威胁的敏感而已；他看到，自己实际上并没有自认为的那样诚实、完美，因为他内心充满了各种无意识的伪装；他看到，尽管他自负于自己的支配地位，但实际上，他甚至都不能不受他人干涉地处理自己的事情；他还看到，自己对他人的大量的爱（这让他感觉良好）其实源自一种想要被人喜爱或被人崇拜的强迫性需要。

　　最后，他开始质疑自己的价值体系及目标的正确性。难道说他的自责很可能不仅仅是其道德敏感性的一个标志？难道说他的愤世嫉俗很可能并不表明他超越了一般的成见，而只是一种避免直面其信念的权宜之计？难道把其他人都视为骗子很可能并不是一种纯粹的世俗智慧？难道他很可能因为所持的超然态度而失去了很多？难道控制或爱很可能并不是一切事情的最终答案？

我们可以将所有这些变化都描述为一项循序渐进的现实检验（reality-testing）和价值检验（value-testing）的工作。通过这些步骤，自负系统日益瓦解。而且，这些步骤是重新定位（重新定位是治疗的目标）的必要条件。但到目前为止，它们都只是打破幻想的过程（disillusioning processes）。如果不同时做出富有建设性的举动，那么，单靠这些步骤是不可能也不会产生彻底而持久的解放性作用的。

在精神分析史的早期，当精神病学家开始把分析视为一种可能的心理治疗形式时，有人提倡这样一种观点，即分析之后应该进行综合。他们在某种程度上认为有必要对某些东西加以剖析。但是，在这之后，治疗者必须给予患者某种积极的东西——患者可以凭之生活，信仰它，或者为之努力。虽然这些建议很可能产生于对分析的误解，并且有许多错误之处，但它们都是由良好的直觉情感而引起的。事实上，相比于弗洛伊德的流派，这些建议对我们这一派的分析思考来说更为中肯，因为他们并未像我们一样看待治疗过程：将治疗过程视为为了给予某种建设性事物发展的可能而必须将其舍弃的阻碍性事物。以前的建议中，主要的错误在于它们赋予治疗者的作用。他们不信任患者自身的建设性力量，而是觉得治疗者应该像解围之神（deus ex machina）一样，以一种人为的方式提供更为积极的生活方式。

我们已经回到了古代医学的智慧，它认为，治愈力不仅是肉体所固有，而且也为心灵所固有，如果肉体或心灵出现障碍，医生只需伸出支援之手，消除损害力，支持治愈力即可。打破幻想的过程的治疗价值在于这样一种可能性，即随着各种阻碍力量的削弱，真实自我的建设性力量便有了发展的机会。

在支持这一过程时，分析学家的工作与分析自负系统完全不同。除了专门的技术训练之外，后者还要求对无意识中可能存在的复杂事物有广泛的了解，以及个体在发现、理解、联系方面具有独创性。为了帮助患者发现自我，分析学家还需要从经验中获得有关真实自我出现方式的了解——通过梦境以及其他渠道。这种了解之所以极为可取，是因为这些方式根本就不明显。他还必须知道在什么时候、以何种方式争取患者有意识地参与这一过程。但是，比这些因素都更为重要的是，分析学家本人必须是一个建设性的人，他清楚地知道自己的最终目标是帮助患者发现自我。

患者身上的治愈力从一开始就发生了作用。但在分析之初，这些力量往往缺乏活力，必须将其调动起来，它们才能在反抗自负系统的斗争中提供真正的帮助。因此，在分析开始的时候，分析学家必须带着最大可能的善意或者对分析的积极兴趣去工作。无论出于什么原因，患者都会对消除某些障碍感兴趣。通常情况下（同样也无论出于什么原因），他都确实想改善这个或改善那个：婚姻、与孩子的关系、性功能、阅读、集中精神的能力、社交时的无拘无束、挣钱能力等等。他可能对分析或者甚至对他自己都有一种智力上的好奇心，他可能想用自己心理的创造性或者获得洞察力的快速性给分析学家留下深刻的印象，他可能想去取悦他人或者做个完美的患者。此外，患者可能一开始就愿意甚至迫切地希望在分析工作中进行合作，因为他期望自己或分析学家能够神奇地治愈他。例如，他可能认识到了这样一个事实，即他太过顺从了，或者太过感激他人给予他的关注——然后，这个毛病马上便"治愈"了。这些动机虽然不能帮助他度过分析过程中那些令人心烦意乱的阶段，但却足以让他应付初期的分析工作（不管怎么说，初期的分析工作大多不太困难）。在此期间，他对自己有了一些了解，而且在更为坚实的基础上产生了兴趣。分析学家不仅有必要运用这些动机，而且还要清楚其本质——还有必要决定在适当的时候把这些不可靠的动机本身作为分析的对象。

在分析工作之初便开始动员真实自我，这好像是最为可取的。但就像其他所有事情一样，这样的尝试是否可行、是否有意义，也依赖于患者的兴趣。只要患者把精力集中于巩固其自我理想化，并因此而压制其真实自我，那么，这些尝试便很可能会毫无效果。不过，因为我们在这方面的经验很少，因此可能还有许多我们没有想到的可行之路。在分析开始时（在后面的分析中也一样），最大的帮助往往来自患者的梦境。在此，我无法展开讨论我们有关梦的理论。简单提一下基本信条便足够了：我们在梦中往往更接近自己的真实情况；梦境代表了各种以神经症方式或健康方式努力解决冲突的尝试；在梦中，建设性力量可能会起作用，甚至当它们在其他情况下几乎无法发觉时也会起作用。

即使在分析的初始阶段，患者从具有建设性因素的梦中，也能捕捉到一个在他内心之中起作用的世界，这个世界是他个人所独有的，而且比他的幻想世界更符合其真实情感。在有些梦中，患者用象征的形式表达了他对自己的同情（因为他对自己所做的事情）。有些梦显示出了一种深深的悲伤、怀旧之情及渴望；在有的梦中，患者努力让自己振作起来；在有的梦中，他意识到自己被囚禁了，想逃出去；而在有的梦中，他精心培育了一株正在茁壮成长的植物，或者在屋里发现了一间他以前不知道的房间。当然，分析学家将帮助他理解这些象征语言所表达的意义。但除此之外，他可能还会强调患者在梦中表达出来但在清醒时不敢去感觉的情感或渴望的重要性。而且，他还可能提出这样的问题，如：就像患者有意识地表现出来的乐观并不真实一样，这种悲伤感是否也有可能不是患者对自己的真实情感呢？

一段时间之后，其他方法也是可行的了。患者自己可能会开始纳闷他对自己的情感、愿望或信念的了解竟是如此之少。于是，分析学家会鼓励、支持这样的困惑感。无论他采用什么样的方式，"自然而然"（natural）这个被滥用的词似乎最为恰当。因为人确实会自然而然地——这是其本性——去感受其情感，去了解其愿望或信念。当这些自然能力不发生作用时，我们便有理由感到纳闷了。如果这种纳闷不是主动自愿的，分析学家就会在适当的时候提出这样的疑问。

所有这一切看起来似乎都毫不重要。但在此，不仅"纳闷是智慧的开始"这一普遍真理仍然通行，而且更确切地说，患者意识到他已远离了自己，而不是忽略了这一事实，这一点也十分重要。其效果可与这样的时刻相比：一个在专制氛围中长大的年轻人突然间了解到了民主的生活方式。这一信息可能在立刻之间就会渗透，或者他也可能本着怀疑的态度去接受，因为他本来就不相信什么民主。不过，他还是会逐渐认识到自己正在失去一些可取的东西。

有时，这些偶尔的评论可能就是所需要的东西。只有当患者对"我是谁？"这个问题感兴趣时，分析学家才会更加积极主动地试图让患者知道他对自己的真实情感、愿望或信念的了解是多么少，或者是多么不关心。举一个例子：有一位患者，当他看到自己身上存在的冲突时，即使是极小的冲突时，他也会感到害怕。他害怕自己会分裂，害怕自己会发疯。分析学家从几个角度对这个问题进行了处理，比如，只有当一切都处于理性的控制之中时，他才会有安全感；或者，他害怕任何小的冲突都会削弱他的力量，从而使他无法与外在世界对抗（在他看来，这个外在世界充满了敌意）。通过将关注的焦点放在真实自我上，分析学家便可以指出，冲突之所以让他感到害怕，要么是因为冲突的强度太大，要么是因为在患者身上发生作用的真实自我太少，以致极小的冲突也不能应对。

又或者，我们说有这么一个患者，他在两个女人之间举棋不定。随着分析的深入，我们越来越清楚地发现，他在任何情境下都难以承担起责任，而不论这个情境是关系到女人、想法、工作还是生活区，都是如此。同样，分析学家也可以从不同的角度来处理这一问题。首先，只要一般性的困难不明显，他就必须找出某个特定的决定中所涉及的东西。当"犹豫不决"的状况变得很明显时，他可能就会揭露患者对于力求拥有一切的自负——得到蛋糕并吃掉它——从而揭露出他觉得必须进行选择是一种可耻的堕落。与此同时，从真实自我的角度出发，分析学家会提出，患者之所以不能负起责任，是因为他太远离自我，以至于不知道他自己的爱好和方向是什么。

再举一个患者抱怨自己太过顺从的例子。他之所以日复一日地答应或者去做自己不喜欢的事情，只是因为他人希望或期望他去做这些事。在这里，我们同样也可以根据某个既定时刻的背景，从多个有利的视角来处理这个问题：他必须回避冲突，他认为自己的时间毫无价值，他自负于自己的无所不能。不过，分析学家也可能只是简单地提出这样一个问题："你就从未想过要问问自己想要什么，或者认为什么是对的吗？"除了以这样的间接方式调动真实自我之外，分析学家还会不失时机地明确鼓励患者表现出的这样一些迹象：患者的思想或情感更加独立了，患者能为自己负起责任了，患者对自己的真实样子更感兴趣了，患者自己弄明白了自己的托词、"应该"以及外化过程。这包括鼓励患者在两次分析面询的中间进行自我分析。另外，分析学家还要指出或强调这些步骤对患者的人际关系所产生的具体影响：不那么害怕他人了，不那么依赖于他人了，因此更能对他们产生友好或同情的感觉了。

有时候，患者几乎不需要任何的鼓励，因为他不管怎样都觉得自己更加自由，也更有活力了。有时候，他会贬低所采取之步骤的重要性。分析学家必须对患者这种轻视这些步骤的倾向加以分析，因为这可能表明患者因为真实自我的出现而产生了恐惧感。此外，分析学家还要问这样一个问题：此刻是什么使得患者可以为了自己的利益而变得更具自发性、更为积极或者做出某个决定？因为这个问题可能有助于我们了解与患者勇于做自我相关的因素。

当患者逐渐有了一些坚实的立足之地之后，他就变得更有能力来应对自己的冲突了。这并不是说他直到此时才看到冲突。分析学家很早就看到了这些冲突，甚至患者也察觉到了一些冲突的迹象。对于其他任何神经症问题来说也是如此：意识到冲突及其所包括的一切步骤的过程是一个渐进的过程，整个分析始终都将致力于这个过程。但是，如果不减少与自己的疏离程度，患者就无法体验到这些冲突是他自己的冲突，并与之对抗。就像我们在前面所看到的那样，许多因素会导致这种对冲突的意识成为一种破坏性的经历。但是，在这些因素中，与自我的疏离是最为显著的。要想了解这一联系，最简单的方式是从人际关系的角度来想象冲突。我们可以假设，有一个人，他跟两个人的关系都非常密切——父亲和母亲，或者两个女人——但这两个人却试图将他朝相反的方向拉。在这种情况下，他对自己的情感与信念了解得越少，就越容易摇摆不定，而且，他在这个过程中可能会崩溃。相反，他对自己越坚定，那么，他在受到两种相反力量影响时遭受的痛苦就越少。

患者逐渐意识到自己冲突的方式往往存在很大差异。在某些特定的情况下，他们会意识到分裂的情感——如对父母或婚姻伴侣的矛盾情感——或者，对性行为或学术流派的矛盾态度。例如，有一名患者意识到自己对母亲是又恨又爱。这看起来好像是他意识到了一种冲突，即使这种冲突仅仅针对某一个特定的个体。但实际上，这其实是他想象冲突的一种方式：一方面，他同情母亲，因为她是一个牺牲型的人，从来都没有快乐过；但另一方面，他又对她非常愤怒，因为她强求他只能对她一个人忠诚，而这让他感到窒息。对于他这种类型的人来说，这两种反应都是完全可以理解的。接着，他所认为的爱与同情变得越来越清晰了。他觉得他应该是一个理想的儿子，应该能够让母亲感到欢乐和满足。而这是不可能做到的事情，所以他会觉得"愧疚"，并对母亲加倍关注以作为补偿。这种"应该"（与接下来所发生的情况一样）并不仅仅局限于这种情境，无论在何种生活情境中，他都觉得自己应该绝对完美。于是，其冲突的另一种成分便出现了。他同时也是一个相当超然度外的人，心怀这样的要求：任何人都不能打扰他，不能对他有所期望；如果有谁这样做，他就会恨他。这里的发展过程是这样的：从将他的矛盾情感归咎于外在环境（母亲这个角色），发展到认识到自己在某一特定关系中的冲突，最后发展到认识到自身的主要冲突，因为这是他内心的冲突，因此在他生活的各个方面都发挥作用。

其他患者一开始可能仅仅只是看到了其主要人生观中的一些矛盾之处。例如，一个自谦型个体可能突然意识到自己对他人相当蔑视，或者常常反抗"自己必须对他人友好"的想法。或者，他可能突然认识到自己过分地要求获得某些特权，但这种认识稍纵即逝。虽然一开始他并不认为这些是矛盾（更不要说是冲突了），但慢慢地，他逐渐认识到，这与他的过分谦逊和喜欢每个人的态度确实是相矛盾的。因此，他可能会短暂地体验到某种冲突，如当他强迫性地帮助他人的举动没有得到"爱"的回报时，他就会因为自己"受了骗"而盲目大怒。他完全惊呆了——这种体验也随之被淹没。接着，他对自负和利益的禁忌也开始变得越来越清晰，这种禁忌非常刻板、无理，以至于他开始对其感到纳闷。由于他对于善良和神圣的自负受到了削弱,他开始意识到自己对他人的嫉妒,开始看到自己对于私利的斤斤计较与贪婪,或者开始看到自己的吝啬。他身上发生的这个过程从某种程度上可以被描述为对其自身矛盾倾向日益了解的过程。仅仅这一过程,便在某种程度上说明了因看到这些矛盾倾向而产生的震惊逐渐得以缓和的方式。更为重要的动力是,通过整个分析,他会变得坚强得多,因而能够逐渐面对这些倾向,而不会受到根本的动摇——因此能够解决这些矛盾的倾向。

同样,有些患者可能会意识到自身的某个冲突,但是其轮廓仍很模糊,其意义也不确定,因此在一开始仍无法理解。他们可能会谈到理智与情感或者爱情与事业之间的冲突。这种形式的冲突很难理解,因为爱情与事业之间并非水火不相容,理智与情感之间也是如此。分析学家以任何方式都无法直接处理这种冲突。他往往只能认识到这样一个事实:这些领域中肯定存在某种冲突。他将这一点牢记在心,并尽力逐渐地了解这个患者到底发生了什么事情。同样,患者一开始可能也没有觉得这是一种个人冲突,而是将它与当前的现实联系了起来。例如,女性可能会把爱情与事业之间的冲突归因于社会文化环境。她们会指出,对于一个女人来说,既想拥有事业,又想做一个好妻子、好母亲其实是很困难的。慢慢地,她们了解到自己在这方面存在个人冲突,而且,这个冲突比现存的外在困难更为重要。简而言之,在爱情生活中,她们可能具有病态依赖的倾向,而在事业上,她们又会表现出神经症野心的所有特征,以及一种对胜利的需要。后面这些倾向往往会受到抑制,但仍相当活跃,足以作为衡量效率的标准——或者,至少是成功的标准。从理论上讲,她们已尽力把其自谦倾向倾注于爱情生活中,而将其扩张驱力集中到了工作上。而事实上,这种截然分明的划分是不可行的。而且,在分析中,我们可以清楚地看到:追求控制的驱力大体上也会在她们的爱情关系中发生作用,而自谦倾向也会作用于其事业——结果,她们变得越来越不快乐。

在其生活方式或价值系统中,患者也会公开地表现出一些在分析学家看来非常明显的矛盾。一开始,他们可能会表现出自己的某个方面:甜美可爱、过分顺从,甚至是卑微下贱。接着,一种追求权力与声望的驱力开始显现(例如,追求社会声望或者征服女人的驱力),这种驱力带有明显的虐待性与冷酷性。有时候,他们会表达这样一种信念,即他们无法保持一种怨恨的态度,而在其他时候——此时,他们并没有因为矛盾而感到困扰——他们会爆发出相当野蛮的报复性愤怒。或者,他们一方面想通过分析获得一种不受任何情感干扰的报复能力,而另一方面,他们又想像隐士那般神圣与超然脱俗。但是，他们完全不知道这些态度、驱力或信念构成了各种冲突。与那些遵从"美德的狭窄途径"的人相比，他们常常因为自己能够拥有更为广泛的情感或信念而感到自豪。区隔化（compartmentalization）达到了极点。但对此，分析学家无法直接地加以处理，因为维持这种分裂的需要要求在不同寻常的程度上去麻痹对真理和价值的感觉，去抛弃现实的证据，并逃避为自己承担任何的责任。在这里，扩张性驱力与自谦性驱力的意义与力量也会变得越来越明显。但是，只有对他的躲避心理与无意识的欺骗行为进行大量的研究，这些才会有所帮助。通常情况下，这包括研究它们广泛而持久的外化作用，研究他们只能在想象中实现其"应该"的现象，研究他们在发现并相信一些站不住脚的借口以防御自责方面所表现出来的足智多谋（"我已经尽力了，我生病了，那么多的麻烦快把我烦死了，我不知道，我无能为力，这已经好多了"，如此等等）。所有这些措施让他们获得了一种内心的平静，但随着生活的继续，这些措施往往也会削弱他们的道德品质，从而导致他们更加不能面对自己的自我憎恨与冲突。这些问题的解决需要付出长期的努力，但患者也会因此而逐渐变得坚强起来，从而敢于去体验自己的冲突，并与之对抗。

总而言之，由于冲突本身具有破坏性，因此在分析之初，它们往往显得很模糊。如果有人看到了这些冲突，那也只能是在具体的情境之中看的——或者只是想象它们模糊、大致的样子。它们也许会如火花闪现，但由于太过短暂而不会获得什么新的意义。它们也会被区隔化。这个方面会朝以下这些方向发生变化：患者更为清晰地意识到这是冲突，而且是他们自己的特定冲突；然后，他们看到了本质，即患者开始真真切切地看到了自己身上的冲突，而不是仅仅看到一些模糊的现象。

虽然这项分析工作很困难，而且让人心烦，但它同时也具有解放性。现在，分析工作中出现了许多冲突，无法用一种僵化的方法来解决。特定的主要解决方法（其价值在分析过程中逐渐减弱）最后瓦解了。而且，个性中某些不熟悉或者发展不良的方面会被揭示出来，并获得发展的机会。诚然，最早出现的仍是较为严重的神经症驱力。但这也是有用的，因为自谦型个体在有机会坚持自己的正常利益之前，必须先看到他自己追逐私利的自我中心倾向；他必须先体验自己的神经症自负，才能接近真正的自尊。相反，扩张型个体只有先体验到自己的卑微以及对他人的需要，才能产生真正的谦逊与温情。

这项工作的进展相当顺利，患者现在可以更为直接地处理这种最为广泛的冲突了——他的自负系统与其真实自我之间的冲突、使其理想化自我变得完美的驱力与发展他作为一个人的潜能的欲求之间的冲突。慢慢地，各种力量出现了，主要的内心冲突也凸显了出来。在接下来的时间里，分析学家的首要工作就是确保这一冲突处于关注的焦点，因为患者自己很容易忽视这种冲突。随着这些力量的出现，一个非常有利但也极为混乱的分析时期开始了（这个时期在程度和持续时间上有所不同）。混乱是内心激战的直接表现。其强度与关键问题的根本重要性相一致。这归根结底是这样一个问题：患者是想保留其错觉、要求及虚假自负中那些被夸大、美化的东西，还是能够接受自己是一个常人，具有常人的一切局限，有其特殊的困难，但同时也有发展的可能性？我想，这可能是我们的生活中最难以选择的十字路口。

这个时期的特点是反反复复，而且往往接连不断。有时，患者会向前发展，这可以从多个方面体现出来。他的情感更为活跃了；他能够更具自发性、更为直接了；他能够想到去做一些具有建设性的事情；他觉得自己对他人更为友善，也更同情他人了。他对自我疏离的许多方面更为警惕了，并能靠自己的力量去理解这些疏离。例如，他可以很快认出什么时候他没有"置身于"某种情境，或者什么时候他没有面对自身的问题，而是责怪他人。他可能会认识到他为自己所做的事实际上是多么少。他可能会想起自己过去所做的一些不诚实或残忍的事件，虽然这个判断更让人感到抑郁和遗憾，但却没有压垮人的罪恶感。他开始看到自己有一些好的地方，开始意识到自己具备某些优点。他会因为自己的顽强奋斗而给予自己应有的认可。

这种对自己的更为实际的评价也会出现在梦里。有一次，有一个患者在梦中以避暑别墅的象征形式出现，因为长期没有人居住，这些别墅已经破旧不堪，但质地依然完好。另一个梦表明，患者试图逃避为自己承担责任，但最终却坦然承认了这一点：患者把自己视为一个大男孩，只是觉得好玩而将另一个男孩关在了一只箱子里。他并不是有意要伤害他，对他也没有任何敌意，他只是把他给忘了，结果导致那个男孩死亡。做梦的这个人有点儿想逃跑，但后来有个官员找他谈话，以一种非常人性的方式告诉了他这些简单的事实和后果。

紧接这些建设性时期之后的便是反弹期（repercussions），反弹期的基本因素是，自我憎恨与自我轻视再一次奔涌而出。这些自毁性的情感本身可能会被体验到，也可能通过变得具有报复性而被外化出来——受辱感、虐待或受虐的幻想。或者，患者可能只是模糊地意识到其自我憎恨，但却敏锐地感觉到了他对自毁冲动的焦虑反应。或者，最后，即使焦虑本身不出现，他抵制焦虑的惯用方法——例如，酗酒、性行为、对同伴的强迫性需要、夸大或自大——也会变得活跃起来。

所有这些烦扰都会引向真正的好转，但为了准确地评价它们，我们必须考虑一下这些改善的可靠性，以及导致"复发"的因素。

患者可能会高估自己所取得的进展。他似乎忘了：罗马非一日建成。他继续以我所戏称的"健康狂欢"（binge of health）的方式生活。既然他现在能做许多以前所不能做的事了，那么，他就觉得应该是——在他的想象中是——适应完美的榜样、完全健康的榜样。虽然他一方面更愿意做他自己，但另一方面，由于受到完全健康这一荣誉的吸引，他也会抓住这种进展作为实现其理想化自我的最后机会。这一目标的吸引力依然很大，足以让他暂时地失去理智。一种轻度的兴奋感就会让他暂时忘了存在的困难，而且也会让他更加确定现在所有的问题都已经解决。但是，由于他总体上认为自己现在比以前优秀多了，因此这种情况不会持续很久。他必定会认识到：尽管他确实能够更好地应对许多状况，但大量的老问题依然存在。而且，正因为他相信自己已处于巅峰状态，所以，他对自己的反抗也会更为猛烈。

有些患者在向自己和分析学家承认自己已经好转时似乎非常冷静、谨慎。确切地说，他们往往以一种非常微妙的方式贬低自己的进展。尽管如此，当他们遇到自己身上或者外部环境中某个无法应对的问题时，类似的"复发"也会发生。这里也会发生同第一类人身上所发生的同样的过程，但没有想象中的美化工作。这两种类型的人都不愿意接受这一点，即自己是一个有困难、有局限，或者没有异常优点的人。他们这种"不愿意"的态度可能会被外化（我准备好了要接受自己，但如果我不完美，他人就会厌恶我。只有在我最为慷慨大方、最有效率时，他们才会喜欢我。）

迄今为止，导致急性损伤的因素是一种患者还无法应对的困难。在最后一种反弹中，导致反弹的因素并不是还没有克服的困难，而是相反，是一种明确的朝向建设性方向前进的趋势。这不一定是引人注意的壮观举动。患者可能仅仅只是对自己产生了同情，第一次感觉到自己既不是特别出色，也不可耻，而是一个不断地努力挣扎并经常遭受烦扰的人。他已经认识到，"这种自我憎恶是自负的人为产物"，或者，他并不一定要为了赢得自尊而去做一个独一无二的英雄或天才。而且，在梦中，态度也可能会发生同样的变化。有一名患者梦到了一匹纯种赛马，但现在它的腿瘸了，看上去狼狈不堪。但是，患者想："就算是这样，我也能爱它。"但在这种经历之后，患者开始变得意志消沉，无法工作，整个人感觉无精打采的。结果证明，他的自负进行了反抗，并占据了上风。他因强烈的自我轻视而感到痛苦，并对此产生了憎恨，认为"把自己的目标定得太低"，沉溺于"自我怜悯"之中是可耻的。

这样的反弹常常出现在患者做了一个深思熟虑的决定和为自己做了某件建设性的事情之后。例如，对某个患者来说，能拒绝他人对他时间的要求而不会产生恼怒感或罪恶感是一种进步，因为他认为自己正在做的事情更加重要。另一名患者之所以能结束一段恋爱关系，是因为她已经正确地认识到，这种关系的基础主要是自己和恋人的神经症需要，而且，这段关系对她而言已经失去了意义，她看不到未来的希望。她坚决地做出了这一决定，并尽其所能地减少对对方的伤害。在这两个例子中，患者一开始对自己处理特殊情况的能力都感觉良好，但不久之后便恐慌起来。他们害怕自己的独立，害怕自己变得不可爱和"具有攻击性"，他们称自己为"自私的人"，而且——在一段时间内——他们会退缩到一种自暴自弃的过度谦逊的安全范围内中寻求庇护。

最后这个例子需要更为全面的治疗，因为它涉及一个比其他例子更进一步的积极步骤。在这个例子中，患者与比他年长许多的哥哥一起工作，经营一项从他们父亲那里接管过来的事业，且经营得相当成功。哥哥很能干，是一个富有正义感、爱支配他人的人，而且具有许多典型的自大-报复性倾向。我的这名患者一直生活在哥哥的阴影之下，受他胁迫，盲目地崇拜他，并无意识地去讨好他。在分析中，其冲突的相反面涌现了出来。他对哥哥开始变得吹毛求疵，公开与之竞争，有时甚至表现得相当好斗。哥哥以同样的方式做出了回应。一种反应强化了另一种反应，很快，两人就几乎无法交谈了。办公室的气氛紧张了起来，同事和员工有了各自支持的一方。我的患者一开始很高兴，他终于能够通过"坚持"自己的权利来反抗他的哥哥了，但慢慢地，他认识到，自己是在报复哥哥，想让他放下架子。在对他自己的冲突进行了数月富有成效的分析之后，他最终对整个情况有了更为广泛的了解，并认识到还有一些比个人争斗和个人恩怨更为重要的事情正处于危险之中。他不仅看到这种紧张氛围部分是自己造成的——而且更重要的是——他愿意主动地承担责任。他决定与哥哥谈一谈，尽管他知道这并不是一件容易的事情。在随后的谈话中，他既不接受威胁，也不怀报复之心，而是坚持他自己的意见。因此，他赢得了这样一种可能性：在比以前更为健康的基础上进行未来的合作。

他知道自己做得很好，并因此而感到很高兴。但就在当天下午，他突然变得恐慌起来，觉得恶心头晕，以至于不得不回家躺下。虽然他并没有真的自杀，但自杀的念头却不断在他脑海中闪现，他甚至可以理解为什么有些人会自杀了。他试图弄清楚这一状况，于是重新审视了自己的谈话动机以及在谈话时的行为举止，但没有找到任何可以反对的东西。他完全不知道该怎么办。不过，他还是能够睡着觉，而且第二天早晨醒来感觉平静多了。但醒来后，他又想起了哥哥对他的各种侮辱，于是再一次对他产生了怨恨。在分析这种混乱状态时，我们看到，他在两个方面受到了打击。

　　他要求与哥哥谈话以及与哥哥谈话的勇气，与他迄今为止所遵循的所有（无意识的）价值观截然相反。从他的扩张性驱力这个角度来说，他应该心怀报复，并获得一种报复性的胜利。在这个方面，他曾言辞激烈地责骂自己是一个姑息者，遇事就躺倒认输。与此同时，从他依然存在的自谦倾向来看，他应该温顺，自甘居下。因此，在这个方面，他以讽刺的口吻攻击自己："小弟弟竟然想超过大哥哥！"如果他此时的真实表现不是自大就是姑息，那么他在之后也可能会感到不安（尽管这种不安的程度要轻一些），而且这一点也不让人感到困惑。因为任何一个人在努力摆脱这种冲突的过程中，都会在很长一段时间内对残留下来的报复倾向或自谦倾向非常敏感。也就是说，如果他们感觉到了这些倾向，就会感到自责。

　　在这里，毫无疑问的一点是，这些自我谴责发生了作用，而他并没有去报复，也没有姑息，而是采取了不同于这两种倾向的果断而积极的步骤。他不仅采取了现实的、富有建设性的行动，而且对自己以及自己生活的"背景"有了真实的了解。也就是说，他终于看到并感觉到自己在这种困难情境中应承担的责任，不再将其视为一种负担或者压力，而是其个人生活模式中不可分割的一部分。他就是这个样子，情况也就是这个样子——对此，他诚实地加以对待。他接受了自己在这个世界上的位置，以及因这种接受而应该承担的责任。

　　此时，他已经获得了足够的力量，可以为自我实现而采取实际的措施了，但是，他却还没有开始摆好架势去面对真实自我与自负系统之间的冲突，而这是一个不可避免会出现的步骤。正是他突然陷入的这种冲突的严重性，充分说明了之前所发生的强烈反弹。

　　当患者被一种反弹控制时，他自然不会知道发生了什么事情。他只是觉得自己的情况越来越糟糕了。他可能会感到绝望：自己的改善或许是一种幻觉？或许自己已经无药可救？他可能会产生退出分析的冲动（当然，这些冲动都是一闪而过）——这些想法他以前从未有过，即使在烦扰不安的时候也不曾有过。他感到困惑、失望、沮丧。

实际上，在所有例子中，这些都是患者在自我理想化与自我实现之间进行艰苦抉择的过程中所表现出来的具有建设性的迹象。最能清楚地表明这两种驱力不能相容的，很可能是反弹期间的内心挣扎，以及促成这些反弹的建设性行动的精神。反弹之所以出现，不是因为他能更现实地看待自己，而是因为他愿意接受自己是一个有局限的人；不是因为他能够为了自己的利益而做出某个决策并做出某件事情，而是因为他愿意去关注自己的真正利益，愿意为自己承担责任；不是因为他能实事求是地坚持自己，而是因为他愿意接受自己在这个世界上的位置。简而言之：它们是成长中的痛苦。

但是，只有当患者意识到自己的建设性行动的重要意义时，这些反弹的裨益才会充分地发挥出来。因此，非常重要的一点是，分析学家不要因为表面上的复发感到困惑，而要认识到这种摇摆不定的情况，并帮助患者认识到这一点。由于这些反弹的发生常常具有一定的可以预测的规律性，因此，在它们发生几次之后，如果患者正在好转，那么分析学家预先告知一下患者似乎是明智之举。这可能无法阻止即将发生的反弹，但如果患者也知道在某个既定时刻起作用的力量所具有的可预测性，那么，他在面对这些反弹时就不会那么无助了。这有助于他更为客观地看待这些反弹。当患者的自我处于危险之中时，分析学家必须成为患者坚定的同盟者——这一点比其他任何时候都更为重要。如果分析学家观点明确，立场坚定，那么，他就能在这些艰难的时期给予患者急需的支持。这种支持通常情况下并不是泛泛的安慰，而是向患者传达这一事实，即他正处于决战之中，而且还要向他说明所存在的困难以及他的战斗目标。

每一次，患者理解了反弹的意义之后，他都会变得比以前更为强大。慢慢地，反弹的时间会变得越来越短，强度也变得越来越小。相反，好的时期也无疑会变得更富有建设性。变化与成长对他来说显然是有可能实现的，在他力所能及的范围之内。

但不管是什么工作，患者都还是可以做的——而且，这样的工作通常有很多——于是，这一时刻就来临了，患者终于能够靠自己的力量做一些事情了。就像那些恶性循环使他在神经症中越陷越深一样，现在的循环则朝着相反的方向发生作用。例如，如果患者降低了他那些绝对完美的标准，那他的自责也会降低。这样一来，他就能更真实地对待自己了。他在审视自己的时候也不再那么害怕。而这反过来又会让他不再那么依赖于分析学家，对自己的优点也有了信心。与此同时，他试图外化其自责的需要也降低了。因此，他觉得他人对他的威胁减少了，或者他对他人的敌意减轻了，于是开始友好地对待他人。

此外，患者也越来越有勇气和信心觉得自己能够为自身的发展负责。在讨论反弹时，我们关注的焦点主要在于因内心冲突而产生的恐惧上。当患者越来越清楚自己想要的生活方向时，这种恐惧就会逐渐减弱。仅凭这种方向感，他就会觉得自己更完整、更强大了。不过，他在向前发展时，还存在另一种恐惧，而对于这种恐惧，我们至今还没有充分的认识。这是一种现实的恐惧，害怕没有神经症的支持自己就无法应对生活。毕竟，神经症患者是依靠其魔力为生的魔术师。朝着自我实现前进的每一步都意味着要舍弃这些力量，而只能依靠自己的才智生活。但是，当他认识到，事实上，没有这些幻觉自己也能生活，甚至没有它们反而会生活得更好时，他就会对自己有了信心。

而且，朝着"成为自己"前进的每一步都会让他产生一种成就感，这种感觉与他以前所知道的感觉都不同。虽然一开始，这种体验很短暂，但一段时间之后，它重复出现的频率会越来越多，而且，持续的时间也越来越长。即使是在一开始，相比于他自己所想到的任何东西或者分析学家所说的任何话语，这种体验也更让他坚信：自己走的路是正确的。因为这种体验让他看到了与自己和生活相一致的可能性。对他来说，这很可能是促使他致力于自身成长，以及为更大程度的自我实现而努力的最大动力。

治疗过程充满了各种各样的困难，以至于患者可能达不到上面所描述的阶段。如果进展顺利，这当然可以明显改善他与自己、他人或工作的关系。不过，这些改善并不是结束常规分析工作的标准，因为它们只是更深层次改变的明显表现。而且，只有分析学家和患者自己意识到了这样一种改变：这是价值、方向、目标发生改变的开始。患者的神经症自负以及有关控制、臣服、自由之幻想的虚假价值失去了其大部分的吸引力，而且，患者实现其既定潜能的决心也更为坚定了。他还要做大量的工作来解决各种隐藏的自负、要求、借口以及外化作用等。不过，由于他能够更为坚定地相信自己，所以他能认识到这些东西是什么：它们是他发展中的障碍。因此，他愿意去发现它们，并迟早要克服它们。现在，这种"愿意"不是（至少在很大程度上不是）狂躁地、急切地想通过魔力来消除不完美。因为他已开始接受自己的本来样子，开始接受自己的困难，因此，他也接受了对自己的分析，认为这是生活过程中不可缺少的一部分。

以积极的态度完成分析工作，往往涉及自我实现的所有方面。就患者自身来说，这意味着要努力对自己的情感、愿望和信念有更为清晰、更为深刻的体验；努力去提高开发自身资源的能力，并用于建设性的目的；努力对自己的生活方向有更为清楚的了解，为自己以及自己的决定承担责任。就他人而言，这意味着他要努力做到真诚地与他人相处；努力做到尊重他人，将他人视为拥有其自身权利、特点的个体；努力发展互助精神（而不是把他人当成达到某一目的的手段）。就工作而言，这意味着对患者来说，工作本身比"满足他的自负和虚荣心"更为重要，而且，他将致力于实现和发展自身的特殊才能，并让自己变得更富有成效。

虽然在这些方面取得了进展，但他迟早会超越纯属个人的利益。在克服了其神经症以自我为中心的心理后，他将更多地认识到自己的个人生活以及整个世界所涉及的更为广泛的事情。他曾经认为自己是一个独一无二、极其重要的例外，现在他逐渐体验到自己只是某个更大整体的一部分。而且，他愿意并能够承担自己在其中的责任，并竭尽所能为之做出积极的贡献。这可能涉及——就像上文提到的年轻商人的例子那样——对其工作群体中的一般问题的意识。这也可能关系到他在家庭、社会以及政治环境中的位置。这一步之所以很重要，不仅是因为它扩大了他的视野，而且还因为他发现或接受了自己在这个世界上的位置，而这让他获得了一种内心的确定感，这种感觉通常来自因积极参与而产生的归属感。

第十五章
理论上的思考

本书提出的神经症理论，是从早期出版的著作和发表的论文中所讨论的概念逐渐发展而来的。在上一章，我们探讨了这种发展对于治疗的影响。我已对神经症的个别概念以及对神经症的整体认识进行了思考，但对于这些思考中所出现的理论上的变化，我们仍需反思。

与许多摒弃了弗洛伊德本能理论的人[1]一起，我首先在人际关系中看到了神经症的核心。我指出，一般来说，神经症是由于文化环境而产生的；具体而言，是由于那些阻碍儿童心理顺利发展的环境因素而产生的。儿童没有形成对自己及他人的基本信心，而是产生了基本焦虑（basic anxiety，我将基本焦虑定义为：在一个怀有潜在敌意的世界中所感受到的隔离感和无助感）。为了把基本焦虑降至最低程度，他们会自发地趋向、反抗和逃避他人，而且这种自发行为往往具有强迫性。虽然自发行为彼此相容，但强迫性行为却会产生冲突。这样产生的冲突，我称之为基本冲突（basic conflicts），它们是对于他人的彼此冲突的需要和彼此冲突的态度所导致的结果。最初尝试解决这些冲突的办法基本上都是通过给予其中某些需要和态度充分的控制权，并压制其他的需要与态度，从而实现统一。

这从某种程度上说是一种较为合理的总结，因为内心过程与人际关系中的过程往往非常紧密地相互交织在一起，因此，我无法省略它们。很多方面都涉及它们。我们在此仅提及其中的一些方面：一讨论神经症患者对他人情感的需要或者任何与他人相关的类似需要，我就不得不考虑他为了满足这样一种需要而必须在他自己身上培养的品质与态度。此外，我在《自我分析》中曾列举了许多"神经症倾向"，其中有几种具有内在的意义，例如，通过意志力或理智来进行控制的强迫性需要，或者追求

---

[1] 如埃里希·弗洛姆、阿道夫·迈耶（Adolph Meyer）、詹姆斯·普兰特（James S. Plant）、H. S. 沙利文。

完美的强迫性需要。关于这一点，我在讨论克莱尔（Claire）对她的病态依赖（也参见《自我分析》）的分析时，以简练的形式谈到了与本书相同的背景下所提出的许多内心因素。不过，我关注的焦点毫无疑问主要在于人际因素上。在我看来，神经症从本质上说依然是一种人际关系障碍。

明确超越这种定义的第一步，是这样一种论点：与他人的冲突可以通过自我理想化来解决。我在《我们的内心冲突》一书中提出"理想化意象"这一概念时，还不了解它的全部意义。那时，我只是简单地视之为解决内心冲突的另一种尝试。而且，正是它的整合功能，解释了人们之所以紧紧抓着它不放的原因。

不过，在随后的几年，理想化意象这一概念成了核心的问题，并从中产生了一些新的见解。实际上，它是通往本书所提及的所有内心过程的大门。在以科学的方式发展了弗洛伊德的概念之后，我意识到了这一领域的存在。但是，由于弗洛伊德对它的解释只给了我点滴的启发，因此，我对这个领域依然感到陌生。

现在，我逐渐认识到：神经症患者的理想化意象不仅造成了他对自身价值及意义的虚假信念，而且，更确切地说，它就像科学怪人，早晚会霸占他全部的精力。它最终会取代促使他成长和实现其自身既定潜能的驱力。这意味着他不再对以现实可行的方法解决或克服自己的困难，以及实现自身的潜能感兴趣，而是沉溺于实现其理想化自我。这不仅会让他产生通过成功、权力和胜利来追求世俗荣誉的强迫性驱力，而且还会产生专制的内心系统，他通过这个系统，试图将自己塑造成神一般的存在；它还会导致神经症要求的出现，以及神经症自负的发展。

在对理想化意象的原初概念进行详细阐释之后，另一个问题出现了。在关注人们对其自身的态度时，我发现，他们憎恨、鄙视自己的强度和不合理程度与他们理想化自我的程度是一样的。有一段时间，这两种完全相反的极端情况在我看来是毫不相关的。但最后，我认识到，它们不仅紧密相关，而且实际上是一个过程的两个方面。因此，这便成了本书初稿的主要论题：那个像神一样的存在必定会憎恨他的现实自我。认识到这一过程是一个整体后，这两个极端在治疗中就比较容易发现了。于是，神经症的定义也发生了变化。现在，神经症成了一种个体在与其自身及他人的关系中出现的障碍。

尽管这个论题从某种程度上说仍然是一个主要的争论点，但近年来它已在两个方向上获得了发展。像其他许多人一样，真实自我的问题也始终令我迷惑不解，它占据了我的思维中最显著的位置，我开始认识到，整个内在心理过程是从自我理想化开始的，它是一个不断疏离自我的过程。更为重要的是，我认识到：自我憎恨最终会指向真实自我。我将自负系统与真实自我之间的冲突称为主要的内心冲突（central inner conflict）。这有利于扩大神经症冲突的概念。我曾把它定义为两种互不相容的强迫性驱力之间的冲突。虽然保留了这一概念，但我也开始认识到，它并不是唯一的一种神经症冲突。主要的内心冲突是真实自我的建设性力量与自负系统的阻碍性力量之间的冲突，是健康的成长与在现实中证明理想化自我之完美的驱力之间的冲突。因此，治疗有助于自我实现。通过我们全体人员的临床工作，我们越来越坚信上述内心过程的一般正确性。

随着我们从研究一般问题到深入具体问题，我们的知识也增长了。我的兴趣开始转移到神经症或神经症人格的不同"种类"上。一开始，我觉得它们之间的不同在于对内心过程某一方面的意识的不同，或者内心过程某个方面之可获得性的不同。但慢慢地，我认识到，它们来源于各种解决内心冲突的假性方法。这些解决方法为神经症人格类型的确立提供了新的——尝试性的——基础。

当一个人得出了某些理论方面的结论时，他通常会希望将它们与同一领域其他研究者的结论做个比较。他们是怎样看这些问题的呢？因为时间和精力都太过有限以至于不能同时进行高效的工作和认真的阅读这样一个简单而又无法回避的原因，因此，我在这里必须限制自己仅指出与弗洛伊德提出的类似观点的某些相似之处和不同之处。即使是这样一项如此有限的工作，事实上也会遇到很大的困难。在对个别概念进行比较时，我们几乎不可能公正地评价弗洛伊德在提出某些理论时所做思考的微妙之处。而且，从哲学的视角来看，我们不能把概念从产生它们的背景中隔离出来并加以分析。因此，尽管对细节的分析会让我们看到其间的差异特别惊人，但详加分析却毫无意义。

在回顾追求荣誉的过程中所涉及的各种因素时，我体验到了与以前在进入一个相对较新的领域时所产生的同样感受：我对弗洛伊德的观察能力钦佩不已。因为他在一个未经任何科学探索的领域进行了开拓性的工作，而且还顶着有可能违背许多理论前提的风险，这就让我对他的印象更加深刻了。只有少数几个方面（尽管这几个方面很重要），他要么根本没有看到，要么认为没有什么重要性可言。其中一个方面就是我所描述的神经症要求。① 弗洛伊德当然看到了这一事实：许多神经症患者都对他人有大量不合理的期望。他还看到，这些期望可能相当迫切。但是，由于他把这些期望视为口欲（oral libido）的一种表现，因此，他没有认识到它们具有"要求"的具体特征，即个体觉得自己有权利让自己的要求得以实现。② 所以，他也没有认识到它们在神经症中的重要作用。而且，尽管弗洛伊德在这个或那个背景中也用到了"自负"一词，但他没有认识到神经症自负的具体特点及含义。不过，弗洛伊德确实观察到了患者对神奇力量的信念，对无所不能的幻想，对自己或他人的"理想化自我"的迷恋——自我夸大、对抑制现象的美化等，以及强迫性的竞争心理与野心，还有对权力、完美、被人崇拜、得到认可的需要。

在弗洛伊德看来，他所观察到的这多方面的因素仍然是不同的、毫无相关的现象。他没能看到它们是一股强流的不同表现。换句话说，他没能看到这种多样性中所体现出来的统一性。

弗洛伊德之所以未能认识到追求荣誉之驱力的影响以及它对神经症过程的意义，原因主要有三个。第一，他没有认识到文化环境对于塑造人类性格的影响——他以及与他同时代的大多数欧洲学者都没有认识到这一点。③ 简单来说，我们对这一背景感兴趣的意义在于，弗洛伊德把对声誉和成功的渴求（这是他在周围的人身上看到的）误认为是人类的普遍倾向。因此，对他来说，诸如对优越于他人、控制或胜利的强迫性驱力等都不可能是值得审视的问题，除非当这种野心不符合人们通常所认为的"正常"的固定模式时，他才会对其加以审视。只有当这种驱力达到了明显令人烦恼的程度，或者当女人身上出现了不符合"女性特征"的既定准则时，弗洛伊德才会认为它是一个问题。

第二个原因在于，弗洛伊德常常把神经症驱力解释为性欲现象。因此，自我美化成了对自我之性欲迷恋的一种表现。（一个人常常会像高估另外一个"爱物"一样高估自己，一个充满野心的女人"真的"会因为"阴茎嫉妒"而感到痛苦，一种想要获得他人崇拜的需要其实是对"自恋满足"的需要，等等。）这样一来，理论与治疗方面的探索都指向了过去

---

① 哈罗德·舒尔茨-亨克最先认识到它们在神经症中的作用。在舒尔茨-亨克看来，一个人通常会因为恐惧和无助而产生无意识的要求。而这些要求反过来又会在很大程度上导致普遍的抑制现象。Harold Schultz-Hencke, *Schicksal und Neurose*, Gustav Fischer, Jena, 1931.

② 弗洛伊德在讨论因疾病而产生的所谓次级获益时，唯一一次稍稍看到了某些类似于要求的东西，而这些因疾病而产生的所谓次级获益本身就是一个很大的疑点。

③ 参见 Karen Horney, *New Ways in Psychoanalysis*, Chapter 10, Culture and Neurosis, W. W. Norton, 1939.

与现在爱情生活中的特定事件（即与自己及他人的性欲关系），而不是指向自我美化、野心等的具体特点、功能及影响。

第三个原因是弗洛伊德的进化论-机械论思维。"这意味着现在的表现不仅是以过去为条件，而且只包括过去，除此之外，别无其他。在发展的过程中不会产生什么真正新的东西：我们现在所看到的，只不过是改变了形式的过去而已。"① 在威廉·詹姆斯看来，它"真的不过是以前的且未发生任何改变的物质重新分配的结果"。基于这一哲学前提，如果将其视为没有解决的俄狄浦斯情结或兄弟姐妹之间竞争的一种结果，那么，极度的竞争心理便可以得到令人满意的解释了。对无所不能的幻想被视为一种固着或退行——固着或退行到了"原始自恋"的婴儿期水平等。这与下面的观点是一致的，即认为只有这些解释才有可能是"深刻的"、令人满意的，它们确立了一种与婴儿期性欲体验的联系。

在我看来，这些解释即使没有明确阻碍一些重要见解的发展，它们的治疗效果也是有限的。例如，我们假设，有一名患者意识到自己很容易感觉自己受到了分析学家的羞辱；他还认识到，自己在接近女性时也总是害怕受到羞辱。他觉得自己不像其他男人那样富有男子气概或充满魅力。他可能还记得自己被父亲羞辱的场景，这些场景很可能与性活动有关联。基于许多像这样的来自现在、过去以及梦中的细节，于是便产生了下面的解释：对于这名患者来说，分析学家以及其他的权威人物都象征着他的父亲；在因此而感觉到屈辱或恐惧时，患者依然会根据婴儿期应对某个未解决的俄狄浦斯情结的模式来做出反应。

在接受分析工作之后，患者可能会觉得有所缓解，受羞辱的感觉也会减轻。其部分原因在于他确实从这段时间的分析中受益了。他对自己有了些许认识，并认识到自己的受辱感是没有道理的。但是，如果他的自负不解决，他就不可能产生彻底的变化。与之相反，这种表面上的改善也有可能主要是由于这一事实，即他的自负不能容忍他有无理的表现，特别是"幼稚"的表现。可能的情况是：他仅仅是形成了一套新的"应该"。他觉得他不应该幼稚，而应该成熟。他觉得他不应该感到受辱，因为这样做是幼稚的表现。因此，他便不再有受辱感。这样，表面上的好转实际上可能是患者成长中的一种障碍。他的受辱感被压制了下去，而他直面自己的可能性却大大降低了。因此，治疗只是利用了患者的自负，而并没有解

---

① 引自 Karen Horney, *New Ways in Psychoanalysis*, Chapter 2, Some General Premises of Freud's Thinking。

决它。

因为上面所提到的所有这些理论上的原因，弗洛伊德不可能看到追求荣誉的影响。他在扩张性驱力中所观察到的那些因素其实并不是它们看上去的那样，它们"实际上"是从婴儿期的性欲驱力衍生而来的。弗洛伊德的思维方式使得他无法把扩张性驱力视为有其自身重要性及结果的力量。

当我们将弗洛伊德与阿德勒做一比较时，这种说法就更为清楚了。阿德勒的最大贡献是认识到了追求权力与优越性的驱力对于神经症而言的重要性。不过，阿德勒过分专注于如何获得权力、如何维持自身优越感的策略，以至于没有认识到这给患者带来的深切痛苦，因此过于停留在了问题的表面。

很快，我们便惊讶地发现，我的自我憎恨概念与弗洛伊德关于自毁本能、死亡本能的假设之间有极大的相似性。至少我们在此发现，两者都看到了自毁驱力的强度和意义。此外，二者在细节上也有一些相似之处，如内心禁忌、自责以及随之而来的罪恶感所具有的自毁性。不过，在这方面，两者也存在显著的区别。弗洛伊德认为，这些自毁驱力所具有的本能性使它们被打上了终结的标记。如果将其视为本能，它们就不是产生于确定的心理条件，而且也不可能通过改变这些条件来加以克服。于是，它们的存在与运作便成了人性的一个特点。所以说，人类说到底只能选择让自己受苦、自我毁灭，或者选择让他人受苦、毁灭他人。这些驱力可以得到缓解和控制，但最终却不可改变。而且，当我们像弗洛伊德一样假设存在一种追求自我毁灭、自我破坏或者死亡的本能驱力时，我们必须考虑到：自我憎恨及其诸多含义只不过是这种驱力的一种表现而已。认为一个人会因为自己的实际情况而憎恨或鄙视自己的观点，实际上与弗洛伊德的想法是不同的。

当然，弗洛伊德——以及其他赞同他的基本前提的人——观察到了自我憎恨的出现，尽管他根本没有认识到它的多种隐藏形式及影响。在他看来，那些看上去像是自我憎恨的现象，"实际上"是其他东西的表现。这种东西可能是无意识之中对另外一个人的憎恨。实际上发生的情况可能是这样的：一名抑郁患者常常会因为另一个人所犯的过错而谴责自己，他会在无意识之中憎恨这个人，因为他想要获得"自恋满足"（narcissistic supplies）的需要没有得到满足。虽然这种情况并不经常发生，但却成了弗洛伊德有关抑郁之理论[①]的主要临床基础。简单地说，抑郁患者常常有

---

① 参见 Sigmund Freud, *Mourning and Melancholia*, Coll. Papers, IV。

意识地痛恨和谴责自己，但事实上却在无意识里痛恨并谴责一个内投的敌人。("对令其受挫之事物的敌意转变成了对其自身的自我的敌意。"①）或者，那些看上去像是自我憎恨的现象"实际上"是超我的惩罚过程（超我是一种内化的权威）。在这里，自我憎恨又一次变成了人际现象：对他人的憎恨或者对他人之憎恨的恐惧。或者，最后，自我憎恨被视为超我的施虐癖好，这种施虐癖好通常是因为退行到了婴儿性欲的肛门-施虐（anal-sadistic）阶段而产生。这样，自我憎恨不仅以与我完全不同的方式得到了解释，而且对这种现象本身之性质的解释也与我截然不同。②

许多分析学家虽然严格遵循弗洛伊德的研究思路，但也不支持他有关死亡本能的观念，对此，我认为他们是有合理的反对理由的。③ 但是，如果一个人不承认自毁所具有的本能性，那么，他就很难在弗洛伊德的理论框架内对此加以解释。我感到有些纳闷：是不是因为弗洛伊德觉得关于这一点的其他解释都不充分，从而提出这样一种自毁本能的？

另外，在超我的要求、禁忌和我所描述的"应该"之暴行之间，也存在着明显的相似性。但一旦考虑其含义，我们便有了分歧。首先，在弗洛伊德看来，超我是一种代表良知和道德的正常现象，只有当它特别残酷且表现出极强的虐待性时才能称得上具有神经症性质。而我认为，与之相应的任何类型与强度的"应该"、禁忌都是神经症力量，是伪造的道德和良知。根据弗洛伊德的观点，超我一部分来自俄狄浦斯情结，一部分来自本能力量（这些本能力量具有毁灭性和虐待性）。而我认为，内心指令是个体在无意识里想把自己塑造成自己所不是的那种人（像神一样完美的人）这样一种驱力的表现，而且，他还会因为自己做不到这一点而憎恨自己。这些区别所引申的含义有很多，我在此只提其中的一点：如果将"应该"与禁忌视为某种特定的自负所导致的必然结果，那我们就能更加准确地理解同样的东西在一种性格结构中被强烈需要，而在另一种性格结构中却遭到禁止的原因了。同样的可能性也会更为严格地应用于个体对超我要求或内心指令的各种态度中——弗洛伊德的著作中也提到了其中的一些态度：取悦、屈从、贿赂、反叛等态度。④ 这些态度被概括为要么与所有神经症

---

① 引自 Otto Fenichel，*The Psychoanalytic Theory of Neurosis*，W. W. Norton，1948。
② 参见第五章——自我憎恨与自我轻视。
③ 仅举一例：Otto Fenichel，*The Psychoanalytic Theory of Neurosis*，W. W. Norton，1945。
④ 参见 Otto Fenichel；也可参见 Franz Alexander，*Psychoanalysis of the Total Personality*，Nervous and Mental Disease Publishing Co.，New York and Washington，1930。

都相关（亚历山大），要么仅与某些让人同情的情况相关，如抑郁、强迫性神经症等。与此同时，在我的神经症理论框架中，它们的性质完全取决于整个特定的性格结构。因为存在这些差异，所以，我们在这个方面的治疗目标也不一样。弗洛伊德的目标只是降低超我的严厉程度，而我的目标在于：使患者能够完全驱散其内心指令，并根据他自己的真实愿望和信念找到生活的方向。但在弗洛伊德的思想中，后一种可能根本就不存在。

现在总结一下，我们可以说：这两个取向都观察到了某些个体现象，并用相似的方式进行了描述，但对它们的动力及意义的解释却完全不同。如果我们现在忽略个别方面，而只考虑本书所呈现的它们之间相互关系的整个复杂性，那我们就会看到，对这二者进行比较是不可能的。

最为重要的相互关系是对无限完美及权力的追求与自我憎恨之间的关系。过去的观点认为这二者不可分割。在我看来，魔鬼协定的故事是对它的最好象征，它们的本质始终相似。总有一个人会陷入心理或精神的痛苦之中。① 总有一种诱惑以某种邪恶原则的象征形式出现：魔鬼、男巫、女巫、（亚当与夏娃的故事中的）蛇、（巴尔扎克《驴皮记》[*The Magic Skin*]中的）古董商、（王尔德《道林·格雷的画像》中）愤世嫉俗的亨利·沃顿勋爵（Lord Henry Wotton）。因此也会出现这样一些承诺：不仅承诺以神奇的方式消除痛苦，而且还承诺给予无限的权力。就像耶稣受到诱惑的故事所表明的那样，若一个人能够抵制住这种诱惑，那才是表明他真正伟大的证据。最后，当然还要付出代价（代价的形式是多种多样的）：丧失灵魂（亚当和夏娃失去了纯真的感觉）、屈从于邪恶力量。"你若俯伏拜我，我就把这一切都赐给你。"撒旦这样对耶稣说道。这种代价可能是有生之年都遭受心理上的折磨（如《驴皮记》），或者是下地狱受折磨。在《魔鬼与丹尼尔·韦伯斯特》一书中，我们看到了魔鬼所收集的那些枯萎灵魂的完美实现的象征。

同样的主题（这同一个往往有各种不同的象征，但对其意义的解释却始终一致）会一次又一次地出现在民间传说、神话和神学中——而不管有关善恶的基本二元论是怎样的观点。因此，它在很久之前就已经存在于大

---

① 这种痛苦有时候可能表现为外在的不幸，如史蒂芬·文森特·贝尼特（Stephen Vincent Benét）的《魔鬼与丹尼尔·韦伯斯特》（*The Devil and Daniel Webster*）。有时候仅仅只是提到了一下，如《圣经》中耶稣受到诱惑的故事。有时痛苦看起来好像并不存在，如克里斯托弗·马洛（Christopher Marlowe）的《浮士德博士的悲剧》（*Dr. Faustus*），其中有一个人完全沉浸在对魔力的痴迷与渴求之中。无论情况如何，我们都知道，只有那些患有严重心理障碍的人才会产生这样一种痴迷与渴求。在安徒生（Hans Christian Andersen）的《白雪皇后》（Snow Queen）中，一开始是魔鬼制造了混乱，他恶意地打破了一面镜子，让碎片侵入了人类的心灵。

众的意识之中。现在或许是到了精神病学也去认识其心理智慧的时候了。当然，这与本书所描述的神经症过程极为相似：一个深陷精神痛苦之中的人常常会妄称自己拥有无限的权力，他会失去他的灵魂，并因为自我憎恨而遭受地狱般的折磨。

接下来，让我们从对这一问题的冗长而又形而上学的论述回到弗洛伊德。弗洛伊德并没有看到这个问题，当我们想起弗洛伊德并不认为对荣誉的追求是我在前面所描述的那些紧密联系之驱力的复合物，并因此而没有认识到它的威力时，我们就会更加清楚地理解他为何没有看到这一问题了。尽管他也清楚地看到了自毁所引起的地狱般的痛苦，但是，他忽略了其背景，而将其视为一种自动驱力的表现。

从另一个角度来看，本书所提及的神经症过程是一个关于自我的问题。这是一个抛弃真实自我而追求理想化自我的过程，是一个尽力实现虚假自我而不去实现人类既定潜能的过程，是两个自我之间展开毁灭性战斗的过程，是我们采用最好的（或者说是我们唯一能做的）方法来缓和这场战斗的过程，最后是通过生活或治疗激发我们自身的建设性力量从而找到真实自我的过程。从这个意义上来说，这个问题对弗洛伊德而言几乎没有任何意义。在弗洛伊德的"自我"（ego）概念中，他是这样描绘一名神经症患者的"自我"（self）的：他疏离了自己的自发精力，疏离了自己真正的愿望；他自己不做任何决定，也不为这些决定负责；他只保证自己不与环境发生太多冲突（"现实检验"）。如果这种神经症自我被误认为是健康而活跃的自我，那么，克尔凯郭尔或威廉·詹姆斯所看到的有关真实自我的全部复杂问题就不可能出现。

最后，我们可以从道德或精神价值的角度来看待这一过程。从这个角度看，该过程具有人类真正悲剧的所有因素。不管伟人有可能会变得多么具有毁灭性，人类的历史依然表明：人类始终充满活力且不知疲倦地努力追求更多有关自身及周围世界的了解，追求更为深刻的宗教体验，追求获取更大的精神力量和道德勇气，在各个领域追求获得更大的成就，并追求更好的生活方式。他的毕生精力都投入了这些追求之中。人凭借其智力和想象力，能够想象出事实上并不存在的事物。他超越了自己的实际情况，或者在任何既定时刻都能采取行动。他有局限，但这些局限并不是固定的、决定性的。通常情况下，他都落后于自己想在自身及外界所取得的成就。这本身并不是悲剧。但神经症患者内在的心理过程（这类似于健康人类个体的努力）却是悲剧性的。人常常在内心痛苦的压力之下去追求他所不能及的终极与无限——尽管他的局限并不固定；而且，正是在这一过程中，他毁灭了自己，他将促使自我实现的最佳驱力转移至实现其理想化意象，因而浪费了他实际拥有的潜能。

弗洛伊德关于人性的观点是悲观的，而且，基于他的前提假设，他注定会提出这样悲观的观点。就像他所看到的那样，人不管如何改变都注定会感到不满。他要靠自己原始的本能驱力满足地生活，就必须破坏自己以及文化。无论是独处，还是与他人在一起，他都不可能快乐。他只能选择要么让自己痛苦，要么让他人痛苦。弗洛伊德的贡献在于：他以这样一种方式看待事情，而并没有妥协于采取一种圆滑的解决方法。实际上，在他的思想框架中，人类不可能逃脱这两种邪恶，而最多只能进行更好的力量分配、更好的控制和"升华"。

弗洛伊德是一个悲观主义者，但他没有在神经症中看到人类的悲剧。只有当一些富有建设性、创造性的努力受到阻碍性或毁灭性力量的破坏时，我们才会看到人类经验中悲剧性的浪费。弗洛伊德不仅没有清楚地看到人身上所存在的建设性力量，而且还否认它们的真实性。因为在他的思想体系中，只有破坏性力量和性欲力量，以及这两种力量的衍生物和结合物。在他看来，创造力与爱情（性爱）是性欲驱力的升华形式。用最为一般的术语来说，我们所认为的为实现自我而做出的正常努力，在弗洛伊德看来只是——可能是——自恋性性欲的一种表现而已。

阿尔贝特·施韦泽（Albert Schweitzer）用"乐观"和"悲观"两个词来表示"对世界与生活的肯定"以及"对世界与生活的否定"。从这个深层的意义上说，弗洛伊德的哲学是一种悲观哲学。而我们的哲学认识到了神经症中的悲剧因素，因此是一种乐观哲学。

参考读物

第一章

Kurt Goldstein, *Human Nature*. Harvard University Press, 1940.

S. Radhakrishnan, *Eastern Religions and Western Thought*. London, Oxford University Press, 1939.

Muriel Ivimey, "Basic Anxiety." *American Journal of Psychoanalysis*, 1946.

A. H. Maslow, "The Expressive Component of Behaviour." *Psychological Review*, 1949.

Harold Kelman, "The Process of Symbolization." A lecture reviewed in *American Journal of Psychoanalysis*, 1949.

第五章

A. Myerson, "Anhedonia." Monograph Series, *Neurotic and Mental Diseases*, Vol. 52, 1930.

Erich Fromm, *Man for Himself*. Rinehart, 1947.

Muriel Ivimey, "Neurotic Guilt and Healthy Moral Judgement." *American Journal of Psychoanalysis*, 1949.

Elizabeth Kilpatrick, "A Psychoanalytic Understanding of Suicide." *American Journal of Psychoanalysis*, 1946.

第七章

Gertrud Lederer-Eckardt, "Gymnastic and Personality." *American Journal of Psychoanalysis*, 1947.

第八章

Harold Kelman, "The Traumatic Syndrome." *American Journal of Psychoanalysis*, 1946.

Muriel Ivimey, "Compulsive Assaultiveness." *American Journal of Psychoanalysis*, 1947.

第九章

Harold D. Lasswell, *Democracy Through Public Opinion*. Menasha, Wisconsin, George Banta Publishing Co.

第十章

Harry M. Tiebout, "The Act of Surrender in the Therapeutic Process." *Quarterly Journal of Studies on Alcohol*, 1949.

第十一章

Harold Kelman, *The Psychoanalytic Process: A Manual*.

Marie Rasey, *Something to Go By*. Montrose Press, 1948.

第十三章

Alexander R. Martin, "On Making Real Efforts." Paper presented before the Association for the Advancement of Psychoanalysis, 1943.

第十四章

Krishnamurti, *Oak Grove Talks*. Ojai, California, Krishnamurti Writings, Inc., 1945.

Paul Bjerre, *Das Träumen als ein Heilungsweg der Seele*. Zurich, Rascher, 1926.

Harold Kelman, "A New Approach to the Interpretation of Dreams." *American Journal of Psychoanalysis*, 1947.

Frederick A. Weiss, "Constructive Forces in Dreams." *American Journal of Psychoanalysis*, 1949.

索 引

说明：索引中的页码为英文原书页码，见于正文边栏处。

ACTUAL OR EMPIRICAL SELF, 现实自我或经验自我 158；alienation from, 与～的疏离 156，157；definition of, ～的定义 111；self-hate of, ～的自我憎恨 113

Adler, Alfred 阿尔弗雷德·阿德勒, comparison with Freud, ～与弗洛伊德的比较 28，372；concept of expansive type, ～的扩张型概念 192；of neurotic suffering, ～的神经症痛苦概念 238；of search for glory, ～的追求荣誉概念 28；contribution to theory of neurosis, ～对神经症理论的贡献 372；Understanding Human Nature, 《理解人性》238

Aggrandizement of self, 自我的扩张（参见 Self-aggrandizement）

Aggressive impulses and fear, 攻击冲动与恐惧 206

Aggressive-vindictive type, 攻击-报复型（参见 Arrogant-vindictive type）

Alcoholic tendencies and loss of identity, 酗酒倾向与同一性的丧失 188；as means to allay anxiety, ～作为缓解焦虑的手段 189；and vindictive rage, ～与报复性愤怒 199

Alexander, Franz 弗朗兹·亚历山大, concept of neurotic suffering of, ～的神经症痛苦概念 238；The Psychoanalysis of the Total Personality,《对整个人格的精神分析》117，235，374

Alienation from actual self 与现实自我的疏离, definition of, ～的定义 156 ff.

Alienation from real self, 与真实自我的疏离 13，21，157

Alienation from self (Chap. 6), 与自我的疏离或自我疏离（第六章）21，123，155 ff.；and appeal of freedom, ～与自由的吸引力 285；and avoidance of responsibility, ～与逃避责任 168ff.；and compulsive needs, ～与强迫性需要 159；definition of, ～的定义 155，160；denial of "shoulds," 对"应该"的否认 123；and devil's pact, ～与魔鬼协定 155；forms of, ～的形式 156；general symptoms for, ～的常见症状 151；and idealized image, ～与理想化意象 13，22，368；and inability to assume responsibility, ～与无力承担责任 168，171；lack of inner direction of, ～的内在方向感的缺乏 167；and need for feeling of identity, ～与对同一感的需要 21；as measure to relieve tension, ～作为缓解紧张的方法 177，182；and neurotic claims, ～与神经症要求 159；and neurotic development, ～与神经症

发展 187; and neurotic pseudo-solutions, ～与神经症的假性解决办法 159; and pride-system, ～与自负系统 162, 173, 296; and process of externalization, ～与外化过程 160; reasons for, ～的原因 177; reinforcing of, ～的强化 21, 177; responsible forces for, 导致～的因素 159; and self-destructive tendencies, ～与自我破坏倾向 149; and self-effacement, ～与自谦 237; and self-hate, ～与自我憎恨 115, 160; and suicidal tendencies, ～与自杀企图 149; and tyranny of the "should," ～与"应该"之暴行 159

Ambitious drives, 野心驱力 26; taboos on, 与～有关的禁忌 317

American Journal of Psychoanalysis, 《美国精神分析杂志》83, 118, 197, 201, 280, 309

Amnesia, 健忘症 155, 161

Analytical therapy 分析治疗（参见 Psychoanalytic therapy）

Andersen, Hans Christian, Snow Queen, 安徒生,《白雪皇后》375

Anorexia, 厌食症 234

Anxiety 焦虑（也参见 Basic anxieties）, allaying of, through alcoholic tendencies, 通过酗酒倾向缓解～189; emerging of, during analytic process, 分析过程中～的出现 340; and externalization, ～与外化 225; and inhibitions in work, ～与工作中的抑制现象 321, 322; in morbid dependency, 病态依赖中的～245; reactions of, ～的反应 100; in resigned type, 放弃型个体的～224; and sexual relations, ～与性关系 307; and "shoulds," ～与"应该" 74

Appeal of Freedom (Chap. 11), 自由的吸引力（第十一章）259 ff.（也参见 Neurotic resignation）

Appeal of Love (Chap. 9), 爱的吸引力（第九章）214 ff.（也参见 Self-effacing solution）

Appeal of Mastery (Chap. 8), 掌控一切的吸引力（第八章）187 ff., 212（也参见 Expansive solutions of major conflicts）

Appel, Kenneth, and Strecker, Edward A., Discovering Ourselves, 肯尼斯·阿佩尔与爱德华·斯特雷克,《发现自己》179

Arrogant-vindictive type, 自大-报复型 193; and disturbances at work, ～与在工作方面的障碍 312, 315; and emotions, ～与情绪 212; and externalization, forms of, ～与外化的形式 208; and intrapsychic factors, ～与内心因素 209; and motivating forces, ～与动力 197; and role of pride and self-hate, ～与自负和自我憎恨的作用 208, 209; and sadistic attitudes, ～与虐待狂态度 204, 305; and sacrifice of real self, ～与真实自我的牺牲 204; and search for glory, ～与追求荣誉 103, 197; and self-effacing trends, ～与自谦倾向 207; and sexual relations, ～与性关系 304; and suicidal tendencies, ～与自杀企图 204

Association for the Advancement of Psychoanalysis, 精神分析促进会 38, 87

Auerbach, J. G., "Change of Values through Psychotherapy," J. G. 奥尔

索 引

巴克，《通过改变心理治疗改变价值观》343

Automatic control-system，自动的控制系统 181；lessening of, and panic reactions，～的减弱与恐慌反应 182；physical expressions of，的身体表现 182

Avoidance tactics and neurotic resignation，回避策略与神经症放弃 261，279

BALZAC, HONORÉ DE, *The Magic Skin*，巴尔扎克，《驴皮记》375

Barrie, James M., *Tommy and Grizel*，詹姆斯·巴里，《汤米与格里泽尔》195

Basic anxieties 基本焦虑，allaying of，～的缓解 18；in childhood，儿童期的～18，19，297，366；constituents of，～的组成成分 297；and intrapsychic processes，～与内心过程 297；reinforcement of, through pride-system，通过自负系统强化～297

Basic confidence in childhood, definition of，儿童期基本信心的定义 86，87

Basic conflict，基本冲突 18 ff.，177；aspect of，～的方面 23；in childhood，儿童期的～19；definition of，～的定义 367；idealization of particular solution of，对～特定解决方法的理想化 22；solution of, in self-effacing type，自谦型个体对～的解决方法 223

Benét, Stephen Vincent, *The Devil and Daniel Webster*，史蒂芬·文森特·贝尼特，《魔鬼与丹尼尔·韦伯斯特》375，376

Bloch-Michel, Jean, *The Witness*，让·布洛克-米歇尔，《目击者》119，120

Brontë, Emily Jane, *Wuthering Heights*，艾米莉·简·勃朗特，《呼啸山庄》198

Buck, Pearl, *Pavilion of Women*，赛珍珠，《深闺里》72，83

CENTRAL INNER CONFLICTS 主要的内心冲突，definition of，～的定义 112，368；emerging of，～的出现 190；and pride-system，～与自负系统 190；and psychoanalytic therapy，～与精神分析治疗 356；and real self，～与真实自我 112

Childhood，儿童期 17；attempts at solving neurotic conflicts in，～解决神经症冲突的尝试 19，20；and basic anxiety，～与基本焦虑 18，19，297，366；and basic confidence，～与基本信心 86；and basic conflict，～与基本冲突 19；and compliant trends，～与顺从倾向 20；daydreaming in，～的白日梦 40；and early detachment，～与早期的超然度外 275；hardening process in，～的硬化过程 210；influences in, and neurotic resignation，～的影响与神经症放弃 275；and need for triumph，～与追求成功的需要 203；neurotic development in，～的神经症发展 27，87，202；and retrospective "shoulds,"～与回顾性的"应该"68；self-effacing solution in，～的自谦型解决方法 221，222

Compartmentalization of conflicts，冲突的区隔化 185，190；as measure to relieve tension，～作为缓解紧张的方法 179；and psychoanalytic therapy，～

>> 299

与精神分析治疗 335，355，356
Competitive culture and compulsive drive for success, 充满竞争的文化与追求成功的强迫性驱力 26
Compliance and lack of directive powers, 顺从与引导力的缺乏 168；in resigned type, 放弃型个体～ 272
Comprehensive neurotic solution 综合的神经症解决方法，definition of，～的定义 23
Compulsion and spontaneity, 强迫性与自发性 38
Compulsiveness 强迫性，meaning of，～的意义 24；of neurotic claims, 神经症要求的～ 210；in search for glory, 追求荣誉中的～ 209；and vindictiveness，～与报复心理 209
Compulsive drives in neurosis 神经症中的强迫性驱力，definition of，～的定义 29；and genuine striving，～与真正的努力 39；recognition of, through reactions to frustration, 通过对挫折的反应识别～ 31
Compulsive needs and alienation from self, 强迫性需要与自我疏离 159；and alleviation of self-contempt，～与自我轻视的缓解 136，137；and self-idealization，～与自我理想化 24；for success in competitive culture, 在充满竞争的文化中追求成功的～ 26
Creative ability 创造力，in dreams, 梦中的～ 330；and neurosis，～与神经症 328 ff.；and self-realization，～与自我实现 332

DAYDREAMING, 白日梦 29，71；and alienation from self，～与自我疏离 167；in childhood, 儿童期的～ 40；and role of imagination in search for glory，～与追求荣誉过程中想象的作用 233
Death-instinct and self-hate 死亡本能与自我憎恨，comparison with Freud's concepts，～与弗洛伊德概念的比较 56，117，372，
Depersonalization, 去人格化 160（也参见 Alienation from self）
Detached type, definition of, 超然型的定义 226，243
Detachment, 超然度外 159；in childhood, 儿童期的～ 275，277；deterioration of, in shallow living, 肤浅生活型个体中～的恶化 286；and exclusion of love，～与爱的排除 304；and fear of injuries to pride，～与害怕自负受伤 107；and integration，～与整合 275；and integrity，～与完整性 280；and intrapsychic processes，～与内心过程 277，280；maintaining of，～的维持 264，276，285；nature of，～的本质 264；in neurotic resignation, 神经症放弃型个体的～ 261，264，271，280，285，324；and role of sexuality，～与性的作用 301，302，304；and search for glory，～与追求荣誉 35，39
Devil's pact, 魔鬼协定 as symbol for interrelation between search for glory and self-hate，～作为追求荣誉与自我憎恨之间相互关系的象征 154，375；and abandoning of self，～与自我的放弃 155；and neurotic pride，～与神经

症自负 87；and neurotic process，～与神经症过程 87；and search for glory，～与追求荣誉 39；and self-idealization，～与自我理想化 87

Dollard, John，约翰·多拉德 56

Dostoevski, Feodor, *Crime and Punishment*，陀思妥耶夫斯基，《罪与罚》119

Dreams，梦 31；111，120；as attempts to solve inner conflicts，～作为解决内心冲突的尝试 349；and creative ability，～与创造力 330；as expression of feeling abused，～作为受虐感的表现 230；and feelings of identity，～与同一感 188；and impoverishment of feelings，～与情感的贫乏 164；and self-destructiveness，～与自我毁灭 152，153；of self-effacing type，自谦型个体的～ 230；of shallow living type，肤浅生活型个体的～ 289；significance of，in psychoanalytic therapy，精神分析治疗中～的意义 340，348，349，359，361 ff.；as symbols of self-contempt，～作为自我轻视的象征 133，224

EGOCENTRICITY 自我中心倾向，DEFINITION OF，～的定义 291；role of，in neurotic disturbances at work，工作方面的神经症障碍中～的作用 310；of neurotic claims，神经症要求的～ 48；and pride-system，～与自负系统 292

Eliot, George, *Romola*，乔治·艾略特，《罗慕拉》287

Empirical or actual self, 经验自我或现实自我 definition of，～的定义 157

Expansive drives 扩张性驱力，and ambition，～与野心 26；externalization of，～的外化 193；suppression of，in self-effacing type，自谦型个体中～的压制 220

Expansive solutions of major conflicts (Chap. 8)，解决主要冲突的扩张型方法（第八章）103，187 ff.；aim of，～的目的 212；and emotional atmosphere，～与情感氛围 212；and identification of glorified self，～与对美化过的自我的认同 192

Expansive trends 扩张趋势，compulsive character of，～的强迫性 192；and neurotic resignation，～与神经症放弃 191，271，283

Expansive types 扩张型，Adler's concepts of，阿德勒的～概念 192；attitudes of，in analysis，分析中的～态度 212；characteristics of，～的特征 192，214；and denial of failures，～与否认失败 193；Freud's concept of，弗洛伊德的～概念 192；and neurotic disturbances at work，～与工作方面的神经症障碍 195，311；and self-effacing trends，～与自谦倾向 192，207；and self-glorification，～与自我美化 192；and self-hate，～与自我憎恨 195；and "should," ～与"应该" 76，195；subdivisions of，～的更细的分类 193

Externalization 外化，of alienation from self，自我疏离的～ 160；of condemnatory, punitive trends toward self, 对自己的谴责性惩罚倾向 196，208；

>> 301

definition of, 的定义 179; distinction between active and passive, 主动～与被动～的区别 116, 121, 179; and distortion of pictures of others, ～与对他人之看法的歪曲 293, 295; and hostility, ～与敌意 297; of inner experiences, 内在体验的～ 178, 225; of fear, 恐惧的～ 220; as protection against self-hate, ～作为对抗自我憎恨以保护自己的手段 121, 130, 208; of neurotic resignation, 神经症放弃的～ 266; recognition of, 对～的认识 293, 355; of sadistic impulses, 施虐冲动的～ 146; of self-accusations, 自责的～ 129, 224, 225, 230, 231, 363; of self-contempt, 自我轻视的～ 135, 136; of self-effacing solution, 自谦型解决方法的～ 214, 220; of self-frustrating impulses, 自我挫败冲动的～ 145, 208; of self-idealization, 自我理想化的～ 292; of self-hate, 自我憎恨的～ 116, 220, 231, 293, 300; of "shoulds," "应该"的～ 78, 81, 123; of taboos, 禁忌的～ 294

FEAR 恐惧, AND AGGRESSIVE IMPULSES, ～与攻击冲动 206; externalization of, ～的外化 220; of injury to pride, 对自负受伤的～ 101, 108, 296; of rejection, 对遭到排斥的～ 241; of ridicule, 对遭人嘲笑的～ 220; of "shoulds," 对"应该"的～ 72, 278; of torture, 对折磨的～ 148; of triumph, 对胜利的～ 217

Fenichel, Otto, *The Psychoanalytic Theory of Neurosis*, 奥托·费尼切尔,《神经症的精神分析理论》273, 374

Ferenczi, Sandor, and Rank, Otto, *The Development of Psychoanalysis*, 桑德尔·费伦齐和奥托·兰克,《精神分析的发展》343

"Finding the Real Self," *American Journal of Psychoanalysis*,《寻找真实自我》,载《美国心理分析杂志》83, 280

Flaubert, Gustave, *Madame Bovary*, 福楼拜,《包法利夫人》33, 247

Freud, Sigmund, 西格蒙德·弗洛伊德 14, 341, 347, 367; *Beyond the Pleasure Principle*,《超越快乐原则》237; *Contributions to Psychology of Love*,《爱情心理学》265; *The Ego and the Id*,《自我与本我》201; *Mourning and Melancholia*,《哀悼与忧郁》373; *On Narcissism*,《论自恋》194, 378; comparison with Adler, ～与阿德勒的比较 28, 372; premises of his thinking, ～思想的前提 369 ff.

Freud's theories, 弗洛伊德的理论 29; of death-instinct, 关于死亡本能 56, 117, 372; of depressions and concept of self-hate, 关于抑郁与自我憎恨的概念 373; of instincts, 关于本能 56, 366; of "Ego" and comparison with real self, 关于"自我"与真实自我的比较 173, 367; of expansive type, 关于扩张型 192; of love and sex, 关于爱和性 301, 302; of resistance, 关于阻抗 340; and recognition of importance of work-disturbances, ～与对工作中障碍之重要性的认识 327; and search for glory, 与追求荣誉 369,

371，372；and neurotic resignation，～与神经症放弃 265；of "oral-libido" and comparison with neurotic claims，关于"口欲"与神经症要求的比较 369；of Oedipus complex，关于俄狄浦斯情结 371，372，374；and self-effacing solution，～与自谦型解决方法 237；of "super-ego" and comparison with "shoulds，"关于"超我"与"应该"的比较 73，374

Freudian literature, concept of narcissism in，弗洛伊德文献中的自恋概念 194

Fromm, Erich，埃里希·弗洛姆 131，288，289，366；*Man for Himself*，《为自己的人》129；"The Individual and Social Origin of Neurosis，" *Am. Soc. Rev.*，《神经症的个体根源与社会根源》，载《美国社会学评论》288

Frustrating techniques，挫败的技巧 250

Frustration of neurotic claims，神经症要求遭遇的挫折 reactions to, 对～的反应 31，57，230；in search for glory，追求荣誉中的～ 31；in self-effacing type，自谦型个体的～ 230

Functional suffering 功能性痛苦（参见 Neurotic suffering）

GENERAL MEASURES to Relieve Tension (Chap. 7)，缓解紧张的一般方法（第七章）176 ff.（也参见 Measures to relieve tension）

Glorification of self 自我的美化（参见 Self-glorification）

Glueck, Bernard, "The God Man or Jehovah Complex," *Med. J.*，伯纳德·格吕克，《神人合一》，载《医学杂志》194

Goldstein, Dr. Kurt, *Human Nature*，库尔特·戈德斯坦博士，《人性》38

Goncharov, Ivan, *Oblomov*，冈察洛夫，《奥勃洛莫夫》282

Growth, definition of，成长的定义 17，18

Guilt feelings，内疚感 235，237，240；and feeling abused，～与受虐感 231；and neurotic suffering，～与神经症痛苦 225，235；and self-hate，～与自我憎恨 116

HITLER, ADOLF，阿道夫·希特勒 27，117

Hoffmann, E. T. A., *Tales of Hoffmann*，霍夫曼，《霍夫曼的故事》305

Homosexuality, as reaction to fear of injury to pride，同性恋作为对害怕自负受伤的反应 108

Horney, Karen，卡伦·霍妮 *The Neurotic Personality of Our Time*，《我们时代的神经症人格》111，221，240；*New Ways in Psychoanalysis*，《精神分析的新方向》194，370，371；*Our Inner Conflicts*，《我们的内心冲突》18，23，38，151，177，179，199，221，264，367；"The Problem of the Negative Therapeutic Reaction," *Psa. Quar.*，《负性治疗反应的问题》，载《精神分析学季刊》201；*Self-analysis*，《自我分析》222，247，268，367

Hostility 敌意，and externalizations，～与外化 297；and fear，～与恐惧 206；and frustration，～与挫折 56；and neurotic pride, ～与神经症自负 99；and psychosomatic symptoms, ～与心身症状 56；taboos of, 对～的禁忌 83

Hugo, Victor, *Les Miserables*, 维克多·雨果,《悲惨世界》67

IBSEN, HENRIK, 亨利克·易卜生 *Hedda Gabler*,《海达·高布乐》51，150，185，193；*John Gabriel Borkman*,《约翰·加布里埃尔·博克曼》30，195；*Peer Gynt*,《培尔·金特》90，91，94，185，193

Idealized image 理想化意象，18，22，25；actualization of, in neurosis, 神经症中～的实现 36，123，377；and alienation from self, ～与自我疏离 13，22，368；concept of, ～的概念 367；and idealized self, ～与理想化自我 23；and imagination, ～与想象 23，184；and feelings of identity, ～与同一感 23；and neurotic pride, ～与神经症自负 90；in resigned type, 放弃型个体的～ 277；and self-realization, ～与自我实现 109，377；and the "shoulds," ～与"应该" 72

Idealized self, 理想化自我 158（也参见 Self-idealization），and abandoning of real self, ～与放弃真实自我 23，24，34，376；actualization of, ～的实现 24，38，64，66，111，123，368，377；and mastery of life, ～与掌控生活 215；and morbid dependency, ～与病态依赖 241；and need for perfection, ～与追求完美的需要 25；and neurotic claims, ～与神经症要求 62，368；and search for glory, ～与追求

荣誉 38；and self-hate, ～与自我憎恨 112；and theory of neurosis, ～与神经症理论 367

Identity 同一性，feelings of —in dreams, 梦中的～情感 188；through idealized image, 经由理想化意象的～ 23

Imagination 想象，and daydreams, ～与白日梦 33；and idealized image, ～与理想化意象 23；and differences between healthy, neurotic, and psychotic personalities, ～与健康人格、神经症人格和精神病人格之间的区别 32，34；in narcissistic type, 自恋型个体的～ 312；in neurosis, 神经症中的～ 32；and neurotic pride, ～与神经症自负 91；and role of love and sex, ～与爱和性的作用 305；and search for glory, ～与追求荣誉 31，32，35，36；and self-idealization, ～与自我理想化 31，184

Inertia, 惰性 165；definition of, ～的定义 60；of feelings, 情感的～ 283；and neurotic claims, ～与神经症要求 60；and neurotic disturbances in work, ～与工作中的神经症障碍 325；and neurotic resignation, ～与神经症放弃 262，267，279，282，325，338；and psychoanalytic therapy, ～与精神分析治疗 267，283，338；and sensitivity to coercion in resigned type, ～与放弃型个体对威胁的敏感性 266，279

Inhibitions 抑制，and claims of deference, ～与想要获得尊重的要求 41；of sexual functioning, 性功能的～ 302

Inhibitions in work 工作中的抑制（也参见 Neurotic disturbances in work），

71, 320; in narcissistic type, 自恋型个体的～ 195, 312; as motive to seek analytic help, ～作为寻求分析帮助的动机 336

Insomnia, 失眠 233, 234

Integrating forces, 整合力量 167

Integration, 整合 334; attempts at, ～的尝试 159, 367; and early detachment, ～与早期的超然度外 275; need for, in childhood, 儿童期的～需要 20; lack of, ～的缺乏 172; and real self, ～与真实自我 171

Intrapsychic conflicts 内心冲突, as basis for neurotic types, ～作为神经症类型的基础 190, 191; and pseudo-solutions, ～与假性解决方法 369; and neurotic resignation, ～与神经症放弃 259, 269; solutions of, ～的解决方法 187, 297, 311

Intrapsychic factors 内心因素, in analysis, 分析中的～ 209; and disturbances in work, ～与工作中的障碍 310; externalization of, ～的外化 291; power of, ～的力量 308; pride in, and intellectual powers, ～中的自负与智力 204; in self-effacing solution, 自谦型解决方法中的～ 237; in vindictiveness, 报复心理中的～ 204, 210

Intrapsychic processes, 内心过程 235, 334; and alienation from self, ～与自我疏离 366; and basic anxiety, ～与基本焦虑 297; and early detachment, ～与早期的超然度外 277; and interpersonal processes, ～与人际过程 291; and love relations, ～与爱情关系 299, 305; and theory of neurosis, ～与神经症理

论 367

Ivimey, Muriel, 缪里尔·艾维米 112; "The Negative Therapeutic Reaction," *Am. J. Psa.*, 《负性治疗反应》, 载《美国精神分析杂志》201

JACKSON, CHARLES, *The Lost Weekend*, 查尔斯·杰克逊, 《失去的周末》152

James, William, 威廉·詹姆斯 371, 377; *The Principles of Psychology*, 《心理学原理》156, 157; *The Varieties of Religious Experience*, 《宗教经验之种种》191

KAFKA, FRANZ, *The Trial*, 弗兰茨·卡夫卡, 《审判》129

Kelman, Harold, "The Traumatic Syndrome," *Am. J. Psa.*, 哈罗德·凯尔曼, 《创伤性综合征》, 载《美国精神分析杂志》197

Kierkegaard, Sören, 索伦·克尔凯郭尔 377; *Sickness unto Death*, 《致死的疾病》35, 158

LOVABLENESS 可爱, as basis for hidden claims, ～作为隐藏之要求的基础 242; disbelief in 对～的不相信 299, 300; enforcement of, through "shoulds," 通过"应该"加强～ 241, 242; and morbid dependency, ～与病态依赖 241; need for, 对～的需要 241

Love and sex 爱和性, meaning of, for neurotic person, ～对神经症患者而言的意义 299 ff. (也参见 Sexuality in neurosis); expectations of, 对～的期望 300; exclusion of, in arrogant-vindictive type, 自大-报复型个体～的排除 305, in detached type, 超然型个体的 304; Freud's concepts of, 弗洛伊德的～概念 300 ff.; and imagination, ～与想象 305; and impairment of capacity for, ～与能力受损 300; in morbid dependency, 病态依赖中的～ 239; in narcissistic type, 自恋型个体的～ 305; and neurotic pride, ～与神经症自负 108, 247; overemphasis on, 对～的过分强调 305; in service of neurotic needs, 服务于神经症需要的～ 300

MACMURRAY, JOHN, *Reason and Emotion*, 约翰·麦克默里, 《理智与情感》332, 342

Marquand, J. P., J. P. 马昆德 77, 288

Marlowe, Christopher, *Dr. Faustus*, 克里斯托弗·马洛, 《浮士德博士的悲剧》375

Masochism 受虐倾向, the problem of, ～的问题 240; in morbid dependency, 病态依赖中的～ 258

Masochistic activity 虐待行为, as means to drain self-contempt, ～作为排除自我轻视的手段 301; and self-degradation, ～与自我贬低 301

Masochistic perversions, 变态的受虐倾向 237

Masturbation, 手淫 96, 302; fantasies, ～幻想 147; reactions of shame to, 对～的羞耻反应 96

Maugham, Somerset, 毛姆 *Christmas Holiday*, 《圣诞假期》203; *Of Human Bondage*, 《人生的枷锁》245; *The Moon and Sixpence*, 《月亮与六便士》284

Measures to Relieve Tension (Chap. 7), 缓解紧张的方法（第七章）172, 176 ff.; and alienation from self, ～与自我疏离 182; and analytic process, ～与分析过程 357, 359, 361 ff.; and automatic control, ～与自动控制 181 ff.; and belief in supremacy of mind, ～与对心智至上的信念 182; and compartmentalization, ～与区隔化 179; and elimination of real self, ～与真实自我的排除 181; and neurotic resignation, ～与神经症放弃 261; and passive externalization, ～与被动外化 178, 179, 225; and pride-system, ～与自负系统 178; in self-effacing type, 自谦型个体的～ 182; and self-frustration, ～与自我挫败 182

Melville, Herman, *Moby Dick*, 赫尔曼·梅尔维尔, 《白鲸》198

Menninger, Karl A., *Man Against Himself*, 卡尔·门宁格, 《人的自我对抗》117, 237

Meyer, Adolph, 阿道夫·迈耶 366

Miller, Arthur, *The Death of a Salesman*, 阿瑟·米勒, 《推销员之死》195, 330

Morality of evolution 进化的道德, definition of, ～的定义 11 ff.; goal of, ～的目标 12; problems involved in, ～涉及的问题 13; and self-realization, ～与自我实现 13

Morbid Dependency (Chap. 10), 病态依赖（第十章）239 ff.; and abandoning

索引

of pride, ～与放弃自负 246; and actualization of idealized self, ～与理想化自我的实现 24; and anxiety, ～与焦虑 249; and appeal of arrogant-vindictive type, ～与自大-报复型个体的吸引力 245; characteristics of, ～的特征 243, 247; and choice of partners, ～与伴侣选择 243, 244; and externalization of expansive drives, ～与扩张性驱力的外化 244; and pride, ～与自负 258; and self-hate, ～与自我憎恨 254, 255, 258; and fear of rejection, ～与对遭到排斥的恐惧 241; and pride-system, ～与自负系统 244, 257; recognition of, 对～的认识 254; role of love in, ～中爱的作用 239 ff., 244; and search for inner unity, ～与追求内在统一性 258; self-analysis of, ～的自我分析 222, 256; and self-contempt, ～与自我轻视 254; and self-degradation, ～与自我贬低 251, 253; and self-destructiveness, ～与自我毁灭 258; and self-effacing solution, ～与自谦型解决方法 221, 234, 243, 245; and sexual relations, ～与性关系 250, 258; and shrinking process, ～与退缩过程 244; and "shoulds," ～与"应该" 119, 241; and suffering, ～与痛苦 245, 258; and suicidal tendencies, ～与自杀企图 257; understanding of, 对～的理解 258

Morgenstern, Christian, 克里斯蒂安·摩根斯坦 76; *Auf vielen Wegen*, 《因为很多》 113

Myerson, A., *Anhedonia*, A. 迈尔森, 《快感缺失》 379

NARCISSISM 自恋, in Freudian literature, 弗洛伊德文献中的～ 193; and self-aggrandizement, ～与自我扩张 192; and self-idealization, ～与自我理想化 194

Narcissistic type, 自恋型 193; and emotions, ～与情绪 212; and experiencing of self-hate, ～与自我憎恨的体验 195; and imagination, ～与想象 312; and neurotic disturbances in work, ～与工作中的神经症障碍 195, 312 ff.; and self-effacing trends, ～与自谦倾向 197; and tyranny of the "should," ～与"应该"之暴行 197

Negative therapeutic reactions, 201 负性治疗反应

Neurosis 神经症, characteristics of, ～的特征 166; and creative abilities, ～与创造力 328 ff.; definition of, ～的定义 368; and disregard of evidence, ～与对证据的无视 37, 40; and imagination, ～与想象 32; new theory of, ～的新理论 366 ff.

Neurotic ambition, 神经症野心 24, 166; and competitive culture, ～与充满竞争的文化 26; in search for glory, 追求荣誉过程中的～ 25

Neurotic Claims (Chap. 2), 神经症要求（第二章）40 ff.; and actualization of idealized self, ～与理想化自我的实现 62, 368; and alienation from self, ～与自我疏离 159; assertion of, ～的维持 55, 92, 229; awareness of, 对～的意识 51; common characteristics

>> 307

of, ～的共同特征 47，49; concealment of, ～的隐藏 52; as differentiated from needs, ～与需要的区别 42; egocentricity of, ～的自我中心倾向 48; effects of, 57; and Freud's concepts of oral-libido, ～与弗洛伊德的口欲概念 369; and human relations, ～与人际关系 43，46; implications of, ～的含义 47; for immunity and impunity, 拥有豁免权和不受惩罚的～ 205，206; and illusions about self, ～与关于自我的幻想 41; and inertia, ～与惰性 60; irrationality of, ～的非理性特征 46; justification of, ～的合理化 53，55; of narcissistic type, 自恋型个体的～ 197; and neurotic needs, ～与神经症需要 121，229; over-all function of, ～的全部功能 63; and overemphasis on justice, ～与对公正的过分强调 54，55; as protection against self-hate, ～作为对抗自我憎恨以保护自己的手段 208; and reactions to frustrations, ～与受挫时的反应 55，56; relinquishing of, ～的放弃 57; and resignation, ～与放弃 264; for special considerations, 获得特殊照顾的～ 21，121; and suffering, ～与痛苦 234; and theory of neurosis, ～与神经症理论 368，370; and vindictiveness, ～与报复心理 51

Neurotic conflicts 神经症冲突, attempts at solving, 解决～的尝试 20，172; in childhood, 儿童期的～ 19; and central inner conflicts, ～与主要的内心冲突 113; through compartmentalization, 经过区隔化的～ 185，190; and disturbances in work, ～与工作中的障碍 318; as incentive for creative work, ～作为创造性工作的动力 331; and lack of spontaneous integration, ～与自发整合的缺乏 172

Neurotic development, 神经症发展 13; and alienation from self, ～与自我疏离 187; in childhood, 儿童期的～ 27，202; and self-confidence, ～与自信 86

Neurotic Disturbances in Human Relationships (Chap. 12), 人际关系中的神经症障碍（第十二章）18，291 ff.; and analytic relationship, ～与分析关系 306; efforts at control of, 控制～的努力 71; externalization of, ～的外化 293，298 ff.; and feelings of insecurity, ～与不安全感 295，296; and influence of intrapsychic factors, ～与内心因素的影响 299，306; and pride system, ～与自负系统 291，296，297，298; and role of love and sex, ～与爱和性的作用 299 ff.; in self-effacing type, 自谦型个体的～ 298; and self-realization, ～与自我实现 307; in shallow living, 肤浅生活型个体的～ 288

Neurotic Disturbances in Work (Chap. 13), 工作中的神经症障碍（第十三章）309 ff.; and arising of anxiety, ～与焦虑的产生 321; in arrogant-vindictive type, 自大-报复型个体的～ 312，315; and aversion to effort, ～与对努力的厌恶 314; and egocentricity, ～与自我中心倾向 310; in expansive type, 扩张型个体的～ 195，311; expressions of, ～的表现 310; Freud's concepts of, 弗洛伊德的～概念 327; incapacity for effort in, ～中的不能努力 314; and inertia, ～与惰性 325; and intrapsychic conflicts, ～与内心冲突 311; and intrapsychic factors, ～与内心因素 310; in narcissistic type, 自恋型个体的～ 312 ff.; and neurotic conflicts, ～与神经症冲突 318; and panic reactions, ～与恐慌反应 310; in perfectionistic type, 完美主义型个体的～ 312, 315; and psychosomatic symptoms, ～与心身症状 316; in resigned type, 放弃型个体的～ 288, 325 ff.; in self-effacing type, 自谦型个体的～ 316 ff.; and self-minimizing, ～与自我贬低 319; suffering involved in, ～涉及的痛苦 310, 327; and taboos, ～与禁忌 318

Neurotic drives, and healthy strivings, 神经症驱力与正常的努力 37, 38,

Neurotic guilt feelings 神经症内疚感 (参见 Guilt feelings)

Neurotic needs 神经症需要, compulsiveness of, ～的强迫性 24; differentiated from claims, ～与要求的区别 42; transformed into claims, ～转变成要求 121, 198; and imagination, ～与想象 32; for perfection and actualization of idealized self, 追求完美与实现理想化自我的～ 25; and pride system, ～与自负系统 292; for restoration of pride, 想要恢复自负的～ 210; and role of love and sex, ～与爱和性的作用 300, 302; for vindictive triumph, 追求报复性胜利的～ 24, 27, 103, 197, 210

Neurotic Pride (Chap. 4.), 神经症自负 (第四章)(也参见 Pride system) 86 ff.; in asserting claims, 坚持要求中的～ 92; and checking on wishes, ～与对愿望的回避 109; in contrast to healthy pride, ～与健康自负的比较 88; and demands of superiority, ～与要求优于他人 134; and detachment, ～与超然度外 107; exclusion of, in self-effacing solution, 自谦型解决方法中～的排除 223; and externalization of morbid dependency, ～与病态依赖的外化 258; and fear, ～与恐惧 100, 107; in "honesty," 对"诚实"的～ 206, 207; in idealized image, 对理想化意象的～ 90; in intellectual powers, 对智力的～ 204; in imagination, 对想象的～ 91, 93; and invulnerability, ～与不会受伤 95, 205, 210, 211; and irrational hostility, ～与不合理的敌意 99; and love and sex, ～与爱和性 108, 247; manifestations of, ～的表现 223; in prestige, 对威望的～ 89; and reactions of fear, ～与恐惧的反应 101; to hurt, ～受伤 95, 96 ff., 105, 257; and refusal of responsibility, ～与拒绝承担责任 106; restoration of, ～的恢复 103, 104 ff., 210; and search for glory, 与～追求荣誉 109; and self-confidence, ～与自信 87; and self-contempt, ～与自我轻视 102, 137; and self-hate, ～与自我憎恨 109, 110; and self-idealization, ～与自我理想化 110; and sexual relations, ～与性关系 301; and "shoulds," ～与"应

该"92, 118; in supremacy of mind, 对心智至上的～ 92; as system to avoid hurt, ～作为避免伤害的系统 107 ff.; and vindictive triumph, ～与报复性胜利 209; vulnerability of, ～的脆弱性 95, 103, 106, 136, 205, 210

Neurotic process, 神经症过程 definition of, ～的定义 13; and devil's pact, ～与魔鬼协定 377

Neurotic pseudo-solutions, 神经症的假性解决办法 159

Neurotic resignation (Chap. 11), 神经症放弃（第十一章）191, 295 ff.; and appeal of freedom, ～与自由的吸引力 259 ff., 274, 280, 285; and aversion to change, ～与厌恶改变 45, 263, 267; and aversion to effort, ～与厌恶努力 261, 262; and attitudes toward others, ～与对他人的态度 278; and avoidance tactics, ～与回避策略 261, 279; characteristics of, ～的特征 260, 263, 268, 273, 280, 286; and childhood influences, ～与儿童期影响 275; compared with constructive resignation, ～与建设性放弃的比较 259; and conflict between expansive and self-effacing drives, ～与扩张性驱力和自谦性驱力之间的冲突 270; and detachment, ～与超然度外 261, 264, 271, 280, 285, 324; and discontentment, ～与不满 283; and expansive trends, ～与扩张趋势 191, 271, 283; externalization of, ～的外化 266, 278; Freud's observations on, 弗洛伊德对～的观察 265;

and inertia, ～与惰性 262, 267, 279, 281, 283, 325; and intrapsychic conflicts, ～与内心冲突 259, 269; as measure to relieve tension, ～作为缓解紧张的方法 261; and neurotic claims, ～与神经症要求 264; and neurotic solutions, ～与神经症解决方法 191, 270; and restriction of activities, ～与对活动的限制 281, 285; and restriction of wishes, ～与对愿望的限制 263, 276; and self-effacing trends, ～与自谦倾向 271, 273; and self-realization, ～与自我实现 272; and sensitivity to coercion, ～与对威胁的敏感性 266, 324; and sex, ～与性 264; and "shoulds," ～与"应该" 77, 263, 277 ff., 282; as shrinking process, ～作为退缩过程 259, 260; and taboos on aggression, ～和与攻击有关的禁忌 278; total structure of, ～的整个结构 285

Neurotic resigned types 神经症放弃型: persistent type, 一贯放弃型 281, 283, 286; rebellious type, 反抗型 281; shallow living type, 肤浅生活型 281 ff., 286, 289; and appeal of freedom, ～与自由的吸引力 283, 285; and disturbances in work, ～与工作中的障碍 288, 322 ff.; and idealized image, ～与理想化意象 277; and psychoanalytic therapy, ～与精神分析治疗 288 ff., 337

Neurotic solutions 神经症解决方法, definition of, ～的定义 186, 194; of expansive type, 扩张型个体的～ 191; of self-effacing type, 自谦型个体的～

191，271；and self-idealization，～与自我理想化 23，29，194

Neurotic or functional suffering 神经症痛苦或功能性痛苦，in analysis，分析中的～ 338；as basis for neurotic claims，～作为神经症要求的基础 229，234；and disturbances in work，～与工作中的障碍 310，327；as expression of vindictiveness，～作为报复心理的表现 230，233；functions of，～的功能 234 ff.；and morbid dependency，～与病态依赖 245；various theories of，～的各种理论 237，238

Neurotic suspiciousness，神经症怀疑 56

Neurotic trends，神经症倾向 29

Neurotic types 神经症类型，criteria of，～的标准 195；and intrapsychic conflicts，～与内心冲突 191

Nietzsche, Friedrich，弗里德里希·尼采 59，211

O'NEILL, EUGENE, *The Iceman Cometh*，尤金·奥尼尔，《送冰人来了》295

Orwell, George, *Nineteen Eighty-four*，乔治·奥威尔，《一九八四》34，109，118，152

PANIC REACTIONS，恐慌反应 100，143，182；and disturbances at work，～与工作方面的障碍 310；and frustration of search for glory，～与追求荣誉受挫 31；and lessening of automatic control，～与自动控制的减弱 182；in self-effacing type，自谦型个体的～ 234；and self-destructiveness，～与自毁 153

Perfectionistic type 完美主义型，characteristics of，～的特征 196；and disturbances in work，～与工作中的障碍 312，315；and emotions，～与情绪 212；and neurotic claims，～与神经症要求 197；and self-condemnation，～与自我谴责 196；and "shoulds,"～与"应该"197

Phobias，恐惧症 31，72，143，333；in dreams，梦中的～ 31；as motivations to seek analytic help，～作为寻求分析帮助的动机 336，337

Plant, James S.，詹姆斯·普兰特 366

Plato，柏拉图，《斐莱布篇》*Philebus*，30

Pride system 自负系统，absorbing of energies in，～中的能量吸收 166；and alienation from self，～与自我疏离 162，173，296；autonomy of，～的自主性 123，178；and basic anxiety，～与基本焦虑 297；as censor of emotions，～作为情绪的审查者 163，164；and central inner conflict，～与主要的内心冲突 190；and conflicts within，～与内部的冲突 112，187，296；and conflicts with real self，～与真实自我的冲突 112，113，187，209；definition of，～的定义 111；and egocentricity，～与自我中心倾向 291，292；and fear of people，～与对他人的恐惧 296；and genuine feelings，～与真正的情感 162；and influence on human relations，～与对人际关系的影响 291，296 ff.；as measure to relieve tension，～作为缓解紧张的方法 178；and morbid dependency，～与病态依赖 244；and neurotic needs，～与神经症需要 292；in psychoanalytic therapy, 精神分析治疗中的～ 174, 340, 347, 353; and responsibility for self, ～与对自我负责 174; and self-realization, ～与自我实现 166; and suffering, ～与痛苦 163; in vindictive type, 报复型个体的～ 209

Psychic fragmentation, 精神分裂 45, 191; function of, ～的功能 179, 180;

Psychoanalytic therapy (Chap. 14), 精神分析治疗（第十四章）333 ff.; aims of, ～的目标 333 ff.; and alienation from self, ～与自我疏离 352; and arising of anxiety, ～与焦虑的产生 340; and central inner conflict, ～与主要的内心冲突 356; and compartmentalization, ～与区隔化 335, 355, 356; defensive attitudes of patients in, ～中患者的防御姿态 336, 339, 340; difference of expectations of, in different types, 不同类型个体对～的期望差异 357, 358; and disbelief in lovableness, ～与不相信可爱 300; and dreams, ～与梦 348, 349, 359, 361 ff.; and encouraging of self-analysis, ～与鼓励自我分析 351; and externalizations, ～与外化 355; and Freud's concept of resistance, ～与弗洛伊德的阻抗概念 340; implications for, ～的用意 148; and inertia, ～与惰性 267, 282; mobilizing of healing forces in, ～中治愈力的调动 306, 348, 356; and motivations for seeking help, ～与寻求帮助的动机 333, 336; and need of emotional experiencing, ～与情感体验的需要 342, 344, 356; and neurotic resignation, ～与神经症放弃 279; and neurotic suffering, ～与神经症痛苦 238; and obstructing forces, ～与阻碍力量 336 ff., 348; and pride system, ～与自负系统 170, 336, 340, 347, 353; and real self, ～与真实自我 348, 349, 332, 351, 357, 359; and recognition of conflicts, ～与认识到冲突 352; and reorientation, ～与重新定位 346; and resigned types, ～与放弃型 288 ff., 337; and responsibility for self, ～与对自我负责 361; and self-realization as ultimate goal, ～与作为终极目标的自我实现 364, 368; and sensitivity to coercion, ～与对威胁的敏感性 267; and shallow living type, ～与肤浅生活型 288; and understanding of repercussions, ～与对反弹期的理解 357, 359, 361 ff.

Psychosomatic symptoms 心身症状, and inhibitions at work, ～与工作方面的抑制 316; and hurt pride, ～与受伤的自负 102; and self-destructive drives, ～与自毁驱力 115; in shallow living type, 肤浅生活型个体的～ 288; and suppressed hostility, ～与被压抑的敌意 56

RANK, OTTO, and Ferenczi, Sandor, *The Development of Psychoanalysis*, 奥托·兰克和桑德尔·费伦齐,《精神分析的发展》343

Rasey, Marie, "Psychoanalysis and Education," 玛丽·拉塞,《精神分析与教育》87

索 引

Real self，真实自我 17；abandoning of，～的放弃 23，24，34，157，171；alienation from，与～疏离 11，21，257，271；and central inner conflicts，～与主要的内心冲突 112；definition of，～的定义 158，173；development of，～的发展 17；elimination of，～的排除 181；Freud's concepts of，弗洛伊德的～概念 173；and idealized self，～与理想化自我 155；and pride system，～与自负系统 112；and pseudo-self，～与虚假自我 175；and self-hate，～与自我憎恨 112，368；and theory of neurosis，～与神经症理论 368；and vindictiveness，～与报复心理 204

Reik，Theodore 西奥多·赖克，*Masochism in Modern Man*，《现代人的受虐倾向》238；*Surprise and the Psychoanalyst*，《惊奇与精神分析师》343

Resignation 放弃（参见 Neurotic resignation）

Responsibility for self 对自我负责，and alienation from self，～与自我疏离 168，171；avoiding of，逃避～ 171；recognition of，认识到～ 361；refusal of，拒绝～ 106；and undermining of pride system，～与对自负系统的理解 173，174

Rioch，Janet M.，"The Transference Phenomenon in Psychoanalytic Therapy," *Psychiatry*，珍妮特·里奥克《精神分析治疗中的移情现象》，载《精神病学》306

Road of Psychoanalytic Therapy (Chap. 14)，精神分析治疗的道路（第十四章）333 ff

SADISM 施虐癖，and Freud's definition of superego，～与弗洛伊德的超我定义 374；inverted，258

Sadistic attitudes，in arrogant-vindictive type，自大-报复型个体的施虐态度 204，305

Sadistic fantasies，and impulses，施虐幻想与冲动 146，147

Sadistic trends 施虐倾向，comparison with vindictiveness，～与报复心理的比较 190，199；and externalization of self-torture，～与自我折磨的外化 146，301

Sarton，May，"Now I Become Myself,"梅·萨顿，《现在我成为自己了》172

Sartre，Jean-Paul，让-保罗·萨特 330；*The Age of Reason*，《理性年代》164

Scheler，Max，*Das Resentiment im Aufbau der Moralen*，马克斯·舍勒，《道德建构中的怨恨》211

Schneider，Daniel，"The Motion of the Neurotic Pattern," 丹尼尔·施耐德，《神经症模式的运行》285

Schultz-Henke，Harald 哈罗德·舒尔茨-亨克，*Einfuehrung zur Psychoanalyse*，《精神分析导论》41；*Schicksal und Neurose*，《命运与神经症》369

Search for Glory (Chap. 1)，追求荣誉（第一章）17 ff.，176；and actualization of idealized self，～与理想化自我的实现 38；Adler's concept of，阿德勒的～概念 28；compulsiveness of，～的强迫性 29；comparison with devil's pact，～与魔鬼协定的比较 39；concept of，的概念 375；elements of，～的元素 224 ff.；Freud's concept of，

>> 313

弗洛伊德的～概念 309，371；and frustration，～与挫折 31；and idealized self，～与理想化自我 22，24，38；and imagination，～与想象 31，32，34 ff.；and neurotic ambition，～与神经症野心 25；and vindictive triumph，～与报复性胜利 26 ff.，103，197

Search for unity，寻求统一 240；in morbid dependency，病态依赖中的～ 258

Self-accusations，自责 114，123 ff.；difference between neurotic and healthy，神经症～与健康～的区别 131；in expansive type，扩张型个体的～ 192；externalizations of，～的外化 129，225，230，231，263；forms of，～的形式 125 ff.；and frustration of self-respect，～与自尊受挫 141；mobilization of，～的调动 339；and self-effacement，～与自谦 223，224；self-protective measures against，对抗～的自我保护手段 130；and self-righteousness，～与自以为是 116

Self-actualization，自我实现 64；and tyranny of the "should," ～与"应该"之暴行 65 ff.

Self-aggrandizement，自我扩张 22，192

Self-analysis 自我分析，encouraging of, during psychoanalytic treatment，精神分析治疗期间对～的鼓励 351；examples of，～的例子 79，144，222，255，256；in self-effacing type，自谦型个体的～ 218；and "shoulds,"～与"应该" 79，102

Self-condemnation，自我谴责 127，128

Self-confidence，自信 133；and basic confidence，～与基本信心 86；need for，～的需要 20，21，86；and neurotic pride，～与神经症自负 86；and sexuality，～与性 301

Self-contempt (Chap. 5)，自我轻视（第五章）110 ff.，192，302；alleviation of，～的减轻 136，137；and dreams，～与梦 133，224；consequences of，～的结果 133 ff.；expressions of，～的表现 137 ff.；externalizations of，～的外化 135，136；and frustration of self-respect，～与自尊受挫 141；and morbid dependency，～与病态依赖 254；and self-destructive drives，～与自毁驱力 152；and self-disparaging，～与自我蔑视 139；in self-effacing type，自谦型个体的～ 220；and self-glorification，～与自我美化 187；and self-hate (Chap. 5)，～与自我憎恨（第五章）81，110 ff.，132，374；and sexual relations，～与性关系 301；and vulnerability in human relations，～与人际关系的脆弱性 136

Self-degradation 自我贬低，in morbid dependency，病态依赖中的～ 251，253；in sexual activities，性行为中的～ 301

Self-destructiveness 自毁倾向，and alienation from self，～与自我疏离 149；in dreams，梦中的～ 152，153；Freud's concepts of，弗洛伊德的～概念 373；in morbid dependency，病态依赖中的～ 258；in organic illness，器质性疾病中的～ 149；and psychosomatic symptoms，～与心身症状 150；and psychic values，～与心理价值 151；reactions to，对～的反应

153; and self-contempt, ～与自我轻视 152; in self-effacing type, 自谦型个体的～ 317; and self-hate, ～与自我憎恨 148; and "shoulds," ～与"应该" 118, 120

Self-effacement 自谦, and alienation from self, ～与自我疏离 237; and expansive types, ～与扩张型 192, 207; in narcissistic type, 自恋型个体的～ 197; and self-accusations, ～与自责 223

Self-effacing Solution (Chap. 9), 自谦型解决方法（第九章）59, 191, 214 ff.; and appeal of love (Chap. 9), ～与爱的吸引力（第九章）214 ff., 227 ff.; in childhood, 儿童期的～ 221, 222; externalization of, ～的外化 215; and intrapsychic factors, ～与内心因素 236; and morbid dependency, ～与病态依赖 221, 234, 243, 245; and pride, ～与自负 223; theories of, ～的理论 237

Self-effacing type 自谦型, attitudes of, ～的态度 toward analyst, 对分析学家的～态度 231, 233; toward life, 对生活的～态度 230, 233; toward self, 对自我的～态度 215; characteristics of, ～的特征 215; childhood conditions of, ～的儿童期环境 221, 222, 231; defensive measures of, ～的防卫措施 225; and disturbances in work, ～与工作中的障碍 316 ff.; and emphasis on feelings, ～与对情感的强调 222; and expectations of analytic relationship, ～与对分析关系的期望 228; and expectations of others, ～与对他人的期望 226, 227; and externalizations, ～与外化 216; and fear of ridicule, ～与对遭人嘲笑的恐惧 220; and fear of triumph, ～与害怕成功 217; and feeling abused, ～与受虐感 231, 233; and frustration-reactions, ～与受挫时的反应 230; and love, ～与爱 227 ff.; and measures to relieve tensions, ～与缓解紧张的方法 182; and morbid dependency, ～与病态依赖 221, 234; and neurotic claims, ～与神经症要求 229; and self-contempt, ～与自我轻视 220; and self-hate, ～与自我憎恨 116, 235; and self-idealization, ～与自我理想化 222; and self-minimizing process, ～与自我贬低过程 217, 218, 225, 230; and "shoulds," ～与"应该" 77, 220, 224, 225; and shrinking process, ～与退缩过程 219, 223, 317; and suffering, ～与痛苦 225, 229, 232 ff.; and suppression of expansive attitudes, ～与扩张性态度的压制 216, 220, 223, 232; and suppression of resentment, ～与憎恨的压制 232; and taboos, ～与禁忌 218, 219, 224, 230, 317, 319, 320

Self-frustration 自我挫败, and healthy discipline, ～与健康的约束 140; externalization of, ～的外化 145, 208; as measure to relieve tension, ～作为缓解紧张的方法 182; realization of, 对～的认识 115; and self-hate, ～与自我憎恨 140; and "shoulds," ～与"应该" 139; and taboo on aspirations, ～和与理想有关的禁忌 144

Self-glorification 自我美化，and expansive type, ～与扩张型 192; and imagination, ～与想象 32; and self-contempt, ～与自我轻视 187; and self-hate, ～与自我憎恨 114; and self-idealization, ～与自我理想化 22

Self-hate (Chap. 5), 自我憎恨（第五章）110 ff., 132, 374; and actual self, ～与现实自我 113; and alienation from self, ～与自我疏离 115, 116; and devil's pact, ～与魔鬼协定 154; in dreams, 梦中的～ 133; effects of, ～的影响 117; in expansive type, 扩张型个体的～ 195; experiencing of, ～的体验 115; expressions of, ～的表现 117; and externalizations of, ～及其外化 78, 116, 231, 293; Freud's concepts of, 弗洛伊德的～概念 117, 372, 373; frustrating character of, ～的挫败特性 141; functions of, ～的功能 115; and idealized self, ～与理想化自我 112; in morbid dependency, 病态依赖中的～ 255; and neurotic pride, ～与神经症自负 109, 110, 116; power of, ～的力量 114; protection against, 保护以免遭～ 208, 231; and real self, ～与真实自我 112, 113; results of, ～的结果 116; and self-accusations, ～与自责 115, 123, 128; and self-contempt (Chap. 5), ～与自我轻视（第五章）81, 110 ff., 132, 374; and self-destructive impulses, ～与自我破坏的冲动 148, 149; in self-effacing type, 自谦型个体的～ 116, 234; and self-frustration, ～与自我挫败 140; and self-glorification, ～与自我美化 114; and self-righteousness, ～与自以为是 208; and self-torture, ～与自我折磨 145, 146; in sexual relations, 性关系中的～ 147; and "shoulds," ～与"应该" 85, 118, 120, 123; and suicidal tendencies, ～与自杀企图 114; and vindictiveness, ～与报复心理 207, 208

Self-idealization, 自我理想化 22 ff.; actualization of, ～的实现 38; as comprehensive neurotic solution, ～作为综合的神经症解决方法 23, 29, 176, 194; and compulsive needs, ～与强迫性需要 24; definition of, ～的定义 23, and devil's pact, ～与魔鬼协定 87; externalization of, ～的外化 292; and imagination, ～与想象 31, 184; and narcissism, ～与自恋 194; and neurotic pride, ～与神经症自负 87, 110; in resigned type, 放弃型个体的～ 277; and search for glory, ～与追求荣誉 22, 24; and self-effacing type, ～与自谦型 222; and self-realization, ～与自我实现 362

Self-knowledge 自我认识, definition of, ～的定义 13; and psychoanalytic therapy, ～与精神分析治疗 341; and spontaneous growth, ～与自然成长 14

Self-minimizing, 自我贬低 117; and disturbances in work, ～与工作中的障碍 319; in self-effacing type, 自谦型个体的～ 217, 218, 225, 226, 230

Self-realization 自我实现, aims of, ～的目标 308; and creative ability, ～与创造

力 332; and human relations, ～与人际关系 307; and idealized image, ～与理想化意象 109, 377; and morality of evolution, ～与进化的道德 13, 14; in neurosis, 神经症中的～ 39; and pride system, ～与自负系统 166; and psychoanalytic therapy, ～与精神分析治疗 348, 364; and resignations, ～与放弃 372; striving for, 为～而努力 13, 17, 38

Self-righteousness, 自以为是 98; and self-accusations, ～与自责 116; and self-hate, ～与自我憎恨 208

Self-torture 自我折磨, externalizations of, ～的外化 147, 230; and self-hate, ～与自我憎恨 145, 146

Sexuality in neurosis, 神经症中的性 301 ff.; in arrogant-vindictive type, 自大-报复型个体的～ 304; and detachment, ～与超然度外 301, 302; disturbance of, ～障碍 302; Freud's concept of, 弗洛伊德的～概念 302; functioning of, ～的功能 301, 302; and morbid dependency, ～与病态依赖 250, 258; and neurotic pride, ～与神经症自负 301; and self-contempt, ～与自我轻视 301; taboos on, 与～有关的禁忌 302

Shallow living 肤浅生活（也参见 Neurotic resigned types）, frequency of, ～的频率 289

Shaw, Bernard, *Pygmalion*, 萧伯纳,《卖花女》25, 64

"Shoulds," "应该" tyranny of (Chap. 3), ～之暴行（第三章）64 ff., and anxiety, ～与焦虑 74; attitudes toward, ～的态度 75, 76; characteristics of, ～的特征 65, 74, 118; coerciveness of, ～的强制性 73, 75; destructiveness of, ～的破坏性 118 ff.; and emotions, ～与情感 83; and effects on personality, ～与对人格的影响 81; in expansive type, 扩张型个体的～ 76, 195; experiencing of, ～的体验 76; externalizations of, ～的外化 72, 78, 81, 123; and Freud's concept of superego, ～与弗洛伊德的超我概念 73; as frustration of freedom of choice, ～作为自由选择所遇到的挫折 141; functions of, ～的功能 172; and genuine ideals, ～与真正的理想 72, 73; and idealized image, ～与理想化意象 72, 123; intensity of, ～的强度 84; measuring up to, 实现～ 70, 122; and morbid dependency, 与病态依赖 119; operation of, ～的运作 66 ff.; and perfection, ～与完美 73; and perfectionistic type, ～与完美主义型 197; and pride, ～与自负 92, 118; rebellion against, 反抗～ 77; recognition of, in self-analysis, 在自我分析中对～的认识 79, 102; in resigned type, 放弃型个体的～ 77, 263, 277, 278; in retrospect, 回顾性的～ 68, 69; and self-actualization, ～与自我实现 64 ff.; and self-destructiveness, ～与自毁 118, 120; and self-effacing type, ～与自谦型 77; and self-hate, ～与自我憎恨 85, 118, 120, 123; and spontaneity, ～与自发性 81; traditional, 传统的～ 282; and taboos, ～与禁忌 65, 76

Shrinking process 退缩过程, and morbid

>> 317

dependency, ～与病态依赖 244; and resignation, ～与放弃 259, 260; and self-effacing type, ～与自谦型 219, 223, 317

Simenon, Georges, *The Man Who Watched the Train Go By*, 乔治·西默农,《注视火车远去的人》27

Solution of inner conflicts 解决内心冲突的方式(参见 Neurotic solutions)

Stage-fright, 怯场 100, 101, 140

Stendhal (Marie Henri Beyle), *The Red and the Black*, 司汤达,《红与黑》118, 198, 199, 203, 305, 347

Stevenson, Robert Louis, *Dr. Jekyll and Mr. Hyde*, 史蒂文森,《化身博士》22, 189, 190

Strecker, Edward A., and Appel, Kenneth, *Discovering Ourselves*, 爱德华·斯特雷克和肯尼斯·阿佩尔,《发现自己》179

Suicidal tendencies, 自杀企图 236, 257; and alienation from self, ～与自我疏离 149; in arrogant-vindictive type, 自大-报复型个体的～ 204; and morbid dependency, ～与病态依赖 257; in self-effacing type, 自谦型个体的～ 234; and self-hate, ～与自我憎恨 114

Sullivan, Harry Stack, 哈里·斯塔克·沙利文 277, 366

TABOOS, 禁忌 345; on ambition, 与野心有关的～ 317; on aggression, 与攻击性有关的～ 219, 278, 320; on aspiration, 与理想有关的～ 144; on enjoyment, 与享乐有关的～ 141; on exploiting, 与剥削利用有关的～ 294; externalization of, ～的外化 294; and Freud's concept of superego, ～与弗洛伊德的超我概念 374; on hostility, 与敌意有关的～ 83; and neurotic disturbances in work, ～与工作中的神经症障碍 318; on pride, 与自负有关的～ 353; of self-effacing type, 自谦型个体的～ 224, 230, 317, 318, 319, 320; on sexuality, 与性有关的～ 302; and "shoulds," ～与"应该" 65, 76; on vindictiveness, 与报复有关的～ 83; on wishes, 与愿望有关的～ 84

Theory of neurosis (Chap. 15), 神经症理论(第十五章) 366 ff.; definition of, ～的定义 366; and Freud's concepts, ～与弗洛伊德的概念 369 ff.; and idealized self, ～与理想化自我 367; and intrapsychic processes, ～与内心过程 367ff.; and neurotic claims, ～与神经症要求 368, 370; and real self, ～与真实自我 368; and search for glory, ～与追求荣誉 375

Therapy in psychoanalysis 精神分析中的治疗(参见 Psychoanalytic therapy)

Traumatic neurosis, 创伤性神经症 51, 197

Tyranny of the "should"(参见 "Shoulds")

VINDICTIVENESS 报复心理, in analytic relationship, 分析关系中的～ 201, 212; compulsiveness of, ～的强迫性 209; expressions of, ～的表现 198 ff.; intrapsychic factors in, ～中的内心因素 204, 210; and "justice," ～与

"公正" 55；and human relations，～与人际关系 198；and neurotic suffering，～与神经症痛苦 230，233；and real self，～与真实自我 204；and sadistic trends，～与施虐倾向 189，199；and self-destructive tendencies，～与自毁倾向 198；and self-hate and self-contempt，～与自我憎恨和自我轻视 207，208；sources of，的根源 202；subjective value of，～的主观价值 204

Vindictive triumph 报复性胜利，need for，～的需要 24，27，103，197，210；and neurotic pride and self-hate，～与神经症自负和自我憎恨 209；and search for glory，～与追求荣誉 26，27，197

Vindictive type 报复型，and emotions，～与情感 212；and genuine affection，～与真正的情感 203；and pride system，～与自负系统 209

WILDE，OSCAR 奥斯卡·王尔德，*De Profundis*，《自深深处》163；*The Picture of Dorian Gray*，《道林·格雷的画像》109，114，275

ZUZUKI，D. T.，*Essays on Zen Buddhism*，铃木，《禅学论丛》183

Zweig，Stefan 斯蒂芬·茨威格，*Amok*，《马来狂人》245；*Balzac*，《巴尔扎克》245

图书在版编目（CIP）数据

实现自我：神经症与人的成长 /（美）卡伦·霍妮著；方红译. —北京：中国人民大学出版社，2018.10
（西方心理学大师经典译丛/郭本禹主编）
ISBN 978-7-300-26034-1

Ⅰ. ①实… Ⅱ. ①卡… ②方… Ⅲ. ①精神分析-研究 Ⅳ. ①B84-065

中国版本图书馆 CIP 数据核字（2018）第 168416 号

西方心理学大师经典译丛
主编 郭本禹
实现自我：神经症与人的成长
［美］卡伦·霍妮（Karen Horney） 著
方 红 译
Shixian Ziwo

出版发行	中国人民大学出版社		
社　址	北京中关村大街 31 号	邮政编码	100080
电　话	010-62511242（总编室）	010-62511770（质管部）	
	010-82501766（邮购部）	010-62514148（门市部）	
	010-62515195（发行公司）	010-62515275（盗版举报）	
网　址	http：//www.crup.com.cn		
	http：//www.ttrnet.com（人大教研网）		
经　销	新华书店		
印　刷	天津中印联印务有限公司		
开　本	720 mm×1000 mm　1/16	版　次	2018 年 10 月第 1 版
印　张	20.75 插页 3	印　次	2024 年 11 月第 4 次印刷
字　数	357 000	定　价	65.00 元

版权所有　侵权必究　印装差错　负责调换